Beschäftigungen

der

Berlinischen Gesellschaft Naturforschender Freunde.

Erster Band.

Mit Kupfern.

Berlin,
bey Joachim Pauli. 1775.

Vorbericht.

Bey dem Abdruck der gleich folgenden Geschichte der Entstehung, der Absicht, Einrichtung und jetzigen Beschaffenheit unserer Gesellschaft Naturforschender Freunde, kam es mir nicht wahrscheinlich vor, daß noch ein besonderer

Vorbericht erforderlich seyn mögte. Indessen ist, ihrer Natur nach, die Geschichte solcher Institute, wie das unsrige, täglich neuer Zusätze fähig. Wir glaubten aber, unsern Lesern überhaupt, unsern auswärtigen Gönnern, Freunden und würdigen Herrn Korrespondenten insbesondere, die Aufmerksamkeit schuldig zu seyn, Ihnen von dem allen, was bis zum Tage der Ausgabe dieses ersten Bandes unserer gesellschaftlichen Beschäftigungen Bemerkenswürdiges vorgefallen, kurze Nachrichten zu ertheilen. Höchst erfreulich ist es für mich, daß ich lauter Vorfälle nachzuholen habe, die unserer Stiftung immer mehr Vortheile, Thätigkeit und sichre Dauer zu versprechen scheinen. Die Anzal der im nachstehenden Verzeichniß von S. XLI bis LII benannten gelehrten Mitglieder war schon damals ziemlich beträchtlich. Nach dem Abdruck desselben

selben haben, außer einigen ansehnlichen Gelehrten, auch noch etliche sehr große Beförderer physischer Kenntnisse und nützlicher Institute das unsrige mit gnädigem Beyfall und einer thätigen Theilnehmung beehret. Wir sehen aus den reizendsten Beyspielen, daß es der Natur nicht an Verehrern von hohem Range, den Bestrebungen aber ihrer Freunde nach einer genauern Kenntniß derselben, weder an Beyfall, noch an thätiger Unterstützung fehle. Unsre Zufriedenheit gründet sich hierbey nicht etwa bloß auf die zunehmende Anzal, sondern hauptsächlich auf den großmüthig Theilnehmenden, immer mehr anwachsenden Eifer unsrer auswärtigen Gönner, gelehrten Mitglieder und fleißigen Herren Korrespondenten, wodurch sie dieses Institut immer nutzbarer und vollkommener zu machen suchen.

Als neue, vornehme und gelehrte Beförderer unserer gemeinnützigen Absichten, haben wir in fortlaufender Zahl des Verzeichnisses hier noch anzuzeigen:

No. 72. Herrn Ludwig Friedrich Wilhelm Graf von Schlabberndorf, des hohen Domstifts zu Halberstadt Domherrn, Herrn der Herrschaften Kupferberg, Stolz, Röhrsdorf, Lauterbach, Frankenthal u. s. w.

73. Herrn Adam Gottlob von Moltke, Grafen von Bregentwed, Ritter vom Elephantenorden, Seiner Königlichen Majestät von Dännemark und Norrwegen geheimen Rath, Oberhofmarschal, Direktor der Kopenhagener Banque, Präses der Königl. Ostindischen Kompagnie, wie auch der Königl. Maler- Bildhauer- und Bauakademien u. s. w. zu Kopenhagen.

74. Herrn Baron von Brockenburg, Sr. Hochfürstl. Durchlaucht von Schwarzburg-Rudolstadt Kammerherrn, Berghauptmann und Finanzrath in Rudelstadt.

75. Herrn Urban Friedrich Benedikt Brückmann, der Arzneygelahrtheit Doktor und Leibarzt bey

Seiner Hochfürstl. Durchlaucht, dem Herzoge von Braunschweig.

76. Herrn Peter Immanuel Hartmann, der Arzneygelahrtheit und Weltweisheit Doktor, Prof. der Anatomie, Botanik und Pharmazie, zu Frankf. an der Oder, der Römisch Kayserl. Akad. der Naturforscher, der Kurfürstl. Mainzischen Akad. nützlicher Wissenschaften, und Fürstl. Helmstädtischen Sozietät Mitglied.

77. Herr Karl Joseph Oehme, der Arzneygelahrtheit Doktor und approbirten Praktikus zu Dresden.

78. Herrn Rudolph Karl Friedrich Opitz, der Arzneygel. Doktor, Stadt- und Landphysikus des Fürstenthums Minden, Mitglied des dortigen Collegii Medici Provincialis.

79. Herrn Joh. Jak. Planer, der Arzneygel. Doktor und approbirten Praktikus zu Erfurt.

Einen rühmlichen Beweis von dem patriotischen Eifer unserer entfernten gelehrten Mitglieder in Beförderung natürlicher Kenntnisse, können wir dadurch an den Tag legen, daß wir durch Ihre gelehrte Beyträge zu den Schriften unserer Gesellschaft in den Stand gesetzt worden, vielleicht in der nächsten Messe schon einen 2ten Band liefern zu können.

Von der anfänglich beschloßnen, und auf der XXIVsten Seite der Einleitung angezeigten Anordnung der zu druckenden Abhandlungen haben wir darum abgehen müssen, weil wir nach der Zeit unterschiedene Aufsätze und Beobachtungen erhielten, die wir nicht erwartet hatten. Es schien uns der Billigkeit gemäß, den fremden Beyträgen den Vorrang vor den unsrigen zu lassen. Alles demnach, was wir von des Herrn D. Blochs, von meinen und anderer hiesiger Mitglieder gehaltenen Vorlesungen für den ersten Band bestimmt hatten, wurde nun für den 2ten zurückgelegt, folglich die erst gemachte Anordnung gänzlich, und, mit Beystimmung aller

hiesiger

hiesiger Mitglieder so abgeändert, daß wir vielmehr eine angenehme Abwechselung des Innhalts, als eine strenge Ordnung nach der Verwandschaft aller abgehandelten Materien herrschen lassen.

Der Herr Garnisonprediger Chemnitz und Herr Kunstverwalter Spengler in Kopenhagen, begnügten sich nicht bloß an der Einsendung der von ihnen abgedruckten Abhandlungen und nöthigen Zeichnungen, sondern bereicherten zugleich unser gesellschaftliches Kabinet, außer andern überschickten Seltenheiten der Natur, mit allen Originalstücken, welche zur nähern Erläuterung ihrer Meynungen und Beschreibungen dienlich seyn konnten. Ein Umstand, welchen wir, ohne den Schein einer Undankbarkeit zu verrathen, unmöglich unangezeigt lassen durften! Doch wir hoffen künftig vortheilhafte Gelegenheiten zu finden, wobey wir von den häufigen Merkmalen der edelmüthigen Theilnehmung unserer meisten entfernten Mitglieder an unserm Institut ausführlichere Nachrichten werden ertheilen können.

Im Werke selbst haben wir jeder Abhandlung nur den Namen der Herren Verfasser, ohne Wiederholung des Karakters, drucken lassen, weil man diesen allenthalben im Verzeichnisse der Mitglieder findet. Bloß beym Herrn Garnisonprediger Chemnitz ist aus diesem Grund eine Ausnahme von dieser Einrichtung gemacht worden, weil uns beym Druck des Verzeichnisses nur allein der Name und Amtskarakter dieses Freundes bekannt war.

Außer dem allgemeinen Verzeichniß der Abhandlungen und Nachrichten habe ich noch ein besonderes alphabetisches Verzeichniß der Materien angehänget, um unsern Freunden und günstigen Lesern das Nachschlagen desto mehr zu erleichtern.

Berlin, den 2ten May 1775.

D. Martini.

Innhalt
des ersten Bandes der Beschäftigungen der Gesellschaft Naturforschender Freunde.

IV. Ab-

XVIII. Herrn

Ver-

Entste-

Entstehungsgeschichte der Gesellschaft Naturforschender Freunde in Berlin

von

D. Fried. Heinr. Wilh. Martini.

Bey dem jetzt herrschenden und fast allgemeinem Hang zur Naturgeschichte war es immer zu bewundern, daß in einer so großen Stadt, wie unser Berlin ist, noch kein Mensch auf den Einfall gerathen war, oder sich ernstlich bemühet hatte, zu einer solchen gesellschaftlichen Verbindung, wobey die eifrigste Liebhaber gemeinschaftlich, folglich mit besserm Nachdruck an Erweiterung ihrer Einsichten arbeiten könnten, die nöthige Verfügung zu treffen. In keiner Wissenschaft scheint mir die Vereinigung mehrerer Personen zu einerley Absicht nothwendiger und fruchtbarer zu seyn, als in der Kenntniß des unübersehbaren Reiches der Schöpfung. Daher hatte ich schon längst gewünscht, eine solche Verbindung mehrerer Freunde der Natur zu gemeinschaftlichen Absichten zu erleben. Immer blieben meine Hofnungen getäuschet. Beständig schwebte mir das edle Bild einer Naturforschenden Gesellschaft in Danzig vor Augen, von deren Schriften, seit ihrer Entstehung vom Jahr 1743, drey Quartbände bekannt worden. Diese Vorstellung wurde noch lebendiger, als ich mit einigen vorzüglichen Mitgliedern derselben, dem Herrn Baron von Zorn, und dem Herrn D. von Scheffler, in einen Briefwechsel und nähere Bekanntschaft zu gerathen das Glück hatte. Darzu kam noch die neue physikalische Gesellschaft zu Kuneo in Piemont, die eine bloße Privatgesellschaft

von

von lauter Naturkündigern, Chymisten, Meßkünstlern und Kräuterkundigen ausmachet. Sie haben ebenfalls schon 3 Quartbände von ihren Abhandlungen drucken lassen, worinn besonders viel merkwürdige meteorologische Beobachtungen enthalten sind. *) Und war nicht auch die jetzige Norrwegische Königl. Gesellschaft der Wissenschaften anfänglich, unter dem Titel der Drontheimischen, eine bloße Privatgesellschaft, von welcher wir in etlichen Jahren von 1765—1767 3 Bände voller wichtigen Abhandlungen erhalten **)? Lauter Beyspiele, die mir die Möglichkeit

*) S. Alt. gel. Merk. 73. p. 198.

**) Auch von Kopenhagen bekamen wir im Jahr 1774 die Geschichte und Versuche einer Chirurgischen Privatgesellschaft auf 112 S. in 8. (S. die Gött. gel. Anzeig. 74. p. 109.) Ingleichen ward unter den Aerzten daselbst eine Privatgesellschaft errichtet, welche den 11ten Oktober 1772 die erste Sitzung hielt. Ihre Mitglieder sind in 3 Klassen getheilt. Ordentliche, oder Urheber dieser Gesellschaft, außerordentliche, oder Korrespondenten, endlich *Permissi*, wie sie genannt werden, Studenten, die einen Zutritt haben, den Versammlungen der Gesellschaft beyzuwohnen, von welchen man auch Beyträge annimmt. Der Endzweck dieser ligkeit eines ähnlichen Institutes immer begreiflicher darstelleten und rühmliche Versuche glücklicher Nachahmungen zeigten!

Ich entwarf bey mir selbst einen Plan, wie, meines Erachtens, eine solche Gesellschaft am vortheilhaftesten und nützlichsten einzurichten sey? Damit er aber von mehrern Kennern geprüft, und vielleicht auch von einigen verbessert werden könnte, ließ ich ihn ungesäumt im

ser Gesellschaft ist das Praktische der Arzneywissenschaft. Im Jahr 1774 erschien der 1ste Theil ihrer Schriften unter dem Titel: Societatis medicæ Hafniensis collectanea. 1 Alph. 8vo. Man lese von dieser Privatgesellschaft ein mehreres in den Greifsw. gel. Nachr. 1774 p. 372 ꝛc.

Vom Hrn. Ignatz, Edlen von Born wurde uns bereits im September 1763 berichtet, wie er ebenfalls eine Privatgesellschaft gelehrter Männer in Böhmen zusammen gebracht, welche verschiedene Gegenstände der Vaterländischen Geschichte, der Mathematik und Physik zu bearbeiten übernommen haben. Sie hoffen in diesem 1775ten Jahre noch einen Theil ihrer Abhandlungen bekant zu machen. S. unser Tageb. S. 122.

Von Leipzig schreibt man uns eben jetzo die angenehme Nachricht, daß daselbst nach unserm Beyspiel ebenfalls eine Gesellschaft im 3ten Stück der hiesigen Neuen Mannigfaltigkeiten, von S. 37 bis 41 einrücken, um ihn mehrern Freunden im Abdruck mittheilen zu können. Hier ist er in getreuer Abschrift!

„Meines Erachtens wäre zum glücklichern Fortgang in den Kenntnissen der Natur noch ein Mittel möglich, das auf die Naturgeschichte selbst im Ganzen einen großen Einfluß haben, zugleich aber eine Quelle viel geselliger Vergnügungen werden könnte. Freylich ist es ein Vorschlag, der nur an großen Oertern Statt finden, aber mittelbar auch zugleich entfernten Liebhabern zum Vortheil gereichen würde. Ich setze schon voraus, daß vernünftige Sammler natürlicher Seltenheiten zugleich Männer von gutem Geschmack, folg-

 lich

schaft Naturforschender Freunde im Anfange dieses Jahres und gröstentheils nach unserm Plan, auch von einem unserer würdigen Mitglieder, gestiftet worden. Wie viel Gutes läßt sich nicht mit der Zeit von einer freundschaftlichen Verbindung mehrerer solcher Gesellschaften hoffen, deren vorzüglichster Entzweck ist, die Ehre Gottes verherrlichen, den Nutzen ihrer Nebenmenschen befördern zu helfen und sich für die Ewigkeit einen Schatz von Kenntnissen zu sammlen!

lich auch' von angenehmer Lebensart, und gesellige Menschenfreunde sind. Als Privatpersonen können sie zwar alle den ganzen Umfang der Naturgeschichte reizend finden; es ist ihnen aber nicht möglich, in allen Fächern gleich stark zu sammlen, ohne sich, zum Nachtheil ihrer Familie, oder ihrer häußlichen Einrichtungen, zu erschöpfen.„

„Jeder Liebhaber oder Kenner der Natur hat sein Lieblingsfach, das ihn vor andern ergötzet, welchem er auch vor andern die meiste Zeit zu widmen pfleget. Um auf eben dieses Fach zugleich die meiste Kosten wenden zu können, sollte man sich entschlüßen, bloß in diesem einzigen Fache mit Eifer und möglichem Aufwand, in andern aber bloß gelegentlich, und ohne Kosten zu sammlen, mit auswärtigen Kennern seines Lieblingsfaches, schriftliche Bekanntschaft zu unterhalten, und sich vermittelst solcher Freunde, von allerley Gegenden her, neuen Stoff zu Betrachtungen, und neue Merkwürdigkeiten, durch Tausch, oder andere Vergütigungsmittel zu verschaffen.„

„Weil auch ohne gute Büchersammlung in keinem Fache der Natur gründliche Kenntnisse

nisse zu erlangen sind, so würde jeder vermögende Liebhaber die vorzüglichsten und nützlichsten Werke seines Hauptfaches in möglicher Vollständigkeit, anzuschaffen bemühet seyn. Wenigstens läßt sichs allemal eher als möglich denken, daß man in einem einzigen Theil der Naturgeschichte weit gehen, als in allen zusammen auch nur etwas Mittelmäßiges von Seltenheiten und Büchern besitzen könne, wofern uns nicht außerordentliches Vermögen, oder besonders ergiebige Quellen, zu glücklichen Ausnahmen machen.„

„Wenn wir also annehmen — und warum sollte man dieses nicht mit größter Wahrscheinlichkeit thun können? -- in einer großen Stadt befänden sich Liebhaber zu allen einzelnen Fächern der Naturgeschichte, die zwar an den übrigen Theilen derselben ebenfalls, an ihrem Lieblingsfach aber, besondern guten Geschmack finden, und folglich in diesem Fache das stärkste Kabinet, zugleich aber die ansehnlichste Bibliothek sammleten; so würde daraus folgen, daß in einer Stadt, wie unser glückliches Berlin ist, unter allen Liebhabern zusammen genommen, ein prächtiges allgemeines Naturalienkabinet und eine ansehnliche physikalische Bibliothek zu finden seyn müßte. Nun wäre freylich dieses Kabinet, und diese Bibliothek unter mancherley Besitzer vertheilet, und was könnte dem Einen das helfen, was der Andere für sich angeschaft hätte? — Dies ist eigentlich der Gordische Knoten, bey dessen Auflösung noch allerley Bedenklichkeiten vorkommen. Ich will es versuchen, ob sich nicht ein Mittel finden lasse, diese schöne Kabinette, diese kostbare Büchersammlungen so zu vereinigen, daß aus denselben, ohne Nachtheil der Eigenthümer, ein gemeinschaftliches Ganzes entstehen könnte. Wie dieses möglich sey? darzu ist mir allerdings nur ein einziger Weg eingefallen, der aber den gegenwärtigen Kennern der Natur so sehr zum Ruhm, vielleicht auch zum Vergnügen, als auswärtigen Freunden der Natur, auf eine mittelbare Weise, zum Vortheil zu gereichen geschickt wäre.„

„Sollte man hier nicht so gut, als in einer gewissen freyen Reichsstadt, eine Privatgesellschaft Naturforschender Freunde zu errichten und ihr eben so viel Vortheile für gegengenwärtige Mitglieder zu ertheilen fähig seyn, als die Absicht einer so rühmlichen Verbindung erfordert? Wenn alle, wenigstens die meisten hiesigen Besitzer ansehnlicher Kabinette, sich zu dem vortheilhaften Endzweck freundschaftlich vereinigen wollten, alle Wochen einige Nachmittagsstunden eines bestimmten Tages, soviel es ihre Geschäfte verstatten, abwechselnd zusammen zu kommen; wenn sie diese Stunden anfänglich zu gelehrten Unterhaltungen anwenden, sich untereinander selbst, und einer des andern Seltenheiten und Bücher genauer kennen lernen, wenn jeder mit dem gewählten Lieblingsfach seine Freunde unterhalten, einer dem andern seine Kenntnisse Gesprächweise mittheilen wolten; wenn ferner diese geschlossene Gesellschaft redlicher, geschickter und gesitteter Männer sich bestrebte, jeder in seinem Fache die physische Merkwürdigkeiten, die er besitzet, auch die Schriften, welche davon handeln, genau kennen zu lernen, und eben so genau anzumerken, welche Stücke, von seinen gesammleten Merkwürdigkeiten, entweder gar nicht, oder nicht hinlänglich beschrieben, oder noch nicht richtig abgebildet worden, — wenn sie untereinander Betrachtungen und Erläuterungen über dergleichen Seltenheiten ihrer Kabinette anstelleten, und sie alsdann, durch welchen Weg es beliebig wäre, in deutlichen Beschreibungen und richtigen Zeichnungen gemeinnütziger machten; wenn sie besonders darauf dächten, bloß **neue Beyträge zur Naturgeschichte** oder wenigstens Erläuterungen gewisser Zweydeutigkeiten zu liefern; wenn sie nach einigen ernsthaften Stunden der Betrachtung, zu ihrem gemeinschaftlichen Unterricht die Reize der Freundschaft und Vergnügungen der vernünftigen Geselligkeit noch hinzufügten —— würde nicht aus einer solchen Verbindung, mit der Zeit, mehr Nutzen und Annehmlichkeit, als der erste Anblick des Entwurfs zu versprechen scheinet, zu erwarten seyn? Die Mitglieder würden, einer durch des andern Sammlungen, reichen Stoff zu neuen Kenntnissen, in öftern Zusammenkünften die vortheilhafteste Gelegenheit zu einer innigen Freundschaft finden, und endlich das Vergnügen haben, durch ihre Beyträge zur Naturgeschichte, auch entfernten Liebhabern der Natur nützlich zu werden. Jeder genöße die natürliche Reichthümer des andern, jeder zöge seine Vortheile vom Kapital seines

nes Freundes, ohne daß der Eigenthümer einen Stüber vom Werthe seines Eigenthums verlöhre. Die Gesellschaft wucherte mit gemeinschaftlichen Gütern, das Interesse würde allgemein, und der Fond dazu fast unerschöpflich seyn." ——

Dies waren die ersten Züge von einem Entwurf, der sich erst alsdann erweitern, verbessern, und in ein helleres Licht setzen ließ, wenn mehrere Liebhaber physischer Kenntnisse dieses Schattenbild meines Plans, durch ihren Rath und Beystimmung belebten. Es fanden sich hierbey allerdings noch Einwendungen, die gemacht, und Schwierigkeiten, die gehoben werden mußten.

Ehe noch dieser Aufsatz öffentlich erschien, legte ich ihn einem meiner Freunde, durch ihn aber noch einigen Freunden der Natur, zur Prüfung vor. Allgemein, oder seiner Absicht gemäß betrachtet, fand er bey allen gewünschten Beyfall. Es beruhete nur darauf, unter einer gewissen Anzal künftiger Mitglieder die besondere Regeln vest zusetzen, die man künftig bey solchen gesellschaftlichen Zusammenkünften zu beobachten haben würde.

Da ich bereits, mit Beyhülfe meines gedachten lieben Freundes, die vorzüglichsten Artickel, welche zum Anfang einer solchen Stiftung nöthig zu seyn schienen, zu Papier gebracht, um sie gleich in der ersten Berathschlagungsversammlung vorlesen, prüfen, erweitern und verbessern zu können, so wurden in dieser Absicht, durch einen schriftlichen Umlauf, diejenigen unter den hiesigen Verehrern der Natur, welche mit uns bereits in der freundschaftlichsten Verbindung standen, am 9ten Jul. 1773 Nachmittags zu mir eingeladen, und noch an selbigem Tage die ersten Grundregeln der Gesellschaft, mit allgemeiner Einstimmung, vestgesetzt.

Unter allen gegenwartigen Mitgliedern herrschte, gleich bey der ersten Zusammenkunft, so viel rühmlicher Eifer für die Naturwissenschaft selbst, so viel Begierde, nach mehrern praktischen Kenntnissen, so viel überlegender Ernst, so viel vertrauliche und liebvolle Freundschaft eines Mitgliedes für das andere, so viel Uebereinstimmung in den Gesinnungen, und eine so reizende Zufriedenheit im Ganzen, daß wir an diesem Tage der Stiftung, schon die

ange-

angenehmste Hofnung einer glücklichen Zukunft fassen konnten.

Unter den Artickeln unserer Einrichtung, die wir als die unveränderlichsten und wesentlichsten betrachteten, waren

1) Eine allgemeine Gleichheit aller Mitglieder, in Ansehung der Stimmen und aller übrigen gesellschaftlichen Rechte, ohne Rücksicht auf Geburt, Rang und Ansehen, in den Stunden unserer Versammlungen, oder in gesellschaftlichen Angelegenheiten. Man hielt auf diesen Punkt so strenge, daß die geringste Anmaßung eines gewissen Vorrechtes, schon für so gut, als für eine Absagung aller gesellschaftlichen Rechte erkläret wurde.

2) Eine von allem Neid und unedlen Nebenabsichten gänzlich entfernte, süße Anhängigkeit aller, zum gemeinschaftlichen Zweck vereinigten Freunde der Natur.

3) Eine gewisse Art von Gemeinschaft aller derjenigen Mittel zu Beförderung der natürlichen Kenntnisse, die Einer oder der Andere vorzüglich, in Absicht auf sein Kabinet oder Bibliothek, in seiner Gewalt hatte, oder die

Erlaub=

Erlaubniß, die Hülfsmittel unserer Freunde, so gut als unser Eigenthum, doch ohne Nachtheil des Besitzers, nutzen zu können.

4) Eine genaue Verbindung mit so viel auswärtigen gelehrten Naturforschern, als wir unserm Vorhaben günstig zu machen vermögend seyn würden; die genaueste Aufmerksamkeit auf die Naturgeschichte unseres Landes, und auf die vortheilhafte Nutzung der Produkte desselben; vornämlich aber

5) Der veste Entschluß, nie unsere Absichten bis über die Grenzen einer Privatvereinigung auszudehnen, die Anzal der gegenwärtigen Mitglieder nicht über eine bestimmte Zahl steigen zu lassen, damit wir ungehindert unsre Zusammenkünfte bey jedem Mitglied, nach einer durchs Loos bestimmten Ordnung, halten und wechselsweise jedem Freunde, bey dem wir uns versammleten, das Recht eines Vorsitzers, um besserer Ordnung willen, einräumen könnten.

6) Keinem unserer in öffentlichen Aemtern stehenden Mitglieder eine Beschäftigung anzumu-

muthen, die er nicht in bloßen Erhohlungsstunden, ohne die mindeste Störung in seinen Amtsgeschäften, vollenden kann, und überhaupt, auch in dieser Absicht, unter den hiesigen Mitgliedern eine vollkommne Freyheit herrschen zu lassen.

7) Die Anlage zu einem gemeinschaftlichen Kabinet, und einer gemeinschaftlichen Büchersammlung nach allen Kräften, aber ohne merklichen Aufwand, zu befördern.

8) Die wenigen Kosten aber, welche die nöthigsten Bedürfnisse einer solchen Privatgesellschaft erfordern, bloß durch einzelne kleine Beyträge hiesiger Mitglieder zu bestreiten.

Es war natürlich, daß noch viele der folgenden Zusammenkünfte bloße Berathschlagungsversammlungen seyn mußten, in welchen sich aber der Eifer aller Mitglieder für diese Stiftung immer lebhafter zeigte.

Da in so wohl eingerichteten und glücklichen Staaten, als der unsrige, jede Art von etwas beträchtlichen gesellschaftlichen Verbindungen, dem Staate selbst billig nicht unbekannt bleiben darf, so war unsere erste Sorge dahin gerich-

gerichtet, einem hohen Etatsrath so gleich die Absicht und Einrichtung unserer Privatgesellschaft unterthänig zur Prüfung und gnädigsten Genehmigung vorzulegen, wie uns denn in einem gnädigsten Reskript vom 25ten Oktobr. 1773, zu Verschickung ordentlicher Diplome an auswärtige Kenner und Freunde der Natur, als einer Privatgesellschaft Naturforschender Freunde, so gleich ein eignes gesellschaftliches Siegel gnädigst eingestanden, und unser Institut in Gnaden genehmiget wurde.

Die Nothwendigkeit, zu Erreichung gemeinnütziger Absichten, uns um die Unterstützung auswärtiger gelehrter Gönner und Freunde zu bewerben, fiel uns bey jeder Versammlung deutlicher in die Augen. Die ersten Versuche machten wir bey Freunden, auf deren gütigen Beyfall wir mit einiger Zutraulichkeit rechnen konnten. Wir giengen hernach weiter. Der Erfolg übertraf unsre Erwartungen. In der That war dies eine Gelegenheit, wahrzunehmen, wie vielen Einfluß das Studium der Natur auf die Herzen und Seelen ihrer Verehrer habe, wie kräftig diese Wissenschaft sey, alle Anhänger derselben mit ein-

einander aufs freundschaftlichste zu vereinigen! Alle Gönner, denen wir unsre Diplome zuschickten, alle Freunde, denen wir unsre gemeinnützige Absichten mittheileten, zeigten sich uns in Ihren Antworten so gefällig, so freundlich, als die Natur selbst, gütiger, als wir hoffen, großmüthiger, als wir vermuthen konnten. In den vorzüglichsten deutschen Provinzen so wohl, als in Holland, in Dännemark, in Schweden, in Rußland, in Italien und in den meisten europäischen Reichen — allenthalben fanden wir einerley Gesinnungen, einerley Denkungsart, einerley Betragen, allenthalben die gefälligsten Freunde der Natur und ihrer Verehrer. Es wäre schwarzer Undank, wenn wir nicht öffentlich rühmen wollten, daß unsre angelegte Sammlungen, an Büchern und natürlichen Merkwürdigkeiten, so wie unser gesellschaftliches Tagebuch, an wichtigen Nachrichten durch die entferntesten unsrer Freunde bisher schon vorzüglich bereichert worden. Ob uns gleich in unsrer Büchersammlung die Werke unsrer Mitglieder allemal die schätzbarsten Denkmale ihres Fleißes, ihrer Gelehrsamkeit und ihres Wohlwollens sind; so haben wir uns doch auch schon eines

 ansehn-

ansehnlichen Beytrags fremder Werke zu erfreuen.

Vorzüglich dürfen wir bey dieser Gelegenheit, ohne den Schein eines offenbaren Undankes, die Höflichkeit nicht unangezeiget laßen, mit welcher einige Buchhändler, unter andern Herr Nik. Raspe in Nürnberg, Herr Pauli und Frau Boßin allhier, aus eignem Antrieb, unsre Bibliothek mit ihren besten physikalischen Verlagsbüchern und mit den Fortsetzungen derselben beschenket haben.

Bey so vielem Anschein eines glücklichen Fortganges unserer Privatstiftung, bey der immer stärker anwachsenden vertraulichen Gefälligkeit aller hiesigen, auch der meisten auswärtigen Mitglieder, konnten wir den ersten jährigen Stiftungstag unmöglich sich nähern sehen, ohne die angenehmsten Empfindungen des Dankes gegen die auswärtigen Beförderer unseres Institutes, ohne die wahreste Freude über den glücklichen Erfolg unserer Unternehmung und ohne den ernstlichen Vorsatz, unsern Eifer für das Beste derselben zu verdoppeln. Der glückliche Tag erschien und belebte uns

durch

durch die Hofnung immer glücklicherer Aussichten. Ich wagte es, meiner Pflicht gemäß, der Versammlung, in der ungeschmückten Sprache des Herzens, eine matte Schilderung meiner Empfindungen, meiner Hofnungen und Wünsche vorzulegen und ich muß es zur Ehre der Natur und ihrer Verehrer gestehen, daß die Feyer unsers ersten Stiftungstages in allen versammleten Mitgliedern Empfindungen, Vorsätze und Entschlüssungen erzeugte, welche der Menschheit selbst Ehre zu machen fähig waren.

Der einzige widrige Vorfall, den wir, seit Errichtung unserer Gesellschaft, mit einstimmiger Betrübniß empfunden haben, war das unvermuthete, frühzeitige Absterben zweener sehr würdigen Freunde und Korrespondenten, von deren Kenntnißen und Fleiß wir künftig die reizendsten Proben würden erhalten haben, als

1) des Herrn. Doktor Günthers in Kahle, bey Jena, und

2) Herrn G. A. Gründlers in Halle,

deren Andenken aber, aus billiger Dankbarkeit für die uns bewiesene redliche Theilnehmung an unserm Institut, in unsern Schriften gebührend soll erhalten werden. Dies ist auch eigentlich die Absicht, warum wir unsern gesellschaftlichen Grundregeln den XXten Artickel beygefügt haben, deßen gütige Befolgung uns oder unsere Nachfolger in den Stand setzen würde, allen Mitgliedern, welche durch das allgemeine Gesetz der Natur uns nach späten Jahren entrißen werden, diese traurige, aber schuldige Pflicht leisten zu können.

Da ein ansehnlicher Theil unserer hiesigen Mitglieder in öffentlichen Aemtern stehen, also nur einen kleinen Theil ihrer kostbaren Zeit auf die Erforschung und nähere Kenntniß der Natur verwenden können; so werden wir freylich das Naturforschende Publikum nicht allzu oft, wenigstens nicht in bestimmten Perioden, mit unsern gesellschaftlichen Beschäftigungen unterhalten können. Unleugbar ist es zwar, daß in allen unsern wöchentlichen Versammlungen so viel Nützliches unternommen und abgehandelt wird, als unsre eigne Belehrungen und vortheilhafte Unterhaltungen erfordern; dennoch kann unmöglich alles, was unsre Privatbelehrungen betrift, auf die Aufmerksamkeit eines ganzen Publikums Anspruch machen. Wir haben daher

her unter einer ansehnlichen Menge von Vorlesungen hauptsächlich solche ausgesuchet, von denen wir hoffen zu dürfen glaubten, daß sie den Freunden der Natur nicht ganz gleichgültig seyn würden. Viele unsrer gesellschaftlichen Vorlesungen sind außerdem auch in den hiesigen Sammlungen und Mannigfaltigkeiten besonders abgedrucket worden. *)

*) So findet man z. B. im VI und VII Bande der Berlin. Samml. von unsern Vorlesungen

a) die Beschreibung und Abbildungen eines merkwürdigen Rochenknochens. von mir.

b) Die Naturgeschichte des Fischerfrosches oder Seeteufels, nach Anleitung eines Originals im Rebeltischen Kabinette. von mir.

c) Eine vollständige Nachricht und Auszüge aus den sämtlichen raren Vinzentischen Werken. Vom Hrn. Insp. Wilkens in Rotbus.

d) Eine übersetzte Abhandl. vom Ursprung des Honigs. Von Hr. R.

e) Vermischte Nachrichten von etlichen seltnen Konchylien m. K. von mir.

In den Neuen Mannigfaltigkeiten aber:

f) Die blitzende Blume oder indianische Kresse, Tropæolum L.

g) Vom Aberglauben in der Naturgeschichte vom Hrn. P. Götze.

Der hauptsächlichste Bewegungsgrund, warum wir den I Band unsrer gesellschaftlichen Schriften etwas zeitig der Beurtheilung des Publikums übergeben, besteht in dem billigen Bestreben, unsern auswärtigen theilnehmenden Gönnern und Freunden, die von unsern Absichten und Einrichtungen bald etwas näher unterrichtet zu seyn wünschten, dadurch einen Versuch des Planes, wornach wir arbeiten,

h) Des Hrn. P. Meinekens Gedanken über die nutzbare Anwendung der Lehre von Befruchtung der Pflanzen.

i) Des Hrn. P. Götzens Abh. von den Vortheilen, beym Gebrauch der Vergrößerungsgläser die Augen zu schonen.

k) Hr. Hagens in Königsb. in Preuß. Beobacht. über das schreckliche Gift in den Gewächsen.

l) Desselben Nachr. von einigen unter der Erde fliesenden Strömen in Preußen.

m) Desselben Abh. vom Blutregen und einigen in Blut verwandelten Wassern in Preussen 2c. nebst physischen Erläuterungen.

Im *Journal litteraire de Berlin, dedié au Roi.*

n) Hr. Achards Versuche über die Natur der fixen und derjenigen Luft, die aus den Metallen vermöge des Scheidewassers gezogen wird und unter dem Namen der nitrösen Luft bekannt ist.

ten, und der Gegenstände, die wir zu bearbeiten suchen, vor Augen zu legen, auch durch eine kurze Entstehungsgeschichte der Gesellschaft und nähere Bestimmung unserer eigentlichen Absicht, allerley möglichen und bereits wirklich bemerkten Mißverständnißen vorzubauen nnd ihnen abzuhelfen.

Man hat unser Institut lediglich als einen bisher sehr glücklich eingeschlagenen Versuch anzusehen, wie weit es möglich sey, die vorzüglichsten Naturforscher der meisten europäischen Reiche, in eine solche gemeinschaftliche Privatverbindung und schriftliche Unterhaltung mit einander zu setzen, als nothwendig erfordert zu werden scheinet, wenn man den Geheimnißen der Natur von allen Seiten ernstlich nachspüren, und sie nach ihren unerschöpflichen Abänderungen immer näher kennen lernen, mit ihren Merkwürdigkeiten immer vertrauter werden, und die unbeschreiblichen Vortheile ihres reizenden Einflußes auf die Herzen aller ihrer Lieblinge fühlen, zugleich aber des Vortheils genüßen will, in mehr, als Einem Punkte der Schöpfung zu leben.

Glücklich, daß wir uns rühmen können, den Vorschmack eines großen Theiles dieser schmeichelnden Vortheile bereits im ersten Jahr unserer Stiftung gekostet zu haben, statten wir hiermit allen günstigen Beförderern unserer gemeinnützigen Bemühungen den gehorsamsten und verbindlichsten Dank ab, schmeicheln uns mit Ihren fernern geneigten Unterstützungen, freuen uns Ihres Wohlwollens, erwarten ferner Belehrungen und Nachrichten aus Ihren schriftlichen Unterhaltungen, und versprechen Ihnen unvergängliche Verehrung und kollegialische Freundschaft.

Die Gelehrten, denen wir bis hieher die größte Danksagungen schuldig sind, wird man theils aus dem angehängten Verzeichniß der Mitglieder, theils aus ihren eingeschickten, hier abgedruckten Abhandlungen und Nachrichten bald näher kennen lernen. Die Ordnung der Abhandlungen hätten wir nach dem Datum ihrer Vorlesung, ohne Rücksicht auf andere Nebenumstände einrichten können. Wir glaubten aber nach dem Geschmacke der mehresten Leser zu verfahren, wenn wir die ähnlichsten Materien am nächsten zusammen brächten, und mit der allgemeinen Geschichte der Natur und spekulativischen physikalischen Abhandlungen den Anfang machten, hernach die Beobachtungen und Nachrichten aus dem Thier- Pflanzen- und Mineralreich folgen, zum Beschluß aber einige kurze vermischte Nachrichten aus den Briefen unserer gelehrten Herrn Korrespondenten und auswärtigen Mitgliedern andrucken ließen. Sollten indessen, während des Druckes, noch einige Abhandlungen einlaufen, die man ihrer Nutzbarkeit wegen dem Publikum nicht gern lange vorenthalten mögte; so wird man sie, ohne Rücksicht auf diese Ordnung, noch mit einzuschalten suchen.

Das Verzeichniß der jetzigen Mitglieder ist so eingerichtet, daß die hiesigen ordentlichen Mitglieder nach der gleich anfänglich beliebten Entscheidung des Looßes, die hiesigen Ehrenmitglieder, nach dem Datum ihrer Aufnahme, die auswärtigen Ehrenmitglieder aber, nach der alphabetischen Ordnung stehen.

Die Bekanntmachung eines Verzeichnißes unserer gesellschaftlichen Bücher- und Naturaliensammlung, verschieben wir billig noch einige Zeit, bis wir dadurch dem Publikum etwas Unterrichtendes, anstatt eines bloßen Namenregisters, vorlegen können.

Sollte man gegen unsere Gesellschaft so billig handeln, sie vorläuffig mehr nach der guten Absicht, als nach dem, was wir in so kurzer Zeit zu leisten vermogten, zu beurtheilen; so dürfen wir hoffen, daß man den ersten Versuchen unserer Bemühungen ein liebreiches Urtheil sprechen werde. Berlin den 28ten Jänner 1775.

Gesetze
der hiesigen Privatgesellschaft Naturforschender Freunde
nach den Verbesserungen vom 3ten May 1774.

I.

Der Hauptendzweck der hiesigen Privatgesellschaft Naturforschender Freunde bestehet vornämlich in einem gemeinschaftlichen Bestreben aller Mitglieder, die Erscheinungen und Merkwürdigkeiten der Natur, so viel in ihrer Gewalt ist, genau zu erkennen, die Naturgeschichte in ihrem ganzen Umfange, besonders aber die Naturgeschichte unserer Lande, mit Beyhülfe einer guten Naturlehre, fleißig zu studiren und zum vorzüglichsten Gegenstand ihrer Zusammenkünfte zu machen.

II.

Diesem zufolge werden zu ordentlichen Mitgliedern auch nur solche Personen angenommen,

die

die nicht allein wahre Liebhaber der Natur sind, auch schon beträchtliche Kenntnisse von den Merkwürdigkeiten derselben besitzen, sondern auch selbst natürliche Seltenheiten oder optische und physische Instrumente, Präparata u. s. w. gesammlet haben, und ihre Sammlung nach Möglichkeit zu erweitern und unterrichtender zu machen gedenken.

II.

Die vereinigte Mitglieder unserer Gesellschaft versammlen sich alle Dienstage in ordentlicher, durchs Loos entschiedener Folge bey einem nach dem andern. Die Zeit ihrer nöthigen Berathschlagungen ist von drey bis fünf, die Zeit ihrer Vorlesungen von fünf bis sieben Uhr.

III.

Bey jeder Zusammenkunft wird erst von demjenigen Mitgliede, wo die Gesellschaft versammlet ist, entweder ein willkührlicher Aufsatz vorgelesen oder etwas von den Merkwürdigkeiten seines Kabinets der Gesellschaft vorgeleget und gemeinschaftlich darüber geurtheilet; hernach aber werden von sämmtlichen Mitgliedern, in guter Ordnung, alle diejenige physikalische Neuigkeiten vorgetragen, die man von einer Woche zur andern, entweder durch Briefwechsel mit auswartigen Kennern der

Natur,

Natur, oder durch Lesung neuer ausländischer Werke und Journale, gesammlet hat.

V.

Jedes Mitglied, von welchem Stand es auch sey, hat, während unserer Zusammenkünfte so wohl, als in allen die Gesellschaft betreffenden Angelegenheiten, mit allen übrigen gleichen Rang und gleiche Rechte, auch Jedes, bey Wahlen und Berathschlagungen mehr nicht, als eine Stimme; daher man auch gleich Anfangs die Ordnung der Zusammenkünfte nicht anders, als durchs Loos entscheiden wollen. In sofern aber dadurch weder diese allgemeine Gleichheit unter den Mitgliedern gestöret, noch die gesellschaftliche Freyheit im mindesten eingeschränket wird, hat man, um einer bessern Ordnung willen, dem Freunde, bey dem eben die Gesellschaft versammlet ist, in seiner Wohnung allemal den Vorsitz eingeräumt und ihn berechtiget, seine Bemerkungen und Vorschläge zuerst, entweder abzulesen, oder mündlich vorzutragen.

VI.

So lange jemand in der Gesellschaft mit einer Vorlesung oder mit einem Vortrage beschäftigt ist, wird von allen übrigen Mitgliedern, wie billig, ein

auf-

aufmerksames Stillschweigen beobachtet. Der jedesmalige Vorsitzer hat indessen dahin zu sehen, daß jedes Mitglied bey der Sitzung Papier und Feder vor sich liegen habe, um seine Zweifel, Erläuterungen oder Einwürfe, während der Vorlesung, anmerken, und nach Endigung derselben, vortragen zu können.

VII.

Ein Mitglied, welches, der im Vten Artikel vestgesetzten Gleichheit entgegen, sich irgend ein Vorrecht anmaßen oder in gesellschaftlichen Angelegenheiten etwas eigenmächtig unternehmen, und ohne Beystimmung der übrigen Mitglieder durchsetzen wollte, erkläret, indem er dieses thut, seine Stelle selbst wieder für entlediget, weil die geringste Usurpation oder eigenmächtige Anmaßung den Grund unserer Gesellschaft erschüttern und wankend machen würde. Die Gesellschaft behält sich in einem solchen hinlänglich erwiesenen Fall das Recht vor, als bekannt annehmen zu dürfen, daß ein unserer Gleichheit offenbar oder im Verborgnen entgegen handelndes Mitglied keinen fernern Antheil an unserer Vereinigung zu nehmen willens oder fähig sey.

Wer die ordentliche Zusammenkünfte 4 oder gar 6 mal, ohne deshalb sich hinreichend entschuldigen

gen zu können, verabsäumet, verlieret natürlicher Weise, durch diese scheinbare Gleichgültigkeit, seine Rechte als ordentliches Mitglied und allen Antheil an dem gesellschaftlichen Eigenthum.

VIII.

Ohne die dringendste Nothwendigkeit und allgemeine Beystimmung werden die wöchentlichen Zusammenkünfte der Mitglieder nie ausgesetzet. Ordentliche Mitglieder dürfen auch, ohne die wichtigste Bewegursachen, die Versammlung nie versäumen.

IX.

Wenn dem Freunde, welchen eben die Reihe der Zusammenkunft in der Ordnung treffen würde, unverhofft eine ganz unvermeidliche Abhaltung vorfällt, so hat er dieses unverzüglich seinem Nachfolger zu melden, damit sich dieser in Zeiten darnach einrichten, der Gesellschaft aber diesen Vorfall durch ein Zirkular zeitig bekannt machen könne. Der verhinderte Freund würde dann in der folgenden Woche das Versäumte nachhohlen.

X.

Im gesellschaftlichen Tagebuch, welches der beständige Sekretair der Gesellschaft führet, wird alles pflichtmäßig eingetragen, was zum Besten der

Gesell-

Gesellschaft berathschlaget, von gegenwärtigen Mitgliedern zu ihrem Vortheil unternommen und von auswärtigen zur mehrern Aufnahme derselben gütigst beygetragen, auch alles, was während unserer Berathschlagungsstunden und Sitzungen Merkwürdiges vorgetragen, vorgelesen und abgehandelt worden. Die Vorlesungen selbst, und in manchen Fällen unentbehrlichen Umläufe, werden unter den im Tagebuche bemerkten Buchstaben mit allen Konklusis der Mitglieder, als Beylagen desselben, vom Sekretair aufbewahret, wo jedes Mitglied alles in bester Ordnung finden und beliebig nutzen kann.

Alle von gegenwärtigen Mitgliedern vorgelesene Aufsätze, Nachrichten, Beobachtungen und Abhandlungen werden zwar in den Beylagen zum Tagebuch der Gesellschaft gesammlet und aufbehalten, das Eigenthumsrecht seiner Aufsätze wird aber jedem Verfasser in sofern überlassen, als er nicht ausdrücklich anzeiget, daß er seine Vorlesungen für die Sammlung unserer gesellschaftlichen Schriften bestimmt habe. Im letzten Fall wird sie zwar unter die zum Druck bestimmte Aufsätze, geleget, aber doch mit dem Vorbehalt, ehe man sie drucken läßt, allen ordentlichen Mitgiedern vorher nochmals zur Prüfung mitgetheilet zu werden.

Von

Von auswärtigen Mitgliedern ist wohl zu vermuthen, daß wir von ihnen keine andere Nachrichten oder Abhandlungen erhalten dürften, als die sie zu Beyträgen für die Schriften der Gesellschaft willkührlich zu widmen beliebet.

Um den auswärtigen geneigten Beförderern unsers Institutes die Wahl der einzuschickenden Beyträge zu erleichtern, versichern wir, daß uns nicht bloß Nachrichten von ganz unbekannten oder unbeschriebnen, sondern auch richtigere Beschreibungen oder Abbildungen von bereits bekannten Körpern, Wahrnehmungen an Thieren, Insekten, ihrer Oekonomie und Einrichtung, Beschreibungen unbekannter Urstücke zu den Versteinerungen, unbekannter Konchylien, Pflanzen, Steine, Minern, chemische Untersuchungen seltner oder nutzbarer Produckte, nebst Bestimmung ihrer Anwendung zum allgemeinen Nutzen, auch andere noch nicht bemerkte chemische Erscheinungen, Erfindungen und Verbesserungen gemeinnütziger physischer Maschinen oder Instrumente, Erläuterungen merkwürdiger Lufterscheinungen und alles, was in der Naturgeschichte des Himmels und der Erde noch nicht hinlänglich erkläret ist, unter ihren gütigen Beyträgen höchst willkommen seyn werde.

XI.

Auswärtigen Mitgliedern ist, wenn sie nach Berlin kommen, und sich deshalb entweder beym Sekretair, oder einem andern Mitglied melden, allezeit in den Vorlesestunden von 5 bis 7 Uhr ein Sitz in unsern Versammlungen aufbehalten. In Ansehung der gegenwärtigen ordentlichen aber, die sich hier alle Wochen versammlen, ist aus wohl überlegten Gründen einmüthig beschlossen worden, die Anzal derselben nicht über zwölfe steigen zu lassen. So lange diese Zahl vollständig ist, werden andere hiesige Theil nehmende Freunde der Natur als Ehrenmitglieder betrachtet, und, auf ihr Verlangen, durch ein Diplom berechtiget, unsern Versammlungen von 5 bis 7 Uhr, so oft es ihnen beliebet, am bestimmten Tage beyzuwohnen, auch im erforderlichen Fall, wenn sie der Gesellschaft einige Versuche oder Merkwürdigkeiten ihrer Sammlung zeigen wollen, selbige am Versammlungstag außerordentlich zu sich einzuladen.

XII.

Da sich indessen die Beobachtungen der Natur an einerley Ort und in einerley Gegend nicht immer sonderlich hoch treiben lassen; so ist es unumgänglich nöthig befunden worden, in allerley Gegenden und Landen Gönner und Freunde zu haben, die sich unserer Absichten mit gemeinschaftlichem Eifer annehmen, uns mit Nachrichten und Seltenheiten ihres Vaterlandes und ihrer Kabinette unterstützen und uns in den Stand setzen können, unsern Versammlungen mehr Vortheil und Nachdruck zu verschaffen.

Auswärtige Ehrenmitglieder also, die sich entweder schon als emsige Naturforscher bekannt gemacht haben oder wenigstens große Sammlungen besitzen und unser Tagebuch mit allerley auserlesenen Merkwürdigkeiten bereichern könnten, werden vermittelst eines gedruckten und mit dem gesellschaftlichen Siegel bezeichneten Diploms zur gütigen Theilnehmung an unsern Bemühungen und guten Absichten eingeladen, doch nicht ohne sie vorher der ganzen Gesellschaft vorgeschlagen, und für sie die meisten Stimmen erhalten zu haben.

XIII.

Sämmtliche vereinigte Freunde der Natur haben es als eine aus dem XIIten Artikel natürlich folgende Pflicht anzusehen, künftig von ihren auswärtigen gelehrten Freunden und Liebhabern der Natur so viel brave Männer unserm Vorhaben günstig zu machen, als der Umfang ihrer Bekanntschaften erlaubet.

XIV.

Die Wahl eines jeden, so wohl eines ordentlichen, als Ehrenmitgliedes, es mag ein hiesiger oder ein auswärtiger Gelehrter seyn, wird allemal durch die mehreste Stimmen, und zwar, zu Vermeidung aller dabey möglichen Bedenklichkeiten, per Tesseras vestgesetzet. (Cf. p. 51 des Tageb.) Jede bevorstehende Wahl muß also, vor der Wahlversammlung, allen Mitgliedern durch einen Umlauf gemeldet werden, damit, wo möglich, bey der dazu bestimmten Zusammenkunft Niemand fehle. Fügt sichs hernach, daß unter diesen Umständen dennoch ein oder das andere Mitglied abgehalten wird, gehörig zu erscheinen, so kann ihre Stimme, die Verhinderung mag Namen haben wie sie wolle, bey dieser Gelegenheit nicht in Betrachtung gezogen werden; es müßte dann deshalb an einen vertrauten Freund aus der Gesellschaft in der Stille das Votum übergeben worden seyn.

XV.

Es wäre möglich, daß in einer Wahl die Anzal der bejahenden und verneinenden Stimmen gleich stark ausfallen könnte. In diesem seltnen Fall wird eine solche Wahl als eine fehlgeschlagene betrachtet, und ihre Wiederhohlung in der folgenden Sitzung

nur

nur unter der einzigen Bedingung erlaubet, wenn diese Gleichheit der Stimmen durch die Abwesenheit eines ordentlichen Mitgliedes entstanden ist, und folglich noch ein entscheidender Ausschlag durch dessen Stimme geschehen könnte.

Uebrigens hat sichs hiebey die Gesellschaft zu einem unverbrüchlichen Gesetze gemacht, in der Wahl gegenwärtiger ordentlicher Mitglieder allemal so sehr auf thätigen Fleiß und nutzbare Kenntnisse, als auf gewisse Vorzüge des Herzens zu sehen, ohne welche die Annehmlichkeit unserer Versammlungen sehr verlieren würde.

XVI.

Zu Begünstigung einer solchen Wahl per Tesseras und aller Fälle, wobey es auf Sammlung der mehresten Stimmen ankömmt, ist jedes Mitglied gehalten, sich eine Kapsel mit 12 weißen und eben so viel schwarzen Kugeln zu halten, damit es uns in keiner Versammlung an diesen Werkzeugen der Wahl und Entscheiduung fehlen möge.

XXVII.

Jedem neu gewählten ordentlichen, und hiesigen Ehrenmitgliede wird von dem Freunde, welcher ihn vorgeschlagen, die Einstimmung der Gesellschaft vorher bekannt gemacht. Zu der folgenden Sitzung wird ein solcher neuer Kollege besonders eingeladen, um vor der ganzen Versammlung erst seinen Beyfall wegen unserer Einrichtung, nach Vorlesung der Gesetze, zu erklären und sich allen Punkten derselben gehörig zu unterziehen. Findet er in unsern einmal vestgesetzten Einrichtungen keinen Anstoß oder Bedenlichkeit, so wird ihm sogleich das Diplom ausgefertigt und er von Dato in alle Rechte der hiesigen Mitglieder eingesetzet.

XVIII.

Dem Zweck einer jeden vernünftigen, besonders aber unserer freundschaftlichen Verbindung, ist es gemäß, daß alle Glieder einer solchen Gesellschaft, ohne Rücksicht auf gewisse Vorzüge, die Stand, Ansehn oder Geburth gewähren, sich mit ungeheuchelter Hochachtung, auch aufrichtiger Freundschaft, einander zugethan sind. Man hat also schon als eine Folge so rechtschafner Gesinnungen voraus zusetzen, daß die ganze Gesellschaft sich nicht allein die Erweiterung der Naturkenntniß überhaupt ernstlich angelegen seyn lassen, sondern daß auch jedes Mitglied insbesondre sich ernstlich bestreben werde, dem andern in seinem vorzüglich eignen und hauptsächlichen Fache mit einer großmüthigen,

lieb-

liebvollen und unverdroßnen Bereitwilligkeit, allen möglichen Vortheil und Nutzen zu stiften.

XIX.

Der 9te Julii, als der Stiftungstag unserer Gesellschaft, wird alle Jahre gefeyert.

XX.

Da wir uns zusammen eine Privatgesellschaft naturforschender Freunde nennen, und, als Freunde, an den Schicksalen so wohl, als an den gelehrten Beschäftigungen unserer sämmtlichen Mitglieder, wie billig, den redlichsten Antheil nehmen; so ist nichts natürlicher, als der Wunsch, von den hauptsächlichsten Lebensumständen und gelehrten Bemühungen unserer entfernten Gönner und Freunde gelegentlich näher unterrichtet zu werden, um ihr und ihrer Verdienste Andenken beständig in unsern Herzen und Schriften erhalten zu können. Durch die Erfüllung dieses gerechten Wunsches werden uns alle an unserm Institute Theil nehmende Freunde und Gönner besonders verpflichten.

XXI.

Gleich am Tage der Stiftung wurde der Grund zu einer gesellschaftlichen Bibliothek und Naturaliensammlung geleget, welche beständig beym Sekretair der Gesellschaft in Verwahrung stehen bleibet, und worüber er die Verzeichnisse zu führen verpflichtet ist. Jedes Mitglied verehret hierzu, nach freyer Wahl, ein physikalisches Buch und was er aus der eignen Sammlung von physikalischen Merkwürdigkeiten füglich und willig abgeben kann.

Einen reichlichen Zuwachs verspricht man sich von der Güte solcher auswärtigen Ehrenmitglieder, die sich mit Sammlungen aus ihren Gegenden oder mit Ausgaben nützlicher physikalischer Schriften beschäftigen, und sich ein Vergnügen daraus machen, zu guten Stiftungen das Ihrige beyzutragen.

XXII.

Uebrigens behalten sich die gegenwärtigen Mitglieder vor, die Artickel dieser Einrichtung, nach Maaßgabe der Zeit und Umstände, zu erweitern und zu verbessern. Berlin den 3ten May 1774.

Ver=

Verzeichniß
der ordentlichen, wie auch der hiesigen und auswärtigen Ehrenmitglieder der Berlinischen Gesellschaft Naturforschender Freunde.

Vom Julius 1773 bis Januar 1775.

I. Ordentliche hiesige Mitglieder.

1. Herr Friedrich Heinrich Wilhelm Martini, der Arzneygelahrtheit Doktor und approbirter Praktikus, der Röm. Kayserl. Akademie der Naturforscher, der Fürstl. Heßischen Societät der Wissenschaften, der Kurf. Sächs. Oberlausitzer Bienengesellschaft Mitglied, und beständiger Sekretair der hiesigen Gesellschaft naturforschender Freunde.

2. Herr J. Ch. E.

3. Herr Johann Elert Bode, Astronom der Königl. Preuß. Akademie der Wissenschaften.

4. Herr Johann Andreas Rebelt, Apotheker und Kaufmann.

5. Herr F. W. S.

6. Herr B. F. R.

7. Herr Markus Eliesar Bloch, der Arzneygelahrtheit Doktor und approbirter Praktikus.

8. Herr Johann Friedrich Zückert, der Arzneygelahrtheit Doktor und approbirter Praktikus, Mitglied der Röm. Kayserl. Akademie der Naturforscher und der Kurmainzer Akademie nützlicher Wissenschaften.

9. Herr D. Johann Gottlieb Gleditsch, der Arzneywissenschaft und Kräuterlehre Professor beym Königl. Preuß. Kollegio Mediko Chirurg. zu Berlin, der Röm. Kayserl. Akademie der Naturforscher, der Königl. Preuß. Königl. Schwedischen und Kurmainzischen Akademie, der Frankf. Gesellschaft der Wissenschaften und Kurf. Sächs. Bienengesellschaft in der Oberlausitz Mitglied.

10. Herr Jak. Phil. Pelißon, der Arzneygelahrtheit Doktor und approbirter Praktikus in Berlin, jetziger bestallter Arzt bey den Französ. Waisen- und Armenhäusern.

11. Herr Karl Christian Brumbey, der Arzneygel. Doktor und approbirter Praktikus.

12. Herr Gottfried Adrian Müller, geheimer Königl. Preuß. Finanz- Krieges- und Domänenrath.

II. Hie-

II. Hiesige Ehrenmitglieder.

1. Herr Jo. Theod. Sprögel, der Arzneygelahrtheit Doktor und approbirter Praktikus, Professor der Arzneywissenschaft und Physiologie, beym Königl. Preuß. Kollegio Mediko Chirurgiko.

2. Herr Karl August Brand, der Arzneygelahrtheit Doktor und approbirter Praktikus.

3. Herr Franz Karl Achard, der Physik beflissener.

4. Herr Jo. Friedr. Wilhelm Herbst, Prediger beym Königl. Kadetten-Korps.

III. Auswärtige Ehrenmitglieder.

1. Herr Karl Allion, Doktor der Arzneygelahrtheit und Prof. der Kräuterlehre in Turin.

2. Herr Johann Arduini, Oberaufseher der Ackerbauanstalten in dem Venetianischen Gebiethe, Mitglied vieler gelehrten Gesellschaften, in Venedig.

3. Herr Johann Beckmann, ordentlicher Prof. der Oekonomie, Mitglied der Königl. Götting. Gesellschaft der Wissensch. der Kayserl. Akad. der Naturforscher, der Königl. Norwegischen Akademie der Wissensch. der Braunschw. Lüneburg. und Berner Landwirthschaftsgesellschaft, der Kurpfälzisch physikalisch-ökonom. Gesellschaft zu Lautern, der Oberlaus. Bienengesellsch. und der Karlsruher Lateinischen Gesellschaft, in Göttingen.

4. Herr

4. Herr Reinhold Behrens, Doktor der Arzneywissenschaft, Rußisch Kays. General Stabsmedikus zu Towolskoi.

5. Herr Bengt Bergius, Bankokommissarius und Mitgl. der Königl. Schwed. Akad. der Wissensch. in Stockholm.

6. Herr Peter Jonas Bergius, Prof. der Naturgeschichte und Pharmazie, Mitgl. der Konigl. Schwed. Akad der Wissensch. in Stockholm.

7. Herr Isidoro Bianchi, Prof. der Philos. und Mathematik zu Montreale in Sizilien.

8. Herr Joachim Friedrich Bolten, der Arzneygelahrtheit Doktor und Physikus in Hamburg.

9. Herr Karl Bonnet, Mitglied vieler Akademien und gelehrten Gesellschaf en, als der Römisch-Kayserl., Petersburgischen, Londner, Stockholmischen, Lyonischen, Münnichschen, Bolognesischen rc. Korrespondent der Akademie der Wissensch. zu Paris, und der Königl. Gesellschaften zu Montpellier und Göttingen, zu Genthod bey Genf„

10. Herr Ignatz Edler von Born, des heil. Röm. Reichs Ritter, Kayserl. Königl. Bergrath, Mitglied der Königl. Schwed. Akademie der Wissenschaften, der Großherzogl. zu Siena, und der Georg: gelehrten Gesellschaft zu Padua. In Alt-Zedlitz bey Prag.

11. Herr Joh. Friedr. Wilh von Charpentier, Kurfürstl. Sächs. Bergkommissionsrath und Prof. bey der Bergakademie zu Freyberg, Korrespond. der Königl. Gesellsch. in Göttingen.

12. Herr J. H. Chemnitz, Königl. Dänischer Garnisonprediger in Koppenhagen.

13. Herr von Dillner, Dechant des Kapitels von St. Johann, Direktor der Bischöfl. Kanzley zu Regensburg.

14. Herr Johann Heinrich Edler, Apotheker in Lübeck.

15. Herr Justav von Engeström, Assessor im Bergkollegio, Direktor des Laboratorii Chymici und Königl. Münzwardein in Stockholm.

16. Herr Joh. Christ. Polykarp Erxleben, der Weltweisheit Doktor und Prof. des Königl. Instituts historischer Wissenschaften zu Göttingen und der Königl. Landwirthschaftsgesellschaft zu Zelle Mitglied, in Göttingen.

17. Herr J. C. Fabricius, Prof. der Oekonomie in Koppenhagen.

18. Herr Bernhard Feldmann, der Arzneygelahrtheit Doktor und Physikus in Ruppin.

19. Herr Johann Jakob Ferber, Mitglied der Königl. Großherzogl. Akademie der Wissenschaften zu Siena, der Ackerbau Gesellschaften zu Vizenza, Padua und Florenz rc. aus Karlskron

in

in Schweden, jetzo Prof. der Naturgesch. und Physik zu Mietau in Kurland.

20. Herr Johann Ehrenreich von Fichtel, der Königl. Siebenbirgischen Kammer erster Vorsitzer zu Herrmanstadt inSiebenbirgen.

21. Herr Johann Franz Fromond, Domherr, Aufseher der physikalischen Kabinette der Oesterreichischen Lombardie, Prof. der Optik in Mayland in Italien.

22. Herr Johann Christoph Fuchs, Pagen-Hofmeister bey Sr. Königl. Hoheit dem Prinz von Preussen, in Potsdam.

23. Herr D. Johann Gottlieb Georgi, Adjunktus bey der Kayserl. Russischen Akademie der Wissenschaften in Petersburg.

24. Herr Johann August Ephraim Götze, Pastor bey der St. Blasii Kirche in Quedlinburg.

25. Herr Gottfried August Gründler, berühmter Mahler und Kupferstecher in Halle. (Ist im Jänner 1775 uns abgestorben.)

26. Herr von Güldenstädt, Doktor der Arzneywissenschaft, Mitglied der Russisch Kayserl. Akad. der Wissenschaften in Petersburg.

27. Herr Friedrich Christian Günther, Herzogl. Sächs. Koburgs. Hofrath und Leibarzt zu Kahla. (Ist im vorigen Jahre der gelehrten Welt und uns allzufrüh abgestorben.)

28.

28. Herr Johann Heinrich Hagen, Apotheker in Königsberg in Preussen.

29. Herr Christian Wilhelm Haken, Präpositus in Stolpe.

30. Herr Baron von Hermelin, Assessor im Königlichen Bergkollegio, Bergmeister aller Edlen Schwed. Bergwerke zu Stockholm.

31. Herr Gottlob Johann Hindenberg, Pastor zu Techo hinter Wittstock beym adelichen Stift Heiligengrabe.

32. Herr J. W. C. A. Freyherr von Hüpsch, Herr zu Lontzen, der Königl. Akad. der schönen Wissenschaften, der Societät der Agrikultur zu Rochelle und andrer gelehrter Gesellschaften Mitglied, in Köln.

33. Herr Christ. Ehrhard Rapp, der Arzneygelahrtheit Doktor und ausübender Arzt in Leipzig.

34. Herr Joachim Dietrich Rappel, Apotheker in Koppenhagen beym Königl. Friedrichshospital, Königl. Assessor und Mitglied der Koppenhagener Gesellschaft der Wissenschaften.

35. Herr Friedrich August Kartheuser, Hochfürstl. Hessischer Bergrath und Prof. zu Gießen, der Fürstl. Hessischen und mehrerer Gesellschaften Mitglied.

36. Herr Michael Klein, zweeter evangel. Prediger zu Preßburg, Mitglied der deutschen Gesellschaft in Jena.

37.

37. Herr Alexander Bernhard Kölpin, der Arzneygelahrtheit Doktor, Professor der Anatomie, Mitglied des Mediz. Kollegii zu Stettin, der Stadt Alt-Stettin Physikus, der Königl. Schwed. Akademie der Wissensch. und der patriot. ökon. Gesellsch. in Schlesien Mitglied ꝛc.

38. Herr Joseph Gottl. Kölreuter, Doktor der Arzneywissensch. berühmter Botaniker und Marggräfl. Badenscher Hofrath in Karlsruh.

39. Herr Franz von Koller, Hochfürstl. Passauischer geistlicher Rath in Wien.

40. Herr D. Aug. Christian Kühn, Mitglied des Collegii medici in Eisenach.

41. Herr Nathanael Leske, Mag. der Philosoph. und Prof. der Naturgesch. in Leipzig.

42. Herr Christ. Hieronymus Lommer, Kurfürstl. Sächsischer Bergmeister zu St. Georgenstadt.

43. Herr D. Friedrich Kasimir Medikus, Herzoglich Pfalz-Zweybrückischer Hofrath, der Röm. Kayserl. Akad. der Naturforscher, der Kurmainzischen und Kurpfälzischen Akademien der Wissenschaften Mitglied ꝛc. in Mannheim.

44. Herr Johann Christ. Meinecke, Pastor in Oberwiederstädt im Mansfeldischen.

45. Herr Fr. C. Meuschen, Legationsrath im Haag, der Röm. Kayserl. Akad. der Naturforscher Adjunktus, der Königl. Engl. zu London, der Kurbayerischen Akademie zu München, der Kur-

Kurmainzischen in Erfurt, des Götting. historischen Instituts, der Oberlaus. Bienengesellsch. der Seeländischen zu Vließingen, der Batavischen zu Rotterdam u. s. w. Mitglied.

46. Herr J. C. F. Meyer, Königl. Hofapotheker in Stettin.

47. Herr Otto Friedrich Müller, Königl. Dänischer Etatsrath, der Kayserl. Akademie der Naturforscher, der Stockholmer, Kurbayerischen, Drontheimischen Akademie und mehrerer Gesellschaften Mitglied in Koppenhagen.

48. Herr Philipp Ludwig Statius Müller, Prof. der Naturgesch. in Erlangen, Mitglied der Röm. Kayserl. Akad. der Naturforscher rc.

49. Herr Christ. Gottlieb von Murr, Zoll- und Wageamtmann in Nürnberg.

50. Herr Peter Simon Pallas, der Arzneywissenschaft Doktor und Professor der Naturgeschichte in Petersburg, der Kayserl. Rußisch. und Röm. Kayserl. Akad. der Naturf. und Königl. Engl. Akad. der Wissenschaften Mitglied, in Petersburg.

51. Herr Christ. Friedr. Reuß, der Arzneygel. Doktor und Professor zu Tübingen.

52. Herr D. von Scheffler, Lehrer der Naturgeschichte und ausübender Arzt, Mitglied der Naturforsch. Gesellsch. in Danzig.

53. Herr Johann Christian Daniel Schreber, Doktor der Arzneygelahrth., Prof. der Kräuter-

lehre und Haushaltungsk. Marggräfl. Brandenburg-Kulmbachischer Hofrath in Erlangen.

54. Herr Johann Samuel Schröter, erster Diakonus zu Weimar, der Kursächs. Bienengesellschaft in der Oberlausitz, und Kurfürstl. Maynzischen Akademie nützlicher Wissenschaften Mitglied.

55. Herr D. Anton von Skopoli, der Kayserl. Königl. freyen Bergstadt Schemnitz approbirter Arzt und Bergrath.

56. Der Herr Abt Spallanzani, Professor an der Universität und am adelichen Kollegio zu Modena, Mitglied der Röm. Kayserl. Akad. der Naturforscher, der Königl. Engl. Akademie, des Königl. Instituts zu Bologna, zu Göttingen, zu Toskana ꝛc. in Modena.

57. Herr L. Spengler, Königl. Dänischer Kunstverwalter, der Kayserl. Akademie der Naturforscher, der Zürcher physikalischen und mehrerer Gesellschaften Mitglied, in Koppenhagen.

58. Herr Jakob Reinbold Spielmann, Doktor und Prof. der Arzneywissenschaft, der Röm. Kayserl. Akad. der Naturforscher, der Kayserl. Petersburg., der Königl. Preuß., Kurmaynzischen und Kurpfälzischen Akademien Mitglied und Korrespondent der Pariser Akad. der Wissenschaften, in Strasburg.

59. Herr D. Klemens Aug. von Steinhauß, Prof. in Frankf. an der Oder, Mitglied der Königl. Gesellschaft daselbst.

60. Herr Johann Ludwig Targioni, der Arzneygelahrtheit Doktor in Florenz.

61. Herr Karl Anton Joseph Thaddäus, Freyh. von Weipeler, Herr zu Büsch.

62. Herr Johann Daniel Titius, der Naturlehre Prof. zu Wittenberg, der ökonom. Gesellsch. zu Leipzig Mitglied rc.

63. Herr Mag Joseph Torkos, Evangel. Hauptprediger zu Oedenburg, der Oberl. Bienengesellschaft Mitglied.

64. Herr Fr. Wilh. H. von Trebra, Vice-Berghauptmann in Marienberg.

65. Herr Anton Turra, der Arzneygelahrtheit Doktor, Sekretair der Ackerbauakad. und Mitglied unterschiedlicher gelehrter Gesellschaften, in Vicenz.

66. Herr Joseph Vairo, Doktor und Profess. der Arzneygelahrtheit in Neapolis.

67. Herr A. Vosmaer, Direktor der Naturalien- und Kunstkammer Sr. Hochfürstl. Durchl. des Prinzen von Oranien, Mitglied der Kayserlichen Akademie der Naturforscher und Korrespondent der Pariser Akademie der Wissensch. im Haag.

68. Herr Johann Ernst Immanuel Walch, Hochfürstl. Sachsen-Weimarischer und Eisenachischer Hofrath, der Beredsamkeit und Dichtkunst öffentlicher Lehrer in Jena.

69. Herr D. Johann Ernst Wichmann, Königl. Hofmedikus in Hannover.

70. Herr Christian Friedrich Wilkens, Inspektor der Kottbussischen Diöces und Pastor Primarius in Kottbus.

71. Herr Friedrich August von Zorn, Freyherr von Plolsheim zu Danzig; Mitglied der dortigen Naturforschenden Gesellschaft rc.

Anrede
des beständigen Sekretairs der Gesellschaft,
an die
beym ersten jährigen Stiftungs-Tag
versammlete
Mitglieder
den 9ten Julii 1774.

Meine Hochgeschätzte Herrn Kollegen!
Aufrichtigst verehrte Freunde!

Wenn ich mir schmeicheln dürfte, in Ihrer ansehnlichen Versammlung mich eben so stark ausdrücken, als stark empfinden zu können, so würden Sie heute von mir die feurigsten Ausdrücke des lebhaftesten Vergnügens und der aufrichtigsten Dankbarkeit bey der ersten Feyer eines Tages hören, der uns allen gleich wichtig seyn, der einst für unsere späteste Nachfolger noch ein Festtag bleiben muß. Erlauben Sie, meine von ganzem Herzen Hochgeschätzte Freunde und würdige Herrn Kollegen, daß ich Sie, statt alles glänzenden Flitterwerks einer mühsam erlernten Redekunst, jetzo vielmehr mit dem ungekünstelten Ausdruck eines Herzens unterhalten darf, welches Ihnen allen mit ungeheuchelter Freundschaft, mit aufrichtiger Hochachtung ergeben und ganz mit der Sorge für das Beste und für die beständige Dauer unserer Stiftung und freundschaftlichen Vereinigung erfüllet ist!

Die Zufriedenheit, welche Sie mir alle feyerlich zulächeln, die harmonische Freude, welche ich in Ihren heitern Minen lesen kann, die Liebvolle Vertraulichkeit, welche ich Einen dem Andern gefällig zuwinken sehe, geben mir ein Recht, mich völlig zu überreden, daß wir am heutigen festlichen Tag alle von einerley Empfindungen belebet sind. Welch eine Menge von reitzenden Vorstellungen ermunternder Vorfälle begegnen sich in unsern Seelen, wenn wir uns aller glücklichen Begebenheibenheiten seit unsrer ersten Versammlung vom 9ten Julii des vorigen Jahres gemeinschaftlich erinnern!

Konnten wir, bey der besten Absicht, bey dem redlichsten Eifer für die Beförderung der Naturgeschichte, bey der grösten Harmonie unserer Wünsche und Gesinnungen, wohl sicher einen so schleunigen, einen so glücklichen Erfolg unserer Bemühungen und freundschaftlichen Verbindung hoffen, als wir uns schon bey der Feyer des ersten Stiftungstages derselben zu rühmen haben? Konnten wir sicher voraussetzen, daß die angesehensten und berühmtesten Naturforscher fast aller europäischen Länder die Reinigkeit unserer Absicht gleich als ungezweifelt annehmen, unsere gemeinnützige Bemühungen so kräftig unterstützen, gegen unsre Einladungen zu günstiger Theilnehmung an unserm Vorhaben so edelmüthig sich bezeigen, unsern Versammlungen so viel unterhaltenden Stoff darbiethen, unsere Sammlungen an Büchern und natürlichen Seltenheiten so ansehnlich vermehren, allen unsern Wünschen so viel Befriedigung gewähren und — ich darf mich wohl mit Recht so ausdrücken — und

 mehr,

mehr, als unsre Hofnungen erfüllen würden? Müssen wir nicht bekennen, daß auf die Grundlagen unserer Sammlungen in Einem Jahre viel mehr gebauet worden, als wir, bey Voraussetzung des glücklichsten Fortganges unserer Veranstaltungen, hoffen konnten? Hat sich wohl jemals eine Privatstiftung in so kurzer Zeit mehrerer Vortheile zu rühmen gehabt, als die unsrige? Lag nicht selbst in der Art, wie der weiseste Monarch, unser großer Friedrich und sein hoher Etatsrath unsere Privatverbindung zu genehmigen geruheten, ein unverhoftes Glück verborgen? Sind nicht viele von den Wünschen, die wir vor zwölf Monathen schüchtern äußerten, weit über unsre Erwartungen erfüllet, und von Männern erfüllet worden, deren große Namen unsern Tagebüchern zur herrlichsten Zierde gereichen?

Rechnen Sie, meine verehrungswürdigen Freunde, zu allen diesen erwünschten Begebenheiten, deren sich unter uns gewiß keiner, ohne das aufrichtigste Gefühl einer dankbaren Freude, wird erinnern können, die unnennbaren Vergnügungen einer harmoni-

schen

schen Freundschaft, eines geselligen, Liebvollen, gelehrten, zugleich aber innigst vertrauten Umganges, die Vortheile gemeinschaftlicher Unterstützungen in unsern Lieblingsarbeiten, die süße Anhängigkeit solcher Freunde, die sich mit einander zu einerley rühmlichem Zwecke vereinigten, die vertraulichste Offenherzigkeit, welche aus der Uebereinstimmung unserer Absichten und Gesinnungen fast nothwendig entstehen mußte, deren Ausübung unsern Versammlungen auch schon längst so viel Anmuth und Nutzen gewähret hat. — Nehmen Sie dieses alles, auch das, was ich für Sie alle mehr fühlen, als ausdrucken kann, zusammen, und sagen mir dann mit Ihrer gewöhnlichen Freymüthigkeit:

„Müssen wir nicht billig den Tag segnen, an welchem, in seiner berathschlagenden Versammlung, der Grund so glücklich und mit so gutem Erfolg zu einer Verbindung gelegt wurde, die für uns alle so nützlich, so rühmlich und ergötzend ist, die uns alle durch süße Bande so vest an einander verbindet und uns zu dem Glück verhilft, Männner aus nahen und aus den entlegensten Provinzen unsere Freunde und

Mitverbundne nennen zu dürfen, denen wir unter diesem vertraulichen Namen zugleich Dank und Ehrerbietung widmen können? Das Daseyn eines jeden von uns erhält gleichsam eine eben so weitläuftige Ausdehnung, als die Länder, in welchen unsere korrespondirende Freunde vertheilet sind, und als die großen Räume haben, die sich zwischen uns und unsern entferntesten Mitgliedern befinden. Man lebet, wie mich dünkt, in jedem Lande, wo man sich eines Freundes zu erfreuen hat und kann auf alle Gegenden, wo diese leben, seinen Wirkungskreis verbreiten. Ein Glück, welches nur die geschäftigsten Seelen am vorzüglichsten zu schätzen fähig, und am meisten zu genüßen begierig sind! Noch mehr, meine Theuresten! wir erhalten durch eine rühmliche Verbindung und kollegialische Freundschaft mit so viel eben so großen, als rechtschafnen Gelehrten in den meisten europäischen Reichen ein Recht oder wenigstens die beste Gelegenheit, die Natur selbst allenthalben gleichsam in erlaubte Kontribution zu setzen, und mit ihr so wohl, als mit ihren Seltenheiten, durch edelmüthigen Beystand entfernter Freunde, in die genaueste Bekanntschaft zu gerathen,

rathen, durch die neuesten Entdeckungen entfernter Gelehrten unsre Kenntnisse glücklich und bequem zu erweitern und an allem fast unmittelbaren Antheil zu nehmen, was der forschende Geist glüklicher Beobachter, die zugleich unsre Mitverbundne sind, Neues erfindet.

Gern mögte ich Ihnen, **meine würdigsten Herrn Kollegen**, mit einer anständigen Offenherzigkeit gestehen, wie viel belohnende Zufriedenheit ich, aus angeführten Gründen, über den glüklichen Einfall, den ersten Entwurf zu einer solchen Verbindung gemacht und Ihrer Prüfung unterworfen zu haben, — wie dankbar ich Ihren lebhaften Eifer und redliche Bemühungen empfinde, womit Sie meinem rohen Plan *) erst mehr Vollkommenheit und gleich darauf seine Wirklichkeit ertheilten. Geben Sie meinen Empfindungen keinen verdächtigen Namen, wenn ich, indem ich Ihres thätigen Eifers in Beförderung unsers Instituts mit billigen Lobsprüchen gedenke, die erste Veranlassung dazu nicht ganz mit Stillschweigen übergehe! Ich weis gar wohl, daß meine Anga-

*) S. Neue Mannigfaltigkeiten 1ten Jahrg. 3te Woche.

Angabe, für sich betrachtet nichts, als ein fruchtbarer Gedanke war, der ohne Sie, meine Herrn, ohne Ihren Rath und ernstliche Unterstützung sich unter andern frommen Wünschen verlohren haben würde. Genug wenn Sie mir an der Stiftung unserer Gesellschaft einigen schmeichelnden Antheil einzugestehen und mir zu erlauben belieben wollen, daß ich Ihnen für die rühmliche Vollziehung meines eifrigsten Wunsches die feyerlichsten Danksagungen öffentlich abstatten darf. Ich thue ohnfehlbar zu wenig, wenn ich bloß muthmaßlich behaupte, daß, vielleicht lange nach uns, in unserer Königlichen Residenz immer mehr eifrige Naturforscher sich finden werden, die unsern Absichten, Einrichtungen und Anstalten, durch ihren Beyfall und fortgesetzte Bemühungen eine Art von Unvergänglichkeit ertheilen können, die unsre heutige Zufriedenheit vollkommen zu rechtfertigen vermögend ist.

Würden wir aber der ersten Feyer des erfreulichen Stiftungstages unsrer Naturforschenden Gesellschaft nicht einen wesentlichen Vortheil entziehen, wenn wir uns, ohne die Zukunft mit einem ernstlichen Blick zu durch-

durchschauen, bloß der freudigen Erinnerung des Vergangnen überlassen wollten? Durch Ihre mir höchst schätzbare Zuneigung, meine Hochgeschätzte Herren Kollegen, durch die unter uns allen vestgesetzte Gleichheit, in Absicht des Ranges und aller gesellschaftlichen Rechte, durch die sanfte Uebereinstimmung unserer Gesinnungen und freundschaftliche Zutraulichkeit ermuntert, wage ich es, Ihnen allen eine Vorstellung zu thun, die ohnstreitig Ihren edeldenkenden Seelen, schon beym Eintritt in die heutige Versammlung, so gegenwärtig, als in der meinigen lebhaft war. Sie lächeln? und übersehen also schon den ganzen Inhalt meines Vortrages? Gut. Ich konnte diesen Grad Ihrer Aufmerksamkeit für die Dauer und Vortheile unserer Stiftung vorhersehen. Ich weis, mit was für Männern ich rede. Wie sehr erleichtert mir Ihre vortrefliche Denkungsart eine Pflicht, wozu das von Ihnen einstimmig mir anvertraute Amt mich auffordert! Ich habe sie also nicht sowohl zu erinnern, als vielmehr Ihnen zu versichern, daß es auch mir nicht entfallen ist, wie vielen Pflichten für unser Vaterland, für auswärtige mit uns verbundne Freunde, und für

uns

uns unter einander selbst, wir uns, durch unsre, mit hohem Beyfall gekrönte gesellschaftliche Stiftung, unterzogen haben. Außerordentlich beruhigend ist für mich die sichre Ueberzeugung, daß jedem unter uns vereinigten Naturforschenden Freunden die Ehre seines Namens und die Rechtschaffenheit seines Karakters theurer, als Gold, Rang und Hoheit ist. Ließen sich aber wohl bey solchen Gesinnungen Fälle gedenken, wobey wir auch nur die geringste der uns obliegenden Verbindlichkeiten vergessen könnten? Und werden die von uns allen geprüfte, gemeinschaftlich bewilligte Gesetze der Gesellschaft nicht immer in uns das lebhafteste Verlangen entflammen, alles willigst und mit einem stets regen Eifer zu thun, wozu wir uns, zum Besten dieser Stiftung, durch bejahenden Beyfall, freywillig anheischig machten? Ferne sey es von uns allen, jemals über den gerechten Vorwurf irgend einer Vernachläßigung selbst auferlegter Pflichten erröthen zu müssen!

Der heutige festliche Tag — wollte doch die Vorsehung, daß wir ihn alle noch recht oft, in unzertrennter Ordnung und Anzal, feyern mög-

mögten! — sey für uns, wie alle folgende, er sey auch für unsere würdige Nachfolger, immer eine frohe Gelegenheit zur feyerlichsten Wiederholung unserer Gelübde, zur süßen Empfindung des Dankes und der Hochachtung, die wir auswärtigen günstigen Beförderern unserer guten Absichten schuldig sind, immer eine neue Aufmunterung zu der freymüthigen Offenherzigkeit und redlichen Freundschaft, die wir auswärtigen günstigen Beförderern unserer Privatgesellschaft einmüthigst gelobet, und bis auf diesen Tag so treulichst geübet haben! Wie glücklich, wenn wir uns einst unter einander mit Ueberzeugung sagen könnten, daß durch unsre Bemühungen die Naturgeschichte überhaupt, oder unsers Vaterlandes insbesondre, auch nur die kleinsten Aufheiterungen erhalten, oder wenn uns zuweilen ein entfernter Gönner und getreuer Mitarbeiter an unserm gemeinnützigen Plane merken ließ, daß er nicht Ursach fände, seine auf die Beförderung unseres Instituts verwendete Bemühung und Freygebigkeit sich reuen zu lassen!

Es wäre höchst ungerecht, wenn ich heute diese Stelle verlassen wollte, bevor ich meinen

theu-

theuresten Herren Kollegen und hochgeschätzten Freunden den verbindlichsten Dank für die Merkmale Ihres Zutrauens, und für Dero einstimmige Wahl zum beständigen Sekretär unserer Gesellschaft, mit allen Empfindungen des erkenntlichsten Herzens abgestattet, und Ihnen allen die Versicherung der unvergänglichsten Hochschätzung Ihrer Personen und Ihrer Verdienste wiederholet hätte. Das Wenige, was ich zum Besten unserer nun jährigen Stiftung ferner beyzutragen vermag, wird unter die reizendsten Bestrebungen meines noch übrigen Lebens gehören, so lange ich mir schmeicheln darf, mein Amt mit Ihrer aller Zufriedenheit führen und Ihres und unsrer entfernten Freunde Wohlwollens gewiß seyn zu können.

Martini.

Be-

Beschreibung eines bequemen Instruments, um scheinbare Entfernungen am Himmel zu messen

von

Johann Elert Bode.

Ich wünsche durch diesen Aufsatz den Liebhabern der Sternkunde ein Instrument bekannter zu machen, welches, um seines bequemen Gebrauchs willen, sich sehr empfiehlt und mit wenigen Kosten zu Stande gebracht werden kann. Ich habe mit Fleiß einen faßlichen Vortrag gewählet, um vielen Lesern verständlich zu seyn, und bitte diese Abhandlung nach dieser Absicht zu beurtheilen.

Schon lange haben die Sternkundigen auf unterschiedene Mittel gedacht, um kleine Entfernungen oder Winkel am Himmel zu messen. In den ältern Zeiten bediente man sich zu dieser Absicht der Quadranten, Sextanten, Oktanten und anderer ähnlicher großer Werkzeuge; allein man fand nachher, daß dieselben hiezu nicht tauglich wären, weil sich darauf nicht ganz kleine Winkel, mit der nöthigen Genauigkeit, angeben ließen. Huyghen gab Anno 1659 die erste Gelegenheit zu Erfindung eines bessern hierzu schicklichen Instrumentes, da er in seinem *Systemate Saturnino* S. 82 zur Ausmessung des scheinbaren Durchmessers der Planeten, einen im Brennpunkte des Objektiv-Glases eines astronomischen Fernrohrs, gesetzten Kreis oder Ring vorschlug, dessen Durchmesser etwas kleiner war, als die Breite des Okularglases austrägt. Er bestimmte alsdann aus der Zeit, die ein Stern brauchte, um den Durchmesser des Kreises, den dieser Ring, durch das Okular betrachtet, im Fernrohr bildete, zu durchlaufen, die Größe des Bogens, den ihm dieser Ring am Himmel auf einmal übersehen ließ; nachher schob er durch seitwärts gemachte Oefnungen verschiedene länglichte dünne und zugespitzte Bleche

Bleche in diesen Ring, und beobachtete genau, wenn die Breite derselben den Durchmesser eines Planeten bedeckte, woraus er denn auf dem Verhältniß dieser Breite gegen den Durchmesser des Ringes den scheinbaren Durchmesser des Planeten bestimmte. Anno 1666 hatte *Auzout* in Frankreich zuerst den Einfall, an den Ort eines astronomischen Fernrohrs, wohin Huyghen den vorher beschriebenen Ring setzte, zween Fäden aufzuspannen, welche einander näher oder entfernter konnten gebracht werden, und so fand er, wenn die Fäden z. B. die Ränder des Sonnenbildes berührten, aus ihrer Entfernung von einander, nach gewissen Regeln, den scheinbaren Durchmesser der Sonne. Dieses neue Instrument wurde ein Mikrometer genannt, weil es diente, um kleine Entfernungen am Himmel zu messen.

Kirch machte Anno 1679 ein neues Mikrometer bekannt. Es bestand aus einem messingenen etwas breiten Ring, welcher um ein astronomisches Fernrohr da, wo der Brennpunkt des Objektivs hinfällt, gelegt, und an beyden Enden seines Durchmessers durchbohrt wurde. Hier befanden sich Schraubenmütter, durch welche von außen Schrauben giengen, die gegen einander geschraubt, inwendig in der Mitte des Fernrohrs oder Ringes zusammen trafen; er berechnete alsdann aus den scheinbaren Bewegungen der Sterne, von einer Schraubenspitze zur andern, wie viele Minuten oder Sekunden auf eine Umdrehung giengen, und so maß er den Durchmesser der Sonne und des Mondes, den Abstand zweener Sterne ꝛc. Dieses Kirchische Mikrometer machte sich, weil es sehr einfach eingerichtet, auch nicht kostbar war, bey den Sternkundigen beliebt und ist noch hin und wieder in Deutschland im Gebrauche. Kirch beschreibt es umständlich in den Miscellaneis Berolinensibus Seite 202 und auch in seinen Kalendern vom Jahr 1696. 1698. 1709. Das Auzoutische Mikrometer wurde schon von Hevel verbessert, und Hecker machte es 1708 mit noch mehrern Verbesserungen bekannt. De la Hire, Römer, Hooke, Balthasar und andere, haben in frühern oder spätern Zeiten auf vortheilhaftere Einrichtung der Mikrometer gedacht. Die jetzigen gewöhnlichen Mikrometer bestehen gemeiniglich aus verschiedenen im Brennpunkt des Objektivglases, in einen Ramen aufgespannten horizontalen und vertikalen Fäden, welche von außen durch Schrauben so können bewegt werden, daß sie sich parallel einander nähern, wodurch dann, wenn zweeen Fäden z. B. zweeen Sterne zugleich bedecken, aus dem vorher durch Beobachtung gefundenen Werthe der Umdrehungen der Schrauben, sich die Entfernung dieser Sterne, der Unterschied ihrer geraden Aufsteigung und Abweichung finden läßt. Diesen Unterschied zu finden, wird endlich noch das rautenförmige Netz, oder das sogenannte Netz von 45 Graden, weil die Fäden sich aus dienlichen Ursachen unter diesen Winkel neigen; ferner das rhomboidische Netz von Bradley, imgleichen das Dreyeckförmige Netz vom Pater Pickel, als Mikrometer gebraucht, und de la Lande bedient sich auch zu gleichem Endzweck eines leeren Kreißes ohne Fäden. Statt dieser Fäden und Netze wurden nachher auf einer platten Glasscheibe parallele Striche gezeichnet. Der seel. Professor Mayer in Göttingen war der erste, welcher diese bisher schon bey perspektivischen Zeichnungen übliche Methode als ein Mikrometer in den astronomischen Fernröhren anwendete. Er überstrich ein Glas mit Tusche, und nachdem diese getrocknet war, zog er mit einer fein zugespitzten Schreibfeder ohne Spalte, über der Tusche, verschiedene parallele Linien. Dies Mikrometer beschreibt Mayer im ersten Bande der Schriften der Kosmographischen Gesellschaft. Er brauchte es vornämlich, die Lage der Mondflecken zu bestimmen; wobey er aber die kleinen Theile nur nach dem Augenmaß schätzte, in welcher Schätzung Herr Mayer aber ungemein geübt war. Dieses Mayersche Glasmikrometer ist nachher dadurch verbessert und dauerhafter gemacht worden, daß man, statt der über Tusche gezogenen Linien, mit einem Diamant Striche oder Maßstäbe, (Skalen, Meßleitern) mit kleinen Abtheilungen über das Glas ritzte. Der Augspurgische Mechanikus, Herr Brander, verfertigt anjetzt dergleichen Glasskalen, welche der Genauigkeit und Feinheit der gezognen Linien und Abtheilungen

 wegen,

wegen, von besonderer Güte sind; auch von dem hiesigen Mechanikus der Königl Akademie der Wissenschaften, Herrn Ring, habe ich mir ein solches Glasmikrometer für ein 7 füßiges Fernrohr verfertigen lassen, welches seiner Absicht hinlänglich Genüge thut.

Noch ist es ein Gegenstand der Untersuchung der Astronomen geworden, das Feld eines Fernrohrs, worinn ein Mikrometer angebracht ist, wenigstens bis auf einige Grade zu erweitern. Man weis, daß lange Fernröhre nicht viel fassen, ob sie gleich stark vergrößern; hingegen kürzere zwar einen größern Raum übersehen lassen, aber weniger vergrößern. Das Okular breiter zu machen, war natürlicherweise das erste Mittel, um diese Absicht zu erhalten, weil es bey einer größern Breite ein größeres Bild vom Objektivglase fasset; allein, das Okular mußte, wenn es seine Brennweite behalten sollte, bey einer größern Breite um so viel dicker seyn, wodurch aber die Gegenstände verdunkelt werden und auch Farben entstehen. Man machte nachher das Okularglas beweglich. Der Herr von Segner in Halle läßt das Okular hin und her fortschieben, oder setzt zwey und mehrere Gläser von gleicher Fokallänge neben einander in eine Fläche, wodurch sich dann, wenn man durch das eine oder das andere nach verschiedenen Gegenständen sieht, einige Grade übersehen lassen. Herr Brander hat auf ähnliche Art wie sein Spiegelsextant

sextant beschaffen ist, ein astronomisches Fernrohr eingerichtet, womit er viele Grade am Himmel auf einmal fasset. Sein Mikrometer in dieses Fernrohr ist eine gläserne Skale, 70 Linien lang, welche mit seiner bekannten Geschicklichkeit in sehr kleine Theile abgetheilt ist, die er durch das Okular noch vergrößert betrachten und folglich die Winkel bis auf geringe Theile bestimmen kann *).

Der Pater Helfenzrieder hat vor zwey Jahren ein Fernrohr zu gleicher Absicht von ganz besonderer Einrichtung bekannt gemacht. Die Röhre desselben hat die Gestallt eines Parallelepipedums. Das Objektiv steht vorn an der kleinsten Fläche; an der gegenüber stehenden aber, die Okulare. Sein Mikrometer besteht aus Kreuzweis aufgespannten Fäden, hinter welchen 32 Okulargläser kommen. Sechzehn davon stehen unbeweglich neben einander in einer Einfassung; die andern 16 aber sind auf eine ähnliche Art eingefaßt, und können vertikal auf und unterwärts bewegt werden. Diese Okulare nennt Herr Helfenzrieder Fensterchens; gleichwol übersieht er durch die beyden äußersten auf einmal nicht viel über 3 Grad am Himmel,

*) In dem 2ten Bande des Berlinischen astronomischen Jahrbuchs auf 1777 beschreibt der Herr Prof. Lambert kürzlich diesen neuen Tubum des Hrn. Branders. Ich sehe daraus, daß mit diesem Instrumente die Winkel sich bis 15 Grad in der Genauigkeit von $\frac{1}{4}$ oder gar bis auf $\frac{1}{8}$ und $\frac{1}{40}$ Min. bestimmen lassen.

mel, und daher scheint mir der Nutzen dieses Instruments seiner weitläuftigen Zurüstung nicht zu entsprechen.

Diese Glas- und Fadenmikrometer verliehren aber dadurch einen gewissen Werth, daß ihr Gebrauch verschiedene Schwierigkeiten hat, wovon einige nur durch eine oftmalige Uebung gehoben werden. Man kann nämlich, da sich viele kleine Eintheilungen auf der Glasskale befinden, sehr leicht eine für die andere nehmen, und da die Himmelskörper beständig fortrücken, so ist diese Vorsichtigkeit, indem man die Sonne, den Mond oder einen Stern an der Skale hinstreichen läßt, um so mehr zu empfehlen. Das Fernrohr muß auch auf einer guten parallaktischen Maschine liegen, um die Skale den scheinbaren Tagbögen der Himmelskörper parallel stellen zu können. Die geringste Erschütterung des Fernrohrs durch die Bewegung der Luft, wird es endlich zuweilen sehr schwer machen, die Theile der Skale, welche z. B. der Mond auf einmal einnimt, zu zählen; und diese Schwierigkeit wird um so viel größer seyn, je feiner die Abtheilungen derselben sind. Eben dergleichen Schwierigkeiten ist auch der Gebrauch der gewöhnlichen Faden- und Netzmikrometer unterworfen, welche aber unterdessen ein geübter Beobachter auf eine schickliche Art zu heben suchen muß.

Bouguer war der erste, welcher statt der bis dahin gebräuchlichen, im Brennpunkte des Objektivs

gesetz-

gesetzten Mikrometer das Objektivglas selbst zu gleichem Endzweck anzuwenden suchte. Er setzte nämlich zwey Objektive von gleich langen Brennweiten in einer Fläche neben einander. Diese Gläser wurden in besondere Einfassungen gebracht, und so vorn an ein astronomisches Fernrohr gesetzt. Sie können nach gewissen Vorrichtungen durch Schrauben einander genähert werden, und, um die Mittelpunkte desto näher an einander zu bringen, wird von den Gläsern auf der Seite, wo sie gegen einander stehen, ein Stück senkrecht abgeschnitten. Wer nun durch das Okularglas eines solchen Fernrohrs sieht, dem erscheinen die Gegenstände doppelt, und so, wie die Objektive gegen einander geschoben oder von einander gerückt werden, scheinen sich auch die Objektive zu bewegen. Die beobachtete Entfernung der Objektive im Fernrohr, mit dem dazu gehörigen Abstande der Mittelpunkte der Gläser verglichen, giebt alsdann Gelegenheit, den scheinbaren Winkel der Entfernungen entlegener Gegenstände zu bestimmen. Dies Mikrometer wird nun eigentlich ein Objektivmikrometer genannt, und da Bouguer es anfangs vornämlich zur Bestimmung der Größe des Sonnendurchmessers brauchte, so nennt er es ein Heliometer. Er beschreibt es in den Memoires de l'Academie Royale des Sciences pour l'année 1748 Seite 11. Die Abhandlung führt den Titel: De la Mesure des diametres des plus grandes Planetes. Diese Bouguerischen Objektivmikrometer oder Heliometer haben verschiedene Vorzüge vor den gewöhnlichen Mikrometern. Sie geben nämlich ein Mittel ab, den Durchmesser der Sonne oder des Mondes, imgleichen den Abstand zweyer Sterne zu messen, ohne daß dabey die scheinbare Bewegung dieser Himmelskörper in Betrachtung kömmt. Denn sobald die Gläser eines Heliometers so auseinander gezogen worden, daß die Bilder von den Sternen oder von den Sonnen- und Mondrändern sich berühren, so bleibt diese Berührung, wenn die Gläser in dieser Stellung erhalten werden, wie sich auch die Lage des Auges, des Fernrohrs und der Himmelskörper selbst verändern mag, und man behält folglich Zeit, die Messung einige mal zu prüfen und zu berichtigen; da hingegen man bey den Schrauben- Faden- und Glasmikrometern die Zeit, da z. B. die Sonnenränder, die beyden Enden der Schrauben oder zween Fäden, oder zwo Abtheilungen des Mikrometers zugleich berühren, nur einen augenblick dauret, und man folglich mit einem Blick auf die einander gegenüberstehenden Ränder und zugleich auch auf die Abtheilungen, die sie berühren, sehen muß, welches eine nicht gemeine Fertigkeit des Beobachters voraussetzt. Man kann ferner die gewöhnlichen Mikrometer nicht an sehr langen Fernröhren anbringen, weil diese nur einen kleinen Raum am Himmel auf einmal fassen; da hingegen die Heliometer zur Messung größerer Weiten dienen, als das Fernrohr fasset woran sie gebraucht werden, und endlich erscheinen die Bilder der Ob-

jekte

jekte, beym Gebrauch der gewöhnlichen Mikrometer, gemeiniglich am Rande des Feldes eines Fernrohrs, da man die Berührung bey dem Objektivmikrometer in die Mitte desselben bringen kann, wo die Deutlichkeit am größten ist.

Mit dem allen hat dieses Heliometer des Herrn Bouguer noch eine Unvollkommenheit: diese nämlich, daß man damit nicht ganz kleine Winkel messen kann; indem die Mittelpunkte der Objektivgläser zu dieser Absicht sich nicht nahe genug können gebracht werden; und da überdem bey großen Fernröhren zwey Objektivgläser von gleich langen Brennweiten zu erhalten schwerer ist, als man glauben sollte, so ist endlich die Methode, wodurch Dolland der Erfinder der achromatischen Fernröhre, und Short in England, dieses Heliometer verbessert, sehr vortheilhaft. Dolland schneidet nämlich ein Objektivglaß mitten durch von einander; beyde Hälften setzt er in Einfassungen, so daß sie in einer parallelen horizontalen Linie aus einander können gezogen und also nach Erfordern in verschiedene Entfernungen gebracht werden. So eingerichtet, wurde das Heliometer zu erst an den Spiegelteleskopen angebracht. Stehen nun die beyden halben Gläser so, daß sie ein Ganzes ausmachen, und folglich ihre Durchmesser einander decken, so erscheint im Fernrohr, durch das Okularglas betrachtet, von den Gegenständen nur ein einfaches Bild; zieht man aber die halbirten Gläser auseinander, so erblickt man das Bild doppelt, eben so, wie bey dem Bougerischen Heliometer, nur daß bey jenem die Gegenstände allemal doppelt erscheinen, indem die Mittelpunkte der Objektive nicht an einander können gebracht werden.

Nach dieser kurzen, meinem Plan gemäßen Erzählung von den bisher erfundenen Mikrometern und Heliometern *), muß ich anzeigen, daß das eben angeführte Heliometer, so wie es Dolland eingerichtet, nun eigentlich mit dem Instrument, welches ich hier den Liebhabern der Sternkunde bekannt mache, eine sehr große Aehnlichkeit hat. Ich könnte es daher ein Dollandisches Objektivmikrometer nennen; es mag aber ein Sternausmesser heißen, unter welchem Namen es bereits angefangen bekannt zu werden, weil es doch, um Entfernungen der Sterne zu messen, wohl am gewöhnlichsten kann gebraucht werden. Ich will nun die Einrichtung, alsdann eine kurze Theorie, und endlich den Gebrauch desselben anzeigen.

Der Herr Professor Lambert beschreibt zuerst einen solchen Sternausmesser im 3ten Theil seiner Beyträge zum Gebrauch der Mathematik, wie er

*) Wer von diesen nützlichen Erfindungen ein mehreres lesen will, kann die 2te Sammlung der vortreflichen astronomischen Abhandlung des Hrn. Hofrath Kästner, eben desselben deutsche Ausgabe von Schmidts Optik, die Astronomie des Hrn. de la Lande, Bions mathematische Werkschule ꝛc. darüber nachschlagen.

er sich desselben zur Beobachtung des Kometen vom Jahr 1769 bedient, und von Pappe selbst verfertigt hat. Ich fand die Einrichtung desselben so bequem, daß ich mir, bey Gelegenheit des im Jahr 1773 erschienenen Kometen, auch einen solchen Sternausmesser machte; seit welcher Zeit ich mich dessen bey Beobachtungen, die ich zu meinem Vergnügen am Himmel anstellte, bedient habe. Der Gebrauch davon ist vielfach, die Kosten sehr geringe und die Genauigkeit grösser, als man es dem Instrument äußerlich ansehen sollte, da ich es gleichfalls nur von Pappe verfertiget habe. Uebrigens hat ein jeder Liebhaber die Freyheit, sich solches von vesterer Materie, als etwa von Holz oder Messing, machen zu lassen, nachdem er etwas mehr darauf verwenden will und kann; auch liessen sich alsdann wohl noch verschiedene Verbesserungen erdenken, welche die größte mögliche Genauigkeit befördern würden.

Tab. I. Fig. 1. ABCDEF ist demnach eine viereckichte Röhre von vester Pappe $2\frac{3}{4}$ Zoll breit und hoch, und $10\frac{1}{2}$ Zoll lang. In diese wird eine andere kürzere Röhre GKHE eingeschoben, welche ohngefähr 3 Zoll = HC hervorgeht und sich etwas aus- und einschieben läßt. Vorn an dieser Röhre wird in der Mitte eine kleine runde Röhre LO eingesetzt, von etwa 2 Zoll lang und $1\frac{1}{4}$ Zoll im Durchschnitt, welche vorn in O offen ist, und in welche das Okularglas gesetzt wird. Ich finde es gut, diese Röhren inwendig mit schwarzem Papier

pier zu überziehen; auswendig können sie mit buntem Papier überzogen werden. QRTS ist ein Stück starker und vester Pappe, welches 9 Zoll = QK lang und 3 Zoll = RS breit ist. Auf dieser Pappe werden auf der flachen Seite unten und oben längs QR und TS, zween schmale Streifen Pappe $\frac{3}{8}$ Zoll breit, geleimet. Ueber diese Streifen leimt man auch noch in der Mitte zwischen Q und R ein ander Stück Pappe 5 Zoll lang und 3 Zoll breit, also, daß an beyden Seiten gegen X und W ein gleich großer Raum frey bleibt, und folglich zwischen QRTS und Z eine Spalte oder schmale Oefnung entstehet. In der Mitte der aufgeleimten Platten Z wird alsdann ein viereckichtes Stück, etwas kleiner als die Weite der grösten Röhre erfordert, ausgeschnitten und hierauf diese Röhre über der ausgeschnittenen Oefnung senkrecht geleimet. Man macht endlich zween Schieber X und W von glatter Pappe, welche an einander gesetzt, in die Vertiefung zwischen R und S oder Q und T genau passen, und also in der Spalte zwischen Z und QRTS eingeschoben werden können und sich gelinde hin und her schieben lassen, wobey es gut ist, die Schieber mit feinem Postpapier sauber zu überziehen.

Die vordere Seite der vorn in der Röhre bevestigten Pappe QRTS stellt nun die 2te Fig. vor. Es ist in der Mitte derselben, ehe sie an die Röhre bevestigt worden, das länglichte

Stück

Stück d e m n $3\frac{1}{2}$ Zoll lang und 1 Zoll breit ausgeschnitten, so, daß man durch diese Oefnung die beyden Schieber X und W sehen kann. In der Mitte eines jeden Schiebers wird eine Hälfte des durchgeschnittenen Objektivglases c so eingeleimt, daß die Durchschnitte der Gläser mit den Durchschnitten der Schieber in einer Linie liegen, und also glatt an einander sich hin und her schieben lassen können, wie dann die 2te Fig. die Schieber als etwas ausgezogen vorstellet. An beyden Rändern der Schieber, da, wo sie an einander gehen, wird die Skale oder der Maßstab a b gezeichnet, wie die 2te Fig. gleichfalls zeiget. Das Objektivglas hat 13 Zoll Fokallänge und $1\frac{1}{2}$ Zoll im Durchmesser. Man läßt sich ein Glas von dieser Länge schleifen, und nachdem es fertig ist, muß man es genau mitten durchschneiden lassen. Um dieses zu bewerkstelligen, beschreibe ich auf Papier einen Zirkel, welcher der Größe des Glases gleich ist, ziehe durch dessen Mittelpunkt mit Tusche einen Durchmesser, klebe alsdann das Objektiv auf diese Zirkel und lasse dasselbe von einem Glaser auf der andern Seite, längs der gezogenen Linie, ganz genau mit einem scharfen Diamant durchschneiden. Wenn die Durchschnitte der beyden halben Gläser etwas ungleich gebrochen sind, so schleife ich sie auf einem Sandstein etwas eben, so daß ihre Flächen glatt aneinander gehen. Läßt man das Glas von einem Glasschneider durchsägen, so ist diese Operation wohl sicherer, allein das kupferne Rad, wel-

ches

ches derselbe gebraucht, schleift zu viel vom Glase aus, und man verliert den Mittelpunkt des Objektivs, welches, ob es wohl das Glas selbst nicht unbrauchbar macht, doch einer gewissen Vorrichtung bedarf, um zu verhüten, daß nicht, durch die dadurch entstehende Spalte zwischen beyde halbirte Gläser, Luft ins Fernrohr einfalle. Die vordere Oefnung des Objektivglases bey der Skale hat 1 Zoll oder 10 Linien im Duchschnitt Das Okular hat 2 Zoll Brennweite und 1 Zoll $1\frac{1}{4}$ Linie im Durchmesser. Es wird vorn in der kleinen Röhre bey P eingesetzt, und so giebt dieser Sternausmesser ein astronomisches Fernrohr ab, durch welches die Gegenstände sich verkehrt darstellen.

Um die Vergrößerung dieses Sternausmessers, den Raum, den man dadurch auf einmal am Himmel übersieht, imgleichen die Größe der Grade auf der Skale, oder den vorn beym Objektivglas befindlichen Maßstab zu finden, dazu dienen folgende bekannte dioptrische Sätze:

Es sey die Brennweite des Objektiv-Glases $= \lambda$
" " " Okular-Glases $= l$
des Okulars halber Durchmesser $= d$
die Vergrößerung des Ausmessers $= x$
der halbe Winkel, den es auf einmal faßt $= y$

so ist $x = \frac{\lambda}{l}$ und $\text{Tang. } y = \frac{d}{\lambda + l}$

nun ist $\lambda = 13$ Zoll $= 130$ Linien
und $l = 2$ Zoll $= 20$ Linien also $\frac{130}{20} = 6\frac{1}{2}$ mal $=$ die Vergr.

ferner

ferner ist $d = 5\frac{5}{8}$ Linien $\lambda = 130$ Linien und $l = 20$ Linien.

also $\frac{5\frac{5}{8}}{130+20} = \frac{45}{1220} = 0{,}0375 = \text{Tang. } 2^\circ.\ 9'$ = der halbe Winkel, den das Auge übersiehet.

Also faßt der Ausmesser auf einmal einen Zirkel-Raum am Himmel von 4 Grad 18 Min. im Durchmesser. Es ist leicht einzusehen, daß, wenn man dem Okular eine größere Breite gäbe, sich ein grösserer Raum würde übersehen lassen; allein es müßte sodann, um die Vergrößerung beyzubehalten, dicker gemacht werden, wodurch aber die Gegenstände dunkler erscheinen. Die Vergrößerung ist unterdessen nöthig, um kleine, nahe beysammenstehende Fixsterne zu erkennen. In sofern also dieser Ausmesser über 4 Grad am Himmel fasset, und die Oefnung des Objektivglases ziemlich groß gelassen wird, um die nöthige Helligkeit zu erlangen, so kann derselbe zugleich als ein sogenanntes Nachtfernrohr, (Lunette de Nuit,) gebraucht werden, wodurch sich kleine Kometen oder Nebelsterne bequem aufsuchen lassen, und man kann den Ausmesser in dieser Absicht, auch einen Kometensucher nennen.

Um die Skale zu verzeichnen, (S. Fig 4.) stelle man sich zuerst vor, daß die Brennweite des Objektivglases λ = der Halbmesser eines Zirkels O L sey, so werden, weil die Skale M L N senkrecht an O L oder an der Axe des Fernrohres steht, die Theile derselben Tangenten der an O sich ergebenden Winkel seyn, und so wäre z. B. L M = Tang. M O L;

L N Tang. L O N und M N = Tang. M O N. Richtet man nun das Fernrohr auf einen sehr entlegenen Gegenstand, damit die Bilder gerade in den Brennpunkt des Objektives fallen, so giebt die erscheinende Größe des Objekts, durch den Radius O L dividirt, die Tangente des scheinbaren Winkels, unter welchem der entfernte Gegenstand den bloßen Augen sich darstellet. Das Okular verändert, bey der Einrichtung dieses Fernrohrs, nichts in dem Maaße der Winkel, sondern vergrößert nur das Bild, welches das Objektiv im Foko macht, und erweitert den Raum, welchen man übersiehet. Werden nun die Schieber so zusammen geschoben, daß die halbirten Gläser gerade auf einander kommen, und ein Ganzes ausmachen, so erscheint der Gegenstand einfach; schiebt man aber die Schieber auseinander, so erscheint vom Gegenstand ein doppeltes Bild. Denn da das Objektiv von allen Punkten, das Bild des Gegenstandes zurück wirft, so hindert die Theilung desselben nicht, daß man nicht auch, durch jedes halbirte Glas, den Gegenstand ganz sehen sollte. Allein, da das halbe Objektiv nur die Hälfte der Lichtstralen, eines Gegenstandes auffängt, so erscheinen die Gegenstände um so viel schwächer, wenn die Gläser auseinander gezogen werden, welches aber, bey den selbst leuchtenden Himmelskörpern, keine Hinderniß macht, außer daß es, bey sehr schwachen Kometen und Nebelsternen, zuweilen Mühe verursacht, dieselben zu erkennen.

Schiebt

Schiebt man die eine Hälfte des Glases gegen die linke Hand in M, so wirft es das Bild eines Gegesstandes hinter den Brennpunkt O, zur Rechten in R, und eben so von dem zur Rechten, in N geschobenen halben Glase, fällt das Bild hinterm Foko, zur Linken in S. Dieses Bild wird aber vom Okular P, wieder umgekehrt, und der Punkt S in n, R aber in m auf die Retina des Auges gebracht. Das Auge sieht nun den Punkt m, der von M oder α gekommen, nach der Richtung m p R, also rechter Hand, und den Punkt n, der von N oder β gekommen, nach der Richtung n p S, und daher linker Hand, folglich erscheinen die Sierne α und β dem Auge in verkehrter Stellung. Schiebt man die halbirten Gläser wieder auf einander, und setzt, α und β wären zween Sterne, die man durch das Fernrohr auf einmal übersehen könnte, so werden sie im Auge in der Entfernung m n, oder unter dem Winkel m p n = S p R gesehen. Schiebt man den Mittelpunkt des einen halben Glases nun rechts gegen N, und des andern links gegen M, so werden die Sterne, ohne jedoch ihre Entfernung von einander zu ändern, so daß nämlich der Winkel M O N unverändert bleibt, sich theilen, und man sieht 4 Sterne. In der Fig. 3* sind N M die beyden Sterne, wie sie dem Auge in umgekehrter Stellung durch den Ausmesser erscheinen, wenn die Mittelpunkte der Gläser aufeinander stehen. Rückt man dieselben aus einander, so erscheinen so wohl von N und M, als der Entfernung N M, doppelte Bilder, und es entstehen auch noch 2 Sterne n und m, welche sich in gleicher Entfernung rechter Hand, wie M N linker Hand hin, bewegen, folglich rücken die Sterne n und M gegen einander, und wenn man die Schieber so lange auszieht, bis n und M sich bedecken, so hat man die Entfernung der Sterne N M gemessen. Hierbey ist wohl zu merken, daß man die Schieber nach der Richtung ausziehen muß, in welcher die zu messende Sterne gegen einander stehen, damit dieselben gerade gegen einander rücken, und nicht über einander gehen. Wie sich, beym Hin- und Herrücken der Schieber, die Bilder im Auge bewegen, erkläre ich durch die 3te Fig. also: M N werde z. B. rechts geschoben, bis M in L kömmt, und folglich das Bild, davon m n im Auge gleichfalls zur Rechten hinrückt, bis m in l steht. Eben so werde N M gegen die linke Seite hin, bewegt, bis N in L, und vom Bilde n m im Auge, welches nach gleicher Richtung sich fortschiebt, der Punkt n auch an l kömmt, so werden die Stralen von M und N, in der Axe des Fernrohrs zusammen fallen, und die Sterne einander zu bedecken scheinen. Nun ist M L + N L = M N die Tangente des scheinbaren Entfernungswinkels der Sterne M O N, also wird der Abstand der Mittelpunkte der halbirten Gläser, den Abstand der Sterne von einander anzeigen. Es ist hierbey nicht schlechterdings nothwendig, daß die Lichtstralen gerade in der Axe des Fernrohrs zusammen treffen müssen,

denn

denn gesetzt, M rücke gegen L und N um die Weite φ; N aber, gegen L und M um die Weite ψ, so werden, wenn $\varphi + \psi =$ N M sind, die Lichtstralen von beyden getheilten Sternen in eine Linie fallen, und der Abstand der Gläser von einander, wird die scheinbare Entfernung der Sterne anzeigen. Man wird sich aus dem bisher Angeführten, leicht vorstellen können, daß auf eine ähnliche Art, eben so, wie der Abstand zweyer Sterne mit dem Ausmesser gefunden wird, sich auch der Durchmesser der Sonne oder des Mondes ergiebet, wenn man sich, statt der beyden Sterne, die zween gerade einander gegenüber stehende Ränder dieser Himmelskörper vorstellt, welche sich genau berühren müssen, wenn die Skale die Größe des Durchmessers angeben soll. Ehe man die Skale verzeichnet, muß man vorher den Ausmesser in gehörige Stellung bringen. Zu diesem Ende richte man denselben nach einem unendlich entfernten Gegenstand, etwa nach einem Stern, damit, wie schon oben gesagt ist, das Bild desselben gerade in den Brennpunkt falle, schiebe die kleinere Röhre Fig. 1. G H K E so lange aus und ein, bis man den Stern sehr deutlich sieht, und mache alsdann an derselben bey C E, wo sie in die größere geht, ein Zeichen, an welchem nun beständig die kleine Röhre stehen muß. Ferner, wenn die Schieber so gestellet sind, daß die Gläser auf einander stehen, und das Objektiv vom Stern ein einfaches Bild giebt, so ziehe man über der Skale, nahe an jeder Seite der Oefnung des Objektivs, zwo kleine Striche, welche in der 2ten Fig. mit o bemerkt sind, von welchen an die Grade gezählt werden, und die man die Zeiger nennen könnte. Nunmehr ist der Ausmesser zur Verfertigung der Skale und ihrer Eintheilung gestellt, aber erstlich: nur für das Auge desjenigen, welcher die eben jetzt beschriebene Beobachtung gemacht hat, und Zweytens: nur für unendliche, oder sehr entfernte Gegenstände. Denn, ein kurzsichtigeres Auge müßte, um die entfernten Objekte deutlich zu sehen, die kleine Röhre mit dem Okular etwas tiefer hinein schieben, und ein weitsichtigeres im Gegentheil etwas mehr herausziehen. Dies würde aber im ersten Fall den Radius O L verkürzen, und im zweeten verlängern, folglich würden die gezeichneten Grade, die das, für das erste Auge gestellte Fernrohr angäbe, nicht mehr bey einem veränderten Halbmesser zutreffen. Für nahe gelegene Objekte, müßte ferner auch die kleine Röhre weiter ausgezogen werden, weil davon die Bilder hinter den Brennpunkt vom Objektiv fallen, wodurch ebenfalls der Radius, und folglich auch die Grade der Skale größer ausfallen würden. Der Abstand der Mittelpunkte der halbirten Gläser, richtet sich übrigens blos nach der scheinbaren Größe der Objekte, wobey ihre verschiedene Entfernung vom Beobachter in keine Betrachtung kömmt; er wird aber, nur für unendlich entfernte Objekte, die Tangente von einem Bogen, dessen Halbmesser der Brennweite des Objektivglases gleich ist.

Das

Das erste Mittel, was aus diesen Erklärungen sich darbietet, die Grade der Skale zu finden, ist: Aus der gefundenen Fokallänge des Objektivs, die als ein Radius angenommen wird, die Größe der Tangenten für die Winkel zu suchen; da nun in den trigonometrischen Tafeln der Radius = 1,0000 angenommen wird, so würden sich z. B. für 5 Grad verhalten:

1,0000 : Tang. von 5° = 0,875 wie λ = 130 Lin: 11,37 Lin.

welche das Maaß der Theile des Maaßstabes, für 5 Grade wären; allein, da ich hier die Brennweite von 13 Zoll nicht sehr scharf genommen, und sich auch solche, selbst wenn man das Bild der Sonne hinterm Glase, nach der gewöhnlichen Methode, auffängt und dessen Abstand vom Glase mißt, mit der zur Zeichnung der Grade des Maaßstabes nöthigen Genauigkeit, schwerlich wird finden lassen; so könnte dies Verfahren unsicher werden. Eine andere Methode, die Größe der Grade des Maaßstabes zu finden, welche vornämlich bey längern Heliometern brauchbar ist, wäre, sich dazu zweyer Gegenstände zu bedienen, deren Entfernung vom Beobachter und von einander bekannt ist. Man messe zu diesem Endzweck nach Fig. 4, auf einem ebenen Felde eine gerade Linie D C von einigen hundert Schuhen in die Länge. An dem einen Ende wird in C eine andere kürzere Linie A B, senkrecht auf dieselbe abgestochen, so daß AC = CB sey; an deren Enden zween Stäbe A und B von gleicher Höhe, lothrecht in in die Erde gesteckt werden. Nun läßt sich aus A B und C D der Winkel A D B berechnen, welcher der scheinbaren Größe des Abstandes der Objekte A und B aus D betrachtet, gleich ist. Die Tangente dieses Gesichtswinkels ist $= \frac{AB}{CD}$. Man stelle das Objektiv des Heliometers senkrecht über den Punkt D. Nun wird vorausgesetzt, die Stäbe A und B stehen so weit auseinander, daß man, durch das Okular O betrachtet, beyde sehen kann; man schiebe ferner die vordere Röhre so lange aus und ein, bis man die Stäbe deutlich sieht, und lasse alsdann den Heliometer oder Ausmesser in dieser Lage unverrückt stehen.

Werden nun die Gläser auseinander gerückt, so erblickt man 4 Stäbe, weil jedes halbirte Glas ein Bild von den Stäben und ihrer Entfernung macht, welches aus dem Vorigen zur Gnüge bekannt ist. Gesetzt nun, die Mittelpunkte stehen in m und n, so wird das Glas n zur Rechten, das Bild der Stäbe hinter sich umgekehrt werfen, so daß der Stab B zur Linken, hinterm Glase zur Rechten in b, und der Stab A zur Rechten, hinterm Glase zur Linken, in dem Punkt a erscheint. Eben so wird hinter dem Glase m, der Punkt A in α und B in β fallen. Schiebt man nun die Gläser so weit zusammen, daß a und β einander decken, so ist leicht zu begreifen, daß 1) der Abstand der Mittelpunkte der Bilder c γ die Größe des Bildes von der Entfernung der Stäbe A B sey,

und

und daß 2) dieser Abstand der Entfernung der Mittelpunkte der Gläser von einander gleich sey, und daß 3) daher der Winkel, welchen der Berührungspunkt von a und b, mit den Mittelpunkten der halbirten Gläser macht, auch der Größe des bekannten scheinbaren Gesichtswinkels A D B der Objekte A und B gleich sey. Man verändert nachher, um mehrere Erfahrungen zu haben, einigemal die Entfernung der Stäbe A und B von C, so ergeben sich in D andre Gesichtswinkel, welche nun mit andern Entfernungen der Gläser ein beständiges Verhältniß haben müssen. Bey diesem Verfahren ist aber zu merken, daß, da die Stäbe, in Vergleichung der Fokallänge des Objektivs, keine unendliche Entfernungen haben, die Bilder über den Brennpunkt hinaus fallen, und also die gefundenen Weiten der Mittelpunkte der Gläser, Tangenten von Bögen größerer Halbmesser sind, als die Fokallänge des Objektives austrägt. Unterdessen ließe sich auch, in erforderndem Fall, über diese Verlängerung Rechnung tragen. Für unsern gegenwärtigen Ausmesser aber, die Größe der Grade des Maaßstabes zu finden, ist meines Erachtens, am dienlichsten, den schon bekannten Abstand zwener Sterne zu gebrauchen, welcher sich aus ihrer Länge und Breite, oder geraden Aufsteigung und Abweichung, berechnen läßt.

Ich will zu diesem Ende hier eine kleine Tafel hersetzen, welche die scheinbaren Entfernungen einiger Sterne am Himmel enthält, wie ich solche aus de la Caille und Bradleys Beobachtungen berechnet habe, wobey ich noch anmerke, daß diese Entfernungen, wegen des unendlichen Abstandes der Fixsterne von uns, immer dieselben bleiben. Ich habe auch die griechischen Buchstaben von Bayer oder Flamstedt, und die lateinischen von Doppelmayer beygefügt.

α A v. β B	im Widder	3°. 55′. 33″.	γ D v. δ C	im gr. Bär.	4°. 29′. 5″.
β B v. γ C	im Widder	1. 31. 1.	ε E v. ζ F	im gr. Bär.	4. 22. 10.
α A v. γ E	im Stier	3. 59. 2.	ζ F v. η G	im gr. Bär.	6. 41. 5.
α A v. ε D	im Stier	3. 10. 59.	α A v. γ B	im Adler	2. 4. 25.
β B v. ζ C	im Stier	7. 54. 21.	α A v. β C	im Adler	2. 41. 6.
α A v. β B	im Zwilling	4. 31. 30.	α D v. γ C	im Schwan	6. 8. 26.
δ C v. θ H	im Löwen	5. 5. 53.	α A v. γ B	im Wallfisch	4. 47. 7.
η D v. γ E	in d. Jungf.	5. 31. 36.	α A v. γ B	im Orion	7. 34. 1.
β B v. δ C	im Skorp.	3. 3. 7.	δ E v. ε F	im Orion	1. 23. 12.
δ D v. γ C	im Steinb.	1. 45. 14.	δ E v. ζ G	im Orion	2. 44. 21.
γ B v. β A	im Drachen	4. 7. 0.	α A v. β B	im Hasen	3. 6. 33.
α A v. δ C	im Perseus	3. 41. 50.	α A v. β B	im gr. Hund	5. 33. 51.
α A v. β B	im gr. Bär.	5. 23. 20.	α A v. β B	im Fuhrm.	7. 35. 19.

Um

Um die Größe der Grade desto zuverläßiger zu finden, messe ich die Entfernung verschiedener Sterne, die zu gleicher Zeit sichtbar, und um die Wirkung der Stralenbrechung zu vermeiden, ziemlich hoch am Himmel erhaben sind. Indem ich die Schieber so lange aus einander ziehe, bis sich die Bilder derselben genau bedecken, so nehme ich einen jeden dazu gehörigen Abstand der Mittelpunkte der Gläser, welcher der Weite, um die zween korrespondirende Zeiger an der Skale aus einander stehen, gleich ist, mit einem Zirkel, trage solche auf einen beliebigen genauen Maaßstab, und berechne darnach, wie viele Theile desselben verhältnißweise auf eine bestimmte Anzal von Graden gehen. Ich wollte z. B. in letztern Januarii Monat meinem Ausmesser eine neue Skale zeichnen, und wählte dazu folgende Sterne:

Entfernung nach der Rechnung.	Entfer. der Gläser in Theilen des Maaßstabs	auf 5° = 300′ gehen also:
δ v. ε Orion = 1°. 23′. 12″	3,20 Lin.	$\frac{320 \cdot 300}{83' \cdot 12''}$ = 11,53 Lin.
δ v. ζ Orion = 2. 44. 21.	6,29 =	$\frac{629 \cdot 300}{164' \cdot 21''}$ = 11,49 =
α v. ε i. Stier = 3. 10. 59.	7,28 =	$\frac{728 \cdot 300}{190' \cdot 59''}$ = 11,43 =
α v. ν i. Stier = 3. 59. 2.	9,23 =	$\frac{923 \cdot 300}{239' \cdot 2''}$ = 11,57 =
β v. ζ i. Stier = 7. 54. 21.	18,12 =	$\frac{1812 \cdot 300}{474' \cdot 21''}$ = 11,46 =

Das Mittel aus diesen 5 Angaben giebt 11,50 Linien. Für den Werth von 5 Graden also 1 Grad = 2,30 Linien. Hernach wurden die Grade auf beyden Seiten des

des Objektivglases auf der Skale, von den mit 0 bezeichneten Strichen an, mit einem Zirkel getragen, wie die 2te Fig. zeiget. Jeden Grad theile ich durch Linien in 6 Theile, also in 10 Minuten ein, und kann alsdann die einzelnen Minuten ziemlich richtig schätzen Die Skale wird am Rande jedes Schiebers eingetheilt, und folglich geben beyde Zeiger, einer oben zur Linken, und der andere unten zur Rechten, die Grade zugleich an. Ich kann die halben Gläser so weit auseinander ziehen, daß die Zeiger bis auf 10 Grade gehen, und folglich lassen sich, mit diesem Ausmesser, am Himmel Entfernungen bis beynahe 10 Grade messen. Ich habe die Grade nach einem Maaßstabe von gleicher Größe aufzutragen angewiesen, da doch die Tangenten nicht mit ihren zugehörigen Winkeln im Verhältniß zunehmen, sondern immer größer werden. Es müßten daher die Grade von L aus gegen N und M Fig. 3 auch nach und nach zunehmen; allein dieser Unterschied wird für diesen Maaßstab bis auf 10 Grad fast unmerklich seyn. Dies läßt sich also beweisen: die Tangente von 1° ist nach den Tafeln = 0,0175, die von 10° = 0,1763, die Zunahme ist also 0,0013 auf 10°. Nun kann ich die Brennweite unsers Objektivs hierbey auf 130 Linien setzen, 10° fassen aber, gleichförmig abgezählt, 23,00 Linien, die Zunahme der Tangenten ist $\frac{13}{10000}$ vom Radius, dies macht in Theilen unsers Halbmessers 0,17, also etwan $\frac{1}{6}$ Linie um die der Werth von 10° größer seyn müßte, setzt

man

man 2,30 Linien: 60′ = 0,17 Linien zur 4ten Proportionalzahl, so kommen 4 Min., um die man hier bey einem Winkel von 10° fehlen würde, da sich aber dieser Fehler erst bey den letztern Graden anhäuft, so kann bey einem Ausmesser von dieser Art, wenn man nicht die äußerste Genauigkeit sucht, diese Kleinigkeit aus der Acht gelassen werden. Für längere Ausmesser würde der Fehler merklicher seyn, allein, damit lassen sich nicht so große Entfernungen messen, und daher ist diese Fürsichtigkeit unnöthig.

Der vortheilhafteste Gebrauch, den der bisher beschriebene Ausmesser leistet, ist, daß man dadurch die Entfernung der himmlischen Körper, bis auf 10 Grad, sehr bequem messen kann. Da er aber kleine Weiten von einigen Minuten, nicht mit der zuweilen erforderlichen Genauigkeit angiebt, so ist der bisher gewöhnliche Gebrauch der Heliometer gewesen, solche an Spiegelteleskopen, oder langen einfachen Fernröhren anzubringen, um eine stärkere Vergrößerung zu erhalten, die zur genauen Ausmessung kleiner Winkel erfordert wird. Der Herr de la Lande beschreibt z. B. in seiner *Exposition du Calcul Astronomique* Seite 155, seinen Bouguerischen Heliometer, welcher an ein 18 füßiges Fernrohr gesetzt ist, und womit er kleine Winkel bis auf eine Sekunde zu messen, sich getrauet.

Ich habe mir nun einen Dollondischen Heliometer für einen 7füßigen astronomischen Tubum eingerichgerichtet, mit welchem ich am Himmel kleine Entfernungen bis auf 81 Minuten, in der Genauigkeit von 10 oder 15 Sekunden, die zu meiner eigenen Wißbegierde immer hinlänglich ist, sehr gut messen kann. Der Tubus ist eine runde von Holz gemachte Röhre; er liegt auf einem Gestelle, worauf ich ihn sehr bequem in allen Höhen horizontal und vertikal richten kann. Die Einrichtung und die Theorie dieses Heliometers, ist wie bey dem vorher beschriebenen Ausmesser, nur brauchte es hier einer besondern Vorrichtung, die Schieber in einer Entfernung von 7 Fuß, auseinander zu ziehen; welche nun die 9te Figur zeiget.

H K I L ist demnach ein länglicht viereckichtes Stück sehr vester und starker Pappe, 10 Zoll lang und 4 Zoll breit *). Die Figur stellt die hintere Seite des Heliometers und seine Einfassung vor, welche gegen das Okular oder gegen die Röhre des Tubi gekehrt ist. p und q sind zween lange Streifen ¾ Zoll breit, welche hart längs den Rändern H I und

*) Ich habe mir auch diesen Heliometer von einem geschickten Buchbinder von Pappe machen lassen, da ich dann gefunden, daß dieses bessere Dienste leistet, als Holz von gleicher Dicke thun würde, welches sich gemeiniglich wirft. Unterdessen ist meine Absicht nicht, die eigentliche Materie, woraus man einen solchen Ausmesser macht, zu bestimmen. Ein jeder Liebhaber kann sich solchen von hartem Holz oder Messing, nach Belieben, dauerhaft und sauber verfertigen lassen.

und KL auf der breiten Seite angeleimt werden. ABCD ist ein ander Stück $5\frac{1}{2}$ Zoll lang und 4 Zoll breit, welches auf die Streifen p und q in der Mitte zwischen HI geleimt wird, also, daß zwischen denselben und den erstern HIKL, eine Spalte bleibt, worinn die Schieber Gg und Ff genau eingepaßt, sich hin und her schieben lassen. abcd ist ein runder Ausschnitt $2\frac{3}{4}$ Zoll im Durchmesser, über welchem eine Röhre von einigen Zollen lang, senkrecht bevestigt ist, die, wenn der Heliometer an das Fernrohr soll gesetzt werden, vorn an der Stelle des Objektivs, über die Röhre geschoben wird. Das Objektivglas E hat nun eine Brennweite von 7 Fuß, und ist mit einem scharfen Diamant, gerade in der Mitte, auf oben beschriebene Art getheilet; beyde Hälften werden also in die Schieber Gg und Ff, wie die Figur zeigt, mit der nöthigen Genauigkeit eingesetzt. Die vordere Seite des Heliometers ist auf eine ähnliche Art, wie bey dem Ausmesser nach der 2ten Fig. beschaffen. Durch einen Ausschnitt, $3\frac{3}{4}$ Zoll lang und $1\frac{2}{5}$ Zoll breit, zeigen sich die halbirten Gläser und die am Rande der Schieber gezeichnete Skale. Die Oefnung des Objektivs hat $1\frac{1}{4}$ Zoll im Durchschnitt.

Ich muß nun anzeigen, wie ich die Schieber in der Entfernung bewege. Zu dieser Absicht ist an der rechten Seite von beyden Schiebern Fig. 9, ein Stück, etwa 4 Zoll lang, ausgeschnitten, also, daß oben

oben und unten nur die schmale Streife bey g und f $\frac{2}{5}$ Zoll breit davon übrig bleibt. Hierauf ließ ich mir von einem Drechsler, aus hartem Holz, zwo 4 Zoll lange und $\frac{2}{5}$ Zoll breite, mit der Pappe gleich dicke, mit Zähnen eingeschnittene Hölzer oder Getriebe machen. Diese wurden an die Streifen g und f geleimt, imgleichen noch ein kleines mit gleich großen Zähnen versehenes Kammrad, welches zwischen die Getriebe genau paßte, so, daß die Zähne des Rades in die Zähne der Getriebe eingriffen, wie die 9te Fig. zeiget. Für den einen Theil der Axe des kleinen Rades, wurde in der vordern Pappe ein Loch gebohrt, und für den andern ein gleiches, hinterwärts in den Streifen l n, welchen ich darauf an p und q bevestigte. Hier hat die Axe eine senkrechte Vertiefung, in welcher ich in o ein viereckichtes gedrehtes Holz, 1 $\frac{1}{2}$ Zoll lang und $\frac{1}{2}$ Zoll im Quadrate breit, leimte, welches ich den Schlüssel nennen kann. Man könnte leicht darauf verfallen, sich dieses Rad mit seinem Getriebe, von Messing machen zu lassen, ich finde aber bis jetzo, daß mein hölzernes seiner Absicht ein Genüge thut. Diesen Heliometer setze ich so an das vordere Ende meines Fernrohrs, daß ich das Rad rechter Hand behalte. Nun ließ ich mir noch von einem Tischler eine hölzerne runde Stange von 7 Fuß, abstossen, welche an beyden Enden etwa 3 Zoll lang, viereckicht, und etwas stärker, wie der mittlere Theil gemacht ist. An dem einem Ende ist dieselbe viereckicht so ausgehohlt, daß diese

Ver-

Vertiefung genau auf den an der Axe des Rades bevestigten Schlüssel o paßt. Das andre viereckichte Ende der Stange, dient statt einer Kurbel zum umdrehen. In der Gegend des Okulars ist nun um die Röhre des Tubi ein hölzerner Ring gelegt, an welchem sich seitwärts zur Rechten, ein kleiner Arm befindet, der in der nöthigen Entfernung eine halbrunde Vertiefung hat, in welcher die Stange ruhet, wenn dieselbe mit dem vordern ausgehöhlten Ende am Heliometer, über den Schlüssel o, gesetzt ist. Nun sehe ich bey der Beobachtung mit dem Auge durchs Okular, und drehe mit der rechten Hand, die Stange auf die rechte Seite um, so schieben natürlicher weise die Zähne des Rades, unten und oben, die Zähne des Getriebes fort, und der obere Schieber G g wird rechter, der untere aber F f, linker Hand hingeschoben, und so werden folglich die halbirten Gläser auseinander gerückt. Da ich hier nicht brauche die Größe des Theils der Umdrehung zu merken um die Weite der halbirten Gläser von einander zu bestimmen, sondern mir solches der vordere Maaßstab anzeigt, und also das Rad mit seinem Getrieben blos zur Fortrückung der Schieber dienet, so wird diese beschriebene Vorrichtung, wohl zu dieser Absicht die einfachste seyn, und jeder Liebhaber kann sich noch andere künstlichere Einrichtungen dazu selbst erfinden und nutzen.

Die Brennweite des Objektivs ist 7 Fuß 4 Zoll = 740 Lin. = λ
Die Brennweite des Okulars $2\frac{1}{2}$ Zoll = 25 Lin. = l
Die halbe Breite des Okulars $1\frac{1}{2}$ Zoll = $7\frac{1}{2}$ Lin. = d

Die Vergrößerung ist demnach $\frac{\lambda}{l} = \frac{740}{25} = 29,6$ mal

Der halbe Winkel, den man übersieht $= \frac{d}{\lambda + l}$ also:

$$\frac{7\frac{1}{2}}{740+25} = \frac{15}{1530} = 0,00980 = \text{Tang. } 0^\circ.\ 34'.$$

Diesen Winkel doppelt genommen, giebt 1°. 8′. so viel nämlich das 7 füßige Fernrohr auf einmal übersehen läßt.

Um die Größe der Theile der Skale zu finden, wären die oben schon vorgeschlagenen Methoden zu gebrauchen; allein, aus der Brennweite des Objektivs, als ein Halbmesser angesehen, und darnach die Größe der Tangenten des ihnen zugehörigen Bogens zu bestimmen, war nicht rathsam, da dieser Radius, bey langen Brennweiten, leicht um einige Zolle unsicher wird. Auf einem Felde zu diesem Ende eine Standlinie abzustechen, dazu hatte ich keine Gelegenheit. Kleine Entfernungen zweyer Sterne dazu zu gebrauchen, wurde deswegen vornämlich unsicher, weil sich, wenn die Winkel an ihnen sehr spitzig sind, ihre Entfernungen aus den trigonometrischen Tafeln nicht sehr genau berechnen lassen. Ich hielt es also für rathsam, mich bey dieser Untersuchung des Durchmessers der Sonne zu bedienen, welcher doch ohne Zweifel, bis auf einige

Sekun-

Sekunden, in den astronomischen Tafeln richtig bestimmt ist. Ich beobachtete deswegen am Ende des vorigen Dezembers, die Sonne durch das 7 füßige, mit dem Heliometer versehene Fernrohr, da dieselbe ohngefähr durch den Mittag gieng. Erstlich schob ich das Okular so lange aus und ein, bis ich die Ränder der Sonne scharf und deutlich sahe, die halbirten Gläser waren vorher so über einander gesetzt, daß sie ein Ganzes ausmachten, und man folglich nur ein einfaches Sonnenbild bemerkte. Hierauf ließ ich das Objektiv in der gefundenen Stellung, und zog mit einer Reisfeder über der Skale an beyden Seiten der Oefnung eine feine Linie, von welcher an die Theile der Skale sollten gerechnet werden. Nun schob ich, vermittelst der Stange, die Gläser auseinander, bis die beyden einander horizontal gegenüber stehenden Ränder der Sonne sich genau berührten. In dieser Lage fand ich, daß die Zeiger der Skale, oder die Mittelpunkte der halbirten Gläser um 24, 11 Theile eines gewissen Maaßstabes auseinander standen. Die Sonne war um diese Zeit in ihrer Erdnähe, und ihr Durchmesser nach Mayern, 32 Min. 38 Sek., folglich giengen 24, 11 Theile auf 32 Min. 38 Sek., oder 0,74 Theile auf eine Minute, hiernach ließ sich die Skale ganz ordentlich verzeichnen. Ich bemerkte die Abtheilungen von 5 zu 5 Min. durch Striche, einzelne Minuten aber durch Punkte, und kann noch den 3ten oder 4ten Theil einer Minute gut unterscheiden.

Beym Gebrauch des oben beschriebenen und in der 1sten Fig. abgebildeten Ausmessers, fasse ich denselben mit der linken Hand bey A, und halte das Auge zur Beobachtung an der kleinern Röhre bey O. Mit den Fingern der rechten Hand, fasse ich die Querpappe Q R S T bey R S ein, lege den Daumen auf den Schieber W und ziehe denselben rechts heraus, da ich zu gleicher Zeit mit dem Zeigefinger den Schieber X links fortschiebe. Diese Operation ist bey der geringen Länge des Ausmessers sehr leicht, und man erhält den Vortheil, die Schieber während der Beobachtung zu bewegen. Messe ich die Entfernung zweyer Sterne, so halte ich die Skale, oder die Seite Q S nach der Richtung, in welcher die Sterne am Himmel gegen einander stehen. Gesetzt nun, die beyden Sterne stünden gerade über einander, so müßte auch Q R senkrecht gehalten werden; weil die Bilder der Sterne nach der Richtung aus einander gehen und zusammen kommen, in welcher die Schieber auseinander gezogen werden. Sind die Schieber so weit ausgezogen, daß die beyden gegen einander gehenden Bilder zusammen kommen, und nur einen Stern auszumachen scheinen, wo also die Skale die Entfernung der Sterne angiebt, so ist es rathsam, die Seiten R S und Q T als um einen Mittelpunkt, oder die Axe des Fernrohres etwas auf und nieder zu bewegen, so werden sich die Bilder der zusammen vereinigten Sterne gleichfalls in zween berührenden Zirkelbögen auf und nieder bewegen,

wegen, und man muß Achtung geben, ob die Berührung genau in einem Punkt geschehe. Diese und andere Handgriffe hierbey, sind leicht und erfordern nur eine kleine Uebung. Bey der Einsetzung der halbirten Objektive in den Schiebern, ist einige Behutsamkeit zu gebrauchen. Denn wenn die Flächen der Durchschnitte nicht genau an einander gehen, oder wenn sich die Gläser gegeneinander neigen, so sieht man, auch selbst wenn die Mittelpunkte über einander stehen, doppelte Bilder, welchem Uebel man oftmals durch ein bloßes Biegen abhilft. Kömmt aber der Fehler daher, daß zu viel von den Durchmessern der halben Gläser weggeschliffen worden, so muß man dieselben so weit auseinander zu setzen suchen, bis die Bilder, bey Vereinigung der Mittelpunkte, nur einfach erscheinen; die alsdann entstehende Spalte aber, zwischen den Gläsern, muß, um zu verhüten, daß nicht fremdes Licht ins Rohr falle, mit einer hinterwärts am Rande des einen Schiebers bevestigten schmalen Streife von Pergament verschlossen werden.

Ich will nun zuerst den Gebrauch dieses Sternausmessers bey Erscheinungen eines Kometen beschreiben. Man mißt die Entfernung des Kometen von einigen um ihn stehenden Sternen, verzeichnet hierauf die Lage dieser Sterne nach Länge und Breite, oder gerader Aufsteigung und Abweichung, wie sich solche in astronomischen Tafeln oder Himmelskarten *) findet, für die Zeit der Beobachtung, nach einem beliebigen Maaßstabe, trägt nachher von gleichem Maaßstab die gefundene Entfernung des Kometen ein, und findet so den Ort des Kometen nach der Ekkliptik oder den Aequator gerechnet, mit einer Genauigkeit, die bey einer richtigen Zeichnung und Messung, von diesem Ausmesser zu erwarten steht, und die für Liebhaber immer hinlänglich ausfallen wird.

Dieses Verfahren, den Ort eines Kometen zu bestimmen, wird ungleich sicherer seyn, als das, da man

*) Die Doppelmayerschen Himmelskarten sind in Deutschland bekannt genug, und es wird selten fehlen, den Ort eines Kometen mit einigen Sternen vergleichen zu können, wozu schon zween Sterne hinlänglich sind, wenn sie nur nicht mit dem Kometen, einen zu spitzen oder zu stumpfen Winkel machen. Flamstedts Karten sind freylich besser, weil sie mehrere Sterne enthalten, und also mehrern Anlaß geben, Entfernungen des Kometen von schon der Lage nach bekannten Sternen zu messen. In dem Berlinischen astronomischen Jahrbuch; in der *Connoissance des tems*, dem *Nautical Almanac*, und P. Hells Ephemeriden, finden sich zwar Fixsternverzeichnisse; allein sie möchten wohl hiezu nicht vollständig genug seyn. Diesem Mangel wird aber völlig abgeholfen werden, wenn die vollständige Samml. astronomischer Tafeln, herauskommen wird, welche die hiesige Königl. Akadem. der Wissenschaf. verfertigen läßt, und worinn ich das vollständigste Sternverzeichniß, aus Hevel, Flamstedt, de la Caille und Bradleys Beobachtungen zusammen gezogen, verfertigt habe, welches die Länge und Breite von 3200 in unsern Gegenden sichtbaren Fixsternen angiebt.

man anwies, mit bloßen Augen an einem aufgespannten Faden nachzusehen, mit welchen Sternen der Komet in einer geraden Linie stehe. Denn hier mischt sich die scheinbare eingedrückte Gestalt des Himmels mit ein und kann Unterschiede von ganzen Graden austragen. Man braucht auch bey diesem Verfahren keine weitläuftige Zurüstung und keine kostbare Instrumente, nicht große messingene Quadranten, vollkommene Penduluhren, Mittagsfernröhren ꝛc. wozu noch Berechnungen hinzukommen, aus beobachteten Höhen, Kulmination, oder Unterschiede der Aufsteigung und Abweichung von andern Sternen, den Ort des Kometen zu finden; sondern da nun einmal die Lage der Fixsterne als bekannt angenommen werden kann, so findet man diesen Ort bloß mit dem Ausmesser, mit einer hiezu hinlänglichen Genauigkeit, durch Ausmessung seiner Entfernung von benachbarten Fixsternen. Man kann auch, ohne die umherstehende Sterne besonders zu verzeichnen, nur die gefundene Entfernungen auf einer Himmelskarte eintragen, und so, nach gehöriger Reduktion, für die Fortrückung der Tag- und Nachtgleiche, den Ort des Kometen für die Zeit der Beobachtung finden.

Die 7te Fig. zeigt, wie ich den Ort des zweten Kometen vom Jahr 1774 am 11ten Oktober Abends um 9 Uhr, mit meinem Ausmesser durch seine Entfernung von
{ η; den 60sten Stern; κ und λ ♒
{ M; „ „ ; W „ X ♒ } bestimmt

 habe

habe. Nachdem die 4 Sterne gehörig in einer grössern Figur konstruirt waren, so gaben die gemessenen Entfernungen 4 Durchschnitte, welche aber diesmal, da die Winkel an ihnen ziemlich spitz wurden, nicht sehr genau in einen Punkt trafen und den Ort des Kometen nicht sehr zuverläßig angaben. Ich nahm das Mittel aus ihren Abweichungen und fand darnach des Kometen Länge 7°. 9'. ♓ und seine nördliche Breite 2°. 55'.

Wenn ein Planet nahe bey bekannten Fixsternen vorbey geht, so läßt sich auch auf ähnliche Art, wie bey Kometen, durch den Ausmesser der Ort des Planeten finden.

Die 6te Fig. zeigt nach einem kleinen Maaßstab, wie ich den 27sten Januar dieses Jahres des Abends um 11 Uhr, den Ort des Planeten Mars durch Ausmessung und Konstruktion gefunden. Er stand damals mit den zween Sternen [σ g und ι f] im Löwen westlich in einem Dreyeck; von ι war die Entfernung des Mars 2°. 11. u. von σ 3°. 4'.; σ von ι fand ich 4°. 31'. entfernet.

Nach Flamst. war d. Länge v. σ für 1775 d. 27 Jan. = 5 Z. 15°. 33'. 55''
" " ι " = 5. 14. 24. 18.
die Breite v. σ 1°. 41'. 56''. N.
" ι 6. 5. 10. N.

Hiernach verzeichnete ich auf gehörige Art die Lage

dieser

dieser Sterne *) und trug die gefundenen Entfernungen des Planeten Mars ein, woraus sich dessen Länge ergab 5 Z. 13°. 36'. die Breite 4°. 2'. N.
Nach den Planetentafeln des Hrn. de la Lande, berechnete ich hierauf den geozentrischen Ort des Mars, und fand, die Länge 5. 13. 38. die Breite 4. 2'. N.

Wenn der Mond einen Fixstern oder Planeten nahe vorbey geht, so wird man durch den Ausmesser, den Abstand des Planetens oder Fixsterns vom nächsten Mondrand sehr bequem finden können.

Die Lage der Nebelsterne läßt sich ferner auf gleiche Art mit dem Ausmesser, durch Beobachtungen ihrer Entfernungen von benachbarten Sternen, finden. Ich habe vornämlich hiervon Gebrauch gemacht, als ich zum Behuf der oben erwähnten neuen vollständigen Sammlung astronomischer Tafeln, ein vollständiges Verzeichniß der bisher bekann-

*) Da sich die Planeten nicht weit von der Ekkliptik entfernen, indem ihre Breite nie über 10°. geht, so wird man die Grade der Länge und Breite/ allemal von gleicher Größe, ohne merklichen Fehler, zeichnen können, da man sonst die Grade der Länge, für größere Breiten, im Verhältniß des Cosinus der Breiten verkleinern muß, oder welches einerley ist, wenn ein Grad der Länge, in der Ekkliptik = 1, oder der Sinus totus ist, so wird ein Grad der Länge, gegen die Pole hinauf, die Größe des Cosinus, der vorkommenden Breite, gleich gemacht.

kannten Nebelsterne liefern wollte, bey welcher Gelegenheit ich die Nebelsterne am Himmel fleißig nachsuchte, die bisher bekannten näher anzeigte und auch verschiedene neue entdeckte, deren Ort ich durch den Ausmesser bestimmte.

Die 8te Fig. zeigt z. B. die Lage desjenigen Nebelsterns, welcher westlich beym Fuß des Antinous oder am nördlichen Rande des Sobieskischen Schildes steht. Er macht mit den zween Sternen k und l nach Flamstedt, oder A und G nach Doppelmayer, westwärts ein kleines Dreyeck aus.

Man wird endlich sehr gewöhnlich den Ausmesser dazu gebrauchen können, die Entfernungen der Fixsterne selbst von einander zu messen, und da sich ihre Entfernungen nach den Angaben der Sternverzeichnisse berechnen lassen, so kann ein Liebhaber Beobachtungen und Berechnungen mit einander vergleichen, und so seine eigene Wißbegierde sehr angenehm vergnügen.

Bey Ausarbeitung des oben erwähnten vollständigen Fixsternen Verzeichnisses, habe ich mich dieser Methode oft bedienen müssen, um die Rechen- Druck- oder Beobachtungs-Fehler, die sich bey den gebrauchten Sternverzeichnissen vorfanden, entweder zu verbessern, oder doch angeben zu können, welches von ihnen den Ort des zweifelhaften Fixsterns richtiger getroffen habe? Man kann die Entfernungen verschiedener Fixsterne von einander zu zwey und zwey nehmen, die Lage derselben gegen andere nach Dreyecken, durch die mit den gefundenen Weiten nach einem angenommenen Maaßstab gemachten Durchschnittspunkte bestimmen, in diese Punkte die gehörigen Sterne setzen, solche mit Linien zusammenziehen, und sich so, durch aneinander liegende Triangel, ganze Sternbilder selbst verzeichnen, oder auch die in den Himmelskarten vorkommende mit mehrern Sternen bereichern. Ich habe z. B. in der 5ten Fig. die Lage der vornehmsten Sterne, im Gestirn des Hasens, nahe unterm Orion, verzeichnet, wie ich solche am 19ten Januar dieses Jahres, des Abends zwischen 9 und 10 Uhr, da der Hase durch den Meridian gieng, mit meinem Ausmesser bestimmt habe. Die in der Fig. beygesetzten Entfernungen sind die beobachteten, folglich die scheinbaren. Einen jeden Stern habe ich nach seiner Größe abgebildet, und die griechischen Buchstaben von Bayer oder Flamstedt beygefügt. Hierbey will ich nun, als eine Probe der Genauigkeit des Ausmessers, in folgender Tafel die berechneten und beobachteten Entfernungen einiger Sterne des Hasens hersetzen.

Namen der Sterne nach Flamstedt u. Doppelm.	Berechnete Weiten. G. M.	Beobachtete Weiten. G. M.	Namen der Sterne nach Flamstedt u. Doppelm.	Berechnete Weiten. G. M.	Beobachtete Weiten. G. M.
α A von β B	3. 8.	3. 11.	λ H von ι E	2. 12.	2. 12.
α A von γ C	5. 22.	5. 21.	ν G von κ F	1. 45.	1. 46.
β B von γ C	4. 8.	4. 7.	α A von ζ L	4. 35.	4. 34.
β B von ε K	5. 32.	5. 30.	γ C von δ D	2. 14.	2. 14.
ε K von μ I	6. 24.	6. 22.	ζ L von η M	2. 24.	2. 22.
α A von μ I	4. 58	4. 57.	η M v. θ N	2. 29.	2. 24.

Diese Vergleichung der berechneten und beobachteten Entfernung trafen besser zusammen, als ich vermuthet hatte. Die kleinen Unterschiede, die sich noch finden, sind vornämlich der Refraktion zuzuschreiben, wovon nachher ein mehreres vorkommen wird. Nur bey den Entfernungen α von β und η von θ schienen mir die merklichern Abweichungen noch andere Ursachen zu haben, und vermuthlich ist beym Hevel oder Flamstedt in der Aufsteigung und Abweichung dieser Sterne etwas gefehlt, da ich sonst die Berechnung mit Fleiß gemacht habe.

Wenn sich nun ein Liebhaber auf eine ähnliche Art ein ganzes Gestirn durch den Ausmesser, gleichsam wie der Geometer ein Feld, aufgenommen, und es ist ihm nur die Länge und Breite von ein Paar Ster-

Sternen daraus bekannt, so wird er, durch eine leichte Konstruktion, die Länge und Breite aller übrigen finden, und sich solchergestallt selbst Himmelskarten zeichnen können.

Den an meinem 7 füßigen Fernrohr angebrachten Heliometer oder Ausmesser, brauche ich nun zu gleichen Absichten, wenn nämlich die Entfernungen nicht über 81 Min. gehen, dafür ich aber den Vortheil einer größern Genauigkeit erhalte. Ich würde den Ort eines Kometen genau dadurch bestimmen können, wenn er zween bekannten Fixsternen, bis auf diese Weite nahe käme; auch könnte ich seine Entfernung vom kleinen zunächst um ihn stehenden Sterne finden. Eben so kann ich den Ort eines Nebelsterns, (wenn solcher nämlich nicht zu schwach vom Lichte ist,) gegen die ihm nahe gelegenen Fixsterne bestimmen. Die Zusammenkünfte zweyer Planeten, welche sich innerhalb der Grenze, von $1\frac{1}{2}^{\circ}$ einander nähern; ferner, die Zusammenkünfte der Planeten mit Fixsternen, werden sich durch diesen 7 füßigen Ausmesser sehr angenehm beobachten, auch, wenn man die Lage der Fixsterne als richtig annimmt, der Ort des Planeten dadurch, bis auf geringe Kleinigkeiten, angeben lassen. Bey Bedeckungen der Planeten oder Fixsterne, vom Mond, oder auch, wenn der Mond diesen Himmelskörper nahe vorbey geht, lassen sich damit die jedesmaligen Entfernungen derselben, vom nächsten erleuchteten Mondrand,

rand, oder von verschiedenen Mondflecken, sehr gut messen, welche alsdann Gelegenheiten zu nützlichen Untersuchungen an die Hand geben. Auch bey Sonnen- und Mondfinsternissen wird man sich eines solchen Heliometers, um die Größe der Verfinsterung zu messen, auch die Lage der Hörner oder Spitzen des verfinsterten Körpers zu bestimmen rc., sehr bequem bedienen können. Ich will noch anweisen, die Lage der Flecke auf der Sonnen- oder Mondscheibe, durch diesen Heliometer zu finden.

Es sey in der 10ten Fig. c der Mittelpunkt der Sonne, wie dieselbe durch das 7 füßige Fernrohr umgekehrt erscheinet, und wenn die halbirten Gläser des Heliometers auf einander stehen, nur ein einfaches Bild giebt. α und β wären zween Flecke, deren Lage man bestimmen wollte. Hiezu stelle man erstlich die Skale horizontal, und schiebe die Gläser vermittelst der Stange auseinander, so werden die Sonnenbilder gleichfalls horizontal auseinander gehen, welches letztere, wie ich gefunden, der bloße Augenschein hinlänglich zeiget, und aus der Stellung der Bilder gegen einander leicht beurtheilet werden kann. Wenn das zur Rechten erscheinende Sonnenbild mit seinem linken Rande den Fleck α berührt, so notire man, was die Skale zeigt. Diese Weite wird dem Abstand der Mittelpunkte c d gleich seyn. Man setze die Umdrehung fort, bis derselbe Rand den andern Fleck β gleichfalls berührt, so werden

den ebenfalls die Theile welche die Skale zeigt, der Entfernung c e gleich seyn. Nun stelle man die Skale senkrecht, so werden auch die Sonnenbilder senkrecht über einander erscheinen, welches gleichfalls aus dem bloßen Augenschein zur Gnüge sich ergiebet. Die Gläser werden alsdann so gerückt, daß das obere Sonnenbild mit seinem untern Rand den Fleck β berührt, wo die Skale die Weite c ε, und ferner eben derselbe Rand, den Flecken α trift, wo dieselbe die Größe c δ zeigt. Man beschreibe nachher, nach einem beliebigen Maaßstab, die Sonne in ihrer aus Ephemeriden oder astronomischen Tafeln, bekannten Größe, ziehe durch den Mittelpunkt derselben einen horizontalen und vertikalen Durchmesser; trage alsdann, vom Mittelpunkt aus, auf diese gezogenen Durchmesser, die einem jeden Fleck zugehörigen Weiten, als e d und c δ für α, imgleichen c e und c ε für β, beschreibe mit der Größe des Sonnendurchmessers, aus diesen Punkten Zirkel; so werden sich in den 2 Durchschnitten α und β die Lage der Flecke gegen den Vertikalzirkel ergeben. Beym Mond müßte man, wenn er nicht voll ist, den Heliometer so wenden, daß die Flecken den erleuchteten Mondrand berühren könnten. Die Veränderung des parallaktischen Winkels, während dieser Beobachtungen, wird bey dieser Konstruktion gewiß nicht erheblich seyn, da sich dieselben in wenig Minuten anstellen lassen.

Will man bey dem Ausmessen, zu einer grössern Genauigkeit, noch mit in Berechnung bringen, wie viel etwa die Stralenbrechung die gefundenen Entfernungen verändert haben mögten, so dient dazu folgende Anweisung.

Die Refraktion verursacht, wie bekannt ist, daß alle Himmelskörper in jedem Vertikalzirkel höher erscheinen, als sie wirklich stehen. Am Horizont ist dieselbe am größten, und nimmt von da, gegen den Scheitelpunkt ab, bis sie in denselben völlig aufhört zu wirken, weil da die Lichtstralen senkrecht durch die Luft herunter fallen. Folgende Tafel zeigt die Größe der Stralenbrechung in verschiedenen scheinbaren Höhen an.

Höhe.	Refraktion.	Höhe.	Refraktion.	Höhe.	Refraktion.
0°.	32′. 24″.	7°.	7′. 32″.	30°.	1′. 42″.
1°.	24. 21.	8°.	6. 40.	40°.	1. 10.
2°.	18. 41.	9°.	5. 58.	50°.	0. 49.
3°.	14. 46.	10°.	5. 24	60°.	0. 34.
4°.	12. 3.	15°.	3. 36.	70°.	0. 21.
5°.	10. 5.	20°.	2. 40.	80°.	0. 10.
6°.	8. 39.	25°.	2. 6.	90°.	0. 0.

Es erhellet nun aus dieser Tafel, daß die Refraktion nur in den niedern Höhen stark sey, und sehr bald merklich abnehme, wenn der Himmelskörper nur einige Grade hoch stehet; deswegen wäre wohl zu rathen, nur Abstände von solchen Sternen zu messen, die über 30 Grad hoch stehen, weil da die Refraktion in dieser Entfernung für die Absicht unsers Aus-

messers

messers nichts Erhebliches austragen würde. Allein, da man doch oft in geringern Höhen Entfernungen zu nehmen genothiget ist, so hat man auf die Wirkung der Refraktion mit zusehen.

In der 11ten Fig. setze ich, w und x sey der scheinbare Ort zweener Sterne in gleichen Höhen, über dem Horizont. Beyde werden wegen der Refraktion, die in gleichen Höhen gleich groß angenommen wird, gleich stark gehoben. In a und b sind die wahren Oerter derselben, und a w = b x die gleiche Wirkung der Stralenbrechung. Nun ist aber niedrig am Himmel, bis auf eine Kleinigkeit, a b = w x und verändert die Refraktion wenig bey gleich hoch stehenden Sternen, in ihrer Entfernung. Gesetzt aber, man habe die scheinbare Entfernung der zween Sterne w und y von einander gemessen, so verursacht hier die Wirkung der Refraktion einen Unterschied zwischen den beobachteten scheinbaren und wahren Entfernungen derselben; denn der niedriger stehende Stern wird durch die Refraktion, um den Bogen a w, und der höher stehende Stern, um den Bogen c y erhöhet; a und b wären also die wahren Oerter dieser Sterne. Nun ist aber a c größer, als w y, und daher werden diese Sterne wegen der Refraktion näher bey einander zu stehen scheinen. Nimmt man zwey in einem Vertikal stehende Sterne, als x und y an, so wird hierbey dieser Unterschied zwischen der wahren und scheinbaren Entfernung, den die Stralenbrechung verur-

 sacht,

facht, am größten seyn; denn b und c sind die wahren, x und y aber, die scheinbaren Oerter der Sterne. Nun aber ist der Unterschied zwischen b c und x y größer, als zwischen a c und w y, welches die Figur durch den Augenschein lehret. Es folgt aus dem bisher gesagten, daß alle Sterne am Himmel, die in verschiedenen Höhen stehen, durch die Wirkung der Refraktion, näher bey einander zu stehen scheinen, daß dieses bey vertikal unter einander stehenden am merklichsten sey, und am wenigsten bey denjenigen austrage, die gleich hoch neben einander stehen. Ich will die Anweisung zur Berechnung für die vorkommenden Fälle hersetzen.

Der erste und leichteste Fall für vertikal untereinander stehende Sterne. Im Oktober Monat des vorigen Jahres beobachtete ich des Abends um 9 Uhr, Kastor und Pollux oder α und β in den Zwillingen, kurz nach ihrem Aufgange, nahe am nordöstlichen Horizont, welche beyden Sterne für unsere Polhöhe in einem Vertikalkreis aufgehen. Ich maaß ihre scheinbare Entfernung x y von einander, mit dem Ausmesser und fand solche von = 4 Gr. 22 Min.

Hierauf nahm ich mit einem kleinen Quadrant. die scheinb. Höhe dieser Sterne:

Kastor war hoch 6°. 25'.	In dieser Höhe ist, nach der vorigen Tafel, die Refraktion 8 M. = c y	
Pollux aber 2°. 4'.	18 M. = b x	
nun ist bx — cy = bc — xy =		+ 10 Min.
	wahre Entf.	4 Gr. 32 Min. = c b.
	berechnete	4 Gr. $31\frac{1}{2}$ Min.

Der

Der zwerte Fall ist, wenn die Sterne in verschiedenen Vertikalkreisen schreg über einander stehen. Hiezu muß man das Azimuth der beyden Sterne für die Zeit der Beobachtung suchen, welches sich, wenn Polhöhe, Stundenwinkel und Abstand vom Pol bekannt ist, nach den gewöhnlichen Formeln findet. Der Unterschied des Azimuths beyder Sterne, giebt den Winkel φ, den die zw en Vertikalzirkel der Sterne im Zenithe machen. Jede beobachtete scheinbare Höhe wird alsdann, nach voriger Anweisung, wegen der Stralenbrechung verbessert, und man erhält die wahren Höhen d a und e c der Sterne a und c. Das Complement dieser Höhe zu 90°. giebt den Abstand vom Zenith c β und a β. Nun sind in dem sphärischen Dreyeck der Winkel φ und die beyden Seiten c β und a β bekannt; man fälle von c aus auf $\alpha\beta$ das Perpendikul c r; so ist:

$$\text{tang. } m = \text{tang. } \beta c. \text{ cos. } \varphi.$$

$$\alpha\beta - m = n$$

alsdann $\text{cos. } m : \text{cos. } \beta c = \text{cos. } n : \text{cos. } a : \text{cos. } c\, a.$

Dieser letzte Ausdruck giebt die wahre Entfernung der Sterne c a, deren Unterschied von der beobachteten scheinbaren angiebt, wie viel die Refraktion die wahre Entfernungen verkürzt habe. Man könnte auch die wahre Entfernung zwener Sterne unmittelbar aus beyder Entfernung vom Pol und ihren Unterschied in der Aufsteigung berechnen, ohne vorher den Unterschied des Azimuthalwinkels zu suchen, wenn man bloß die berechneten wahren Entfernungen mit den beobachteten scheinbaren vergleichen will.

Bey dem 3ten Fall, wenn zween Sterne nämlich gleich hoch stehen, vermindert die Refraktion blos die wahren Entfernungen um so viel, als die Vertikalkreise da, wo uns die Sterne erscheinen, näher zusammen gehen, welches aber am Horizont so wohl, als gegen das Zenith, für unsern Ausmesser ganz unmerklich wird *).

*) Bey der auf der 28sten Seite gegebenen Erklärung über die Eintheilung der Skale nach Tangenten, finde ich hier noch nöthig zu erinnern, daß ich daselbst nur habe als ein Beyspiel angeben wollen, wie viel ohngefähr die Vergrößerung der Theile für 10 Grad vom Mittelpunkte der Gläser aus, auf eine oder die andere Seite, nämlich nach der 3ten Fig. von L aus gegen N oder M austrage? Weil aber eigentlich für jedes halbirte Glas bey unserm Ausmesser nur 5 Gr. zu beyden Seiten kommen, indem er in allen bis 10 Gr. mißt, so wird dieser Unterschied noch unmerklicher. Denn nach den trigonometischen Tafeln ist:

Die Tangente von 5 Grad = 0,0874887

Es verhält sich aber der Radius eines Zirkels zum Bogen von 90 Grad, wie 1 : 1, 5707963; also ist der Bogen von 5 Grad = = = = = 0,0872665

demnach der Unterschied = 2222

Man wird also hiebey auf 400 etwa 1 oder auf alle 10 Grade zusammen, nur um 1½ Minute fehlen.

Ab=

Abhandlung über die Kraft der Elektricität, verglichen mit der Kraft der Schwere von Franz Karl Achard.

Man kann wohl nicht läugnen, daß die Elektricität ein seit langer Zeit bekanntes Phänomen sey. Thales von Milete, Stifter der Jonischen Philosophie, der 600 Jahr vor Christi Geburt, mit so vielem Ruhm und Ansehen, sich unter seinen Zeitgenossen auszeichnete, kannte schon die Eigenschaft des Bernsteins, leichte Körper, wenn er zuvor gerieben wurde, anzuziehen.

Die Philosophen des Alterthums schränkten ihre Kenntniß bloß auf diese anziehende Kraft ein. Durch die Bemühungen und Versuche der neuern Naturforscher aber, ist dieser Theil der Physik mit ungleich mehrern und wichtigern Phänomenen bereichert worden. Sie haben bemerkt, daß nicht nur Körper, die vermöge des Reibens elektrisch gemacht worden, leichte Partikeln wechselsweise anziehen und zurückstossen, sondern daß es auch elektrische Körper gebe, die das anziehen, was andere zurückstossen, und umgekehrt; ferner, daß bey der Annäherung derjenigen Körper, die nicht durch das Reiben der sogenannten ursprünglich elektrischen Körper elektrisch gemacht werden können, gleichwohl diese letztern ihre Eigenschaften den erstern mittheilen. Endlich beobachteten sie noch, daß die Elektricität mehrentheils mit einem Lichte vergesellschaftet sey, welches bey der Annäherung zweener Elektricitätsleiter, deren einer elektrisirt worden, und der andre nicht, sichtbar werde.

Sieht man auf die große Anzal der neuern Schriften über die Elektricität, so sollte man beym ersten Anblick glauben, daß die unzälige Menge der in selbigen aufgezeichneten Versuche hinreichend seyn müßten, über die Ursache dieses Phänomens etwas Gewisses bestimmen zu können. Aber weit gefehlt! Eine mit gehöriger Aufmerksamkeit angestellte Prüfung zernichtet alle Hofnungen, die eine superfizielle Betrachtung und Ansicht derselben erzeugt hatte *), und

*) S. l'Histoire de l'Academie des Sciences de Paris. Année 1753. In diesem Bande findet man eine Abhandlung vom Herrn Nollet, worinn er der kleinen Anzal von Faktis Erwähnung thut, auf welche sich alle bekannte elektrische Erscheinungen beziehen.

und man sieht sich genöthigt zu gestehen, daß alle bisherigen Versuche nur 3 Haupteigenschaften der elektrischen Körper erweisen, nämlich:

1) Das Anziehen, welches zwischen einem elektrisirten Körper, und einem, der es nicht ist, oder zwischen zween Körpern, die einen verschiedenen Grad der Elektricität haben, statt findet.

2) Das Zurückstossen zweener Körper, die einen gleichen Grad von Elektricität haben.

3) Das Licht, welches durch die Annäherung zweener Körper verursacht wird, von welchen einer in einem stärkern Grad elektrisch ist, als der andre.

Auf diese 3 Hauptpunkte lauffen fast alle bekannt gewordene Versuche hinaus, die größtentheils von ähnlicher Beschaffenheit sind, und dieselbe Sache nur auf eine verschiedene Art vorstellen und beweisen.

Nimmt man zu den 3 angeführten Punkten noch die Art und Weise, wie Körper elektrisirt werden, und die durch einen gewissen Grad von Hitze zu bewirkende Verwandlung der sogenannten ursprünglich elektrischen Körper in Leiter *), so wird

*) Diese Verwandlung habe ich in dem Journal Littéraire dedié au Roi par une Societé d'Academiciens. Vol. IV. p. 150. bewiesen, und daselbst noch einiges über die Natur der ursprünglich elektrischen Körper beygebracht.

man wohl alles haben, was bey der Auflösung der Aufgabe über die Ursache der Elektricität zum Grunde gelegt werden muß.

Die Bestimmung des Verhältnisses und der gegenseitigen Beziehungen dieser ausgemachten Wahrheiten in gewissen besondern Fällen, sollte immer das Hauptaugenmerk des Naturforschers seyn. Zu dieser Absicht aber wäre wohl ein genauer Maaßstab unumgänglich nöthig, der auf eine unveränderliche und an allen Orten gleiche Weise, den Grad der Elektricität, den man bey den angestellten Versuchen gehabt hätte, richtig anzeigte.

Unterdessen ist man weit entfernt gewesen, alle seine Sorgfalt und Bemühungen auf die Erfindung eines Instruments zu richten, welches in jedem Falle geschickt gewesen wäre, den Grad der Elektricität zu bestimmen, zu welcher Absicht ohne Zweifel eines mehr, das andere weniger fähig ist; sondern man hat sich begnügt, Instrumenten den Namen Elektricitätomesser beyzulegen, welche solchen in keiner Absicht zu verdienen scheinen.

Auch die Geschichte der Elektricität bestätigt die so längst bekannte Wahrheit, daß der Naturforscher, der sich ohne einen gehörigen Maaßstab befindet, nichts mehr vornehmen kann, als gleich den Kindern zu spielen, von welchen er sich bloß

durch

durch die Art seines Spiels, und die Beschaffenheit seines Spielzeugs unterscheidet. Denn indem die Hauptsache vernachläßigt wurde, bemühete man sich, die elektrischen Versuche auf unzälig verschiedene Arten zu vervielfältigen, und dadurch dem staunenden Publiko angenehm zu machen. Eben hiedurch sind aber viele Naturkundiger, die Unterricht, nicht Spielwerk suchten, abgeschreckt worden, diesen Gegenstand weiter zu bearbeiten. Daher kam es, daß man in diesem weitläuftigen Theile der Physik so zurück blieb und ein weiteres Fortkommen auf eine doppelte Weise gehemmet wurde; einmal durch den Zeitverlust derjenigen, die, wenn sie diesen Gegenstand unter einem andern Augenpunkt in Betrachtung hätten ziehen wollen, vielleicht im Stande gewesen wären, die wichtigsten Entdeckungen zumachen, zweytens dadurch, daß man durch das ewige Spielwerk verursachte, daß Gelehrte, die diese Wissenschaft mit beträchtlichen Zusätzen sehr wohl hätten bereichern können, sich derselben gänzlich entzogen.

Vielleicht aber sagt man, wozu nützt es, auf die Entdeckung einer Sache so viel Mühe und Zeit zu verwenden, die, wenn wir sie auch wüßten, uns gleichwol zu nichts dienen, geschweige denn uns glücklicher machen würde? Eine solche Sprache vermuthe ich nie bey dem aufgeklärten Naturforscher. Sie ist zu sehr erniedrigend für vernünftige Geschöpfe, in deren Augen eine jede Wahrheit, bloß als Wahrheit schon, einen unschätzbaren Werth haben muß. Um aber doch denen, die obige Rede führen könnten, ein Genüge zu leisten, so will ich kürzlich der Vortheile gedenken, die man sich von der weitern und gründlichern Aufklärung der Elektricität ohne Widerrede zu versprechen hätte.

1) Die Vermehrung unserer Kenntnisse, und die Darstellung bisher unbekannt gewesener Wahrheiten, sind, wie gesagt, mehr als hinlängliche Bewegungsgründe, ihr mühsam und unverdrossen nachzuspüren. Weil aber dieses intellektuelle Gut vielen unglücklicher weise nicht wichtig genug scheinen dürfte; so will ich gleich zu den Vortheilen mich wenden, welche für die Gesellschaft, durch die fernere Bearbeitung der elektrischen Kenntnisse, entstehen können.

2) Die Elektricität ist ein Mittel, welches in vielen Fällen entweder die Gesundheit erhalten oder wieder herstellen kann; und dies getraue ich mir folgendermassen zu beweisen:

Alles was eine Veränderung in der thierischen Haushaltung hervorbringt, kann, wenn man einen schicklichen Gebrauch davon macht, etwas zur Erhaltung oder Wiederherstellung der Gesundheit beytragen. Nun aber befördert die Elektricität citát den Kreislauf des Geblüts, welches der stärkere und geschwindere Puls beweiset, mithin auch die unmerkliche Ausdünstung; verschiedener anderer Wirkungen auf belebte Körper nicht zu gedenken. Man sieht sich also berechtigt, hieraus zu folgern, daß der Gebrauch der Elektricität, bey der Arzneykunst nicht ganz ohne Nutzen seyn könne. Wollte man von den unfruchtbaren Bemühungen, die man bisher wahrgenommen, gegen meine Behauptung Einwürfe machen, so könnte ich antworten, man müsse zuförderst genau bestimmen, ob das Mittel an sich selbst, oder der angenommene Fall, die Behandlung oder der Grad, in welchem man es angewandt, die Beschuldigung verdienen, daß der geringe Erfolg der Mühe und den Erwartungen nicht entsprochen. Ich könnte noch hinzu setzen, daß die Elektricität wahrscheinlich unter die Anzal derjenigen Mittel gehöre, von welchen ein berühmter Arzt behauptet: Medicamenta heroica in manu imperiti snnt uti gladius in dextra furiosi. Unterdessen haben viele berühmte Physiker die Elektricität, bey der Heilung verschiedener Krankheiten, mit dem besten Erfolg angewendet, und selbiger war öfters, besonders in Welschland, so geschwinde, daß er fast an das Wunderbare grenzte.

3) Die Aehnlichkeiten, welche sich zwischen den, durch die Elektricität hervorgebrachten Wirkungen,

gen, und den Wirkungen des Blitzes äußern, erzeugten bey vielen Naturforschern die nicht ungegründete Vermuthung, daß wohl einerley Ursache dabey zum Grunde liegen dürfte. Die Versuche bestätigten hernach, was Muthmassungen dem grossen Francklin nicht erlaubt hatten in Zweifel zu ziehen. Denn man fand, daß die Gewitterwolken beständig elektrisch waren, und die Entdeckung dieser Wahrheit gab wieder die Veranlassung zu Erfindung wahrscheinlicher Mittel, die Gebäude gegen die oft traurigen Verwüstungen des Blitzes in Sicherheit zu stellen. Bisher hat noch keine Beobachtung den Werth ihrer Wirksamkeit herabgesetzt. Doch muß uns die Länge der Zeit erst noch mehr in den Stand setzen, ein unfehlbares Urtheil darüber zu fällen.

Vorzüglich vermissen die Naturforscher, bey den Versuchen von dieser Beschaffenheit, ein Mittel, zufolge dessen sie sich, ohne ihrem Ableiter nahe kommen zu dürfen, von dem Grade der Elektricität versichert halten könnten; denn ohne dieses ist doch immer ihr Leben in Gefahr, welches jener berühmte Märtyrer der Physik, Herr Richmann, zu seinem Unglück bestätigen mußte. Hätte er einen Elektricitätsmesser gehabt, der ihm den wirklichen Grad der elektrischen Kraft angezeigt, ohne daß es nöthig gewesen wäre, sie in der Nähe zu betrachten, vielleicht würde die Naturlehre sehr durch ihn seyn be-

reichert

reichert worden, und vielleicht zählten die Verehrer derselben ihn jetzo noch unter ihre lebende Mitglieder.

4) Endlich scheint noch die Theorie der Elektricität und der magnetischen Kraft in genauer Verbindung mit einander zu stehen, und man darf nicht zweifeln, daß durch die Entdeckung der Ursachen der einen, auch viel Licht über die andere verbreitet werden dürfte. Niemand ist wohl in Abrede, daß man durch mehrere Kenntnisse der letztern ungemein viele Vortheile erhalten würde, da der Magnet schon bey der Schiffarth eine ganz unentbehrliche Sache geworden.

Noch bitte ich in Erwägung zu ziehen, daß der Nutzen eines Dinges uns nur alsdann gemeiniglich erst einleuchtend wird, wenn wir die Sache ganz kennen, von der wir uns etwan einigen Nutzen versprechen. Hievon ist diese Folge unzertrennlich, daß, da wir schon so viele Fälle bemerken, wo uns unsere noch so unvollkommene Kenntniß der Elektricität schon wirkliche Vortheile gewähret, wir auf noch viel größre Rechnung machen können, wenn wir tiefer in ihre Ursachen werden eingedrungen seyn. Ich sehe mich genöthigt, hier abzubrechen, und wieder zu meinem Hauptgegenstande zurückzukehren, zuvor aber wegen dieser Ausschweifung um Verzeihung zu bitten.

Ich

Ich habe schon oben der Nothwendigkeit eines Instrumentes Erwähnung gethan, vermöge dessen man genau die Kraft der Elektricität messen könnte, und in der That, bloß von dem Gebrauch eines dergleichen Instrumentes, können wir uns neue und wichtige Entdeckungen in diesem Fache versprechen. Zuförderst will ich die Erwartungen hersetzen, welchen es entsprechen muß; hernach will eine Anzeige von den Elektrometern geben, deren man sich hauptsächlich bisher zu bedienen pflegt, und sodann wird die Beschreibung eines Instruments, welches die erforderlichen Bedingungen hinlänglich erfüllt, nebst der Art seines Gebrauchs, diese Abhandlung beschlüssen.

Ich verlange von einem Elektricitätsmesser, daß er

1) einfach sey. Denn je weniger er zusammengesetzt ist, desto brauchbarer wird er zu Genauigkeit der Versuche seyn, die immer durch die einfache und minder künstliche Beschaffenheit der Instrumente sicherer erhalten wird.

2) Muß die Veränderung der Athmosphäre keinen merklichen Einfluß auf ihn äußern.

3) Muß er sowohl sehr kleine, als sehr große Grade der Elektricität anzeigen.

4) Muß er an kein bestimmtes Maaß gebunden seyn, sondern die Art seiner Anzeigen muß ebendieselbe bleiben, er mag noch so verschiedene Größe haben.

5) Endlich muß er die elektrische Kraft durch eine schon bekannte andre und beständige Kraft ausdrücken, als z. E. durch die Kraft der Schwere auf die Oberfläche der Erde, bey welcher man nicht ihre Verschiedenheit unter den Polen und unterm Aequator in Erwägung zieht.

Ein Elektricitätsmesser, der diesen Forderungen Genüge leistete, würde gewiß allen bisher bekannt gewordenen vorzuziehen seyn. Dieses zu beweisen wird eine Beschreibung von einigen Instrumenten hinlänglich seyn, welchen man den Namen Elektrometer beygelegt, und sie für die besten gehalten hat. Von diesen auf die übrigen geschlossen, wird man sich völlig von allen ihren gemeinschaftlichen Unvollkommenheiten überzeugen können.

Der auf der 11ten Tafel durch die Figuren 1. 2 3. vorgestellte Elektrometer ist, wenn ich nicht irre, von der Erfindung des Herrn Ludolfs. Seine Einrichtung ist folgende: ABCDF Figur I. ist eine dünne Scheibe von Messing, deren vierter Theil BC in ganze und halbe Grade abgetheilt ist. Durch den Mittelpunkt G geht eine sehr kleine Oefnung. EDH und KFI sind zween so gebogene Dräthe, wie sie die

Figur

Figur vorstellt, und jeder durch zwo Schrauben an der Scheibe bevestigt. Ihre Dicke muß groß genug seyn, damit ihre Steifigkeit sie verhindere, sich leicht zu beugen.

Die 2te Figur stellt eine messingene Gabel RUSMLW, vor; PQ und TV sind zween Drathe von ohngefähr anderthalb Linien im Durchmesser. O und N sind zwo Schrauben, die nach Gefallen vor- und rückwärts in den zwo entgegengesetzten Seiten L W und MS der Gabel beweget werden können. Diese Schrauben enden sich in kegelförmige Spitzen n und o, nach Anzeige der Figur. Die zwo Schrauben werden so nahe gegen einander gebracht, als es nöthig ist, die messingene Scheibe der vorigen Figur, durch die kleine im Mittelpunkt G angebrachte Oefnung zu halten, so daß sie sich mit wenig Reibung im Zirkel herum bewegen kann.

Die 3te Figur stellt die zwo vorhergehenden in ihrer Zusammensetzung vor, so wie sie den ganzen Elektrometer ausmachen.

Elektrisirt man nun dieses Instrument, so stossen sich die beyden Dräthe, PQ, FI und TV, HD, die bisher sich berührten, von einander, und der Winkel, den sie bey ihrer Entfernung machen, wird durch den vierten Theil der abgetheilten Scheibe BC angezeigt. Die Größe dieses Winkels bestimmt alsdann den Grad der elektrischen Kraft.

Nun

Nun kürzlich die Mängel und Fehler dieses Elektrometers:

1) Er ist nicht einfach genug, und bey gleichem Grade der Elektricität wird er gleichwohl verschieden in seinen Anzeigen seyn, je nachdem die Schrauben N und O mehr oder weniger einander nahe sind. Denn im ersten Falle wird die Reibung stärker, mithin muß die erforderliche Kraft, um die zwo Dräthe nach einem gegebenen Winkel von einander entfernen zu können, auch zunehmen, und im andern Falle, muß das Gegentheil sich ereignen.

2) Sind die Dräthe FI und DH, und die messingene Scheibe etwas schwer, so kann eine beträchtliche Reibung nicht verhindern, daß sie sich nicht mit genugsamer Leichtigkeit von einander stossen, um sehr kleine Grade der Elektricität anzuzeigen. Ist hingegen alles an dem Instrumente sehr leicht, so werden etwas starke Grade der Elektricität die Dräthe so weit von einander entfernen, daß sie einen Winkel von 90 Grad beschreiben, und alsdann werden die beweglichen Dräthe, da sie von allen Seiten durch gleiche, in einer entgegengesetzten Richtung wirkende Kräfte getrieben werden, und so zu sagen ihr maximum erreicht haben, sich nicht weiter entfernen können, wenn gleich die elektrische Kraft noch immer zunähme.

3) Die verschiedene Größe dieses Elektrometers muß auch eine sehr große Verschiedenheit in der Art, wie er die elektrische Kraft ausdrückt, nach sich ziehen.

4) Entweder ist der Mittelpunkt, um welchen sich die messingene Scheibe mit ihren an dieselbe bevestigten Dräthen bewegt, eben derselbe gemeinschaftliche Mittelpunkt der Schweren der beyden Dräthe und der Scheibe, oder er ist verschieden. Im ersten Fall werden sich die Dräthe so lange von einander entfernen, als die Elektricität zunimmt; wenn sie aber durch einen gewissen Umstand anfängt abzunehmen, oder von der sogenannten positiven in die negative übergeht, welches doch nicht geschehen kann, ohne einen Zeitpunkt anzunehmen, wo die elektrische Kraft = o sey, so wird das Instrument es nicht anzeigen. Denn da der Mittelpunkt der Schwere in allen Richtungen auf etwas ruhet, so werden die beweglichen Drathe die größte Entfernung, die sie angenommen hatten, behalten. Stimmt aber der Mittelpunkt der Schwere nicht mit dem Mittelpunkt der Bewegung überein, so daß er derselbe ist, und der Theil ACDH Taf. II. Fig. 1. wäre schwerer, als der andre, so ist klar, daß ebenderselbe Grad der Elektricität verschieden angegeben werden müsse, je nachdem die Schwere der Theile ACBI und ACDH mehr oder weniger von einander verschieden ist.

Herr

Herr Kanton verfuhr auf folgende Art, wenn er die Menge der elektrischen Materie, welche eine geladene Leidner Flasche enthielt, messen wollte. In der einen Hand hielt er die Flasche und brachte den Haken derselben einem isolirten Leiter nahe, wodurch ein Funke zwischen diesen beyden Körpern entstand, welchen er mit der andern Hand wieder aus dem Leiter herauszog, und dieses wiederhohlte er so lange, bis die Flasche ganz entladen war, und bestimmte die Menge der elektrischen Materie, welche diese Flasche in sich geschlossen hatte, nach der Anzal der auf diese Art aus selbiger herausgelockten Funken.

Die Unvollkommenheiten dieser Art, die Elektricität zu messen, fallen stark auf, und ich hoffe der Mühe überhoben zu seyn, die Mängel derselben herzusetzen. Denn er zeigt nicht den gegenwärtigen Grad der Elektricität, sondern den vergangenen an, welches man die mehreste Zeit nicht zu wissen brauchet. Ueberdeis zeigt er denselben verschiedentlich an, je nachdem der Leiter, dem man die Funken mittheilt und wieder nimmt, mehr oder weniger groß und vollkommen ist.

Da Herr Priestley und andre Naturkundiger eine gewisse Anzal Elektrometer beschrieben haben, und ich mich nicht lange bey der Anzeige derjenigen aufhalten kann, die von unterschiedenen Physikern angegeben worden, ohne die vorgeschriebenen Grenzen dieser Abhandlung zu überschreiten, so will ich mich nun zu demjenigen wenden, der die wenigsten Mängel hat, und wie es aus der Folge zu sehen, noch der mehresten Vollkommenheiten fähig ist, und dessen sich die Herren Gray, DuFay und Nollet bedienten.

Es besteht aus zween Zwirnsfäden, die beym Elektrisiren sich von einander entfernen. Nollet maaß den Winkel ihres gegenseitigen Abstandes durch den Schatten, welchen sie auf eine, durch ein angezündetes Licht oder Sonnenstralen, erleuchtete Tafel, warfen. Herr Waitz nahm eine Veränderung mit diesem Elektrometer vor, und hieng kleine Gewichte an den Enden der Fäden an. Man kann ihn aber dadurch noch mehr Vollkommenheit geben, wenn man zwo Kugeln von Kork, Hollundermark oder einer andern leichten Materie, an Fäden hängt, so wie es die 4te Figur der II. Tafel angezeigt. A B und A C sind die Fäden, b und c die Kugeln. Elektrisirt man sie, so entfernen sie sich von einander und nehmen die Richtung A b′ und A c′ an. Man urtheilt alsdann von der Kraft der Elektricität nach der Größe des Winkels b′ A c′. Dieses Geräthe pflegt man gemeiniglich, nach dem Namen des Erfinders, die Kantonschen Kugeln zu nennen.

Ob nun gleich dieser Elektricitätsmesser den vorhergehenden vorzuziehen ist, so hat er doch auch viele Unvollkommenheiten, denn

1) weiß

1) weis man bisher noch keine Methode, den Winkel b'Ac' mit gehöriger Genauigkeit zu messen, welches überdies durch die Biegsamkeit der Fäden Ac und Ab, die bey ihrem Entfernen eine kleine Krümmung machen, verhindert wird.

2) Das verschiedene Gewicht der Kugeln b und c wird bey gleichem Grade der elektrischen Kraft den Winkel b'Ac' größer oder kleiner machen.

3) giebt dies Instrument nicht die wirkliche Kraft der Elektricität an; denn man kann nicht sagen, daß sie dem Winkel der Entfernung gleich sey.

4) Erhält man die Anzeige der elektrischen Kraft nicht durch eine schon bekannte absolute Kraft.

Nunmehro will ich zeigen, wie man diesen vier Mängeln abzuhelfen im Stande sey.

Es sey ABCD Tafel II. Fig. 5 ein messingenes Lineal, an dessen Hälfte der Breite AB des obern Theils ein kleines Häkchen c' befindlich. Ferner sey D'E ein Messingdrath, an dessen Ende E eine leichte Kugel F bevestigt, und das andre Ende desselben D' endige sich in einem kleinen Häkchen Um der Kürze willen werde ich in der Folge einen solchen Drath mit seiner Kugel ein elektrisches Pendulum nennen. Dieser Messingdrath muß steif genug seyn, damit das Gewicht der Kugel F, ihn nicht eine merkbare Krümmung, so wie d°, anzunehmen nöthige. Wenn man ihn an seinem äussern Ende d hält, so muß er vielmehr die Richtung de behalten.

Nun hänge man dies Pendulum mit seinem Haken D′ an den Hacken c′ des Lineals ABCD an, welches dicke genug seyn muß, damit es nicht durch eine hemisphärische Aushölung durchbrochen wird, welche die Hälfte der Kugel F′ dergestallt ausfüllt, daß, wenn das Lineal ABCD senkrecht steht, der Drath D′E genau die Oberfläche von ABCD berühre.

Man siehet leicht, daß wenn man das Lineal elektrisirt, das Pendulum durch die zurückstossende Kraft der Oberfläche ABCD in die Höhe getrieben werden müsse, und diese Erhöhung wird um so viel beträchtlicher ausfallen, je leichter das Gewicht des Pendulums, und je stärker die Kraft der elektrischen Materie ist.

Es ist aber auch nicht gleichgültig, was man für Materie zu den Kugeln des Pendulums erwählet; denn

1) sie müssen bequem und genau rund gedrehet werden können.

2) Leicht seyn.

3) Kei-

3) Keine Feuchtigkeiten, die in der Luft schwimmen, in sich ziehen; denn widrigenfalls würde die feuchte Luft dadurch, daß sie ihnen eine größere Menge Wassertheilchen einzuziehen darreichte, als es die trockne und minder feuchte Luft vermag, zu einer Zeit schwerer, als zur andern machen. Alsdann würde auch noch erfolgen, daß eben dasselbe Pendulum, bey gleichem Daseyn der elektrischen Kraft, mit einem verschiedenen Winkel sich erheben würde, je nachdem sich mehr oder weniger Feuchtigkeit in der Luft befände.

Nachdem ich mehrere Körper aus den 3 Naturreichen untersucht, so habe nichts gefunden, daß dieser Absicht vollkommener entspräche, als eine gewisse Siegelerde, die man vornämlich in Westphalen findet, und woraus die sogenannten Meerschaumene Pfeiffenköpfe gemacht werden, die, da sie häufig im Gebrauch sind, es nicht schwer machen, dergleichen Masse sich zu verschaffen.

Die Eigenschaften der Siegelerden und Tonerden stimmen mit einander überein, das ist, sie brausen nicht merkbar mit den sauren und Laugensalzen auf, welches beweiset, daß sie keine Säure oder Alkali, das zum wenigsten wirklich entwickelt wäre, enthalten; ferner, mit der Vitriolsäure verbunden, geben sie ein Mittelsalz von der Beschaffenheit des Alauns, welches nicht die Feuchtigkeiten der

Luft anzieht und zerfließt, und im starken Feuer selbst die Eigenschaft, die es vorher hatte, sich bis auf einen gewissen Grad mit dem Wasser zu verbinden, verliehret. Diese Vereinigung ist selbst vor der Kalzination derselben so schwach und unvollkommen, daß man sie nur bloß als eine Mischbarkeit ansehen kann.

Aus dem bisher gesagten ergiebt sich, daß Kugeln, von genannter Spiegelerde zubereitet, durch die Feuchtigkeiten der Luft, mit welcher sie zu einer Zeit mehr, als zur andern, angefüllt ist, keine Veränderung zu leiden pflegen. Ausserdem sind sie ungemein leicht, und können auch genau rund gedrehet werden.

Diese Vortheile schienen mir wichtig genug, dieser Siegelerde den Vorzug vor allen übrigen Körpern, die ich zu diesem Entzweck untersucht habe, zu geben, und die Leichtigkeit, mit welcher man selbige, durch Ankaufung eines der genannten Pfeiffenköpfe, erhalten kann, ist auch nicht gering zu schätzen.

Es sey Tafel II. Figur 6 AB das Profil eines messingenen Lineals, von gleicher Beschaffenheit mit demjenigen, wovon wir oben geredt haben, an dessen beyden entgegengesetzten Oberflächen kleine Häkchen C und c angebracht, um zwo elektrische Penduls CEF und cef zu halten. Die Länge der Drathe

CE und ce sey einander gleich, aber ihr ganzes, mit der Schwere ihrer Kugeln zusammengenommenes Gewicht sey verschieden.

Nun wollen wir annehmen, die zurückstossende Kraft der beyden entgegengesetzten Oberflächen des Lineals AB, die durch einen gleichen Grad der Elektricität hervorgebracht, mithin in beyden Oberflächen gleich stark seyn muß, halte die beyden Penduls in den Richtungen CE und ce. Diese beyden Wirkungen müssen also, bey gleichen Ursachen, einander gleich seyn, das ist, die Kraft, welche das Pendul CEF in der Richtung CE erhält, muß auch das Pendul cef in der Richtung ce erhalten.

Ferner sey der Winkel BCE $=\varphi$, und der andre Winkel Bce $=\psi$; das Gewicht des ganzen Penduls CEF $=$ Q und des andern Penduls cef $=$ q. Nun wollen wir die Kraft suchen, die erfordert wird, um die Penduls in den Richtungen CE und ce zu halten.

Es sey G der Mittelpunkt der Schwere des Penduls CEF. Nun brauchen wir nur die Kräfte zu untersuchen, die auf G wirken, vorausgesetzt daß die ganze Masse des Penduls in diesem Punkte vereinigt sich befinde. Es sey GI eine senkrechte Linie, die mit AB parallel laufe, und der Punkt G werde nach der Richtung GI durch eine Kraft P, die dem

Gewichte des Penduls gleich sey, gezogen. Man löse nun diese Kraft in zwo andre auf, nach der Richtung des Penduls Go und Gm, welches auf der Oberfläche AB senkrecht ist; so wird man haben, weil

$$IGo = BCG = \varphi \text{ ist}$$

1) die Kraft nach $Go = \frac{r\,P}{Cos.\,\varphi}$

2) Die Kraft nach $Gm = \frac{P\,Tangi\,\varphi}{r}$, nämlich r für den Halbmesser der Sinuum, so wie in den Tabellen gewöhnlich, angenommen.

Die erste Kraft wird gänzlich durch den Widerstand des Hakens, an welchem das Pendul hängt, aufgehoben, aber die zwote bestrebt sich, den Winkel φ zu verringern und dem Pendul eine senkrechte Richtung annehmen zu lassen. Weil nun aber das Pendul im Gleichgewicht ist, welches durch die zurückstossende Kraft der Oberfläche des Lineals, welches in der, der Kraft P Tang. φ entgegengesetzten Richtung wirkt, hervorgebracht worden, so müssen sich die Kräfte einander gleich, folglich $Q = P\,Tang.\,\varphi$ seyn.

Eben diese Schlußart auf das Pendul, welches auf der entgegengesetzten Oberfläche des Lineals sich befindet, angewandt, giebt gleichermassen

$$q = p\,Tang.\,\psi.$$

und wenn die Erhebung der zwo Penduls durch einerley

ley Grad der Elektricität bewirkt worden, so wird $q = Q$ und folglich auch P Tang. $\varphi = p$ Tang. ψ seyn.

Auf diese Art die Sache vorgestellt, erhält man viele Vortheile; denn

1) bestimmt man die wirkliche, gegenwärtige und absolute Kraft der Elektricität, indem man die Kraft der Schwere zum Maaßstab nimmt,

2) sieht man auf was Art und Weise kleine und große Penduls, deren Elevationswinkel verschieden ist, je nachdem ihre Schwere von einander abweicht, dennoch eben denselben Grad der Elektricität anzeigen, wodurch wir ein Mittel erhalten, kleine und große Grade der elektrischen Kraft, mit gleicher Genauigkeit zu messen. Ich sehe zum voraus, daß man mir zweyerley einwenden mögte, nämlich

a) P Tang. φ ist freylich wohl die zurückstossende Kraft des elektrisirten Körpers, und indem ich sie bestimme, so bestimme ich nicht die elektrische Kraft, sondern nur die intensive Kraft einer von ihren Wirkungen.

b) Habe ich kein Recht anzunehmen, daß die Richtung der zurückstossenden Kraft senkrecht sey auf der zurückstossenden Oberfläche des Lineals, und daß mithin

mithin P Tang. φ nicht einmal die wahre zurückstossende Kraft anzeige.

Den ersten Einwurf beantworten zu können, ist es nöthig, daß ich meine Gedanken von dem, was ich elektrische Kraft nenne, vortrage.

Nach der Behauptung des berühmten Franklin *), des großen Eulers **) und seines würdigen Sohnes ***), ist die elektrische Materie im natürlichen Zustande in allen Körpern auf eine gleichförmige Art zerstreuet, dergestallt, daß jeder Körper eine gewisse Menge davon besitzet. Nun aber findet man bey den mehresten, noch so verschiedenen Theorien der Elektricität, welche die Naturkundigen erdacht haben, dieses, daß sie in einer gewissen Voraussetzung fast alle überein kommen, und die auch viel Wahrscheinlichkeit für sich hat, nämlich diese, daß die elektrische Materie sehr elastisch ist; und die Herren Euler, Vater und Sohn, deren Theorie gewiß der Wahrheit am nächsten kömmt, haben diese Hypothese bis zu einem Grade der Wahrscheinlichkeit erhoben, der die Stelle der Gewißheit vertreten kann.

Man

*) S. dessen Lettres sur l'Electricité.

**) S. Briefe an eine deutsche Prinzessin.

***) S. dessen Preißschrift sur la cause de l'Electricité, prix couronné par l'Academie de Petersbourg. Desselben Recherches sur la cause physique de l Electricité in den Memoires de l'Academie de Berlin. Année 1757.

Man kann sich auch fast nicht der Meinung dieses großen Mannes von der Materie, durch welche die Körper elektrisch werden, entziehen. Er behauptet nämlich, daß die Elektricität durch die verschiedene Elasticität der elektrischen Materie hervorgebracht wird, und daß sie sich jedesmal offenbaren muß, wenn durch irgend einen Umstand es geschieht, daß der Grad der Elasticität der elektrischen Flüssigkeit größer oder kleiner in einem Körper, als in den ihn umgebenden, ist. Im ersten Falle nennt man die Elektricität positiv, im andern negativ.

Man sehe nun die elektrische Materie als elastisch an, so wird man finden, daß die Meinungen des Herrn Franklin und der Herren Euler einander entsprechen. Denn in diesem Falle könnte keine Anhäufung der elektrischen Flüssigkeit statt finden, ohne daß ihre Elasticität eine Veränderung litte. Und da jede Wirkung mit der wirkenden Ursache im Verhältniß steht, so muß ebenfalls die Elektricität der Differenz der Elasticität proportioniret seyn.

Durch elektrische Kraft eines Körpers hat man sich daher nichts anders vorzustellen, als die Differenz der Elasticitat der elektrischen Flüssigkeit, die der Körper enthält und womit ebenfalls die ihn umgebende Körper angefüllet sind.

Die

Die Elevation der elektrischen Penduls wird durch die Ausflüsse der elektrischen Flüssigkeit bewirket; und so wie die Geschwindigkeit, mit welcher eine Feder sich ausdehnt, mit der Kraft in Verhältniß steht, die ihr die vorige Spannung gegeben, oder welches dasselbe ist, im Verhältniß mit ihrer Elasticität, eben so werden die Geschwindigkeiten der Ausflüsse im Verhältniß mit der Elasticität der elektrischen Flüssigkeit stehen. Hieraus folgt, daß bey einer n mal größern Elasticität, die Geschwindigkeit der Ausflüsse auch n mal größer seyn müsse; und ich setze den Fall, die Geschwindigkeit der Ausflüsse sey m, und die Kraft, die das Pendul in der Höhe erhält, sey P Tang. φ, so wird man für die Geschwindigkeit n dieser Ausflüsse die Kraft $\frac{n}{m}$ P Tang. φ haben, mit welcher das Pendul in der Höhe erhalten wird.

Hieraus ergiebt sich klar, daß, wenn die Ausflüsse aus dem elektrischen Körper kommen, wie dieses beständig bey der positiven Elektricität statt findet, die Kraft, welche die die Penduls elevirt, mit der Elasticität der elektrischen Flüssigkeit im Verhältniß stehe, dergestallt, daß wenn diese doppelt, drey- vierfach zunimmt, die andre in gleichem Verhältnisse wachsen müsse. Noch bleibt der Fall zu untersuchen übrig, wo die Elektricität negativ ist.

Kommen die Ausflüsse nicht aus dem elektrischen Körper, sondern werden von den ihn umgebenbeyden Körpern herbeygeführt, welches der Fall bey der negativen Elektricität ist, so zeigt die Kraft, die das Pendul elevirt, gleichwohl die Differenz der Elasticität der im elektrischen und benachbarten Körpern enthaltenen Flüssigkeit an. Denn weil die elektrische Flüssigkeit, die in dem Theile C Tafel II. Fig. 7 der Luft, welche die Mitte des Raums DE zwischen der Oberfläche AB und dem Pendul FE einnimmt, alsdann weniger in den Richtungen CE und DE, als in allen andern, gepreßt oder gedrückt wird, so wird sie sich von C in E und D mit einer Geschwindigkeit begeben, die der Differenz der Elasticität der Flüssigkeit in C und des Lineals entspricht. Mithin zeigt auch in diesem Falle das Pendul die wahre Kraft der Elektricität an.

Was den zweeten Einwurf betrift, so beweisen die Richtung und Elevation des Penduls hinlänglich, daß die Richtung der zurückstossenden Elementarkräfte, wo nicht senkrecht auf der Oberfläche des Lineals, doch zum wenigsten die mitlere Richtung aller Kräfte ist, und mehr brauchts hier nicht.

Einen beträchtlichen Vortheil erhalte ich durch meinen Elektrometer dadurch, daß ich an demselben sehr kleine und sehr große Grade der Elektricität messen kann. Denn wenn man zwo Penduls hat, davon der eine viel leichter, als der andre ist, so ist klar, daß letzterer so kleine Grade der Elektricität anzeigen

wird,

wird, die dem schwerern Pendul nicht die geringste Elevation geben würden, und wiederum mag der Grad der elektrischen Kraft noch so stark seyn, so wird man ihn doch immer erkennen und messen können, wenn man das Gewicht des Penduls vermehrt.

In dieser Absicht habe ich zwo Kugeln von ungleicher Größe mir drehen lassen. Der Durchmesser der größten beträgt drey, und der kleinsten zwo Pariser Linien, und indem ich an der ersten einen Messingdrath Num. 7 von demjenigen, dessen man sich zu den Klavieren bedient, und an der zwoten einen andern von Num. 5 bevestigt, so habe ich zween Penduls erhalten, die fast zu allen Versuchen hinreichen. Einer wiegt $3\frac{1}{64}$, und der andre $1\frac{1}{4}$ Gran.

Ich ließ mir zwey Paar Kugeln von gleicher Größe drehen, und vermöge einer sehr genauen und scharfen Wage fand ich, daß das Gewicht der zwo kleinern Kugeln völlig einander gleich, der zwo größern aber, nur um $\frac{1}{64}$ Gran verschieden war. Ich führe dies nur deßwegen an, um die Homogeneität der Materie, woraus sie bestanden, und die Genauigkeit, mit welcher sie gedreht waren, zu beweisen.

Doch mögte man mir vielleicht einwenden, da die zurückstossende Kraft des elektrischen Körpers in einer größern Entfernung von selbigem, geringer ist, als die Kraft einer nähern, so werden zwey, bey gleichem

Grade

Grade der Elektricität elektrisirte Penduls von ungleicher Schwere, nicht so elevirt werden, daß die elektrische Kraft, welche der Kalkul für die beyden Elevationswinkel der ungleich schweren Pendulen angiebt, eben dieselbe sey. Ich gebe zu, daß die abnehmende Kraft des Zurückstossens der elektrisirten Körper diese Wirkung hervorbringen muß, um mich aber zu überzeugen, ob der daher entstehende Irrthum auch merklich und bedeutend wäre, nahm ich meine Zuflucht zur Erfahrung.

Ich hieng zwey ungleich schwere Penduls an mein messingenes Lineal, und maaß, mit Hülfe eines Instruments, davon in der Folge die Beschreibung geliefert werden soll, den Elevationswinkel, verglich diesen Winkel mit der Schwere eines jeden Penduls und berechnete sodann die Kraft, die erfordert wurde, das Pendul in der Höhe zu erhalten, und fand die zwo Kräfte so wenig von einander unterschieden, daß der Unterschied gar nicht in Betrachtung gezogen zu werden verdiente; denn er ist noch geringer, als die kleinen Irrthümer, welche die Unvollkommenheit unsrer Organen, und der noch so gut gearbeiteten Instrumente unsern Bemerkungen entziehen.

Ein sehr großer Vortheil meines Elektrometers und der Art, wie ich mich dessen bediene, besteht noch darinn, daß er von allen bisher bekannten am geschicktesten ist, das wahre Gesetz der Elektricität finden zu lassen. Und ich habe mir auch vorgenommen, in dieser Absicht noch mehrere Versuche mit selbigen anzustellen, von deren Erfolg ich zu einer andern Zeit Rechenschaft geben werde.

Um die Kraft zu erkennen, welche das Pendul elevirt, muß der Elevationswinkel gegeben seyn. Es kömmt nun also auf ein Mittel an, vermöge dessen man ihn für eine jede Richtung des Penduls bestimmen könne. Und dies kann auf zwo Arten geschehen, unmittelbar oder mittelbar, daß ist, entweder daß man den Elevationswinkel selbst mißt, oder daß man andere Größen, durch welche man zur Kenntniß seiner Größe gelangen könne, vest setzet.

Eine von beyden Methoden kann man erwählen, doch wird diejenige den Vorzug billig verdienen, welche die andre an Genauigkeit übertrift.

Alle Instrumente, die man zur Ausmessung des Elevationswinkels bey den elektrischen Penduls, (es geschehe mittelbar oder unmittelbar), ersinnen könnte, müssen diese nothwendige Eigenschaft haben, daß weder sie, noch der Beobachter genöthigt sind, an dem elektrisirten Körper näher, als in einem Abstand von 3 oder 4 Schritten zu seyn. Diese Bedingung scheint mir aus folgenden zween Gründen nothwendig. Einmal würde eine größere Näherung des Meßinginstruments an die Pendulen eine Unrichtigkeit in ihren

Bewe-

Bewegungen verursachen, wodurch ihre Anzeige ungewiß gemacht würde. Zweytens giebt es Versuche, wie z. B. die Elektricität der Athmosphäre und der Gewitterwolken, wo der Naturforscher mit seinem Geräthe nicht gar wohl ohne Lebensgefahr zu nahe kommen darf. Der erwähnte Tod Richmanns wird mich überheben, weitere Beweise dieserhalb anzuführen.

Alle Arten, welche ich nur habe finden können, um diesen Winkel unmittelbar zu messen, schienen mir nicht genug zu seyn; denn man konnte ihn nicht genauer, als in Viertel Graden erfahren, und noch überdies war diese Art zu messen vielen Irrungen unterworfen, die durch die Entfernung der Penduln vom Beobachter entstanden. Ich erwählte daher die mittelbare Art zu messen.

Es stellen sich hier noch drey Größen dar, wovon man nur eine nöthig hat zu kennen, um mit vieler Leichtigkeit den Winkel daraus zu folgern, welchen das Lineal mit dem Pendul macht.

Taf. II. Fig. 8. 1) Wenn die Sehne DE bekannt wäre, so würde man den Winkel BCE wissen, weil

$$\text{Sin.}\ \tfrac{1}{2}\,BCE = \frac{\tfrac{1}{2}\,DE}{CE}$$

 3) Der

2) Der Sinus FE giebt auch den Werth des Winkels BCE vermöge dieser Formel

$$\text{Sin. } BCE = \frac{FE}{CE}$$

3) Ist der Sinus versus FD bekannt, so wird man haben

$$\text{Cos. } BCE = \frac{CE - FD}{CE}$$

Gewänne man in Absicht der Genauigkeit nicht mehr bey der Bestimmung einer dieser Größen, als bey der andern, so dürfte man nur diejenige erwählen, die mit einem wenig zusammengesetzten Instrumente gemessen werden könnte. Aber so verhält sich die Sache anders.

Die Differenz des Sinus versus der zwo Winkel, die klein und nur um einige Minuten verschieden sind, ist ganz und gar unmerkbar; deshalb auch seine Bestimmung, da sie nicht genau genug angegeben werden werden kann, verwerflich ist.

Das Messen der Sinuum, ob es gleich dem Messen des Sinus versus vorzuziehen, hat gleichwohl noch diese Unbequemlichkeit, daß bey großen Elevationswinkeln, die nur um einige Minuten verschieden sind, ebenfalls der Unterschied fast unmerklich wird, ob er gleich für kleine Winkel groß genug wäre.

Es bleibt uns also noch das Messen der Chorde übrig, welches wirkliche Vortheile vor den vorhergehenden Fällen hat. Denn

1) ist

1) ist die Chorde eines Winkels größer, als sein Sinus und Sinus versus, also wird ein kleiner bey ihrer Bestimmung vorgefallener Irrthum keine so große Unrichtigkeit in der Bestimmung des Winkels erzeugen, als eben dieser Irrthum, wenn er beym Messen des Sinus und des Sinus versus vorgefallen wäre.

2) Ist die Elevation des Penduls größer, als 45 Grad, und nimmt noch um einige Minuten zu, so ist die Differenz der Chorden dieser zwo Winkel größer, als die Differenz der Sinuum.

Es ist nicht zu läugnen, daß, so lange der Elevationswinkel weniger als 45 Grad beträgt, die Differenz der Sinuum der zwo Winkel größer ist, als die Differenz ihrer Chorden, und alsdann wär es vortheilhafter die Sinus, als die Chorden, zu messen. Dieser Einwurf würde noch mehr auf sich haben, wenn die Genauigkeit, welche von der größern Differenz der Sinuum, als der Chorden entsteht, nicht durch ihre Kleinheit in Ansehung der Größe der Chorden aufgehoben würde. Denn angezeigtermassen bringt ein kleines Versehen beym Messen der Sinuum eine viel beträchtlichere Unrichtigkeit in der Bestimmung des Winkels hervor, als wenn ein gleiches bey der Messung der Chorde sich ereignet hätte.

Um allen Erfordernissen ein Genüge zu leisten, so ist es mir durch Hülfe eines geschickten jungen

Künstlers, von dem man sich in der Folge noch viel zu versprechen hat, ich meyne den Sohn des verstorben n Mechanikus Elkner, gelungen ein Instrument zu erfinden, vermittelst dessen ich in einer jeden Entfernung der Penduln, wenn man sie nur sehen kann, nach Belieben sowohl den Sinus und den Sinus versus, als die Chorde und zwar in $\frac{1}{10}$ Pariser Linien zu messen und zu bestimmen im Stande bin.

Nunmehr wird man sich von dem Vorzuge des mittelbaren vor dem unmittelbaren Messen des Elevationswinkels leicht überzeigen können. Denn bey der unmittelbaren Methode würde man den Winkel höchstens in ganzen und viertel Graden erkennen, so daß zween Winkel, die weniger als um 15 Minuten verschieden sind, für gleich wären angesehen worden; da hingegen, wenn man ihre Chorde in $\frac{1}{10}$ Linien misset, man Elevationswinkel bestimmt, die nur um einige Minuten von einander abweichen.

Da die Bestimmung der Grade dennoch einige Vortheile vor dem Messen des Sinus hat, so werde ich das dazu erfundene Instrument, der Kürze wegen, einen Chordometer nennen, dabey es aber jedem frey steht, ihm einen andern Namen zu geben, wenn ihm dieser nicht gefällt.

Es würde sehr verdrüßlich seyn, wenn man bey iedweden Versuche, wo es nöthig ist, den Grad

der

der Elektricität zu wissen, den der gemessenen Chorde zugehörigen Winkel berechnen, seine Tangente suchen und mit dem Gewichte des Penduls multipliziren müste, um die elektrische Kraft zu bekommen. Vielmehr würde es besser gethan seyn, wenn man sich ein für allemal eine Tabelle ausrechnete, vermöge welcher man sogleich die mit jeder Elevation des Penduls korrespodirende Kraft erführe. Und dies läßt sich leicht durch folgende Formuln zu Stande bringen. Denn vorausgesetzt Tafel II. Figur 8, die gegebene Chorde DE = a, der Sinus = d, der Elevationswinkel BCE = φ, die Länge des Penduls CE = b, der Radius der Sinustafeln = r, das Gewicht des Penduls = P und die elektrische Kraft = Q, so wird man haben

$$\text{Sin. } \tfrac{1}{2}\,\varphi = \frac{ra}{2b}$$

oder

$$\text{Sin. } \varphi = \frac{dr}{b}$$

woraus man erhält

$$\varphi = 2 \text{ Arc. Sin. } \frac{ra}{2b}$$

oder

$$\varphi = \text{Arc. Sin. } \frac{dr}{b}$$

und $$Q = \frac{\text{Tang. } \varphi \; P}{r}$$

 Aber

Da nun aber Penduln von unterschiedener Länge und Schwere besondre Tafeln erforden, und vielleicht einige ihren Penduln lieber eben die Länge und Schwere geben mögten, welche die meinigen haben, als erst eine Tabelle sich zu rechnen, so will ich diejenige, die ich zu meinem Gebrauche verfertigt habe, mittheilen, bey welcher ich die Tangenten des Winkels φ noch beygefügt, die denen vielleicht nützlich seyn könnten, welche zwar eben die Länge des Penduls, aber eine von den meinigen verschiedene Schwere demselben geben wollten; denn um die Kräfte zu haben, braucht man nur diese Tangenden durch das Gewicht ihrer Penduln zu multipliciren.

Die Länge meiner Penduln von dem Aufhängungspunkt an gerechnet, bis zu dem, wo der messingene Drath in die Kugel geht, beträgt $34\frac{1}{2}$ Pariser Linien.

Diejenigen, die längere Penduls als die meinigen haben, können doch noch von meiner Tabelle Gebrauch machen, wenn sie auf ihrem Drath einen Punkt sich anmerken, der $34\frac{1}{2}$ Pariser Linien von dem Aufhangungspunkt entfernt ist und alsdann die Chorden eines Zirkels messen, woran dieser Punkt die Extremität des Radii wäre. Ich habe $\frac{1}{128}$ Gran zur Einheit des Gewichts genommen, weil man auf den Probierwagen das Gewicht der Penduln bis auf diesen Theil des Grans bestimmen kann.

Die

Die erste Kolumne der folgenden Tabelle enthält die gemessenen Chorden in $\frac{1}{8}$ Linien, von $\frac{1}{8}$ Linie an bis auf 30 Linien.

Die zwote begreift die Tangenten der Elevationswinkel in sich.

Die dritte die Kraft, welche das Pendul von $3\frac{1}{64}$ Gran Schwere in der Höhe des Winkels erhält, dessen Tangente die vorhergehende Kolumne anzeigt.

Die vierte giebt die Kraft an, welche das $1\frac{1}{4}$ Gran wiegendes Pendul von eben dem Winkel elevirt erhält.

Chorde in $\frac{1}{8}$ Linien gemessen.	Tangente des Elevationswinkels.	Kraft, die das Pendul von $1\frac{1}{64}$ Gr. schwer oder 388,0 elevirt erhält.	Kraft, die das Pendul von $1\frac{1}{4}$ Gran schwer oder 160,0 ele virt erhält.
$\frac{1}{8}$	0,00363	1,400	0,580
$\frac{1}{4}$	0,00725	2,798	1,160
$\frac{3}{8}$	0,01087	4,195	1,739
$\frac{1}{2}$	0,01449	5,592	2,319
$\frac{5}{8}$	0,01811	6,991	2,898
$\frac{3}{4}$	0,02174	8,391	3,479
$\frac{7}{8}$	0,02537	9,791	4,059
1	0,02899	11,191	4,638
$1\frac{1}{8}$	0,03262	12,591	5,219
$1\frac{1}{4}$	0,03624	13,990	5,798
$1\frac{3}{8}$	0,03987	15,391	6,378
$1\frac{1}{2}$	0,04350	16,793	6,959
$1\frac{5}{8}$	0,04713	18,194	7,542
$1\frac{3}{4}$	0,05077	19,596	8,121
$1\frac{7}{8}$	0,05440	20,999	8,704

Chorde in $\frac{1}{8}$ Linien gemessen.	Tangente des Elevationswinkels.	Kraft, die das Pendul von $3\frac{1}{64}$ Gr. schwer oder 388, o elevirt erhält.	Kraft, die das Pendul von $1\frac{1}{4}$ Gran schwer oder 160, 9 elevirt erhält.
2	0,05804	22,403	9,286
$2\frac{1}{8}$	0,06168	23,808	9,868
$2\frac{1}{4}$	0,06532	25,213	10,451
$2\frac{3}{8}$	0,06892	26,619	11,034
$2\frac{1}{2}$	0,07260	28,024	11,616
$2\frac{5}{8}$	0,07624	29,430	12,199
$2\frac{3}{4}$	0,07989	30,838	12,783
$2\frac{7}{8}$	0,08354	32,247	13,367
3	0,08719	33,657	13,951
$3\frac{1}{8}$	0,09085	35,068	14,536
$3\frac{1}{4}$	0,09451	36,481	15,122
$3\frac{3}{8}$	0,09817	37,894	15,708
$3\frac{1}{2}$	0,10184	39,309	16,294
$3\frac{5}{8}$	0,10551	40,726	16,881
$3\frac{3}{4}$	0,10918	42,143	17,469
$3\frac{7}{8}$	0,11285	43,560	18,057
4	0,11653	44,980	18,645
$4\frac{1}{8}$	0,12021	46,400	19,233
$4\frac{1}{4}$	0,12389	47,820	19,822
$4\frac{3}{8}$	0,12757	49,242	20,411
$4\frac{1}{2}$	0,13126	50,666	21,001
$4\frac{5}{8}$	0,13496	52,092	21,593
$4\frac{3}{4}$	0,13886	53,520	22,186
$4\frac{7}{8}$	0,14236	54,949	22,778
5	0,14607	56,382	23,371
$5\frac{1}{8}$	0,14979	57,818	23,966
$5\frac{1}{4}$	0,15351	59,254	24,562
$5\frac{3}{8}$	0,15723	60,690	25,158
$5\frac{1}{2}$	0,16095	62,127	25,754

Chor-

Chorde in $\frac{1}{8}$ Linien gemessen.	Tangente des Elevationswinkels.	Kraft, die das Pendul von $3\frac{1}{64}$ Gr. schwer oder 388,0 elevirt erhält.	Kraft, die das Pendul von $1\frac{1}{4}$ Gran schwer oder 160,0 elevirt erhält.
$5\frac{5}{8}$	0,16468	63,566	26,351
$5\frac{3}{4}$	0,16842	65,008	26,948
$5\frac{7}{8}$	0,17216	66,453	27,546
6	0,17591	67,900	28,145
$6\frac{1}{8}$	0,17966	69,348	28,745
$6\frac{1}{4}$	0,18341	70,796	29,346
$6\frac{3}{8}$	0,18717	72,247	29,948
$6\frac{1}{2}$	0,19094	73,702	30,552
$6\frac{5}{8}$	0,19472	75,161	31,156
$6\frac{3}{4}$	0,19851	76,623	31,761
$6\frac{7}{8}$	0,20230	78,088	32,367
7	0,20609	79,553	32,974
$7\frac{1}{8}$	0,20989	81,019	33,582
$7\frac{1}{4}$	0,21370	82,488	34,191
$7\frac{3}{8}$	0,21751	83,957	34,801
$7\frac{1}{2}$	0,22133	85,432	35,413
$7\frac{5}{8}$	0,22516	86,910	36,025
$7\frac{3}{4}$	0,22898	88,390	36,639
$7\frac{7}{8}$	0,23283	89,872	37,253
8	0,23668	91,357	37,868
$8\frac{1}{8}$	0,24053	92,845	38,485
$8\frac{1}{4}$	0,24440	94,337	39,104
$8\frac{3}{8}$	0,24827	95,832	39,724
$8\frac{1}{2}$	0,25215	97,330	40,344
$8\frac{5}{8}$	0,25604	98,830	40,965
$8\frac{3}{4}$	0,25994	100,333	41,589
$8\frac{7}{8}$	0,26384	101,840	42,214
9	0,26775	103,350	42,841
$9\frac{1}{8}$	0,27167	104,864	43,467

Chor-

Chorde in $\frac{1}{8}$ Linien gemessen.	Tangente des Elevationswinkels.	Kraft, die das Pendul von $3\frac{1}{8}\frac{1}{4}$ Gr. schwer oder 388,0 elevirt erhält.	Kraft, die das Pendul von $1\frac{1}{4}$ Gran schwer oder 160,0 elevirt erhält.
$9\frac{1}{4}$	0,27560	106,380	44,095
$9\frac{3}{8}$	0,27954	107,900	44,725
$9\frac{1}{2}$	0,28349	109,424	45,357
$9\frac{5}{8}$	0,28744	110,950	45,990
$9\frac{3}{4}$	0,29140	112,480	46,625
$9\frac{7}{8}$	0,29538	114,016	47,261
10	0,29937	115,555	47,899
$10\frac{1}{8}$	0,30336	117,096	48,537
$10\frac{1}{4}$	0,30736	118,642	49,178
$10\frac{3}{8}$	0,31138	120,193	49,821
$10\frac{1}{2}$	0,31541	121,747	50,465
$10\frac{5}{8}$	0,31934	123,304	51,110
$10\frac{3}{4}$	0,32348	124,865	51,757
$10\frac{7}{8}$	0,32753	126,431	52,407
11	0,33160	128,002	53,058
$11\frac{1}{8}$	0,33569	129,576	53,711
$11\frac{1}{4}$	0,33978	131,155	54,365
$11\frac{3}{8}$	0,34388	132,739	55,021
$11\frac{1}{2}$	0,34799	134,327	55,678
$11\frac{5}{8}$	0,35212	135,918	56,338
$11\frac{3}{4}$	0,35626	137,515	57,001
$11\frac{7}{8}$	0,36041	139,116	57,665
12	0,36457	140,722	58,331
$12\frac{1}{8}$	0,36874	142,334	58,999
$12\frac{1}{4}$	0,37293	143,953	59,669
$12\frac{3}{8}$	0,37714	145,575	60,342
$12\frac{1}{2}$	0,38135	147,202	61,016
$12\frac{5}{8}$	0,38558	148,833	61,692
$12\frac{3}{4}$	0,38982	150,470	62,371

Chor-

Chorde in $\frac{1}{8}$ Linien gemessen.	Tangente des Elevationswinkels.	Kraft, die das Pendul von $3\frac{1}{64}$ Gr. schwer oder 388,0 elevirt erhält.	Kraft, die das Pendul von $1\frac{1}{4}$ Gran schwer oder 160,0 elevirt erhält.
$12\frac{7}{8}$	0,39407	152,111	63,052
13	0,39834	153,759	63,734
$13\frac{1}{8}$	0,40262	155,410	64,418
$13\frac{1}{4}$	0,40692	157,070	65,105
$13\frac{3}{8}$	0,41123	158,734	65,796
$13\frac{1}{2}$	0,41555	160,404	66,488
$13\frac{5}{8}$	0,41989	162,079	67,182
$13\frac{3}{4}$	0,42425	163,759	67,879
$13\frac{7}{8}$	0,42862	165,446	68,578
14	0,43300	167,139	69,280
$14\frac{1}{8}$	0,43740	168,836	69,984
$14\frac{1}{4}$	0,44182	170,541	70,691
$14\frac{3}{8}$	0,44626	172,255	71,401
$14\frac{1}{2}$	0,45071	173,972	72,113
$14\frac{5}{8}$	0,45517	175,693	72,827
$14\frac{3}{4}$	0,45965	177,423	73,544
$14\frac{7}{8}$	0,46415	179,161	74,264
15	0,46867	180,907	74,987
$15\frac{1}{8}$	0,47321	182,6[illegible]8	75,713
$15\frac{1}{4}$	0,47777	184,417	76,442
$15\frac{3}{8}$	0,48235	186,186	77,175
$15\frac{1}{2}$	0,48694	187,958	77,910
$15\frac{5}{8}$	0,49154	189,735	78,647
$15\frac{3}{4}$	0,49615	191,513	79,385
$15\frac{7}{8}$	0,50078	193,300	80,125
16	0,50543	195,095	80,868
$16\frac{1}{8}$	0,51010	196,898	81,616
$16\frac{1}{4}$	0,51480	198,712	82,368
$16\frac{3}{8}$	0,51953	200,538	83,125

Chor=

Chorde in $\frac{1}{8}$ Linien gemessen.	Tangente des Elevationswinkels.	Kraft, die das Pendul von $3\frac{1}{64}$ Gr. schwer oder 388,0 elevirt erhält.	Kraft, die das Pendul von $\frac{1}{4}$ Gran schwer oder 160,0 elevirt erhält.
$16\frac{1}{2}$	0,52429	202,375	83,886
$16\frac{5}{8}$	0,52908	204,224	84,653
$16\frac{3}{4}$	0,53389	206,080	85,423
$16\frac{7}{8}$	0,53871	207,942	86,194
17	0,54354	209,808	86,967
$17\frac{1}{8}$	0,54840	211,683	87,744
$17\frac{1}{4}$	0,55328	213,565	88,524
$17\frac{3}{8}$	0,55819	215,459	89,308
$17\frac{1}{2}$	0,56311	217,359	90,097
$17\frac{5}{8}$	0,56805	219,264	90,888
$17\frac{3}{4}$	0,57301	221,181	91,682
$17\frac{7}{8}$	0,57799	223,106	92,479
18	0,58300	225,040	93,282
$18\frac{1}{8}$	0,58804	226,983	94,088
$18\frac{1}{4}$	0,59311	228,939	94,898
$18\frac{3}{8}$	0,59821	230,908	95,713
$18\frac{1}{2}$	0,60333	232,885	96,533
$18\frac{5}{8}$	0,60848	234,872	97,358
$18\frac{3}{4}$	0,61365	236,865	98,185
$18\frac{7}{8}$	0,61884	238,873	99,015
19	0,62406	240,891	99,850
$19\frac{1}{8}$	0,62931	242,916	100,690
$19\frac{1}{4}$	0,63459	244,951	101,534
$19\frac{3}{8}$	0,63989	246,999	102,383
$19\frac{1}{2}$	0,64523	249,062	103,238
$19\frac{5}{8}$	0,65060	251,132	104,097
$19\frac{3}{4}$	0,65600	253,216	104,958
$19\frac{7}{8}$	0,66142	255,307	105,827
20	0,66687	257,410	106,699

Chor-

Chorde in $\frac{1}{8}$ Linien gemessen.	Tangente des Elevationswinkels.	Kraft, die das Pendul von $3\frac{1}{64}$ Gr. schwer oder 388,0 elivirt erhält.	Kraft, die das Pendul von $1\frac{1}{4}$ Gran schwer oder 160,0 elivirt erhält.
$20\frac{1}{8}$	0,67236	259,527	107,576
$20\frac{1}{4}$	0,67789	261,658	108,461
$20\frac{3}{8}$	0,68344	263,806	109,350
$20\frac{1}{2}$	0,68902	265,952	110,240
$20\frac{5}{8}$	0,69463	268,125	111,[illegible]41
$20\frac{3}{4}$	0,70026	270,299	112,042
$20\frac{7}{8}$	0,70593	272,488	112,949
21	0,71164	274,696	113,862
$21\frac{1}{8}$	0,71739	276,915	114,783
$21\frac{1}{4}$	0,72317	279,144	115,708
$21\frac{3}{8}$	0,72899	281,390	116,638
$21\frac{1}{2}$	0,73484	283,649	117,574
$21\frac{5}{8}$	0,74072	285,917	118,515
$21\frac{3}{4}$	0,74665	288,206	119,464
$21\frac{7}{8}$	0,75262	290,510	120,420
22	0,75863	292,830	12[illegible],380
$22\frac{1}{8}$	0,76468	295,166	122,348
$22\frac{1}{4}$	0,77076	297,512	123,321
$22\frac{3}{8}$	0,77687	299,874	124,300
$22\frac{1}{2}$	0,78303	302,251	125,284
$22\frac{5}{8}$	0,78923	304 650	126,277
$22\frac{3}{4}$	0,79549	307,062	127,279
$22\frac{7}{8}$	0,80178	309,486	128,285
23	0,80811	311,929	129,298
$23\frac{1}{8}$	0,81448	314,391	130,317
$23\frac{1}{4}$	0,82090	316,869	131,344
$23\frac{3}{8}$	0,82736	319,364	132,379
$23\frac{1}{2}$	0,83386	321,869	133,418
$23\frac{5}{8}$	0,84042	324,400	134,466

Chor=

Chorde in $\frac{1}{8}$ Linien gemessen.	Tangente des Elevationswinkels.	Kraft, die das Pendul von $1\frac{1}{64}$ Gr. schwer oder 388,0 elevirt erhält.	Kraft, die das Pendul von $1\frac{1}{4}$ Gran schwer oder 160,0 elevirt erhält.
$23\frac{3}{4}$	0,84704	326,959	135,526
$23\frac{7}{8}$	0,85369	329,527	136,591
24	0,86038	332,109	137,662
$24\frac{1}{8}$	0,86713	334,711	138,740
$24\frac{1}{4}$	0,87394	337,342	139,830
$24\frac{3}{8}$	0,88080	339,985	140,926
$24\frac{1}{2}$	0,88770	342,653	142,032
$24\frac{5}{8}$	0,89464	345,332	143,142
$24\frac{3}{4}$	0,90166	348,039	144,265
$24\frac{7}{8}$	0,90872	350,768	145,396
25	0,91585	353,517	146,535
$25\frac{1}{8}$	0,92304	356,294	147,685
$25\frac{1}{4}$	0,93027	359,082	148,843
$25\frac{3}{8}$	0,93754	361,893	150,007
$25\frac{1}{2}$	0,94490	364,731	151,184
$25\frac{5}{8}$	0,95232	367,595	152,369
$25\frac{3}{4}$	0,95978	370,474	153,564
$25\frac{7}{8}$	0,96732	373,385	154,771
26	0,97491	376,316	155,986
$26\frac{1}{8}$	0,98258	379,275	157,213
$26\frac{1}{4}$	0,99030	382,253	158,446
$26\frac{3}{8}$	0,99810	385,267	159,696
$26\frac{1}{2}$	1,00595	388,297	160,952
$26\frac{5}{8}$	1,01386	391,348	162,217
$26\frac{3}{4}$	1,02184	394,443	163,500
$26\frac{7}{8}$	1,02992	397,550	164,787
27	1,03808	400,698	166,092
$27\frac{1}{8}$	1,04631	403,878	167,411
$27\frac{1}{4}$	1,05459	407,075	168,737

Chor-

Chorde in $\frac{1}{8}$ Linien gemessen.	Tangente des Elevationswinkels.	Kraft, die das Pendul von $3\frac{1}{64}$ Gr. schwer oder 388,0 elevirt erhält.	Kraft, die das Pendul von $1\frac{1}{4}$ Gran schwer oder 160,0 elevirt erhält.
$27\frac{3}{8}$	1,06296	410,306	170,075
$27\frac{1}{2}$	1,07142	413,572	171,429
$27\frac{5}{8}$	1,07994	416,858	172,791
$27\frac{3}{4}$	1,08854	420,180	174,168
$27\frac{7}{8}$	1,09723	423,531	175,557
28	1,10601	426,919	176,961
$28\frac{1}{8}$	1,11488	430,344	178,380
$28\frac{1}{4}$	1,12382	433,793	179,811
$28\frac{3}{8}$	1,13287	437,290	181,259
$28\frac{1}{2}$	1,14197	440,800	182,712
$28\frac{5}{8}$	1,15117	444,355	184,188
$28\frac{3}{4}$	1,16048	447,948	185,671
$28\frac{7}{8}$	1,16988	451,575	187,181
29	1,17939	455,245	188,702
$29\frac{1}{8}$	1,18898	458,949	190,238
$29\frac{1}{4}$	1,19867	462,689	191,788
$29\frac{3}{8}$	1,20849	466,476	193,357
$29\frac{1}{2}$	1,21838	470,295	194,941
$29\frac{5}{8}$	1,22838	474,155	196,540
$29\frac{3}{4}$	1,23850	478,061	198,160
$29\frac{7}{8}$	1,24872	482,005	199,795
30	1,25907	486,003	201,452

Beschreibung des Chordometers.

Tafel III. Figur 1. ABCD ist ein viereckigtes Brett, jede Seite von 1 Fuß, und ohngefähr 3 Zoll dicke. Um der gehörigen Schwere willen hab ich es

 von

von Eichenholz machen lassen. An den 4 Ecken des Brettes sind 4 Stellschrauben, um ihm bequem eine wagerechte Lage geben zu können. Mitten im Brett ist ein rundes Loch geschnitten, in welches das zylindrische Glas EGHF einpaßt, welches ohngefähr 4 Zoll im Durchmesser und 6 Zoll an Höhe hat. Das im Brette befindliche runde Loch muß zum wenigsten so tief seyn, daß das Glas 2 Zoll tief hineingeht. In dieses Glas küttet man mit Siegellack den ausgetrockneten hölzernen Zylinder I ein, auf welchem senkrecht die gläserne Röhre KL bevestigt ist, die ohngefähr 1 Zoll im Durchmesser hat. Oben auf diese Röhre wird eine messingene Kapsel geküttet, auf welcher das messingene Lineal mit seinen beyden Penduln durch zwo Schrauben bevestigt ist.

Tafel III. Figur 2 stellt den Durchschnitt durch die Mitte der Breite des messingenen Lineals, an welchem die elektrischen Penduls aufgehangen werden, dar. ABCD ist das Lineal. AB ist seine Dicke, BC seine Höhe, und seine Breite beträgt $\frac{1}{4}$ Zoll. Das Lineal hat unten ein Knie DEFG, welches auf die Kapsel, die oben auf der Glasröhre KL der vorhergehenden Figur befindlich, geschraubet werden kann, dergestallt, daß FC mit der Seite AB des Brets ABCD parallel ist. I und H sind zween kleine Ringe, welche mitten auf der breiten Seite des Lineals, oberhalb in entgegen gesetzter Richtung angebracht sind. In der Entfernung LH

von

von diesen Haken, die gleich ist IN, sind in die Dicke des Lineals zween hämisphärische Ausschnitte NO und LM eingegraben. Der Durchmesser von NO ist gleich dem Durchmesser der kleinen, und der von LM dem Durchmesser der großen Kugel des elektrischen Penduls. Gleich zwischen den Ausschnitten ist eine rechtwinklichte Oefnung PQ befindlich, welche der Länge nach durch und durch geht, und an deren äußerstes Ende man in deren Mitte einen Faden spannet, der mit der Oberfläche CB und AD parallel ist, und dessen Dicke beträchtlich genug seyn muß, um ihn in einer Entfernung von 3 oder 4 Fuß, gut sehen zu können. Endlich hängt man die Penduln mit ihren Haken an den Ringen I und H dergestallt auf, daß sie sich wie um einen Mittelpunkt, mit wenig Reibung, bewegen können, und daß die Hälfte von den Kugeln der elektrischen Penduln genau in die Ausschnitte LM und NO einpasse.

Figur 1 Taf. IV. stellt einen messingenen Schlitten EABCDFG vor, welcher um den Mittelpunkt der messingenen runden Scheibe PQR beweglich ist. Diese Scheibe kann oben Tafel III. Figur 3 an der Säule DE in E bevestigt werden, vermittelst dreyer Schrauben, welche durch die Löcher a, b, gehen. Diese Säule ist hinlänglich in dem dreyeckigten Brette ABC bevestigt, welches 3 eiserne Stellschrauben hat, um es senkrecht stellen zu können. Das Bret ist 3 Zoll dicke und von Eichenholz, um dessen Schwere zu vermehren. Auf diesem Theile des Instruments ruhet das Chordometer.

Figur 2. Tafel IV. bildet einen messingenen Schieber STVQWV′ ab, den man in den Schlitten der vorhergehenden Figur bringen, und an einem beliebigen Orte, durch die Schraube P′, bevestigen kann. Er ist der Länge nach in Zolle, Linien und halbe Linien getheilt, und trägt die Gabel XYZU C′D′A′B′, die vermittelst zwener Schrauben N′ und O′, an zwey messingenen Knien bevestigt ist, die selbst durch zwo Schrauben wieder an den Schieber STVQWV′ angeschraubt sind. Die beyden rechtwinklicht in die Höhe gehende messingene Platten XZBA′ und UYC′D′ haben jede eine runde durchgeschnittene Oefnung L′ und M′, und Ausschnitte H′K′I′ und F′G′E′. Sie sind jedes aus zwey Stücken UYC′D′ und K′L′S′ zusammengesetzt. Das zweyte ist am ersten durch zwo in der Figur angezeigte Schrauben bevestigt. In dem ersten Stücke jeder Platte befindet sich die Hälfte der Oefnungen L′ und M′, und das zweyte Stück, durch welches ganz die runde Oefnung geht, muß an das erste dergestallt gefügt seyn, daß C′D′ die runde Oefnung M′ in zwo gleiche Theile theilt. Mit dem gegenüberstehenden Theile der Gabel verhält es sich wie mit dem jetzt beschriebenen.

Die 3te Figur der IV. Tafel, stellt eine messingene Platte abcd vor, auf welche das messingene

Stück

Stück feigh bevestigt ist. Durch dasselbe geht eine Schraubenmutter zum Behuf der Schraube Spo, auf welcher eine Kapsel pqro ruhet. An dieser sind zwo halbzirklichte Lamellen nLm und KLm von Messing bevestigt, die etwan eine Linie weit von einander abstehen; x ist der Kopf einer Schraube, die durch die erste Lamelle kLm geht, und in den der 2ten Lamelle eingeschnittenen Schraubengang eingreift. Der zwischen den beyden Lamellen befindliche Theil der Schraube ist zylindrisch und von einer Linie im Durchmesser. Die Kapsel pqro ist um die Schraube Spo herum beweglich, dergestallt, daß wenn man sie in die Höhe gehen läßt, die Kapsel pqro auch mit steigt, aber sich nicht wie die Schraube dreht, wenn sie irgend eine Hinderniß in der Lage zurück hält, worinn sie sich einmal befindet.

Die Platte abcd kann mit zwo Schrauben, die durch die Löcher t und u gehn, an dem obern Theile VWQV' des messingenen Schiebers TSQW der vorhergehenden Figur bevestigt werden.

Figur 1 Tafel V, stellet ebenfalls einen messingenen Schlitten ABCDGTL vor, an dessen Extremität zwey in die Höhe gehende Stücke GIH und LOM bevestigt sind, welche in Y und M zween etwas tiefere Ausschnitte haben, als die Hälfte ihrer Breite beträgt. Sie sind mit zwo Schrauben durch ein Knie unter dem Schlitten bevestigt. KN ist ein messingener seiner ganzen Länge nach durchbohrter

Zylinder, der Durchschnitt seiner Aushöhlung beträgt $\frac{1}{3}$ Linie. ZO'PSRTQVI' ist eine messingene Gabel, deren äusserste Streifen PSO'Z und QVI', die in B' und A' Ausschnitte haben, jede durch zwo Schrauben an LOM und GIH bevestigt sind. Endlich ist RX eine Schraube ohne Ende, welche unter der Axe KN durch, und in die Streife PQVS der Gabel geht.

ABCD Figur 2, ist eine schiefliegende Fläche, die man vermittelst des Knies EGHF mit zwo Schrauben, die durch die Löcher K und I gehen, unter dem Schlitten ABCDLG bevestigen kann.

Der Schieber XYUW Figur 1 Tafel VI, geht in den Schlitten ABCDGL der ersten Figur der V Taf. und vermittelst zweyer Stücken von Messing U' und W', die an seinen beyden Enden senkrecht aufgerichtet, und worinn eine Schraubenmutter befindlich, in welche die Schraube RX der angezeigten Figur eingreift, kann man ihn willkührlich in dem Schlitten ABCDGL bewegen. Das Lineal ABCD ist in der Mitte seiner Länge durch zwo Schrauben, deren eine α vorstellt, auf den Schieber XYUW bevestigt. Ein andres schmaleres und kürzeres Lineal EF, ist an dem ersten durch vier Schrauben β, γ, δ, ε vest gemacht, und dient dazu, die Steifigkeit des erstern zu vermehren und das Werfen desselben zu verhindern. An den Enden des Lineals ABCD befinden sich in senkrechter Richtung zwey Rektangel

HM

HMLI und K'M'L'I' von Messing, die mit den Knien HGK und G'H'KC durch die Schrauben φ, μ und ν am Lineal bevestigt sind. T, V, und T', V' sind zwo runde Oefnungen einer Stecknadel groß; und abcd, und a'b'c'd' sind rechtwinklichte Vierecke, die in den beyden Rektangeln ausgeschnitten, und der Breite ac und a'c' nach in zween gleiche Theile, durch das Har RS und R'S', welches durch zwo Schrauben auf jeder Seite angespannt wird, getheilet worden. Dieses senkrecht angebrachte Har wird durch zwey andere in horizontaler Richtung angespannte Hare NO und PQ, und N'O' und P'Q' getheilet. Die Durchschnittspunkte dieser Hare und der Mittelpunkt der Oefnungen T und T', wie auch V und V' befinden sich in einerley horizontalen Fläche.

Nun schiebe man XYUW in den Schlitten ABCDGL Figur 1 Tafel V, und vermöge der Schraube ohne Ende RX, lasse man das Lineal ABCD so weit vorrücken bis des Lineals Schärfe CB mitten an die Breite der in die Höhe stehenden Stücke GIH und LOM stosse und in den zu dieser Absicht daselbst angebrachten Ausschnitten sich befinde. Sodann lege man die Axe KN in die Pfannen L' und M' der Gabel Fig. 2 Taf. IV, und bevestige die Platte abcd Fig. 3 Taf. IV, an dem Theile VWQV' Fig. 2 Taf. IV, des Schiebers, und die schiefliegende Fläche Fig. 2 Taf. V, bevestige man vermöge seines Knies ETGH unter dem Schlitten ABCDGL der 1ten Fig. Taf. V.

Durch die Zusammenfügung aller dieser Haupttheile des beschriebenen Instruments entsteht das Chordometer.

Noch muß ich anzeigen, daß die scharfe Seite BC der schiefliegenden Fläche Fig. 2 Taf. V, wenn die einzelnen Theile des Chordometers an einander gefügt sind, auf der Schraube ruht, die durch die zwo Lamellen nLm und kLm der 3ten Fig. Taf. IV gehen, dergestallt, daß, wenn man die Schraube Spo in die Höhe gehen läß, der Schlittten ABC DGL Fig. 1 Taf. V, mit allem, was an ihm bevestigt ist, sich auch um den Mittelpunkt der Axe KN, die selbst wieder um ihren Mittelpunkt in den Pfannen L' und M' Fig. 2 Taf. IV geht, bewegen muß.

Nun bleibt mir noch übrig von den Abtheilungen, die auf dem Schieber XYUW Fig. 2 Taf. IV, desgleichen von denen auf dem Schlitten Fig. 1 Taf. IV, in welchen er geschoben wird, zu reden. Sodann werde ich kürzlich die Art anzeigen, wie man sich dieses Chordometers zu bedienen hat.

Die Abtheilung auf XYUW Fig. 1 Taf. VI, besteht aus ganzen, halben und viertel Zollen, ganzen und halben Linien Pariser Maaß, den Zoll in 12 Linien getheilt, und so, wie es die Figur zeigt, beziffert.

Die

Die Abtheilung der 1ten Fig. Taf. V, fängt von der Linie an, die durch die Intersektion des Schlittens, wenn er horizontal ist, mit einer senkrechten Fläche, die durch den Mittelpunkt der Axe KN geht, entsteht. Diese Abtheilung ist in ganzen und halben Zollen gemacht, jeder Zoll ist in 4 Theile getheilt, wovon der erste und letzte Theil jedes Zolles von der Linie an gerechnet, wo die Abtheilungen anfangen, einander gleich sind, und jeder sieben halbe Linien beträgt. Die zween mittlern Theile sind auch einander gleich, und jeder beträgt fünf halbe Linien. Der Raum, den die sieben halbe Linien einnehmen, ist wieder in vier gleiche Theile getheilet.

Die auf dem Schlitten Fig. 1 Taf, IV befindliche Abtheilung, endigt sich drey Zoll von dem Mittelpunkte der Axe KN Fig. 1 Taf. V, wenn alle Theile des Chordometers ihre gehörige Lage haben, und besteht auch aus sieben halben Linien, die in vier gleiche Theile getheilt sind. Den Schieber ST VV' Fig. 2 Taf. IV ist in Zolle, Linien und halbe Linien eingetheilet.

Man darf nur ein wenig auf die Beschaffenheit dieser Abtheilungen Acht haben, so wird man sich leicht überzeugen, daß man durch sie beständig die Entfernung des Mittelpunkts der Axe KN Fig. 1 Taf. V, an der scharfen Seite BC des Lineals ABCD Fig. 1 Taf. V, wenn man es durch die Schraube RX davon entfernt hat, in $\frac{1}{8}$ Linien wissen

 könne.

könne. Diese Achttheile können, vermöge des Augenmaaßes, noch immer in zween Theile getheilt werden, so daß man diese Entfernung in $\frac{1}{16}$ Linien zu bestimmen im Stande ist.

Auf eben diese Weise bekömmt man durch die Abtheilung Fig. 1. 2 Taf. IV die Höhe des Mittelpunkts der Axe in $\frac{1}{16}$ Linien.

Durch ein geringes Nachdenken wird man einsehen, warum die Abtheilungen so beziffert sind, wie es die Figuren vorstellen; deshalb ich auch nur blos noch bemerken will, daß die Abtheilung des Schiebers XYUW Fig. 1 Taf. VI rückwärts numerirt ist, damit man Gebrauch davon machen könne, wenn er zum Theil ausserhalb dem Schlitten, in welchem er geht, sich befindet.

Nun die Art des Gebrauchs dieses Chordometers! Wenn die Theile desselben alle an einander vorher beschriebener massen gefügt sind, so muß man ihn auf der Säule DE Fig. 3 Taf. III bevestigen und ihm eine senkrechte Richtung vermittelst der Schrauben, welche an den 3 Ecken des Brettes sind, geben.

Ebenfalls bevestigt man das messingene Lineal, an welchem sich die elektrischen Penduls befinden, an der oben auf der Glasröhre KL Fig. 1 Taf. III befindlichen Kapsel, und vermittelst vier Schrauben, welche an den Enden des Brettes sind, auf welchem die

die Glasröhre steht, kann man dem Lineal eine senkrechte Richtung geben, die man daran erkennen wird, wenn die Hälfte von den Kugeln, an den elektrischen Penduln in den Ausholungen LM und NO Taf. III Fig. 2 genau sich einschlüßt.

Nun stellet man das Chordometer in einer beliebigen Entfernung (doch darf sie nicht weniger als 3 Fuß betragen,) von der Glasröhre, welche das Lineal mit den elektrischen Penduln trägt.

Hierauf nähert man die scharfe Seite CB des Lineals ABCD Fig. 1 Taf. VI, der Axe KN, bis es die Linie berührt, wo die Abtheilungen des Schlittens ABCDGL Fig. 1 Taf. V sich anfangen. Alsdann wird die Oefnung der Diopteren T, der Mittelpunkt der Axe KN und der Durchschnittspunkt der Hare R'S' und N'O' in gerader Linie sich befinden, wovon man sich überzeugen kann, wenn man durch die kleine Oefnung T sieht.

Man rücke nun die gläserne Röhre von der Rechten zur Linken oder umgekehrt, je nachdem es die Umstände erfordern, bis die kleine Oefnung T, der Mittelpunkt der Axe KN, der Durchschnittspunkt der Hare R' S' und N' O', und der in der rechtwinklichten Oefnung des Lineals, das die elektrischen Penduls trägt, aufgespannte Faden in einer geraden Linie sich befinden, und das Har R'S' diesen Faden decke; welches man sehr gut durch die Oefnung T beobachten kann.

Man erhöhe nun das Chordometer, doch ohne dessen Stellung zu verändern, und bewege das Lineal mit den elektrischen Penduln, doch so, daß es mit sich selbst parallel bleibt, von der Rechten zur Linken, oder umgekehrt, je nachdem man die elektrische Kraft durch die Elevation des Penduls auf der rechten oder linken Seite des Lineals bestimmen oder messen will. (Diese Bewegung kann dem Lineal vermittelst einer Schraube mitgetheilt werden, welche man um der mehrern Deutlichkeit willen, bey der Zeichnung ausgelassen hat, zumal da es einem jeden, der mit Instrumenten umzugehen weis, leicht fallen wird, sich hierin zu helfen.) Mit dieser Bewegung des Lineals fährt man so lange fort, bis der Durchschnittspunkt der Hare den Punkt des Penduls deckt, wo der messingene Drath in die kleine Kugel des Penduls geht. Dies kann man durch die kleine Oefnung T wahrnehmen, und dies muß geschehen, wenn die Hälfte der Kugel des elektrischen Penduls genau sich in ihrer Aushölung am Lineal befindet, und ehe das Pendul von der Elektricität elevirt wird.

Wir wollen nun einmal annehmen, daß das Pendul anfange sich zu erheben, und man die Chorde, den Sinus und den Sinus versus des Elevationswinkels messen wolle.

Um die Chorde zu messen, muß man das Lineal ABCD Fig. 1 Taf. VI von der Axe KN Fig 1 Taf. V entfernen, und den Schlitten ABCDFGL vermöge

möge der Schraube SO, Fig. 3 Taf. IV, so weit in die Höhe bringen, bis, wenn man durch die Oefnung T sieht, der Durchschnittspunkt der Hare R'S' und N'O' den Punkt des Penduls decke, wo der messingene Drath in die Kugel geht, und alsdann wird die Entfernung von der Axe KN bis zu der scharfen Seite des Lineals, welches sich von der Axe entfernt hat, die gesuchte Chorde seyn, die man, zu Folge der oben beschriebenen Abtheilungen, in $\frac{1}{18}$ Linien wird angeben können.

Will man den Sinus des Elevationswinkels des elektrischen Penduls messen, so müste man das ganze Instrument erhöhen und das Lineal, wie zuvor bey der Chorde, von der Axe entfernen, wobey immer dahin zu sehen ist, daß das bewegliche Lineal mit dem Schlitten beständig wagerecht bleibe. Alsdann wird die Entfernung des Lineals von der Axe der Sinus des Elevationswinkels seyn, und die Linie, um welche das Chordometer erhöht worden ist, und die man vermöge der Abtheilungen des Schlittens ABC DGFE Fig. 1 Taf. IV, und des messingenen Stücks STQW, welches sich in dem Schlitten bewegt, in $\frac{1}{18}$ Linien wissen kann, wird der Sinus versus des Elevationswinkels seyn.

Um die Elevation des andern Penduls zu messen, muß man den Chordometer um die bewegliche Scheibe NO Fig. 1 Taf. IV, herumdrehen, und mit der Oefnung T und dem Durchschnittspunkt der

Hare

Haare RS und NO, wie zuvor verfahren. Die Chorde und der Sinus des Elevationswinkels werden alsdann der Entfernung der scharfen Seite des beweglichen Lineals vom Mittelpunkt der Axe, weniger der Entfernuug der kleinen Oefnung T oder T' vom Durchschnittspunkte der Hare RS und NO oder R'S' und N'O' gleich seyn.

Ueber der kleinen Oefnung T und T' ist noch eine andre V und V' Fig. 1 Taf. VI, und in gleicher Höhe ist das Har QP und Q'P', welches das Har RS und R'S' durchschneidet, wagerecht ausgespannt. Diese obern Oefnungen sind dazu bestimmt, die Elevation des Penduls, wenn sie sehr gering ist, zu bemerken. Denn in solchem Falle verhindert die Breite der beyden Gabeln, welche die Axe KN halten, durch ihre Lage zwischen der Oefnung T oder T' und dem Durchschnittspunkte der Hare R'S' und N'O', oder RS und NO, daß man die Elevation des Penduls nicht anders, als durch die obere Oefnung V oder V' wahrnimmt, auf welche in gerader entgegen gesetzter Richtung der Durchschnittspunkt der Hare R'S' und P'Q' oder R Sund P Q fällt. Nun ergiebt sich klar, daß, wenn man von der untern Oefnung T oder T' Gebrauch gemacht hat, und man sich der obern bedienen will, die Lage des Instruments gar nicht verändert wird, sondern daß man es nur so weit herunter lassen muß, als die Oefnung V oder V' über T oder T' sich befindet. Wenn hingegen nach

gemach-

gemachtem Gebrauche von der Oefnung V oder V' man wieder durch T oder T' observiren will, so muß das Chordometer zu eben der Höhe wieder gebracht werden.

Nun mögte man mir aber vielleicht vorwerfen, daß mein Elektrometer, an statt einfacher zu seyn, als diejenigen, deren man sich jetzt zu bedienen pflegt, vielmehr weit zusammengesetzter sey und er mithin nicht den Bedingungen entspräche, welche ich für einen guten Elektricitätsmesser angegeben. Ich bitte aber zu bedenken, daß eigentlich mein Elektrometer nur aus 2 Penduln bestehe, welches gewiß einfach genug genannt zu werden verdient, und daß man ihm bloß den Vorwurf machen könne, daß er sehr zusammen gesetzt sey. Ich glaube also meinen mir selbst vorgeschriebenen Gesetzen sattsam Genüge geleistet zu haben, indem der Chordometer doch immer als ein besonderes Instrument angesehen und mit dem Elektrometer nicht verwechselt werden muß.

Ab-

Abhandlung

über die durch das Verdünsten verschiedener flüssiger Substanzen hervorgebrachte Kälte oder Wärme.

von

Franz Karl Achard.

Schon seit geraumer Zeit ist es bekannt, daß man Körper erkälten kann, wenn man ihre Oberflächen mit Wasser benetzt und ihnen den Zugang der freyen Luft verschaffet. Bernier vor etwa 100 Jahren, bemerkt in seiner Indostanischen Reise folgende daselbst Landesübliche Gewohnheit. Wenn man die unwirthbaren und dürren Gegenden dieses heissen Himmelsstrichs zu durchreisen hat, so pflegt man um die Gefässe, in welchen man das Getränke auf der Reise mit sich führet, nasse leinene Tücher zu wickeln. Jedermann man bedient sich irrdener Gefäße, die keine Glasur haben, durch welche das Wasser langsam durchschleicht und ihre äussere Seite beständig feucht erhält. Das unaufhörliche Verdunsten, welches durch die Hitze des Himmelsstrichs ungemein befördert wird, bringt einen Grad Kälte hervor, der vermögend ist, dem Wasser einen bestimmten Grad der Kühlung mitzutheilen und zu unterhalten.

So glauben ebenfalls die Matrosen, auf ihren Schiffahrten, die Richtung und den Strich des Windes dadurch zu erkennen, wenn sie einen Finger naß machen, ihn in die Höhe in der freyen Luft halten und acht geben, auf welcher Seite des Fingers sie die stärkste Empfindung der Kälte verspüren, welches immer diejenige ist, auf welche der Wind vorzüglich stößet.

Unterdessen scheint dieser Erfolg beym Verdünsten flüssiger Substanzen, lange genug von den Naturforschern aus der Acht gelassen, und für zu gering geachtet worden zu seyn, als daß er Aufmerksamkeit und mehreres Nachdenken verdiene. Nur seit wenigen Jahren haben sie diese Erscheinung mit mehrerer Achtsamkeit behandelt und einen ernstlichern Gegenstand ihrer Beschäftigung daraus gemacht.

Herr Baux machte Anno 1753 eine Beobachtung, die sich auf unsern Gegenstand beziehet, und gab dem Herrn von Reaumur davon Nachricht *). Den 23 Jul. Abends um 7 Uhr, hieng er in seinem Garten an einen Pomeranzenzweig ein Thermometer, und ein anders dergestallt auf, daß es in dem Wasser des im Garten befindlichen Teichs, den die Sonne den Tag über erwärmt hatte, versenkt war. Eine halbe Stunde darauf zog er das letzte Thermometer aus dem Wasser hervor und sahe, daß es bis auf 20 Grade Reaumurischer Abtheilung gefallen war, das andre hingegen am Baum angehangene, 22 Grade an zeigte. Sodann hieng er das im Wasser getauchte an eben den Pomeranzenzweig, und machte sich Hofnung, es ebenfalls auf 22 Grade steigen zu sehen, welches hätte geschehen sollen, weil das Instrument von einem kalten in einen wärmern Ort gebracht war. Dem ohnerachtet erfolgte das Gegentheil; denn das Thermometer fiel in 2 — 3 Minuten bis auf den 17ten Grad, blieb eben so lange daselbst stehen; nach Verlauf von 20 — 25 Minuten aber, stieg es wieder bis auf eben denselben Grad, den der andre Wärmemesser anzeigte.

Herr Franklin, der ebenfalls dergleichen Versuche angestellt, theilte selbige dem Herrn Doktor Lining in zween Briefen mit **). Er feuchtete nämlich die Kugel eines Thermometers mit einer in Wein-

*) S. l'Histoire de l'Academie Royale des Sciences de Paris. Année 1753.

**) S. Observations sur la Physique, l'Histoire naturelle & sur les arts, par Mr. l'Abbé Rozier. Tom, II. pag. 276 & 483.

Weingeist, der eben den Grad der Wärme hatte, als die Luft um den Wärmemesser, getauchten Feder, fleissig an, und um das Verdünsten des Weingeistes zu beschleunigen, bließ er mit einem Blasebalg auf die Kugel des Th rmometers. Er bemerkte, daß es 5 bis 6 Grade fiel. Beym Anfange des Versuchs stand es auf dem 18ten Grade Reaumyrischer Eintheilung.

In dem 2ten Briefe des Herrn Franklin berichtet er, daß, da er bey der Wiederholung dieses Versuchs, statt des Weingeistes, Aether genommen, der Wärmemesser 25 Grade gefallen, und zu Ende des Versuchs 6 Grad unter dem Gefrierungspunkte gestanden sey, indeß an der Kugel rings umher sich Eis, eines Viertelzolls dick, angesetzet habe.

Herr Franklin gesteht mit einer, den Karakter eines wahren Gelehrten auszeichnenden Bescheidenheit, daß er nicht wisse, sich diese Erscheinung zu erklären, und begnügt sich, artige und nützliche Anwendungen davon zu machen.

Dies ist ein Fall, in welchem sich der Naturforscher sehr oft befindet. Die Erscheinungen sind ihm bekannt, sie werden allgemein zugestanden, und geben nicht dem geringsten Zweifel Raum. Aber nicht eben so verhält sichs mit Erklärung derselben; hiebey ist öfters die größte Schwierigkeit. Das sicherste Mittel ist wohl, wenn uns die Erscheinungen unerklärbar zu seyn scheinen, daß wir häufig die

Erfahrung zu Rathe ziehen. Sie ist ein Wegweiser, der niemals denjenigen verläßt, welcher sich mit ihr vertraut macht, und läßt es nicht leicht geschehen, daß er auf dem Meere der Wahrscheinlichkeiten und Vermuthungen hin und her getrieben wird.

Bis jetzt hat man, bey erwähnten Versuchen, nur von einer kleinen Anzal flüssiger Substanzen Gebrauch gemacht, und gefunden, daß das Verdunsten verschiedener flüssigee Körper auch einen verschiedenen Grad von Kälte hervorgebracht hat. Man thäte daher wohl, wenn man eine größere Anzal flüssiger Substanzen in dieser Absicht untersuchte, und dadurch die Data vermehrte, die zur Auflösung der Aufgabe, über die Ursache der durch die Verdünstung derselben bewirkten Kälte, unumgänglich erfordert werden. Eben dies hat mich bewogen, an einer beträchtlichen Menge flüssiger Körper den gemeldeten Versuch zu wiederholen. Die Umstände, unter welchen ich selbige angestellet, die Vorsicht und Behutsamkeit, von welcher ich dabey Gebrauch gemacht, zuförderst zu erzälen, dürfte wohl nicht ganz überflüssig scheinen, indem ich es öfters mit vielem Unwillen erfahren, daß von der Verschweigung gewisser, öfters gering scheinender Umstände, bey der Bekanntmachung eines Versuchs, die Unmöglichkeit ihn nachzumachen, abhänge, und sich derjenige, der über eine solche Genauigkeit weggesehen, nicht selten den heftigsten Widerspruch zugezogen.

Bey

Bey meinen Versuchen habe ich mich

1) zweener Thermometer bedienet, die sehr empfindlich, neben einander aufgehangen waren und völlig mit einander übereinstimmten.

2) Damit auch alle hiebey gebrauchte flüssige Körper mit der die Wärmemesser umgebenden Luft einen gleichen Grad der Temperatur hatten, ließ ich sie eine Zeitlang auf der Stelle stehen, wo der Versuch gemacht werden sollte.

3) Das Verdünsten der Flüssigkeiten zu beschleunigen, bließ ich mit einem Blasebalge gegen die Kugel des Thermometers, die öfters in den zu versuchenden flüssigen Körper eingetaucht worden. Man hat aber hiebey noch auf diesen Umstand Acht zu geben, daß das Ventil des Blasebalges, welches zum Einziehen der Luft dienet, in einem gleichen Grade von Luft sich befinde, die den Wärmemesser sowohl, als die zu untersuchende Flüssigkeit umgiebet. Ohne diese Vorsicht würde diesem Versuche sehr viel Genauigkeit fehlen, weil es geschehen könnte, daß das Thermometer nicht sowohl durch das Verdunsten der befeuchteten Kugel eine Veränderung anzeigte, als vielmehr durch die ungleich wärmere oder kältere Luft, die aus dem Blasebalg führe, als diejenige ist, in welcher sich der Wärmemesser durch seine Stelle und Lage befindet.

4) Beym Halten des Thermometers mit der Hand, (welches die, durch die Bewegung des Blasebalges erregte Erschütterung nothwendig macht, indem man es ohne diese Unbequemlichkeit nur vest binden dürfte), hat man besonders dahin wohl zu sehen, daß die Hand nicht zu nahe an die Kugel des Wärmemessers komme, um durch die natürliche Wärme derselben, keine Veränderung an demselben zu verursachen.

Um die Erfolge bey der grossen Menge meiner diesmaligen Versuche desto besser und bequemer übersehen zu können, scheint mir eine Tabelle am behüflichsten zu seyn.

Die erste Kolumne zeigt die Temperatur der Luft, und folglich auch der flüssigen Körper an, in welcher, und mit welchen die Versuche angestellet worden. Die zwote nennt die bey jedesmaligem Versuch gebrauchte Flüssigkeit. Die dritte giebt den Grad an, wobey das Thermometer, nach vollendeter Verdünstung, zu fallen oder zu steigen aufhörte. Die vierte endlich, enthält den Unterschied zwischen der ersten und dritten Kolumne, oder die Anzal der Grade, die das Thermometer durch das Verrauchen des jedesmaligen flüssigen Körpers gestiegen oder gefallen ist.

Stand des Therm. beym Anfange des Versuchs.	Namen der versuchten Flüssigkeiten.	Stand des Therm. am Ende des Versuchs.	Um wie viel das Thermometer gestiegen oder gefallen.
14	Aqua communis destillata	$10\frac{1}{4}$	$3\frac{3}{4}$
$14\frac{1}{2}$	— Maioranae	11	$3\frac{1}{2}$
$14\frac{1}{2}$	— Cardui Benedicti	$11\frac{3}{4}$	$2\frac{3}{4}$
$14\frac{1}{4}$	— Lilii Convallium s. v.	$11\frac{1}{2}$	$2\frac{3}{4}$
14	— Lilii Convallium c'. v.	$10\frac{1}{2}$	$3\frac{1}{2}$
14	— Bugloss:	$11\frac{3}{4}$	$2\frac{1}{4}$
$14\frac{1}{4}$	— Menthae c'. v.	$10\frac{1}{4}$	4
$14\frac{1}{2}$	— Menthae s. v.	$12\frac{1}{4}$	$2\frac{1}{4}$
$14\frac{1}{2}$	— Sclopetariae c'. ~ vin.	10	$4\frac{1}{2}$
$14\frac{1}{2}$	— Cinnamomi s. v.	$12\frac{1}{4}$	$2\frac{1}{4}$
15	— Cinnamomi c'. v.	$12\frac{1}{2}$	$2\frac{1}{2}$
$14\frac{1}{2}$	— Ulmariae	$12\frac{1}{2}$	$2\frac{1}{2}$
$14\frac{1}{2}$	— Bursae Pastoris	$12\frac{1}{4}$	$1\frac{1}{4}$
$14\frac{1}{2}$	— Chelidonii minoris	$12\frac{1}{4}$	$1\frac{1}{4}$
$14\frac{1}{2}$	— Salviae	$12\frac{3}{4}$	$1\frac{3}{4}$
$14\frac{1}{2}$	— Corticis Citri	$12\frac{1}{2}$	2
$14\frac{1}{2}$	— Cerasorum nigrorum	$12\frac{1}{2}$	2
15	— Plantaginis	$13\frac{1}{5}$	$1\frac{4}{5}$
15	— Spermatis Ranarum	13	2
15	— Calcis vivae	13	2
15	— Petroselini	$12\frac{3}{4}$	$2\frac{1}{4}$
15	— Tussilaginis	$12\frac{3}{4}$	$2\frac{1}{4}$
15	— Artemisiae	13	2
15	— Florum Primulae veris	$12\frac{1}{2}$	$2\frac{1}{2}$
15	— Lavendulae	$12\frac{1}{2}$	$2\frac{1}{2}$
15	— Acaciae	13	2
15	— diapnoica	$12\frac{1}{2}$	$2\frac{1}{2}$
15	— Pulegii	$12\frac{3}{4}$	$2\frac{1}{4}$

Stand des Therm beym Anfange des Versuchs.	Namen der versuchten Flüssigkeiten.	Stand des Therm. am Ende des Versuchs.	Um wie viel das Thermometer gestiegen oder gefallen.
15	Aqua Meliloti	$12\frac{1}{2}$	$2\frac{1}{2}$
15	— Veronicae. s. v.	13	2
15	— Veronicae. c'. v.	$11\frac{3}{4}$	$3\frac{1}{4}$
15	— Rosarum.	13	2
15	— florum Poeoniae.	13	2
15	— Scordii.	13	2
15	— Euphrasiae	13	2
15	— Lilii albi	13	2
15	— Foeniculi	13	2
15	— Parietariae	13	2
15	— Melissae. s. v.	$12\frac{4}{5}$	$2\frac{1}{5}$
15	— Melissae. c'. v.	$11\frac{3}{4}$	$3\frac{1}{4}$
15	— Nympheae	$12\frac{1}{2}$	$2\frac{1}{2}$
15	— Verbenae	13	2
15	— Serpilli	13	2
$14\frac{1}{2}$	— Florum fabarum	$12\frac{1}{2}$	2
$14\frac{1}{2}$	— Cochleariae	$12\frac{3}{4}$	$1\frac{3}{4}$
$14\frac{1}{2}$	— Fumariae	13	$1\frac{1}{2}$
$14\frac{1}{2}$	— Hyssopi	$12\frac{1}{2}$	2
$14\frac{1}{2}$	— Chamomillae	$12\frac{1}{2}$	2
14'	— Sigilli Salomonis	$12\frac{1}{3}$	$2\frac{1}{6}$
$14\frac{1}{2}$	— Borraginis	$12\frac{1}{4}$	$2\frac{1}{4}$
$14\frac{3}{4}$	— Florum Tiliae	$12\frac{3}{4}$	2
$14\frac{3}{4}$	— Florum Sambuci	$12\frac{1}{2}$	$2\frac{1}{4}$
15	— Benedicta Rulandi	12	3
15	— Corticis Aurant: c'. v.	12	3
15	Vinum Hungaricum	$10\frac{1}{2}$	$4\frac{1}{2}$

Stand des Therm beym Anfange des Versuchs.	Name oder versuchten Flüssigkeiten.	Stand des Therm an Ende des Versuchs.	Um wie viel das Thermometer gestiegen oder gefallen.
15	Vinum Rhenanum	11	4
15	— Hispanicum	11	4
14	— Gallicum	11	3
14	Spiritus Vini rectificatiss.	7	7
14¾	— — Succini	11½	3¼
15	— — Hungaricus	9	6
14	— — Lavendulae	9	5
15	— — Lumbricorum terrestr.	10	5
15	— — Foeniculi	9¾	5¼
15	— — Menthae	10¼	4¾
14	— — Serpilli	10	4
14	— — Iuniperi e baccis	10	4
14	— — Anisi	8½	5½
14½	— — Fuliginis	11¾	2¾
14½	— — Vini tartarisati	8½	6
14½	— — Rosarum	8½	6
14½	— — Vini rectificat. camph.	9	5½
15	— — Cochleariae	10	5
15	— — Benzoës	9½	5½
15	— — Ligni Sancti	12¾	2¼
15½	— — Lilii Convallium	10	5½
14½	— — Anisi	9½	5
14½	— — Cerasorum nigrorum	9¾	4¾
14½	— — Samcuci	11½	3
14¼	Essentia Cinnamomi	9	5¼
14	— — Caryophyllor. arom.	9	5
14	— — Roris marini	9	5

Stand des Therm. beym Anfange des Versuchs.	Name der versuchten Flüssigkeiten.	Stand des Therm. am Ende des Versuchs.	Um wie viel das Thermometer gestiegen oder gefallen.
14¾	Essentia Seminis Santonici	10	4¾
14¾	— — Trifolii fibrini	10½	4¼
14¾	— — Succini	9¼	5¼
15	— — Radicis Enulae	10	5
15	— — Rhei	10¼	4¾
15	— — Moliloti	10	5
15	— — Balsami peruviani	9¼	5¾
15	— — Ligni Aloës	9¾	5¼
15	— — Fumariae	10½	4½
15	— — Radicis Pareirae bravae	10¾	4¼
15	— — Menthae	10¼	4¾
15	— — Radicis Jalappae	12	3
15	— — Ligni Sassafras	10	5
15	— — Vincetoxici	10	5
15	— — Myrrhae	10¼	4¾
15	— — Zedoariae	10	5
15	— — Corticis Citri	10¼	4¾
15	— — Corticis Chinae	10¼	4¾
15	— — Radicis Levistici	9¾	5¼
15	— — Radicis Gentian. rubr.	9⅘	5⅕
15	— — Ligni Guajaci	9½	5½
15	— — Ambrae	9	6
13¾	— — Anethi	9¾	4
13¾	— — Croci	9¾	4
14½	— — Scordii	10	4½
14½	— — Fuliginis	12½	2
14½	— — Terrae Catechu	10½	4

Stand

Stand des Therm. beym Anfange des Versuchs.	Name der versuchten Flüssigkeiten.	Stand des Therm. am Ende des Versuchs.	Um wie viel das Thermometer gestiegen oder gefallen.
14½	Essentia Asae foetidae	9	5½
15	— — Cardui Benedicti	10¾	4¼
15	— — Opii	11¾	3¼
15	— — Aurantiorum	11¾	3¼
15	— — Castorei	11¾	3¼
14½	— — Vini c. Spirit. Cochlear. extract.	9¾	4¾
14½	— — Pimpinellae albae	10	4½
14½	— — Centaurii minoris	10	4½
14½	— — Aristolochiae longae	10½	4
14½	— — Verbasci	10½	4
14½	— — Arnicae Plauensis	12½	2
14¾	— — Radicis Petasitidis	9¾	5
14¾	— — Corticis Cascarillae	10	4¾
14¾	— — Galangae	10½	4¼
15½	Spiritus Aeruginis	13	2½
14	Oleum Vitrioli concent.	28	14
15½	Solutio Camphorae in Oleo Vitrioli concentrati	26	10½
14	Spiritus Nitri	13	1
15½	— — Nitri fumans	20	4½
14	— — Salis	13	1
14½	— — Salis concentrat.	15½	
14	Acidum Formicarum	10	4
14	Acetum destillatum	12½	1½
14¼	— — Rosarum	11¾	2½
15	— — Vini concentrat.	13	2
15	— — Lithargyrii	11⅘	3⅕

Stand des Therm. beym Anfange des Versuchs.	Name der versuchten Flüssigkeiten.	Stand des Therm. am Ende des Versuchs.	Um wie viel das Thermometer gestiegen oder gefallen.
15	Acetum Rutae	12	3
15	— — Sambuci	12	3
15	— — Scilliticum	12	3
13½	Butyrum Antimonii	13½	
14¾	Spiritus sulphuris volatil.	14	¾
15½	Solutio Cerussae in Aceto vini destillato	12½	3
14½	Spiritus Mindereri	12½	2
15½	— — Salis ammoniac. aquosus	12	3½
15½	— — — c'. calce vivâ	9½	6
15½	— — — c'. Sale Tartari	9¾	5¾
15½	— — — vinosus	9¾	5¾
15½	— — — anisatus	10	5½
15½	Liquor Cornu Cervi succinat.	12	3½
15	Spiritus Cornu Cervi	10	5
14	— — Nitri dulcis	7	7
14	Liquor miner. anod. Hoffm.	8	6
15½	Æther Nitri	10	5½
15½	— Aceti	10½	5
14½	— Vitrioli	5 unterm Gefrierpunkt.	19½
14½	Spiritus Salis dulcis	8½	6
14	— — Vitrioli dulcis	8½	5½
14½	Tinctura Gummi ammoniaci	9½	5
15	— — Papaveris	12	3
14	— — Martis tartaris. Ludov.	9¾	4¼
14	— — Metallorum	8	6

Stand des Therm. beym Anfange des Versuchs.	Name der versuchten Flüssigkeiten.	Stand des Therm. am Ende des Versuchs.	Um wie viel das Thermometer gestiegen oder gefallen.
14	Tinctura Martis Mynsichti	$9\frac{1}{2}$	$4\frac{1}{2}$
$13\frac{1}{2}$	Oleum Tartari per deliquium	12	$1\frac{1}{2}$
$15\frac{1}{2}$	Lixivium caustic. Salis tartari	13	$2\frac{1}{2}$
$14\frac{1}{2}$	Liquor Nitri fixi	$13\frac{1}{2}$	1
$14\frac{1}{2}$	— — Terrae foliatae Tartari	$13\frac{1}{2}$	1
14	Solutio Nitri in Aqua usque ad saturationem	$10\frac{1}{2}$	$3\frac{1}{2}$
15	— Salis Centaurii minor. in aquâ destillatâ	13	2
15	— Salis Absinthii	$12\frac{2}{3}$	$2\frac{1}{3}$
15	— Salis Trifolii fibrini	$11\frac{1}{2}$	$3\frac{1}{2}$
15	— Salis Mirab. Glauberi	$13\frac{1}{2}$	$1\frac{1}{2}$
$14\frac{1}{2}$	— Sapon. Venet. in aquâ destillatâ	$11\frac{1}{2}$	3
$14\frac{1}{2}$	— Gum. ammon. in aq. destil.	$11\frac{1}{2}$	3
$15\frac{1}{2}$	— Gum. arab. in aquâ destil.	12	$3\frac{1}{2}$
$15\frac{1}{2}$	Clyssus Antimonii	$12\frac{3}{4}$	$2\frac{3}{4}$
$15\frac{1}{2}$	— — Sulphuris	13	$2\frac{1}{2}$
15	Liquamen Myrrhae	12	3
$15\frac{1}{2}$	Oleum animale Dippelii	$13\frac{3}{4}$	$1\frac{3}{4}$
$14\frac{1}{5}$	— Anisi	14	$\frac{1}{5}$
$15\frac{1}{2}$	— Angelicae	$15\frac{1}{3}$	$\frac{1}{6}$
$15\frac{1}{2}$	— Chamomillae	15	$\frac{1}{2}$
$15\frac{1}{2}$	— Carvi	$15\frac{1}{6}$	$\frac{1}{3}$
15	— Anethi	$14\frac{4}{5}$	$\frac{1}{5}$
$14\frac{3}{4}$	Spiritus Therebintin:	$14\frac{1}{2}$	$\frac{1}{4}$
$15\frac{1}{2}$	Petroleum	15	$\frac{1}{2}$
$15\frac{1}{2}$	Oleum Olivarum	$15\frac{1}{2}$	

Bey

Bey allen diesen Versuchen habe ich mich eines mit Queckſilber angefüllten Thermometers nach Reaumurischer Abtheilung bedienet, welches bekanntermassen in 80 gleiche Theile zwischen dem Gefrier- und kochendem Wasserpunkt getheilt ist.

Ich hielt ein Thermometer über ein Glas, in welchem Spiritus Nitri fumans befindlich, und es fieng an, einige Grade zu steigen. Die Temperatur der Luft an dem Orte, wo der Versuch gemacht wurde, sowohl als die Temperatur, der rauchenden Salpetersäure, war 15 Grade Reaumurischer Abtheilung. Desgleichen nahm ich rauchende Kochsalzsäure um diesen Versuch zu wiederholen, und der Erfolg war mit dem vorhergehenden derselbe. Darauf wollte ich auf eben dieselbe Art, wie es mit den in der Tabelle angezeigten Flüßigkeiten geschehen, auch untersuchen, ob das Verdünsten dieser Kochsalzsäure eine Kälte oder Wärme hervorbringen würde, aber die Säure rauchte dermassen stark, daß mir die Dünste nicht erlaubten, diesen Versuch zu Stande zu bringen.

Alle vorhergehende Versuche veranlaßten folgende Betrachtungen bey mir.

1) Aus der gegebenen Tabelle siehet man, daß unter allen von mir untersuchten Flüßigkeiten nur das Vitriolöl und die rauchende Salpetersäure das Thermometer steigen lassen. Die Erklärung hievon scheint nicht schwer zu seyn. Denn es ist bekannt, daß diese Säuren, wenn sie sehr konzentrirt sind, viele Verwand-

schaft

schaft mit dem Wasser haben und sich erhitzen, wenn man sie mit selbigem in Gemeinschaft bringt. Die Deliqueszenz gewisser, der freyen Luft ausgesetzten Salze, läßt uns im geringsten nicht zweifeln, daß die Luft viel Wasser, unter der Gestalt der Dünste in sich enthalte.

Da nun eine so grosse Verwandtschaft zwischen den erwähnten Säuren und dem Wasser statt findet, so müssen sie ohnfehlbar, wenn man die Thermometerkugel mit selbigen anfeuchtet, die in der Luft befindlichen wäßrigen Dünste anziehen, und die durch die Vereinigung dieser Säuren mit dem Wasser hervorgebrachte Erhitzung muß natürlicherweise den Wärmemesser steigen lassen. Man kann auch diese Erscheinung sich so vorstellen, daß man annimmt, das Verdunsten dieser Säuren bey ihrer Auflösung im Wasser errege einen grössern Grad Wärme, als derjenige ist, den eine jede für sich vor der Vermischung hat. Wir sahen aus den vorhergehenden Versuchen, daß die Vitriol- und Salpetersäuren nur alsdann das Thermometer steigen liessen, wenn sie sehr konzentrirt waren. Und gerade dann vereinigen sie sich am leichtesten mit dem Wasser, und können mithin sich der in der Luft schwimmenden Dünste bemächtigen, und durch diese Verbindung sich erhitzen.

Die Bemerkung, daß nur die sehr konzentrirte Salpeter- und Vitriolsäure des Thermometer steigen liessen, steht der andern Erklärung, die ich von dieser

Erschei-

Erscheinung gewagt habe, nicht entgegen. Denn die weniger oder mehr konzentrirten Säuren, sind nur darinn von einander unterschieden, daß sie mehr oder weniger Phlegma bey sich haben. Nun aber bringt das Phlegma, beym Verdunsten, Kälte hervor. Wenn wir also annehmen, daß die reine Säure auf eine entgegengesetzte Art wirke, so ergiebt sichs von selbst, daß, da sie bey einer starken Konzentration wenig Wäßriges bey sich hat, das Steigen des Wärmemessers viel beträchtlicher seyn muß, als wenn sie mehr Wassertheile noch in sich schließet, und es muß daher ein Verhältniß statt finden, wo die durch das Verdunsten einer gewissen Säure hervorgebrachte Wärme, der durch das Verrauchen des Wassers bewirkten Kälte gleich ist. In diesem Falle wird das Thermometer keine Veränderung leiden. Wenn endlich die Säure schwach genug seyn, und hinlänglich Phlegma in sich enthalten wird, so daß die, durch das Verdunsten der wäßrigen Theile hervorgebrachte Kälte, die durch das Verfliegen der Säure bewirkte Wärme übertrift, so wird der Wärmemesser fallen müssen, aber nicht so stark, als wenn die Kälte durch das Verdunsten des reinen Wassers erzeugt worden wäre.

Man kann demnach das Steigen des Wärmemessers, dessen Kugel mit Salpeter- oder Vitriolsäure befeuchtet werden, auf zwo verschiedene Arten erklären, und es wird noch auf mehrere Versuche ankommen,

men, welche von beyden Erklärungen die Oberhand gewinnen wird.

Die Versuche, vermöge welcher ich gefunden, daß die mit den Dämpfen der rauchenden Salpeter- und Kochsalz-Säure, die in einem offenen Glase standen, so daß die sauren Dämpfe fortgesetzt verdünsten konnten, geschwängerte Luft sich erhitzt, scheinen auf eben die Art erkläret werden zu können, nämlich, wenn man annimmt, daß die sauren Dämpfe, indem sie sich mit den wäßrigen Dünsten, die beständig in der Luft vorhanden sind, verbinden, sich erhitzen, oder auch wenn man voraussetzet, daß die Luft, indem sie die sauren Dämpfe auflöset oder mit denselben geschwängert wird, sich aus eben den Gründen erhitzt, nach welchen es die Verbindung des Wassers mit Weingeist zu thun pfleget.

Aus den vorigen Versuchen sieht man ferner, daß diejenigen flüssigen Substanzen, die entweder gar nicht oder nur sehr langsam verdünsten, als z. B. die Oele, das Thermometer sehr wenig fallen lassen, und daß das Olivenöl, welches von allen von mir untersuchten Flüssigkeiten am langsamsten und ganz unmerklich verflog, auch nicht die geringste entdeckbare Veränderung hervorbrachte.

So ergiebt sich ebenfalls aus der Tabelle, daß das Verdünsten des destillirten Wassers eine beträchtlichere Kälte, als das mit verschiedenen Salzen geschwängerte destillirte Wasser erzeuget. Die Aquae

Lilior. Convall., Menthae, Cinnamomi, Veronicae sine vino liessen das Thermometer nicht so stark fallen, als eben dieselben Aquae cum vino. Das Verdünsten des Weins und der geistigen Flüssigkeiten brachten eine stärkere Kälte hervor, als die Wasser, sowohl mit als ohne Wein. Von allen untersuchten Flüssigkeiten aber erzeugte keine durchs Verdünsten eine größere Kälte, als der Aether Vitrioli.

Zu gleicher Zeit wird es nicht undienlich seyn zu bemerken, daß die Oele weniger verdünsten, als das destillirte und mit verschiedenen Salzen geschwängerte Wasser, und dieses weniger, als reines destillirtes Wasser, die in der Tabelle angemerkten destillirten Wasser ohne Wein weniger, als die mit Wein und diese beyden Arten Wasser ebenfalls weniger, als die Weine und geistigen Flüssigkeiten und daß unter allen gebrauchten flüssigen Körpern der flüchtigste der Aether Vitrioli gewesen sey.

Diese Betrachtung, verbunden mit dem Resultate der Versuche, berechtigt mich zu glauben, daß, nach Ausnahme der sehr konzentrirten Säuren, die flüssigen Substanzen beym Verdünsten einen größern Grad der Kälte hervorbringen, je nachdem sie sehr flüchtig sind, und mit vieler Leichtigkeit und Geschwindigkeit verdünsten.

Was die Ursach aber dieser Erscheinung anbetrift, so gestehe ich sehr gern, daß sie mir unbekannt ist. So viel weis man, daß durch die Mischung verschiedener Substanzen bald Kälte, bald Wärme hervorgebracht

gebracht wird. Verdünstet eine Flüssigkeit, so muß nothwendig eine Mischung vorgehen, nämlich der Luft mit den in Dünste verwandelten Theilen, und ich habe anderswo bewiesen *), daß diese Mischung als eine wirkliche Auflösung einer solchen Flüssigkeit in der Luft könne angesehen werden. Könnte man also nicht auch annehmen, daß eben die Ursache, welche das Erkälten des Wassers, bey der Auflösung des Salzes, in selbigem befördert, ebenfalls auch dasjenige hervorbringe, welches statt findet, wenn flüssige Substanzen verdünsten und in der Luft sich auflösen?

Was ist denn aber weiter die Ursache der durch die Auflösung verschiedener Salze bewirkten Kälte? Ich glaube, man thut besser, wenn man hierbey sich des aufrichtigen Geständnisses der Unwissenheit nicht schämet, als seine Zuflucht zu der kaltmachenden Materie nimmt, deren Daseyn mir nicht so hinlänglich bewiesen ist, daß nicht noch erhebliche Zweifel dagegen sich vorbringen liessen.

Herr Franklin ist der Meynung, daß es Körper giebt, welche leicht, und andere, die schwer das Feuer leiten; völlig so, wie die Metalle sehr leicht die elektrische Materie ableiten; da hingegen das Glas, die Harze und alle sogenannte ursprünglich elektrische Körper, das elektrische Fluidum sehr schwer durchlassen. Er unterstützt seine Meynung mit vielen

*) S. *Journ. litt.* dedié au Roi par une Societé d'Academiciens Vol. IX. p. 206.

Gründen, die ihr einen ziemlichen Grad von Wahrscheinlichkeit geben, und wendet dieselbe auch auf das Erkälten des Wassers durch den Zusatz verschiedener Salze an, mit der Voraussetzung, daß ein durch diese Mischung entstandener Körper einen besseren Leiter des Feuers abgebe, als ein jeder der Theile, welche die Zusammensetzung ausmachen, für sich genommen. Wenn dem also ist, so muß eine solche Mischung dem Gefühle sowohl, als der Anzeige des Thermometers gemäß, kälter seyn. Denn ist sie ein beßrer Leiter der Feuermaterie geworden, so ists ausgemacht, wenn man einen Finger in selbige taucht, daß er sogleich eine gewisse Menge Feuertheile mit davon nehme, und man durch die Beraubung derselben die Empfindung der Kälte spüren wird, und vermöge eben derselben Beraubung wird sich das im Thermometer befindliche Quecksilber zusammenziehen müssen.

Um den Werth dieser Erklärung vestsetzen zu können, müßte man wohl untersuchen, ob der aus einer Mischung entstandene Körper, der einen grössern Grad Kälte hervorbringt, als es die Theile für sich vermögen, die seine Zusammensetzung ausmachen, auch ein besserer Leiter der Feuermaterie sey, als jeder der Theile, die zu seiner Mischung gehören, für sich genommen, und ob hinwiederum der aus einer Mischung erzeugte Körper, der einen viel beträchtlichern Grad Wärme hervorbringt, als die Theile, woraus er entstanden, für sich genommen, ein schlechterer Ableiter des Feuers sey, als jede der Substanzen, die in seine Zusammensetzung gehören, an und für sich selbst? Fände man dieses gegründet, so ist wohl kein Zweifel, daß die Muthmassung des Hrn. Franklin einen Grad von Wahrscheinlichkeit gewinnen würde, zufolge dessen man ihr eine Stelle unter den physikalischen Wahrheiten einzuräumen sich kein Bedenken machen dürfte.

Die Entdeckung einer jeden physikalischen Wahrheit, in sofern sie nur diesen Namen verdienet, ist den Naturforschern immer ein angenehmes und wichtiges Geschenke, dessen Werth aber ungemein erhöhet wird, wenn sie zugleich von der Beschaffenheit ist, daß sie einen Einfluß auf die menschliche Gesellschaft und deren Bedürfnisse hat. Man wird es mir daher verzeihen, wenn ich mich noch ein wenig bey dem Nutzen verweile, den man aus der, durch das Verdünsten verschiedener flüssigen Substanzen, hervorgebrachten Kälte schöpfen kann.

Es ist überaus angenehm, wenn man im Sommer verschiedene Getränke kühl erhalten kann. Dies geschiehet ohne viele Kosten und Mühe, durch diejenige Kälte, welche das Verdünsten des gemeinen Wassers erzeugt. Man darf nur um das Trinkgeschirr etwas mit Wasser angefeuchtete Leinwand wickeln und es der freyen Luft bloß stellen. Eben diesen Zweck erhält man, wenn man von einer

Kälte Gebrauch macht, die von einer Auflösung gewisser Salze, besonders des Salmiaks im Wasser hervorgebracht wird. Aber dieses Mittel ist schon mit einigen Kosten verbunden. Wenn man daher das Getränke nicht eben sehr stark abkühlen will, so ist schon das angezeigte Mittel hinlänglich, und diesem vorzuziehen.

Bey gewissen physikalischen Versuchen ist es öfters nöthig, gewissen Körpern eine beträchtliche Kälte mitzutheilen. Die angezeigten Versuche geben uns hierzu ein gutes Mittel an die Hand. Der Aether Vitrioli hat den Wärmemesser fast an die 20 Grade fallen lassen. Ich setze den Fall, eben dieses erfolgte auch im Winter, wenn das in die freye Luft gehangene Thermometer 12 Grad unter dem Gefrierpunkte steht, welches in unsrer Gegend nicht so was Ungewöhnliches ist, so würde man es bis auf 32 Grade fallen lassen können, welches eine sehr beträchtliche Kälte ausmacht. In Nordamerika hat man eine Kälte von 72 Graden wahrgenommen. Stellte man unsern Versuch bey einem solchen Grade der Kälte an, und er ließe auch nur das Thermometer noch um 20 Grade fallen, so würde man eine Kälte von 92 Grad Reaumurischer Abtheilung haben, eine Kälte, welche die Einbildungskraft in Erstaunen setzt! So könnte man auch zu der durch die Kälte bewirkten Konzentration des Weinessigs, und zu einer großen Anzal andrer Versuche, die durch das Verdünsten erzeugte Kälte anwenden.

Und

Und sollte man wohl nicht in der Arzeneywissenschaft von einer ausserordentlichen, durch das Verdunsten des Aethers hervorgebrachten Kälte, Gebrauch machen können? Die Aerzte pflegen sich heutiges Tages mit dem besten und fast unglaublichem Erfolge des kalten Wassers häufig zu bedienen, dessen fürtrefliche Eigenschaften dem Hippokrates schon bekannt waren. Unterdessen ist es wohl gewiß, daß die Kälte des Wassers, der man die gerühmten und bestätigten Wirkungen zuschreiben kann, ihre bestimmte Grenzen haben muß, über welche sie nicht hinaus gehen. Wenn das Wasser am kältesten ist, so verwandelt sichs in Eis, und sobald man dieses auf einen Theil des menschlichen Körpers bringt, so schmelzt es, und es ist nicht möglich, demselben einen größern Grad Kälte mitzutheilen, als das Wasser hat, wenn es in Eis übergeht.

Herr Franklin ist der Meinung, daß wenn man unaufhörlich einen Menschen mit Aether Vitrioli befeuchtete, ihn nackend in eine Zugluft stellte, und dafür sorgte, daß er immer mit Aether naß gemacht sey, er erfrieren würde. So versichert er auch, wenn man nur eine geistige Flüssigkeit in die flache Hand gießt, und durch einen Blasebalg das Verdünsten derselben beschleunigt, daß man eine sehr empfindliche Kälte dadurch empfände.

Die vorhergehenden Versuche haben diesen Gegenstand noch bey weitem nicht erschöpfet, und es können noch verschiedene Fragen aufgeworfen werden.

1) Ist die Kälte, die durchs Verdünsten hervorgebracht wird, sich immer gleich, das ist, wird das Thermometer bey dieser Kälte immer eben so stark fallen, es mag im Anfange des Versuchs stehen wo es will? Nämlich es zeigte im Anfange des Versuchs die Temperatur der Luft des Orts, wo der Versuch angestellt werden soll, mit 10 Grad Wärme an, das Fluidum hätte ihn zu einer andern Zeit, da er auf 6 Grad gestanden, durchs Verdünsten um 4 Grad fallen lassen, wirds ihn auch nur bey 10 Graden anfänglicher Wärme bis auf 6 Grad herunter zu gehen nöthigen?

2) Welches ist der Grad der Konzentration der Vitriol- und Salpeter-Säure, da das Thermometer nicht mehr steigt, wenn man es mit selbiger benetzet?

3) Ist das Fallen des Wärmemessers immer dasselbe, er mag eine kleine oder große Kugel haben?

Ich denke diese Fragen in einer anderweitigen Abhandlung zu beantworten, welche ein großes Licht über die jetzige wahrscheinlicher weise verbreiten, und über die Art des gegenwärtigen Phänomens einen beträchtlichen Aufschluß geben müssen.

Nachschrift.

Nicht gar lange nachher, da ich die Ehre gehabt, diese Abhandlung der Gesellschaft vorzulesen, fiel mir der 10te Band der Commentariorum Academiae Scientiarum Imperialis Petropolitanae in

die

die Hände, und ich fand in selbigem eine Abhandlung vom Hrn. Braun, die ebenfals die durch das Verdünsten hervorgebrachte Kälte zum Gegenstand hatte. Ich fand nicht weniger viel Aehnlichkeit zwischen den Gedanken dieses berühmten Naturforschers und den meinigen, und dies bewog mich, gegenwärtige Anmerkung dieser Abhandlung beyzufügen, damit man nicht glauben mögte, daß ich mir seine Gedanken habe zueignen und für die meinigen ausgeben wollen. Unterdessen habe ich wohl Ursach mir Glück zu wünschen, daß, da ich mit aller Aufrichtigkeit gestehen kann, daß mir nichts von den Untersuchungen des Herrn Braun bekannt gewesen, meine Gedanken und Muthmassungen über den vorgetragenen Gegenstand nicht sehr von den Gedanken dieses berühmten Naturkundigen abweichen.

D. Zückert

Von einem epidemischen bösartigen Entzündungsfieber der Pferde.

Unter den der Aufmerksamkeit eines Naturforschers würdigen Gegenständen sind die Viehkrankheiten gewiß nicht die geringsten. Die Vieharzneykunst, die lange genug von schlechten Leuten getrieben und empirisch ausgeübt worden, ist in den neuern Zeiten zu einer ordentlichen Wissenschaft erhoben worden, seitdem man vernünftige Grundsätze der Naturkunde und Arzneygelahrtheit gemeinschaftlich auf die Krankheiten des Viehs anzuwenden gelehret hat. Vornämlich hat man jetzt die Lehre von den das Vieh betreffenden innerlichen Krankheiten in ein gehöriges Licht zu setzen gesuchet. Denn wenn es sonst irgendwo einen geschickten Vieharzt gab, so erstreckten sich seine Kenntnisse nur allein über die äußerlichen Krankheiten, in deren Kur er, troz alles Mangels anatomischer, physiologischer und physikalischer Begriffe, glüklich genug war. Da es noch zu wenige gute Schriften von der Vieharzneykunst giebt, und da es in Deutschland an öffentlichen Vieharzney-

schu-

schulen fehlet; so ist es eines jeden Patrioten Pflicht, Beyträge zu dieser Wissenschaft zu liefern, und seine besondern Beobachtungen bekannt zu machen. Die Arzneykunst überhaupt erhält ihre Vollkommenheit durch Aufzeichnung einzelner Krankheitsfälle. Auch die Vieharzneykunst wird alsdann erst eine vestere Form und eine größere Vollkommenheit erlangen, wenn man nicht mehr blos allgemeine Abhandlungen darüber schreiben, oder blos Recepte mittheilen, sondern eine Menge aufgezeichneter einzelner Krankheitsfälle aufzuweisen haben wird. Das ist die Ursache, warum ich mir schmeichle, daß diese Beschreibung, von einer um Berlin einige mal grassirten epidemischen Pferdekrankheit, vielleicht kein unbeträchtlicher Beytrag zur Lehre von den Fiebern seyn mögte. Denn auch in unsern besten Vieharzneybüchern ist diese Lehre meistens nur sehr allgemein, unbestimmt, und unverständlich vorgetragen worden, so daß man sich, ohne selbst ein Arzt zu seyn, schwerlich darein finden kann. Die Namen der Fieber findet man zwar richtig angezeiget, aber die Zufälle derselben sind nicht richtig genug bezeichnet, noch weniger ihre Ursachen hinlänglich auseinander gesetzet. Ich werde daher jetzo die von mir beobachtete Krankheit blos nach ihren Zufällen beschreiben, und hernach die Ursachen derselben erzählen. Nachdem man daraus die Krankheit wird erkannt haben, wird es auch leicht seyn, die in den Roßarzneybüchern für diese Art von Fiebern empfohlenen Arzneymittel aufzusuchen. Deswegen werde ich von der Kur dieser Krankheit hier nichts beybringen. Ueberdem gehört die praktische Arzneykunst nicht zum Vorwurf unserer Gesellschaftlichen Bemühungen.

Im Augustmonat des Jahrs 1773 entstand in einigen Dörfern des Teltowischen Kreises eine hitzige Krankheit unter den Pferden, die sich erst einzeln zeigte, bald aber unter dem ganzen Pferdestande mancher Dörfer fast allgemein wurde, und ein starkes Sterben verursachte. Die Zufälle kamen immer ganz plötzlich und unvermuthet, ohne daß man vorher die geringsten Vorboten einer Krankheit bemerkte, und so, daß einige Pferde, die man frisch und gesund vor einen Wagen gespannt hatte, unterweges von der hitzigen Krankheit überfallen wurden. Der Anfang war allemal mit einer Tollheit oder Tobsucht. Schleunig und unversehens wurden die Pferde toll und blind. Sie sprangen in die Höhe, liefen in einem Kreise herum, stiessen an alles an, was ihnen im Wege war, und schmissen es entzwey, kletterten im Stalle die Wände hinauf, ja sie scheueten sich nicht, selbst Menschen anzugreiffen. Diese Tollheit dauerte ununterbrochen bis an den Tod fort, und war mit heftigen Bauchschlägen und so starken Zuckungen des ganzen Körpers begleitet, daß der Kopf, die Brust, der Bauch, und die Füße gewaltsam erschüttert und hin und her geworfen wurden. Einige Pferde hatten von diesen Konvulsionen so heftige Angriffe zu dulden, daß sie eine Strecke

weit

weit geschmissen wurden. Alle Pferde hatten in dieser Krankheit einen schnaubenden und sehr ängstlichen Othem, und sie stunken gleich vom Anfang stark aus dem Halse. Das Maul war ihnen so veste zu, daß man es mit der grösten Gewalt kaum aufreisen konnte; und dann fand man den Rachen ganz weiß, heiß, und sehr ausgetrocknet. Daher konnte man ihnen auf keine Weise Futter oder Trank beybringen. Bey den meisten gieng der Harn in großer Menge ab, und hatte weder eine ungewöhnliche Farbe, noch einen Gestank. Auch der Mist war ordentlich, ohne Gestank, nur aber bey einigen sehr schleimig. Wenn es mit der Krankheit schlimm ablief, so kamen bald häufige Schweisse, so daß das Wasser gleichsam Stromweise aus dem Körper floß. Dabey war allemal in der letzten Zeit ein ausserordentliches Herzklopfen, welches man von weitem hören konnte. Diese Krankheit hatte auch einen sehr schnellen Lauf. Denn einige Pferde starben gleich nach 24 Stunden; die meisten aber fielen am zweeten oder dritten Tage. Diejenigen, welche besser geworden, blieben 8 ja wohl 14 Tage krank.

Bey der Obduktion hat man die Luft- und Speise-Röhre ganz trocken, weiß, und mit dickem zähen, Lederhaften Schleim verstopft gefunden. Die Lungen, Leber, und Milz, waren schwarz, faul, matschicht, zum Theil verzehrt, und voller Materie. In den Adern war ein schwarzes pechichtes

Geblüt

Geblüt, wie Theer, welches auch eben so an den Finger geklebt hat. (Dergleichen schwarzes zähes Blut ist auch aus den Adern der lebendigen Pferde, die man zur Ader gelassen hat, geflossen.) Das Herz ist voll von geronnenem schwarzen Blut, und der Herzbeutel mit vielen stinkenden Blutwasser angefüllt gewesen. Der Magen und die Gedärme waren roth und entzündet, und hatten weniges, trockenes und krümliges Futter in sich. Das Gehirn war matschicht, und die Sinus des Kopfs waren mit faulem Blut angefüllet.

Vergleichet man die Zufälle dieser Krankheit, und die nach dem Tode bemerkte Beschaffenheit der Eingeweide mit den Beschreibungen, die man von den unterschiedenen hitzigen Krankheiten in den wenigen nach medizinischen Grundsätzen abgefaßten Vieharzneybüchern antrift; so wird man bald gewahr, daß jetzt beschriebenes hitziges Fieber der Pferde kein einfaches Fieber, sondern ein komplizirtes gewesen, das seine deutliche Zeichen der Bösartigkeit, der Entzündungen, und Fäulniß an sich hat. Will man demselben den rechten Namen geben, so dünkt mich, daß man es ein bösartiges Entzündungsfieber nennen könnte, welches um so gefährlicher, und um desto ehe und geschwinder tödlich werden muste, da die Entzündung die meisten Eingeweide zugleich angriff, und das entzündete Blut die stärkste Neigung zur Fäulniß hatte. Man mag es meinet-

meinetwegen auch ein bösartiges Faulfieber mit Entzündungen nennen. Diese Entzündungen bestanden hier in der Hirnwuth, Bräune, und in den Entzündungen der Lungen, der Leber, und der Milz. Eine von diesen Krankheiten allein wäre schon hinreichend gewesen, das Leben des Thiers zu endigen. Es ist also ganz und gar nicht zu verwundern, daß bey der Verbindung mehrerer Entzündungen die vorerwähnte epidemische Pferdekrankheit so schreckliche Zufälle gehabt, und in Zeit von einem bis drey Tagen tödtlich geworden ist.

Eine so ausserordentliche Krankheit muste auch eine ausserordentliche Ursache haben, welche in der nassen Weide zu suchen war, die, durch Verbindung unterschiedener Umstände, den darauf geweideten Pferden eine verdorbene und schädliche Nahrung lieferten. Es ist bekannt, daß man eine nasse Weide für ungesund, und vornämlich als eine den Pferden schädliche Nahrung erkläret. Aber man sollte dieses in den Roßarzneybüchern nicht so unbedingter Weise behaupten. Genüssen gleich die Pferde auf solcher Weide ein saures und geiles Gras, welches eine wässerige und keine derbe Nahrung giebt; so sind sie zwar magerer und an Fleisch und Vermögen den Pferden weit nachzusetzen, die ein feines kurzes Gras auf trockenen Weiden fressen; aber sie werden darum nicht krank. Viele unserer Landpferde haben beständig kein anderes Futter, und thun doch ihre Dienste.

Für

Für eine noch schädlichere Weide hält man allerdings die sumpfige Weide, wo schlammichtes Wasser, ein fettes und saftreiches Gras erzeuget, welches das Geblüte verschleimen, verdicken, und dadurch zu Entzündungs- und bösartigen Krankheiten Gelegenheit geben kann. Aber wie viele Gegenden trift man nicht, wo die Pferde ebenfalls beständig keine andere, als sumpfige Weide haben, und doch gesund sind, und von eben gedachten Krankheiten frey bleiben?

Es ist wahr, daß die Gewohnheit, wenn die in den niedrigen und sumpfigen Gegenden erzogenen Pferde von Jugend auf dergleichen Weide genossen haben, eine wichtige Ursache ist, warum die Pferde dabey gedeyen; und es ist auch gewiß, daß fremde von trockenen und hohen Weiden angekaufte Pferde, wenn sie in niedrige sumpfichte Gegenden gebracht werden, leicht erkranken und sterben. Allein, da auch die an eine sumpfige Weide gewöhnte Pferde doch in manchen Jahren von einer epidemischen Krankheit befallen werden, woran lediglich die Natur der Weide Schuld ist, wie die disjährige Pferdekrankheit einen Beweis davon abgegeben hat; so muß die nasse oder sumpfige Weide doch noch eine andere Beschaffenheit erlangen, ehe sie eine Ursache epidemischer hitziger Krankheiten werden kann. Denn wäre sie an und für sich dazu schon fähig, so würden sich die Pferde nicht daran gewöhnen können, und man würde in niedrigen sumpfigen Gegenden zu keiner Zeit einen Pferdestand

halten

halten können, wovon man doch das Gegentheil weis. Giebt man auf alles genau acht, so findet man, daß eine nasse oder sumpfige Weide nur dann eine allgemeine Verwüstung unter den Pferden anzurichten im Stande ist, wenn entweder eine besondere Beschaffenheit der Witterung zu der nassen Weide hinzu kommt, oder wenn das sumpfige Wasser mit dem darinn wachsenden Gras einen gewissen Grad der Fäulniß und Schärfe angenommen hat, und daher drückt sich Robertson am bestimmtesten aus, wenn er faules und stinkendes Wasser, oder lehmichtes, schleimiges, und mit einem schädlichen Thau benetztes Futter, als Ursachen der bösartigen und faulen Fieber angiebt *).

Nunmehr will ich die Umstände betrachten, unter welchen eine nasse Weide faul, und dadurch dem Vieh höchstschädlich und tödlich werden kann. Diese Untersuchung zeiget dem nachdenkenden Landmann zugleich die Mittel und die Vorsichtsregeln zur Verhütung einer solchen Krankheit an. Kein Wasser wird faul, so lange es in Bewegung ist, und hinlänglich flüssig bleibt. Steht es still, wird es durch eigenthümliche Ausdünstung, oder durch die von der Sonnenhitze beschleunigte und vermehrte Aus-

*) Nur können diese Fieber auch bey Pferden eine zwar nasse, aber sonst unverdorbene Weide zur Ursache haben, wenn sich eine ganz besondere Witterung dazu gesellet. Ich werde solches unten etwas näher zu erläutern suchen.

Ausdünstung, vieler wässerigen Partikeln beraubt, und kommt nicht von Zeit zu Zeit frisches Wasser hinzu; so wird es scharf, schlammicht, moduricht, und faul, es giebt natürlicher weise einen höchst ungesunden Trank ab, und theilet dem darinn wachsenden Grase einen übeln und verdorbenen Saft mit. Nun wird aber das Wasser in Bewegung erhalten, und dadurch, selbst bey anhaltender heissen Witterung, für der Fäulniß bewahret, wenn es einen ordentlichen Fall hat, oder von den Winden oder von Platzregen beweget wird, welche letztere noch überdem das Wasser erfrischen, verdünnen, und in gehöriger Flüßigkeit erhalten. Nach diesen Voraussetzungen, welche ich keinem Naturkündiger mit nähern Beweisen vorlegen darf, ist also jede nasse, ja sogar sumpfichte, Weide unschädlich, wenn sie in einer offenen, freyen Gegend befindlich ist, wo das Wasser, wenn es auch nicht gehörig ablaufen könnte, von den Winden und dem Regen beweget, erfrischet, und hinlänglich flüssig erhalten wird. Hingegen ist jede nasse, und vornämlich eine an sich schon sumpfige, Weide sehr schädlich, wenn das Wasser nicht ablaufen kann, oder wenn, obschon es einen Lauf hat, es in Thälern, Büschen, und andern eingeschlossenen Orten von Wind und Regen wenig und unzureichend bewegt, erfrischet, und verdünnet wird. Denn es erlangt alsdann durch seinen Stillstand die oben benennte übele Beschaffenheit.

Die-

Die Weide, auf welcher diejenigen Dorfschaften, die allein durch vorbeschriebene Pferdekrankheit litten, ihre Pferde hüten, ist eine nasse sumpfige Buschweide, die so lange nicht schadete, als die flachen Pfüle nicht schlammicht werden konnten, weil ihr Grund noch immer von Zeit zu Zeit durch Regen bewegt und erfrischt wurde. Als aber in den bekannten Ueberschwemmungs- und Regen-Jahren 1769 1770 und 1771 die Büsche mit überflüssigem Wasser und großen, tiefen Sümpfen angefullet wurden; so konnte doch weder dieses Wasser, noch das darinn wachsende Gras den Pferden schädlich werden, weil sie es nicht aus dem Grunde hervornehmen durften, und weil die Sümpfe und Pfüle noch immer vom öftern Regen erfrischet und verdünnet wurden, und endlich weil die Sommerwitterung gedachter Jahre nicht anhaltend heiß, zum Theil auch sehr stürmisch gewesen. Aus dieser Ursache blieben die Pferde in den Ueberschwemmungs Jahren von der oben beschriebenen Krankheit verschont. Nachdem aber in den Jahren 1772 und 1773, bey mehrentheils trokener Witterung, das stillstehende Wasser vom ermangelnden Regen nicht weiter erfrischet, und von den etwanigen Winden, denen der Durchgang durch die Büsche versaget ist, nicht bewegt und gereiniget werden konnte, wohl aber durch anhaltende heiße Witterung in starke Erhitzung und Ausdünstung gesetzt war: so muste das Wasser matt, scharf, und faul, und der Boden dieser Buschweide mit Schlamm und Moder, als den Ueberresten des verdunsteten Wassers, überzogen und mit Insekten erfüllet werden; und die Pferde musten auf solcher Weide nothwendig erkranken. Denn das schlammige Gras, welches sie gefressen, und das moderige Wasser, welches sie getrunken, hat ein dickes zähes Blut in ihnen erzeuget, welches desto dicker und zur Entzündung geneigter geworden, je mehr bey der lange anhaltenden trockenen Hitze das Blut durch Arbeit und Schweiß seiner Flüssigkeiten beraubet, und je weniger der pelzichte Grasschlamm vom öftern Regen, als woran es damals sehr gemangelt hat, weggespület und die Moräste verdünnet und mit frischem Wasser versehen worden. Da nun die Pferde auch des Nachts auf dieser Weide bleiben; so haben wohl natürlicher Weise die Verkältungen, denen sie in den späten Sommermonaten, welche in gedachtem Jahre mit einer ungewöhnlich lange anhaltenden trockenen und sehr warmen Tageswitterung begleitet waren, bey den kühlen Nächten und dem öfters gefallenen Thau ausgesetzt gewesen, zum Ausbruch der Krankheit viel beygetragen.

Diese hitzige Pferdekrankheit hat auch in unterschiedenen Dörfern des Niederbarnimschen Kreises damals stark geherrschet. Die Epidemie hat aber lediglich solche Orte getroffen, wo eine niedrige sumpfige Buschweide ist. Bey dieser Gelegenheit kann

ich

ich nicht unangezeigt lassen, daß unser berühmter Herr Hofrath Lesser, als Physikus gedachten Kreises, von dem Vitriolöle sehr herrliche Wirkungen in der Kur dieses Fiebers gesehen hat. Es wurden acht Quentchen bis zwey Loth Vitriolöl mit einem Maaß Wasser vermischt, und von diesem sogenannten sauren Trank bekam das kranke Pferd täglich ein Nößel auf einen Eimer Kleyentrank. Weil es mit der eigentlichen Kur der hitzigen Viehkrankheiten, sonderlich dererjenigen, welche in wenig Tagen ihre Endschaft erreichen, allemal sehr mißlich aussieht; so muß des sorgfältigen Landmanns vornehmstes Geschäfte seyn, diejenigen Mittel, die seinen Viehstand konserviren können, recht kennen und gehörig brauchen zu lernen. Die Präservation eines Pferdestandes an solchen Orten, wo eine sumpfige Buschweide ist, ergiebt sich ohne vieles Nachdenken aus dem Vorigen von selbsten. Kann man solche Weide durch Anlegung der Gräben und Kanäle dergestallt verbessern, daß der Boden dadurch trockener und das in nassen Jahren angehäufte Wasser abgeleitet werde; so hat man auf einmal allen besorglichen Uebeln vorgebeuget. Geht dieses nicht an, welcher Fall doch selten vorkommen mögte; so ist es natürlich, daß diejenigen Dorfgemeinen, welche ihre Pferdehütung auf nassen buschigen Weiden haben, in trockenen heissen Jahren, die auf sehr nasse Jahre folgen, oder in einem auf einen nassen Sommer folgenden trockenen und heissen Herbste, lieber ihren Pferdestand auf höhere und trockene Orte weiden lassen müssen, als daß sie denselben der Gefahr aussetzen, von der naßkalten schlammichten Weide mit einer tödlichen Krankheit befallen zu werden. Wenn aber die Verlegung der Weide Schwierigkeiten haben sollte; so bleibt endlich nichts anders übrig, als daß man die Pferde in den Jahren, welche die oben beschriebene Beschaffenheit haben, sobald die Nächte kühl werden, des Morgens spät auf die Weide bringt, sie des Abends bey Zeiten eintreibet, und des Nachts im Stalle füttert.

Im Jahr 1774, ebenfalls in der Erntezeit, brach in zweyen Dörfern des Teltowischen Kreises, an der Sächsischen Grenze, die nämliche Krankheit unter den Pferden aus. Sie war mit denselben Zufällen begleitet, ausser daß die Tobsucht unterschiedenemale mit einer Art von Betäubung abwechselte. Sie hatte denselben schnellen Verlauf. Sie grif auch nur langsam um sich, und die Epidemie dauerte, wie bey jener vorjährigen, bis in die Mitte des Oktobers. Und doch fand hier nicht eben die nämliche Ursache statt. Denn es war da keine sumpfige schlammige Weide, kein verdorbenes Gras, kein faules Wasser, sondern diese Krankheit ist vermuthlich die Folge einer naßkalten Nachtweide gewesen. Man wird sich erinnern, daß die Monate Julius und August im vorigen Jahre sehr regnicht, mit starken Abwechselungen von Kälte und Hitze, vornämlich mit vielen kalten

Nächten begleitet waren. Die Pferde der beyden Dörfer haben sonst eine trockene Weide gehabt. Durch die eben angezeigte Witterung aber wurde das Gras naß und geil, welches den Pferden, die sonst immer eine trockene Weide gewohnt waren, schädlich werden muste. Wenn nun vollends die Pferde durch Arbeit oder Reisen erhitzt werden, und auf der Nachtweide sich bey solchem naßkalten Grase, und bey der feuchten Nachtluft erkälten, so geschehen dadurch entzündliche Stockungen des Blutes, welches bereits durch den aus dem nassen Futter erhaltenen schlechten Nahrungssaft eine Neigung zur Fäulniß angenommen hat. So mag vielleicht in diesem Falle die Krankheit entstanden seyn. Man sieht abermals daraus, daß die Nachtweide den Pferden überhaupt nicht vortheilhaft ist. Diejenigen Landwirthe und Bauern, die ihre Pferde zu Nacht im Stalle füttern, ihnen des Morgens, ehe sie solche zur Weide schicken, etwas trockenes Futter reichen, und sie nach verrichteter Arbeit nicht gleich zur nassen Weide lassen, werden ihre Pferde am besten gegen das Erkranken, vornämlich aber gegen die so schnell tödtenden faulen und entzündlichen Fieber bewahren.

Bemerkung einer sonderbaren Ausstäubung bey einigen Arten der Käulenschwämme,

von Otto Friedrich Müller.

Dans cette Etude il faut souvent oser ignorer, & ne pas rougir de l'aveu. *Caylus.*

Die Schwämme haben zu allen Zeiten ein Recht auf die Bewunderung und auf die Untersuchung der Naturforscher gehabt, sind aber dennoch lange verachtet und versäumet worden. Betrachtet man sie mit einiger Aufmerksamkeit, so wird man bald finden, daß sie einen andern Zweck haben, und neue Erscheinungen und bewundernswürdige Vorwürfe werden der Lohn des Beobachters seyn. Auch die Entdeckung des sonderbaren Ausstäubens einiger kleinen, dem Auge fast unmerklichen Theile, welches ich bey einigen Schwämmen in der völligen Reife wahrgenommen habe, beweiset dieses. Ich meyne nicht das Ausstäuben, welches bey den bekannten Staub- und Schimmelschwämmen

men von der Bewegung der Luft, der Winde, oder vom Anrühren eines jeden fremden Körpers verursachet wird, sondern das Ausfahren gewisser kleinen Theilchen, durch eine eigene elastische Bewegung, ohne eine Ursache von außen.

Der Italiener Micheli, der Herr Baron von Haller, der Herr Hofrath Gleditsch, und andere, haben bereits bey einigen Schwammarten einen elastischen Dampf bemerket. Ich habe bey diesen und mehrern denselben gesehen. Auch nicht dieses, sondern ein ganz besonderes und bisher unbemerktes Ausstäuben der rothen, der Schlangenförmigen, und der Spatelförmigen Käulenschwämme, veranlasset gegenwärtige Abhandlung. Ich will einige Erscheinungen jenes zum Theil bekannten Dampfes mit wenigen Worten berühren, damit der Unterschied desselben von dem Ausstäuben unserer Käulenschwämme deutlicher werde.

Wenn man sich zu den Faltenschwämmen niederbeuget, da wo sie aus der Erde wachsen, oder sie mit der Hand behutsam angreifet, zeiget sich ein feiner Dampf, der sich von der Oberfläche des Schwammes erhebet, und sich gleich einem Nebel in der Luft vertheilet. Dieses habe ich oft bey den Faltenschwämmen des berühmten Hrn. Schäffers Tab. 148. 150. 154. 155. 156. gesehen. Wenn dieser Nebel einmal herausgefahren ist, vergehen einige

Stunden, bis von selbigem Schwamm ein neuer hervorgehet.

Der Leinschwamm, dessen Gebrauch und ausführliche Geschichte ich der Königl. Schwedischen Akademie der Wissenschaften bekanntgemachet habe, und die sich in den Abhandlungen derselben bereits vom Jahre 1762 S. 103. T. 3. befindet, treibet eine Staubwolke aus seiner Oberfläche. Herr Doktor Schäfer hat diesen Schwamm unter dem Namen Elvela pulla Tab 158. und Herr Stiftsamtmann Oeder aus der Hand des Herrn Finanzsekretärs Zöga, in der Flora Danica, unter dem Namen Peziza polymorpha, nachher malen lassen. Die verschiedene Gestalt rühret von dem verschiedenen Alter her, und die Verschiedenheit der Schäferischen und der meinigen von den Oederischen Figuren, von dem frischen und trocknen Zustande des Schwammes.

Ein Faltenschwamm anderer Art, den ich nicht von den Beschreibern der Schwämme angezeigt finde, hat dieses Besondere, daß der Dampf von der untern Fläche des Huts emporsteiget. Der Huth ist sich oben und unten gleich und glatt, der Stiel ist lang, gerundet und hohl, und der ganze Schwamm hat eine graue Farbe.

Andere streuen ihre Staubkörner vermittelst einer heftigen Schnellkraft der feinen Wolle aus, an welcher die Körner ansitzen. Dieses geschieht bey vielen kleinen Schwammarten, die zu der Trichia des

Hrn.

Hrn. Baron von Haller gehören. Ich habe die Fäden, gleich wie die geschwollene Kapseln der Blüthe des Farrenkrauts, sich bewegen, und die Staubkörner mit Heftigkeit ausstreuen gesehen.

Der Carpobolus des Micheli, den man lieber den Bombenwerfer nennen mögte, gehöret zwar nicht hieher, obgleich der Herr Archiater und Ritter von Linné, und der Hr. von Haller ihn unter die Staubschwämme zählen, und der Hofrath Gleditsch behauptet, daß sie es mit Recht gethan haben. Diese ganz besondere Pflanze, welche eine eigene Abhandlung verdienet, öffnet sich im Regen und in feuchter Witterung, und wirft aus ihrem Inneren eine braune Kugel, die eine Parabel beschreibet, so wie sie Micheli auf der 101sten Tafel hat abzeichnen lassen. Man hat geglaubt, daß die Einbildungskraft an der Figur des Micheli zu vielen Antheil gehabt, allein er hat vollkommen Recht. Ich habe oft im Regen diesem Bombenwerfer zugesehen, und den Laut der ausfahrenden Kugel, gleich einem Schneller (ralitrum) gehöret. Auch in meinem Zimmer wurden die Kugeln ausgeschnellet. Von allen Botanisten haben nur Micheli und Forskaal dieses Schauspiel vor mir gesehen. Die genauere Beschreibung gehöret in meine Geschichte der Schwämme.

Das Ausstäuben der rothen, der Schlangen- und Spatelförmigen Käulenschwämme, hat einige Aehnlichkeit mit dem Ausdampfen der Faltenschwämme, me, ist aber darinn vornämlich unterschieden, daß es bey diesen mit langen Zwischenzeiten bewirket wird, bey jenen aber Stosweise und fast ununterbrochen geschiehet.

Der rothe und der Spatelförmige Käulenschwamm gehören unter die seltensten Pflanzen der Welt. Nur Vaillant, und nach ihm Guettard, Dalibard, Buxbaum, und die heutigen dänischen Botanisten haben den ersten gefunden, und zwar diese in Seeland und Jütland, und jene in der Gegend um Paris und um Konstantinopel. Der letzte ist nur dem Herrn Doktor Schäfer und mir vorgekommen. Bereits in meiner Flora Friedrichsdalina habe ich gesagt, daß der rothe Schwamm in Friedrichsthal zu Hause gehöre, wo ich ihn im Herbst 1760 zum erstenmale fand. Nachher ist er mir oft im Gehölze und im Walde vorgekommen, und vor vier Jahren fand ich an verschiedenen Stellen bey zwanzig Stücken. Er wächßt auf alten Gras-Soden am Wege oder an den Gräben, und hat noch dieses ganz Besondere, was Vaillant nicht gewußt, und ich zuerst von dem Herrn Konferenzrath Holm gehöret habe, daß er aus der faulenden Larve eines Insekts herauswächset. Allein um dieses zu sehen, muß man den Schwamm nicht mit der Hand ausreißen, sondern mit einem Messer ausgraben, und die Erdklumpen behutsam von der Wurzel und von dem Thiere absondern. Dadurch habe ich gefunden, daß alle von

dieser

dieser Art aus einem in die Fåulniß übergegangenen Insekt, und zwar aus den Larven, den Puppen, und aus dem Thiere selbst, ohne Unterschied, hervorkommen. Vaillant hat in dem Bot. paris. T. 7. f. 3. eine Figur des bloßen Schwammes gegeben, und Buxbaum eine vollkommnere von beyden, vom Thier und von der Pflanze. *) Ich habe in meiner Abhandlung, de Muscâ vegetante Europaea, in dem 4ten Band der Nov. Act. Acad. Nat. Curios. gezeiget, wie dieses von den Franzosen beschriene Wunder natürlich zugehet, und daß man gar nicht nöthig habe, das vegetirende Insekt aus der neuen Welt herzuholen, sondern es nicht selten in Dännemark und selbst in Frankreich haben kann, und der Beschreibung zugleich eine Abbildung von dem Thier und von der Pflanze beygefüget. Auch hab ich sie nach neuen Originalen im eilften Faszikel Tab. 657. der Flor. Dan. abbilden lassen. Der Spatelförmige Schwamm ist mir, ob ich gleich viele Jahre auf Schwämme in den

*) Zu bewundern ists, wie noch kein Botanist angemerket, daß Buxbaum diesen Schwamm gekannt, und fast zu selbiger Zeit, als Vaillant, nämlich in den Jahren 1727 oder 1728 gefunden, beschrieben und gezeichnet habe. Noch sonderbarer ists, wenn er in der Beschreibung saget, daß dieser Schwamm aus Holz und aus zerschlagenen Baumstöcken herauswächset, und solchergestalt, zugleich mit allen Botanisten nach ihm, übersiehet, daß der Schwamm in seinem Kupfer Cent. 4, t. 66, f. 2, soll heissen f. 3, wirklich auf einem Insekt hervorgewachsen ist. Ihm also, oder seinem Maler gehöret die Ehre der Entdeckung dieses sonderbaren Geburtortes.

den Wäldern aufmerksam gewesen bin, nur einmal vor 4 Jahren zu Gesichte gekommen, und zwar in einem Gehölze, wo ich 15 Jahre lang fast alle Tage, bey bequemen Jahrszeiten, Schwämme gesuchet habe. Er ist eben so schön als selten, und wächst an dem abgefallenen und faulenden Laub der Buchenbäume. Der Herr Doktor Schäffer ist der erste und einzigste, welcher dieses Schwammes erwähnet. In dem zweeten Bande seiner Regensburger Schwämme Tab. 149. stehet eine Abbildung desselben, und im 4ten Bande, unter dem Namen des Käulenförmigen Faltenschwamms, einige Synonymen aus des Hrn. von Haller historiâ stirpium. Allein der Entdecker dieses Schwammes ist, allem Vermuthen nach, der Herr von Haller, welcher diesen für einerley mit seinem Agaricus 2269, und mit den daselbst angeführten des Micheli und Vaillant anzusehen verleitet worden, obgleich die Beschreibungen und die Figuren dagegen streiten. Es ist eine neue und unbekannte Art, und die erste Entdeckung gehöret diesem arbeitsamen und verdienten Manne, welches ich um so viel sicherer behaupten kann, da ich selbst den Schwamm der angeführten Schriftsteller gefunden habe. Gleich auf der Stelle, wo ich ihn fand, ließ ich eine getreue Zeichnung machen, wornach die Abbildung in dem eilften Faszikel der Flora Danica Tafel 657. gestochen worden.

Der Schlangenförmige Käulenschwamm ist in Frankreich, England, Deutschland, in der Schweiz

und

und in Italien lange bekannt. In Dännemark, Norwegen und Schweden habe ich denselben zuerst entdecket, und im Herbste 1769 an grasichten nassen Stellen in Dännemark und dem südlichen Theile von Norwegen, in Schweden aber auf Hallands Aasen, am Wege nach Karup, häufig angetroffen. Vaillant hat eine gute Figur Botan. paris. T. 7. f. 4. hinterlassen, Micheli gleichfalls Nov. gen. T 87. f. 4; und in den Regensburgischen Schwämmen 4 B. Tab. 327 ist er auch abgebildet. Doch hat niemand an diesen oder an den beyden vorhergehenden diese Bemerkungen gemacht, welche ich hier jetzo mittheile.

Man wird leicht gewahr, daß der Kopf oder die Käule des rothen Käulenschwammes mit kleinen Warzen besetzet ist. Schneidet man sie der Länge nach durch, so siehet man von innen, daß die ganze Oberfläche aus neben einander sitzenden kleinen Zellen oder Kammern bestehet, und daß ein Kegelförmiger Körper, dessen zugespitztes Ende die auswendig sichtbare Wärzchen bildet, eine jede Zelle ausfüllet. Diese gaben mir ein angenehmes Schauspiel, und mein Erstaunen darüber hat sich noch nicht verloren.

Ich sahe durch Hülfe eines mäßig vergrößernden Suchglases, unzählbare kleine, weiße, Fasernförmige Körperchen aus den Wärzchen herausfahren, sich im Freyen Schlangenweise bewegen, und zum Theil auf den Schwamm zurückfallen. Alle waren von gleicher Gestalt und Länge, sehr dünne, zehnmal

mal länger als breit. Nach einem solchen allgemeinen Ausfahren aus der ganzen Fläche der Käule, wurde ich gewahr, daß einige dieser Körperchen, die wir Fasern nennen wollen, aus einigen Wärzchen nur halb heraus gedrungen, und den Oeffnungen derselben noch vest anhiengen, daß einige steif und gerade ausgestreckt waren, andere sich hin und her krümmeten, und durch diese wiederholte Bewegung sich losmachten. In der Erwartung des Schicksals der im Ausfahren Angehaltenen sahe ich neue allgemeine Ausfahrten schleunig auf einander, oben und unten, an der ganzen Käule entstehen, und ich blieb fast einen halben Tag ein beharrlicher Zuschauer.

Wahrscheinlich ists, daß das Ausfahren dieser sich bewegenden Fasern, wenn der Schwamm unberührt in seinem Geburtsorte auf dem faulenden und feuchten Insekt stehet, viel länger anhält. Denn jetzt fieng beydes an, der Schwamm und die Larve, worauf er angewachsen war, einzutrocknen, weil sich die feuchte Erde, die sie umgab, ganz abgesondert hatte. Auch kann das Ausfahren der Fasern oft geschehen seyn, ehe ich den Schwamm fand, und indem ich ihn nach Hause brachte. Die Fasern scheinen sich im Ausfahren auf 1 bis 1½ Zoll von der Käule zu entfernen. Ich wiederholte diese Erscheinung mit 8 Schwämmen, die ich zu Ende des Septembers und zu Anfange des Oktobers im Jahre 1769 antraf. Ein Jeder,

der, welcher das Glück hat, einen solchen Schwamm in der Reife zu finden, kann sich dieses Schauspiel verschaffen; er darf nur den Schwamm in einer Wagerechten Stellung gegen das Tages-Licht durch das Suchglas betrachten, und er wird bald die in Menge ausfahrenden Fasern ansichtig werden.

Um diese Fasern genauer betrachten zu können, fiel ich auf die Gedanken, sie auf einer Glasscheibe aufzufangen, und unter die Vergrößerung zu bringen. Dieses war leicht. Ich durfte nur die Käule auf die Scheibe hinlegen, und ein Theil der ausfahrenden Fasern mußte dann nothwendig darauf fallen. Nach wenigen Augenblicken sahe ich einige Schlangenförmige Fasern auf der Scheibe als steife Stäbe ausgestreckt. Um mehrere zu sammeln, legte ich die Käule wieder aufs Glas, und in kurzem ward es ganz mit Fasern bedeckt. Nun waren es nicht mehr Schlangenförmige Fasern oder steife Stäbe von einer bestimmten Größe, sondern eine Menge an einander hangender langer Fäden.

Die ganze Sammlung erscheinet dem bloßen Auge, wenn man sie gegen den Tag hält, als das feinste Gespinnst, und durch das Suchglas ist sie der feinsten Baumwolle nicht unähnlich. Unter dem Mikroskop siehet man deutlich, daß es nicht mehr die Gestalt einzelner kurzen Fasern oder Stäbe hat, sondern von langen unterbrochenen feinen und groben Fäden, die sich in allen möglichen Richtungen unordentlich durchkreuzen. Sie sind nicht hohl und durchscheinend, sondern dicht und dunkel; nicht gespannt, sondern schlapp, und hie und da ein wenig gerunzelt. Unter Num. 1. der einfachen Vergrösserung haben sie die Dicke eines feinen Zwirnfadens.

Gern mögte ich wissen, auf welche Art und Weise einzelne kurze Fasern oder Stäbe lange Fäden und ein ganzes Gewebe bilden konnten? Ich glaube, daß eine Menge Fasern oder Stäbe, wenn sie sich in verschiedenen Punkten berührten, vielleicht einen langen Faden auszumachen fähig wären, und ihre Vereinigungspunkte, wegen der Feinheit der Theile, unsichtbar blieben. Allein die Vergrößerung Num. 1. vernichtete diesen Vernunftschluß, und zeigte, so unbegreiflich es auch scheinet, daß aus kurzen Fasern lange und in einander verwickelte, selten unterbrochene Fasern, entstanden waren.

Ich habe oben erinnert, daß ein großer Theil der Fasern nach dem Ausfahren wieder zurück auf den Schwamm fielen. Diese gaben anfänglich der Oberfläche zwischen den Wärzchen ein weißes Ansehen, gleich dem Gespinnste der Milben; in kurzem aber war sie auch fürs bloße Auge mit einer Schneeweißen erhabenen Wolle bekleidet. Auch ein geübter Naturforscher würde diese Masse für das Gewebe einer Spinne, einer Larve oder eines andern Insekts, oder für einen Schimmel angesehen haben. Für Schimmel hielt ich es oft, und würde sogar es

noch

noch dafür halten, wenn es nicht unter meinen Augen entstanden wäre.

Der Spatelförmige Käulenschwamm, oder wie ihn Hr. Doktor Schäffer nennet, der Käulenförmige Faltenschwamm *), ist ein wahres Mittelding zwischen den Käulen- und den gestielten Faltenschwämmen. Von diesen unterscheidet er sich darinn, daß der obere Zusatz gar keine Aehnlichkeit mit einem Huthe zeigt, sondern eine Platte ist, die unten einen Einschnitt hat, den der Stiel ausfüllet, und also perpendikulair stehet; von jenen aber vornämlich darinn, daß Stiel und Käule nicht in Eines fortlaufen. Der Stiel ist zugespitzt, lang, gerundet, hie und da eingeschrumpft, und weiß. Die Spatelförmige Käule ist gelb, platt zusammengedrückt, und nimmt, so wie sie sich vom Stiel entfernet, an Breite zu.

*) Die Schwammkenner haben die Faltenschwämme nach dem verschiedenen Gesichtspunkt, aus welchem sie betrachtet worden, unter manche Geschlechter gebracht. Natürlicher und bequemer wird es seyn, zumal da die Eintheilung der gestielten Schwämme nach der Unterfläche ihres Huths beliebet worden, auch diejenigen, deren Unterfläche glatt ist, unter einem Geschlechte zu lassen. Man wird alsdann der Mühe überhoben seyn, die gestielten Faltenschwämme unter 3 und mehreren Geschlechtern der Verfasser zu suchen. Diesem Geschlechte mit glatter Unterfläche des Huths kann ich noch zwo neue Arten, die ich verwichenen Sommer gefunden habe, beyfügen Sie werden im eilften Faszikel der Flora Danica erscheinen.

Auch aus dieser Käule sahe ich, vermittelst des Suchglases, kleine weißliche Punkte Scharenweise ausstäuben. Unter dem Vergrößerungsglase sahen sie aus, wie die aufgefangene Fasern des rothen Käulenschwammes, und wie ich sie auf der 658 Tafel der Flora Danica von dem herbeygerufenen Mohler habe zeichnen lassen. Diese Gestalt des Staubes ist von der Eyförmigen, die auf der 149 Tafel des Herrn Doktor Schäffers abgebildet worden, sehr verschieden.

Obgleich der Schlangenförmige Käulenschwamm oft gesehen, und von manchen beschrieben worden, so hat doch niemand wahrgenommen, daß die Käule desselben äußerlich mit unzählbaren, dem bloßen Auge unmerklichen Löchern, gleichsam besäet ist, und daß diese Oeffnungen so viele kleine Röhren vorstellen, aus welchen die ganze Oberfläche zusammengesetzt ist. Durch Hülfe des Suchglases erscheinen die Löcher gleich den Punkten feiner Nadelstiche, und vermittelst eines Einschnitts in die Oberfläche, siehet man auch mit unbewaffnetem Auge die Röhrchen.

Auch dieser Schwamm hat mir ein ähnliches Schauspiel gegeben, doch waren, gleichwie der innere Bau desselben verschieden ist, auch die ausfahrende Theilchen anders gestaltet. Wenn man ihn in oben erwähnter Stellung gegen den Tag hält, und das Auge mit dem Suchglase waffnet, siehet man eine Mannigfaltigkeit glänzender Funken aus seiner Oberfläche aufsteigen, sich in der Luft, gleich einem

Schwarm

Schwarm der kleinsten weißen Mücken an einem Sommerabend, hin und her wälzen, sich Scharenweise zerstreuen, und endlich größtentheils auf den Schwamm zurückfallen. In ihrer Ausfahrt erscheinen sie dem Auge durchs Suchglas als unebene Punkte oder spielende Sonnenstäubchen; wenn sie auf den Schwamm zurückgefallen sind, gleichen sie den feinsten Schneetheilchen, und werden bald unmerklich.

Ich fieng dieselben, wie die bereits erwähnten Fasern, auf der Glasscheibe auf, und hier erscheinen sie dem bloßen Auge, wenn man die Scheibe gegen den Tag hält, wie die kleinsten Dampfpunkte, durch das Suchglas aber glänzend und länglicht. Ihre Länge ist fünf bis sechsmal größer, als die Breite. Es sind gleich gestaltete, gleich große, undurchsichtige, an beyden Enden abgeschnittene Stäbe. Nur die Vergrößerung Num. 1. zeiget, daß sie innwendig hell und auswendig dunkel, und diejenigen, welche dicker scheinen, zween und mehrere an einander liegende Stäbe sind. Man findet sie kürzer und dicker, als die Fasern jener Käulen, steif ohne Runzeln, zwar nicht vollkommen gerade ausgestreckt, sondern etwas gebogen. Sie kleben, wie die Fasern, am Glase, allein sie verwandeln sich nicht in ein Gespinst oder Wolle, sondern bleiben immer und unveränderlich einerley. Unter sehr vielen Schlangenförmigen Käulen habe ich nur viere gefunden, deren Spitze mit einer weißen und scharfen Rinde, gleich kleinen Schuppen, überzogen war. Ich vermuthe, daß dieselben von einer Sammlung der anklebenden Stäbe entstehen.

Weder diese Stäbe, noch jene Fasern litten auf dem Glas in 14 Tagen einige weitere Veränderung. Ich hatte sie in verschiedene kleine Gefäße aufgefangen, und beyden, sowohl gleich, als nach Verlauf einiger Tage, laues Wasser zugegossen, doch ohne Veränderung. Einige wenige waren vom Boden losgegangen, und lagen oben im Wasser, man sahe aber nichts Lebendiges daran. Dieses aber bleibt bemerkenswürdig, daß die Fasern, so weit sie vom Wasser bedecket waren, mit der Ausdünstung desselben verschwanden, (vermuthlich sind sie im Wasser aufgelöset worden), die Stäbe hingegen noch unverändert da lagen, nachdem das Wasser abgedunstet war; und daß das Wasser, welches auf die Fasern gegossen worden, sich in Molekuln verschiedener Größe krystallisirte, das Wasser der glänzenden Stäbe hingegen ohne Krystallisirung wegdünstete.

Ich zweifle nicht, daß der grüne Räulenschwamm eine ähnliche Erscheinung geben wird. Ich habe ihn ehmals in dem Friedrichsthaler Gehölze und Waldung gesehen und malen lassen; seit einigen Jahren aber ist er mir nicht vorgekommen. Vor mir hat Breyn diesen seltenen Schwamm gefunden, von welchem ihn Micheli entlehnet hat. Aus dem

vorge-

vorgesetzten *) schlüße ich, daß ein Exemplar dem Herrn von Haller zugesandt worden. Ich habe ihn einfach und zertheilt, mit zugespitzter und mit stumpfer Käule angetroffen. In regnichtem Wetter wird er bald Gallertartig. Die Flora Danica wird künftig desselben Erwähnung thun.

Man wird leicht vermuthen, daß diese Erscheinungen Fragen bey mir veranlasset haben, die sich nicht wohl ohne Schwierigkeit beantworten lassen. Was sind diese ausfahrende Körper, die feine Fasern, die funkelnden Stäbe? Sind sie Mehlstaub, Samen, junge Pflänzchen? Die Vergrößerung zeiget nichts diesem ähnliches, was doch das bloße Auge bey andern Schwämmen und Gewächsen wahrnimmt. Wenn auch eine elastische Kraft gewissen Körpern eine Schlangenförmige Bewegung geben kann, was sind dann gegenwärtige Körper? Sind es Würmer oder Thierchen einer unbekannten Natur? Kann man die Verwandlung der Fasern in lange Fäden einer geschwinden Vegetation zuschreiben, oder sind es thierische Geschöpfe, die eine solche Entwickelung anfangen? Aus welcher Ursache bilden die aus dem rothen Schwamm fahrende Fäsern, gleich bey ihrem Rückfall, ein wollenes Gewebe, und warum bleiben die funkelnden Stäbe unveränderlich? Hat vielleicht mancher Schimmel, der gleichfalls aus sich durchkreuzenden Fäden bestehet, einen gleichen Ursprung?

 und

*) In der Geschichte der Schweizerischen Pflanzen.

und, wenn diese Fasern auf eine in die Fäulung übergegangene Puppe oder Larve hinfallen, werden sie alsdann in einen rothen Käulenschwamm hervorwachsen? Hundert solche Fragen können gemacht werden, und die Hypothesen, welche sie heute aufzuklären scheinen, wird man morgen durch neue Erfahrungen zerrüttet sehen.

Die viele schimmlichte Fasern und Fäden, welche man bisher für Wurzeln der Schwämme allgemein angesehen hat, welche sich bey einigen weit ausbreiten, und alle im Wege liegende Gegenstände überziehen, sind den oben erwähnten sich durchkreuzenden Fäden nicht ganz unähnlich. Man hat lange geglaubt, daß diese Fäden aus dem Schwamm schießen. Was würde man sagen, wenn dieselben aus den oben erwähnten lebendig scheinenden Molekuln entstünden, und nachdem sie sich, durch viele Umwege, in dem feuchten und erwärmten Erdreiche vermehret, oder die nöthige Materie zur Ausdehnung erhalten, eine bestimmte Schwammart bildeten? Obgleich diese Phänomene *), welche

*) Man vergleiche hiermit meine Bemerkungen bey den Blatterschwämmen, und überhaupt meine Theorie der Zeugung, nicht nur der Infusionsthierchen, wie mich einige berühmte Naturforscher unrecht verstanden haben, sondern aller Pflanzen und Thiere, Pile-Larven S. 73—87. Kiöbenh. 1772 in med. Quart m. Kpfb. oder die Uebersetzung: die Gabelschwanzraupe, Leipz. 1775. mit Kupf. und Verm. terr. & fluv. historia Vol. I. p. 20-22.

welche unsere Käulenschwämme vorstellen, von den Bemerkungen des Herrn Baron von Münchhausen ganz verschieden sind, so erfordern doch beyde eine andere Theorie in der Erzeugung der Schwämme, als welche man bis dahin angenommen hat. In der Naturlehre sind wir unsern kleinen Kindern, die ihre Augen zu gebrauchen anfangen, nicht ungleich: wir wollen vieles sagen, und — stammeln.

Kleiner Beytrag zur Naturgeschichte des Meerrachen, Mergus Serrator.

Linnei Systema Naturae pag 208. n. 3.

von Johann Beckmann.

Derjenige Theil der Ornithologie, welcher die Wasservögel begreift, ist wohl noch der meisten Verbesserungen bedürftig. Diese Vögel täuschen die Beobachter durch ihre Farben, welche sie, sowohl nach dem Alter, als nach den Jahreszeiten, meistens verändern; wie denn auch beyde Geschlechter gar sehr in diesem Stücke von einander abweichen. Zudem haben die Naturalisten seltener Gelegenheit, die Wasservögel, als die Landvögel zu erhalten und näher zu untersuchen. Dieserwegen glaube ich, daß man auch kleine Beyträge zu ihrer nähern Kenntniß nicht verschmähen werde.

Der Vogel, dessen Beschreibung ich mittheilen will, ward bey der strengen Kälte, die wir 1774 am Ende des Novembers und im Anfange des Dezembers hatten, in unserer Nachbarschaft zu Brunstein

stein geschossen, und von daher mir durch einen Freund überschicket. Er gehört zu den Mergis des Linné und Möhring, zu Brissons Merganser, und zu denen, welche Klein, Säger oder Sägeschnäbler nennet.

Der Schnabel ist ganz roth. Der Oberkiefer hat an jeder Seite 32 schwarze, spitzige, rückwärts geneigte Zähne Inwendig läuft an jeder Seite, mit jenen parallel, eine weiße erhabene Linie, die gleichfalls mit harten, feinen, rückwärts gelehnten, aber weißen Zähnen, nur in größerer Anzal besetzt ist, so daß man sagen könnte, der Oberkiefer habe zwo Reihen Zähne. Das vorderste Ende desselben ist mit einem kurzen, abgerundeten, glatten, Hornfarbigen Haken versehen, der über den Unterkiefer anschlüßt. Die Nasenlöcher sind offen und Linienförmig. Der Unterkiefer ist, wie der obere, gezähnt, seine Zähne sind aber kleiner und zahlreicher. Vorn ist er stumpf, und mit einem Hornfarbigen Absatz versehen.

Die rothe Nasenhaut (Cera), oder der verlängerte häutige Ueberzug des Schnabels, ist am Scheitel getheilet, so daß er vor jedem Auge einen spitzigen Winkel macht, eben wie bey der Eider (Anas mollissima).

Der Kopf ist überall schwarzgrün, so daß er schwarz oder dunkelgrün zu seyn scheint, nachdem er gegen das Licht gehalten wird. Hinten hängt ein kleiner

kleiner Federzopf (Crista) von gleicher Farbe, herunter.

Hals, Brust und Bauch sind weiß und ungefleckt, es schielt aber doch eine gelblich röthliche Farbe durch, welche acht Tage nach dem Tode des Vogels, viel dunkler und merklicher ward.

Der Rücken hat eine ganz schwarze Farbe, die etwas am Halse hinauf läuft, aber nach dem Schwanze zu Wellenförmig Aschgrau wird. (Regio uropygii cinerea undulata).

Die vordersten Flügelfedern sind schwarz, die innersten aber meistentheils weiß, in der Mitte mit einem schwarzen Flecken, der auf dem zusammen gefallenen Flügel einen schwarzen Queerstreifen bildet. Die Deckfedern sind weiß.

Der Schwanz besteht ganz aus schwarzen Federn, die aber von grauen bedeckt werden.

Die Füße sind ganz roth, ausgenommen die Nägel.

Die Länge vom Kopfe bis zum Ende des Schwanzes beträgt ungefähr anderthalb Schuhe.

Anmerkungen.

1. Diese Beschreibung ist derjenigen gleich, welche Linné in Fauna Suecica pag. 48. n. 135 von dem dort genannten *Mergus Merganser*, und zwar von dem Hahne gegeben hat. Nur finde ich auf jedem Flügel nicht mehr, als einen schwarzen Queerstreifen,

streifen, der noch dazu größtentheils von den weißen Deckfedern überlegt ist.

2) Linne giebt in seinem Syst. Nat. pag. 208. n. 3. jene Beschreibung des *Mergus Merganser* der Faunae Suecicae, für den Hahn des *Mergus Serrator* an. Dieses ist allerdings wahrscheinlich, aber alsdann ist falsch: 1. daß die Brust braungelb gefleckt sey; 2. daß Schnabel und Füße schwarz 3. daß die untere Deckfedern der Flügel bunt sind. Alles dieses aus dem Systema Naturae stimmt nicht mit demjenigen, was in der Fauna Suecica davon stehet, und auch nicht mit meinem Vogel überein.

3) Der in der Gothländischen Reise S. 167, oder nach der deutschen Uebersetzung S. 185 beschriebene, und im Syst. Nat. bey *Merg. Serrator* angeführte Vogel, ist völlig der meinige; und auch da steht ausdrücklich, daß Schnabel und Füße roth sind.

4) Linne verweiset im Syst Nat. pag. 208. bey *M. Serrator* auf *Albin's* Natur Hist. of birds II. Tab. 101, deren Beschreibung nicht S. 65. sondern S. 30. steht, wo auch der Vogel nicht Marle, sondern Merganser, the Goosander, genennet wird. Diese Zeichnung soll wohl freylich *M. Serrator* seyn; aber Albin hat 1) der Brust eine dunkelgelbbraune Farbe gegeben, da sie doch weiß oder nur sehr wenig röthlich ist; 2) die Flügel mit zwoen schwarzen Queerlinien gezeichnet; und 3) die beyden Winkel

der

der Nasenhaut gar nicht ausgedrückt. Uebrigens sind doch Schnabel und Füße roth.

5) Linné führt im Syst. Nat, eben so wie Brisson, Edwards Tab. 95. für *M. Serrator* an, und beyde haben Recht. Aber diese Zeichnung kommt an Genauigkeit nicht den übrigen Arbeiten dieses geschickten Mannes gleich. Die Brust ist viel zu roth überschmieret.

6) Mein Vogel heißt in Kleins Historie der Vögel S. 148. gezopfter Kneiser, Serrator cirratus. Inzwischen weicht auch seine Beschreibung etwas von meinem Vogel ab, welcher nicht, wie Klein sagt, dunkelblaue Flügel mit drey weißen Queerstreifen hat. Gleichwohl führt er Albin II tab. 101 an.

7) Nach Klein heißt dieser Vogel beym Frisch Meerrach, und dessen Zeichnung steht Tab. 190. aber nicht Tab. 90, wie Klein saget. Diese Zeichnung des sel. Frisch soll freylich wohl *Merg. Serrator* seyn, aber der Kopf ist viel zu schwarz, und die Verhältniß zwischen ihm und dem Schnabel ist gar nicht beobachtet.

8) Linné führt im Syst Nat. pag. 208. n. 2. bey *Merg. Merganser*, die British Zoolog. Tab. N und N an. Aber diese Zeichnung passet ganz auf meinen Vogel; vornämlich sind Kopf und Schnabel gut getroffen; nur die Brust ist viel zu gelb. Ich glaube daher, man müsse dieses Zitat im Syst. Nat. auslöschen, und es zu *Merg. Serrator* schreiben; oder ist gar vielleicht *M. Merganser* und *Serrator* einerley Art?

9) Ich

9) Ich besitze auch das Weibchen des letztern, welches ich aus Greifswalde bekommen. Es hat auch einen rothen Schnabel und rothe Füße. Aber der ganze Hals, Rücken, Schwanz und Flügel sind dunkel schwarzgrau; nur machen die innern Flügelfedern (Remiges secundariae) auf jedem Flügel einen weißen Flecken. Die Brust ist auch blaßgrau, der Bauch aber weiß.

10) Linné sagt im Syst. nat. n. 3. daß der in Fauna Suec. n. 136. beschriebene *Merg. serratus* das Weibchen vom *Serrator* sey, und daran zweifle ich auch nicht.

11) Linné führt in Fauna Suec. n. 135. bey dem dort genannten *M. Merganser* Albin. II. Tab. 87. als die Zeichnung des Weibchens an, und ich halte sie auch, wie Klein, für das Weibchen von *M. Serrator* des Syst. Nat. Albin hat auch in dieser Zeichnung die beyden Winkel der Nasenhaut besser, als Tab. 101. bemerkt, und die Flügel haben in jener Zeichnung, so wie bey dem Weibchen meiner Sammlung, einen weißen Flecken. Unrichtig aber ist die schmutzig gelbe Farbe, welche Albin dem Schnabel und den Füßen gegeben hat.

12) Nach dem Klein hat Frisch Tab. 191. das Weibchen von *M. Serrator* abgebildet. Ich glaube auch, daß es das Weibchen seyn soll; aber falsch ist es, daß daselbst die schwarzbraune Farbe des Kopfes am Halse wie abgeschnitten ist; da sie sich doch über

den ganzen Rücken verbreitet, und sich vorne, nach dem Bauche zu, ganz unmerklich verlieret.

13) Linné trauet der Farbe der Schnäbel, der Füße, oder überhaupt der nackenden Theile viel; und bey den veränderlichen Schneppen erklärt er Syst. Nat p. 242. diese Theile schon allein für sich ·r. Aber vielleicht leidet auch dieser Karakter, so gut wie jeder anderer, Ausnahmen. Nur Anfänger in der Naturgeschichte glauben, einen großen Irrthum zu entdecken, wenn sie einmal eine solche Ausnahme bemerken.

14) Würde es nicht etwas zur Ausbesserung der Naturgeschichte beytragen, wenn viele sich die Mühe gäben, von solchen Naturalien, die wegen ihrer Veränderlichkeit schwer zu bestimmen sind, diejenigen Stücke, welche sie selbst besitzen, genau zu beschreiben, und mit anderer Beschreibungen zu vergleichen? Nicht vielen kommen neue, oder noch unbeschriebene Naturalien vor, und diejenigen, welche solche zu bemerken das Glück haben, müssen es öfters mehr dem Zufall, als ihrer Geschicklichkeit verdanken. Aber schon genannte Naturalien genauer zu beschreiben und zu bestimmen, als bisher geschehen, darzu ist mehrere Gelegenheit vorhanden, und auch diese Bemühung ist nützlich und verdienstlich.

Göttingen, den 23. Dezemb. 1774.

Nähere

Nähere Bestimmung des Geschlechts der weissen Ameise.

von J. C. Fabricius.

Die weisse Ameise (Termes fatale Linn.) ist eines von den Insekten, welche zwar des Schadens wegen, den sie anrichten, dem Namen nach genug bekannt sind, aber deren wahre Beschreibung nach der systematischen Ordnung uns noch gefehlt hat. Alle Reisende, die nur irgend einen Theil von Indien besucht haben, reden von diesem kleinen Thierchen, und von dem fast unendlichen Schaden, welchen es den Einwohnern und den Reisenden zufüget. Es verzehret oder zerstöret alles, und läßt bloß die äußere Schalen zurück, die beym Berühren in Staub zerfallen. Niemand aber hat uns von diesem merkwürdigen Insekt eine deutliche, nach den Regeln der Naturhistorie verfaßte Beschreibung gegeben. Zwar hat der Ritter von Linné solches in den letzten Ausgaben des Natursystems nach einer Zeichnung aus Indien mit angeführt; allein die Beschreibung mußte nothwendig unvollständig und fehlerhaft werden, da die Zeichnung selbst nicht richtig war. Sie enthielt auch bloß die Weibchen und die Arbeitsameisen, welche beyde keine Flügel haben; er sahe sich daher genöthiget, sie nach seiner Eintheilung unter die Aptera oder ungeflügelte Insekten zu setzen, da doch der bloße Name, welchen die Reisebeschreiber aller Nationen ihnen gegeben, wie auch ihr geselliges Leben, ihre Bauart und ganze Oekonomie, ihre Verwandschaft mit den Bienen und Ameisen zu erkennen geben.

Während meines Aufenthalts in Engelland hatte ich unverhoft Gelegenheit, die ganze Familie dieses Insekts kennen zu lernen. Ich fand sie zuerst unter den vielen Merkwürdigkeiten der Natur und Kunst, welche die beyden großen Reisende dieses Jahrhunderts, der unermüdete Banks und der scharfsichtige Solander mitgebracht. Nachher habe ich dieselben auch verschiedenemal in andern Sammlungen, so wohl aus Afrika, als aus Ostindien angetroffen, aber allezeit einzeln, so daß man daraus niemals die Beschreibung dieser Art hätte entwerfen können. Ich glaube daher den Liebhabern der Naturhistorie keinen unangenehmen Dienst zu leisten, wenn ich sie mit diesem merkwürdigen Insekte näher bekannt mache, welches viele in ihren Sammlungen aufheben, ohne zu wissen, daß es zu diesem Geschlecht gehöret.

Das Männchen ist doppelt so groß, als die rothe Ameise, der Kopf groß, Eyförmig, braun,

Mynd

Mund und Fühlhörner sind gelb. In der Mitte der Stirn siehet man einen goldgelben Fleck.

Der Mund ohne Zunge, mit vier gleich langen, fadenähnlichen Freßspitzen, deren vörderste viergliederige den untersten Freßzangen anhängen; die hintersten dreygliederigen aber der Unterlefze angewachsen sind.

Die obern Freßzangen schwarz, kurz, dick, hornicht, spitz und mit Zähnen bewafnet; die untern hornicht, krumm, zusammengedrückt, unten mit einer kurzen abgestumpften Schuppe unterstützt, an der Spitze ausgekerbt mit zween scharfen und starken Zähnen, wovon der hinterste der längste.

Die Unterlefze lang, hornig, unten zylindrisch, gefurcht, an der Spitze viertheilig (quadrifidum).

Die Fühlhörner mit runden Gliedern (moniliformes,) von der Länge des Brustschildes.

Der Brustschild gerundet, dunkelbraun.

Der Unterleib gleichfalls dunkelbraun.

Die Brust und die Füße blässer. Die Flügel zweymal größer, als der Körper, dunkel, mit schwarzem Rande.

Das Weibchen ohne Flügel hat einen großen, runden Kopf, braun, mit kurzen schwarzen Freßzangen, wie beym Männchen. Der Brustschild besteht aus drey deutlichen gerandeten Abschnitten, wovon der erste vorn ausgekerbt. Der Bauch blaß mit braunen Querstreifen. Nach der Befruchtung schwillt der Bauch zu der Größe und Länge eines

 Fingers

Fingers auf, wird weisser, und die Querstreifen verwandeln sich in viereckichte Flecken. Die Eyer sind klein, unzählig, und liegen in lauter gleichlaufenden Linien der Länge nach neben und über einander.

Die Arbeitsameisen (Spadones) ohne Flügel, sind den Weibchen ähnlich, bloß daß der Kopf Eyförmig, dunkelbraun ist, und die schwarzen unbewafneten Freßzangen vor der Länge der Fühlhörner hervorragen.

Aus dieser Beschreibung der weissen Ameise folgt, daß sie sowohl in der Ordnung der Natur, als der systematischen Eintheilung, gleich auf die Ameisen folge. Sie unterscheidet sich indessen sowohl durch die Theile des Mundes, durch die Fühlhörner, durch den Mangel der Brustschuppe oder sqamae intergerinae, als durch das ungeflügelte Weibchen.

Die übrigen beyden Arten, welche der große von Linné unter das Geschlecht *Termes* gebracht, haben keine Verwandschaft mit der weissen Ameise. Weder die Struktur der Theile, noch die Oekonomie ist hier dieselbige. Sie scheinen im Gegentheil vollkommen mit den *Hemerobiis* übereinzukommen, da wir Hemerobios haben, welche wir von diesen kaum anders, als durch die Flügel unterscheiden. Die Erfahrung lehrt aber, wie wenig die Flügel bey Bestimmung der Geschlechter der Insekten gelten.

Vorläufige Betrachtungen über die in der schleimigen Grundmischung vieler Gewächse, als ein besonderer Bestandtheil, befindliche mehlige Erde, die nach ihrer Absonderung das Ammel-Kraft-oder Stärkmehl ausmachet.

von D. Johann Gottlieb Gleditsch.

Die offenbare, oder mehr versteckte Antheile in den sehr verschiedenen Grundmischungen so vieler Gewächse, wie sie darinn bald in größerer, bald in geringerer Menge und Verhältnissen gefunden werden, sind entweder flüchtige, oder Feuerbeständige, und dabey mehr oder weniger wirksam. Sie stehen mit einander, auch wohl nur zum Theil, bald in einer innern oder vestern Verbindung, bald sind sie nur blos und dergestalt vermischt, daß man sie leicht von einander absondern kann. Außer der Menge wechseln ihre flüchtige Arten in den Gewächsen auf mancherley Weise ab, und man entdecket bald in dieser, bald in jener Grundmischung einen geringern oder beträchtlichern Antheil eines flüchtigern, einfachern brennbaren Wesens, auch wohl dabey eines gröbern, etwas öligen, oder gar ein einfaches oder gedoppeltes, dickes, fettes und ätherisches Oel. Es erzeuget sich nebst diesem, durch die innerlichen gewöhnlichen Scheidungs- und Verbindungskräfte und Arten, in manchen Gewächsen noch außerdem, nach Verschiedenheit ihres Alters, ihrer lebhaften Entwickelung in verschiedenen Himmelsgegenden, Boden und Jahreszeiten, oder Witterung, auch nach gewissen Graden der Absonderung und neuen Verbindung, zuweilen sogar ein wahrer Kampfer, oder auch ein besonderes trocknes, öliges, sehr flüchtiges Salzwesen. Von solchen flüchtigen Bestandtheilen lassen sich in einzelnen Substanzen, bald nur einzelne, bald etliche mehrere, oder wohl gar fast alle beysammen finden.

Mit der Mischung und Verbindung der fixen Bestandtheile einer einzelnen Grundmischung, hat es eine gleiche sehr abwechselnde Beschaffenheit. Sie bestehen aus Erde, Wasser, Schleim, Harz, auch wohl aus einem dicken, fetten und schmierigen besondern Oele, nebst der mehr versteckten, in manchen aber ganz offenbaren Pflanzensäure von verschiedener Feinheit, und etlichen aus jenen weiter zusammen gesetzten Bestandtheilen, die mit eben den flüchtigen, und durch dieselben weiter erzeuget werden: dergleichen

chen etwa Balsame, Wachs, Wachsseifen, gröbere Seifen, Talg, Zucker und mehrere sind, welche wir noch viel zu wenig kennen, als daß wir sie bereits hätten bestimmen und ihnen den rechten Namen geben können. Diese feuerbeständige Masse ist der Aufenthalt und die Zeugungsmutter aller flüchtigen Theile.

Außer der vorerwähnten, zuweilen gedoppelten Pflanzensäure, befinden sich bald bloße und geringe Spuren, bald stärkere Antheile von einem mineralischen auch vegetabilischen Laugensalze, auch wohl von einem flüchtigern oder einem neuerzeugten Salpeter, oder vom Glauberischen Wundersalze, einem vitriolisirten Weinstein und andern darinnen. Doch diese und andere Salzarten, die sich noch ausser der gewöhnlichen Pflanzensäure in gedachten Grundmischungen entwickeln, sind mehr zufällig und ungewiß, daß man sie, mit grösserem Rechte, unbeständige und zufällige (vaga et accessoria,) nennen, als unter die wahren Bestandtheile rechnen kann: obwohl ihre Menge, nach welcher sie da sind, der Mitwirkung halber, bey den Arzeneyen allerdings in Betrachtung gezogen werden muß.

Das Verhältniß vorbesagter Hauptbestandtheile in den Grundmischungen der Gewächse, ist eben so offenbar, als für uns dessen Erkenntniß, bey der Anwendung derselben, bey Zubereitung der Speisen, dem Gebrauche der Arzeneyen, und weiter, bey der nutzbaren Veredlung der Naturprodukte zu so vielerley Fabriken und Nahrungszweigen der Stadt- und Landwirthschaft, noch um so viel wichtiger seyn muß, so daß es deshalb wirkliche Kenner und genauere Beobachter erfordert, als es insgemein hat und man davon glaubet. Denn nach der großen und offenbaren Verschiedenheit der Gewächse, unter verschiedenen Himmelsstrichen, nach Grund und Boden, der künstlichen Behandlung, oder ihrem freyen Wachsthume, pflegen die Art und Verhältnisse solcher Bestandtheile in den Grundmischungen eben so, wie die Grade ihrer Wirksamkeit selbst, wie bekannt, ganz ungemein abzuwechseln. Sie vermehren, vermindern, verwandeln sich, sie entwickeln oder verstecken sich abwechselnd bey oder während der Ausbildung in den Gewächsen, nach deren Alter, nach einem stärkern, oder langsamern, und schwächern Ausdampfen und Einsaugen, und dem davon abhangenden lebhaftern frühern oder spätern Wachsthume; (ja sie finden sich bey einem gewissen Zustande wieder!) In den verschiedenen Verwandlungsperioden der Gewächse, gehen ihre flüchtige Bestandtheile aus dem einen Hauptheile in den andern ganz unumerklich über, so wie sie auch öfters nur in einem einigen oder etlichen einzelnen Haupttheilen allein ausgeschieden werden, ohne sich in den übrigen merklich zu verbreiten, oder sie pflegen sich durch das ganze Gewächse in ungleicher Menge auszubreiten.

Zuwei-

Zuweilen werden gewisse Bestandtheile, bey einigen Gewächsarten, gleich Anfangs bey dem Auskeimen, bloß in ihrem Samen einige Zeit allein entdecket; auch nur in den Samenblättern, (folia seminalia s. Cotyledones,) worauf diese unmerklicher werden, wenn sie nämlich sich ausbreiten, und als die Anlage der künftigen flüßigen Theile, denselben die Tinktur und Eigenschaften geben müssen. Wobey sie sich dann wieder verstecken, und während einer ganzen Zeit von 4. 5. bis 6 Monaten, welche das Gewächs, um sich aus seinem Samen zu entwickeln nöthig hat, nicht mehr in dem übrigen ganzen Pflanzenkörper zum Vorschein kommen, bis sie endlich in dem neuen zur Vollkommenheit gebrachten Samen sich aus der übrigen Mischung absondern und in allen ihren Eigenschaften eben dasjenige Wesen viel vermehrter wieder vorstellen, was sie in den vorhergehenden Samen waren.

Nach den vielfachen sehr verschiedenen Abscheidungs= Mischungs= und Verbindungsarten der feinsten Bestandtheilchen, über die wir uns, wegen allzu eingeschränkter Einsichten, gar nicht auszudrücken im Stande befinden, und deren abwechselnden Menge in den Substanzen der Gewächse, entstehen die vielen dichten und schweren, lockern und leichten Massen, die auch im Geruch, Geschmack und andern Eigenschaften ganz offenbar von einander abgehen. Inzwischen äußern auch viele gar keinen, oder doch keinen son=

M 5 derlich

derlich wirksamen Geruch oder Geschmack, daß man daraus etwas Vorzügliches urtheilen könnte. Sonst geben diese, bey einem sehr ansehnlichen Theil der Gewächse, überaus richtige, obwohl nur vorläufige Anzeigen von größern oder geringern Kräften, Wirkungen und Wirkungsarten, in die verschiedenen lebendigen oder mitwirkenden Körper der Thiere, deren Erkenntniß durch eine physikalisch chymische Untersuchung der Bestandtheile eine viel größere Gewißheit erlanget, daß man sie hernach mit denjenigen Veränderungen selbst wohl vergleichen kann, die sich unter währender Anwendung und Wirkung an gedachten Körpern etwa zeigen. Um aber nicht zu fehlen, und bey aller dieser Aufmerksamkeit dennoch hintergangen zu werden, wie es den Aerzten oft genug wiederfahren ist, muß man dergleichen Veränderungen auch noch mit allen andern Ursachen zu vergleichen suchen, welche zufällig sind, bloß dazu kommen, und die mehr als zu oft vorkommenden Unterschiede und Veränderungen in gedachten Wirkungen zu machen im Stande sind; sie mögen ihren Grund außer den Körpern, oder in den wirkenden Substanzen selbst haben. Die Grundmischungen in den Gewächsen haben insgemein, einen ziemlich beträchtlichen Antheil eines wäßrigen oder eines besonders zusammengesetzten erdhaften, und zuweilen groben erdigen Wesens, das bald nur mit dem einen allein, oder dem andern, auch mehrern von ihren Hauptbestandtheilen, in einer innern Verbindung stehet, und zu deren Bildung und Erzeugung nothwendig ist, oder es befinden sich Wasser, und eine besondere Erde noch außerdem, als eigene und wieder besondere Hauptbestandtheile, nur in einer bloßen Vermischung mit jenen, dergestalt, daß sie sich aus derselben, ohne eine wirkliche Zerstöhrung gröstentheils bey einem gewissen Zustande, durch eine sehr einfache Bearbeitung, absondern lassen.

Hiervon giebt uns die gleich Anfangs erwähnte mehlige Erde einen sichern Beweis, von welcher eben hier die Rede weiter seyn wird. Sie lässet sich nämlich aus einer natürlichen Grundmischung der Gewächse, nach deren Verschiedenheit, durch etwas veränderte Handgriffe, zum Theil leicht, schwer, oder auch völlig scheiden, diese Grundmischung mag nun aus Schleim, einem gedoppelten Harze, einem Spiritus, Oele, Wachs, Kampfer, und etlichen Salzarten zugleich bestehen oder nicht. Wie uns nun aber unter eben dergleichen Substanzen nicht wenige vorkommen, welche zugleich einen einfachern reinen, oder mehr gemischten oder zusammengesetzten, beißenden, schweren, durchdringenden, betäubenden oder narkotischen, balsamischen, erquickenden, gewürzhaften, oder einen sehr gemäßigten, auch wohl fast gar keinen Geruch haben; eben so wird ein solcher Geruch zuweilen bloß mit einem schwächern süßen, oder süßlich=schleimigen Geschmacke verbunden, den man bey andern erdhaft, herbe,

rein

rein und scharf, bitter, sauer, säuerlich, oder mehr vermischt, balsamisch, gewürzhaft, ekelhaft, fett, ölig und so weiter antrift.

In vielen Pflanzenmischungen von solcher Art und andern ähnlichen, zeiget sich bisweilen ein recht beträchtlicher offenbarer Antheil einer groben, oder auch zugleich einer dabey befindlichen feinern, besonders erzeugten mehlartigen Erde. Aus etlichen lässet sie sich nur zum Theil oder ganz absondern, bey manchen geschiehet es langsam und schwer, auch wohl fast gar nicht, oder doch ohne einen sonderlichen ökonomischen Nutzen, nämlich in ganz unbeträchtlicher Menge. Diese letzteren Umstände tragen sich besonders alsdann zu, wenn mehr gedachte Mehlerde größtentheils fein ist, und im Wasser, bey ihrer vorhabenden Absonderung, durch den Zutritt eines häufigen dicken, fetten Oels und Beymischung eines versteckten sauern Salzes, sogleich wieder auf das neue in eine Milchartige Verbindung tritt: die, wenn sie hernach bald, wie die übrigen natürlichen oder gekünstelten Arten von Milch, durch eine unmerkliche Gährung wieder getrennet wird, alsdann ihre sehr feine Erde dennoch langsam, und nur in einem solchen Zustande fallen lässet, in welchem man sie hernach zu denjenigen Absichten, zu welchen sich sonst ein wahres reines und brauchbares Ammel- Kraft- oder Stärkmehl überall mit Nutzen anwenden lässet, zu gebrauchen nicht mehr im Stande ist.

Ich kenne die mit dem reinen Weizenmehle gemachten Versuche des berühmten Herrn Bekkari sehr wohl, auch diejenigen, welche Herr D. Kesselmeyer zu Straßburg 1769 in einer besondern Dissertation, nebst etlichen sehr lesenswürdigen hieher gehörigen Produkten und Anmerkungen darüber, bekannt gemacht hat: berufe mich also hier nur gelegentlich mit auf dieselben, und werde das mir vorgesteckte Ziel ungestört weiter verfolgen.

Es enthält aber eine gegen erwähnte Gewächse weit beträchtlichere Anzal, in ihren Grundmischungen zugleich entweder nur etwas Weniges von einem dicken und fetten wesentlichen Oele, oder gar nichts, und wie viele sind nicht noch entweder unbekannt, oder nicht recht untersuchet, genutzet, auch wohl gar nicht in Gebrauch gezogen worden, bey denen der süßlich schleimige Theil, nebst der mehligen Erde, jederzeit den stärksten Antheil ausmacht? Es würde sich also gar wohl der Mühe belohnen, oftgedachte Erde daraus ohne sonderliche Künste zn scheiden, und zu einem reinen Ammelmehl (Amylum) zum innerlichen und äußerlichen Gebrauch im gemeinen Leben zuzubereiten. Wenn wir die veränderten Versuche und Handgriffe in Erwägung ziehen, die man mit demjenigen reinen Wasser gemacht hat, und zum Theil noch machen kann, welches von dem frisch ausgewaschenen Ammelmehl, mit dem zerweichten feinern schleimigen Wesen und von dem gröbern zähen Pflan-

zenkleister

zenkleister öfters abgespülten Wasser abgegossen wird; was für verschiedene Erscheinungen geben alsdann die drey Mineralsäuren, Eßig, Weinsteinsäure, Weinsteinöl, Urinsalze, und andere nach ihrer Beymischung? Was schlägt sich alsdann dadurch nicht nieder, was man vorher nicht wußte, oder in einer so großen Menge nicht im Schleime vermuthet hätte?

Diejenigen Gewächse, die vor andern eine bessere Untersuchung und Nutzung verdienen, liefern vornämlich dazu ihre Samen, Kerne, fleischige, saftreiche, lockere, auch derbe und vestere Wurzeln und Rinden, in welchen das Mehlartige Wesen so häufig ist, daß es fast immer den vierten Theil des Kerns ausmacht, auch zuweilen von einer gedoppelten Art: nämlich ein grobes, weißgraues, und ein feines ungemein weißes. Die Kennzeichen solcher Gewächse sind sehr deutlich, und sie selbst lassen sich bequem in zwo Hauptabtheilungen bringen.

Die erste von diesen Abtheilungen enthält nur solche, die nebst einer einfachen oder doppelten Mehlerdenart, auch zu ihrem vornehmsten Bestandtheile zugleich ein dickes, fettes und süßes Oel haben, und bey der Auflösung im Wasser zu einer Milch werden, worüber kurz vorher die nöthige Erinnerung geschehen. Diese Milch, ist bey dem größten Theile weiß, und nur bey etlichen weißgrau, dunkler, grünlich, grüngelblich, oder sonst unangenehm von Farbe.

Hierher

Hierher gehören vor andern alle feinere milchende, oder schleimig mehlige gröbere Samen, Kerne, und Nüsse, aus welchen, nach einem mäßigen Stoßen, Reiben und gelindem Rösten, oder auch ohne das letztere, ein dickes, fettes, süßes, gemässigtes Oel, durch Auskochen und Auspressen, in einiger Menge erhalten werden kann; ihre übrige Substanz mag dabey einen Geruch und Geschmack haben, welchen sie will, oder auch keinen von beyden. Denn diese hat ihren Nutzen und Gebrauch, wie das von dem Einweichen und Abspülen des Samens nnd Kraftmehls abgegossene Wasser selbst, in andern Umständen. Dahero nutzet man alle dergleichen Fruchtarten besser auf Oel, oder zur Speise und Arzeney, als zu andern Absichten.

Die gewöhnlichsten darunter sind die größten oder mittlern Arten von Kernen des Stein- und Kernobstes, in Gegenden, wo man sie in Menge haben kann, als süße und bittere Mandeln, nebst den Pfirsichen- Aprikosen- Pflaumen- und Kirschkernen, Kürbis- Gurken- Melonen- Sonnenblumen- Wunderbaums- und Hanfkernen, Wall- Hasel- Buch- Behen- und Zedernnüsse, Pineolen- und Pistazienfrüchte, Akaju- und Palmen-Nüsse, Mohn- Sesam, Leindottersamen, und mehrere, die man weder achtet, noch kennet.

Die Milch oder Emulsion aus allen dergleichen Samen und Früchten, hat mit der Milch der Thiere, in in den Milchkammern, wenn sie daselbst einige Zeit stehet, in Ansehung ihrer bald oder langsamer, aber doch gewiß erfolgenden Veränderung, ein ziemlich ähnliches Schicksal: da sie nämlich, wie bereits davon gesagt worden, in einem anfangs unmerklichen Grad der Gährung geräth, dabey sie nach und nach auf ihrer obern Fläche einen recht guten, fetten, süssen Milchrahm oder die Sahne (Cremorem lactis) absetzet, bis sie endlich sauer zu werden und aus ihrer vormaligen ungleich ölig-wäßrigen Mischung die übrigen groben sauer-salzig- und schleimig erdhaften Theile zu Boden fallen lassen. Gedachte Menge und Art des dicken, fetten Oels, nebst der folgenden Gährung, verderben die erforderliche Eigenschaft, Scheidung und Sammlung eines außerdem feinen und nutzbaren mehlartigen Produktes, als Kaufmannsgut betrachtet. Man hat auch wirklich Arten von solchen milchenden, ölicht mehligen Samen, die mit harten, zähen, dicken und herben Schalen überzogen sind, und die ganze milchende flüßige süße Substanz nebst dem Geschmacke, durch eine rothe, braune, graue oder grauschwärzliche Farbe verderben: sie müßten dann auf eine mühsame, kostbare, ganz unökonomische Art davon geschieden werden.

Die zwote Hauptabtheilung der hieher gehörigen Gewächse, enthält lauter solche, in deren Samenkernen ein gemäßigtes, schleimiges, bald gröberes, bald feineres Wesen, bald beyderley zugleich, den Haupbestandtheil ausmachen: nebst etwas wenigen, oder wohl gar nur geringen Spuren eines fetten Oeles. Dieses schleimige Wesen läßt sich schon in ganz kaltem Wasser, bald leichter und geschwinder, bald schwerer und langsamer, auch wohl nur zum Theil, mit der übrigen Substanz auflösen. Diese Art des schleimigen süßlichen, auch wohl weniger schmackhaften Wesens ist es eigentlich, welches wir hier vor andern, wegen seiner guten Eigenschaften und der großen Menge eines nützlichen Produktes, nämlich des Ammel- Kraft- oder Stärkmehls, in Betrachtung ziehen, das auch, wie eben gesagt worden, sich mit kaltem Wasser, ohne eine nachtheilige Veränderung seiner guten Eigenschaften, daraus absondern lässet.

Der Schleim solcher Gewächsarten in ihren Samen, Kernen, fleischigen Wurzeln und dergleichen Rinden, bestehet in einem schlüpfrigen, weichen, klebrigen, gemäßigten Wesen, das im Wasser geschwinder oder langsamer, auch wohl gar nicht zergehet, im Feuer hingegen dermaßen beständig oder fix ist, daß man dessen eigentliche Bestandtheile, ohne Zerstörung ihrer Grundmischung, niemals scheiden kann. Dieser Schleim, als ein Hauptbestandtheil für sich betrachtet, kann gröber, feiner, oder von beyderley Art zusammengemischet seyn, und in der Größe des Verhältnisses mit dem Wasser abwechseln. Die oft angeführte und öfters darinnen befindliche besondere mehlige Erde, welche gleichfalls abwechselnd gröber, feiner, auch bis zur Hälfte ausserordentlich fein, sonst aber auch magerer und spröder angetroffen wird, macht ohngefähr den dritten oder den vierten Theil des ganzen Gewichtes vom Samenkern oder Wurzeln aus; mit einem stärkern oder geringern darinn versteckten Antheil einer feinen Säure, und eines einfachern brennbaren Wesens.

Die rohe Kräutersäure macht daraus ein seifenartiges Wesen, und die gegohrne Eßigsäure löset und verdünnt diesen Schleim, so daß ihre Gegenwart darinnen höchst nöthig ist. Es läßt sich auch nicht unwahrscheinlich glauben, daß durch sie der Kleister nach und nach, durch Beytritt der mitwirkenden Luft, Wärme und der übrigen, noch wenig oder gar nicht erkannten innern Pflanzenkräfte, allmählich in einen dünnen und feinen Schleim übergehe, der uns endlich das rechte Ammel: oder Kraftmehl erzeuget.

Es finden sich indessen bey solchen bekannten Schleimarten, auf dasjenige, was ich im folgenden davon anzuführen für nöthig erachtet habe, nachstehende Hauptunterschiede: Es giebt nämlich

1. Oelig schleimige (Substantias terreo-mucilagineas)
2. Grobe erdhafte, Substant. glutinoso-terreas, rudiores, welches die zähesten sind, und aus einer groben häufigen Erde und einem dergleichen

Schleime

Schleime bestehen, mit einem geringern feinern Antheile desselben.

3. Schleimig wäßrige, Substant. aqueo-mucilagineas, bey welchen das Wasser das allermeiste ausmachet, und wenig scheidbare Erde gefunden wird.

Von den Beymischungen dieser Schleimarten und dem daher entstehenden Geruch, Geschmack, auch andern mitwirkenden Eigenschaften, ist im Vorhergehenden bereits vorläufig etwas gedacht worden. Sonst aber hat man von ihnen auch noch folgende Umstände zu merken: daß nämlich bey verschiedenen Samen, Kernen und Wurzeln, der eine Theil des groben Schleims dermaßen zähe und steif sey, daß er sich mit kaltem Wasser sehr wenig, langsam und schwer verdünnen, und wohl gar nicht auflösen lasse, folglich an und für sich die Filtra mit dem Wasser zugleich nicht durchdringe, wenn man nicht durch Hülfe des Auspressens etwas davon, aber immer nur weniger, als man zurücke lassen muß, erhält. Das warme kochende Wasser löset zwar, wie bekannt, von allen Schleimarten das meiste auf, auch viel geschwinder, als das kalte; allein man kann sich, laut bisheriger Versuche, des warmen Wassers bey der Absonderung einer brauchbaren Mehlerde zu unsern Absichten, nicht wohl mit einem wahren Nutzen bedienen. Nur höchst selten habe ich mich deshalb der gelinden Digestion, zu Absonderung gedachter Erde, bedienen können, die mir auch öfters nur schlecht gelingen wollen; wie ich davon an seinem Orte Meldung thun werde. Sonst gehet diese einfache Scheidung mit einiger Veränderung wirklich vor sich, wenn der Schleim, in dessen Vermischung sie sich als ein besonderer Bestandtheil befindet, nicht allzu zähe und grob ist. Sobald sie aber mit dem Schleim in einer solchen innern Verbindung stehet, daß sie zu dessen Bildung noch gehört, oder auch eine allzustarke Beymischung eines dicken, fetten Oeles zugleich in sich hat, kann alsdann weder das öftere Aufgießen des kalten Wassers, noch ein Erweichen, Auspressen, Ausspülen und Auswaschen, aus vorherangezeigten Ursachen dabey etwas bewirken. Es können auch wohl mehrere Ursachen die reine und reichliche Scheidung der mehligen Erde verhindern.

Unter den Gewächsen, die nebst den übrigen Bestandtheilen vornämlich mit einem groben, auch wohl überaus zähen Schleim, und einem geringern Antheil eines feinern versehen sind, kann man folgende besonders bemerken: nämlich

Die Schwarz- oder Wallwurz, (Symphytum s. Consolida major).

Den Mutterzimmt, (Cassia lignea).

Die gesottenen und mazerirten Rinden

vom Mehlstrauche, Viburnum Lantana.

der Hülse oder Stechpalme, Ilex Aquifolium. aus welchen beyden sonst ein Vogelleim gemacht wird.

der

der Rüster oder Ilme, Ulmus.

der Linde, Tilia Europaea.

der reifen Beeren des Mistels, Viscum, die ebenfalls einen Vogelleim geben.

Der allergröbste und zäheste Schleim, welcher einen wahren Pflanzenleim und Kleister (Gluten, Colla) ausmacht, verstattet die Absonderung der Erde, wenn er dergleichen in seiner Mischung hat, zuweilen fast gar nicht oder sehr selten. Zuweilen kann man mit reinem kalten Wasser aus demselben alles Mehlige völlig herausspülen, ohne daß das Wasser diesen vesten Kleister sollte angreifen können. Auch nach der Absonderung des Mehles pflegt er sich etliche Tage, ohne zu verderben, darunter gut zu halten. Bey den Fabriken und allerhand Profeßionen hingegen kann er einen weitläuftigen Nutzen haben, wo unter andern weder der gemeine Tischer- und Pergamentleim, oder die Hausenblase, oder ein aus blossem fetten Mehl und Wasser zubereiteter Schlicht, Kleister oder sonst eine andere Art der Steife angebracht werden kann. Sogar Papier und sehr harte Körper lassen sich ziemlich veste damit zusammenleimen. Hieher kann auch der in neuern Zeiten mit Recht vorgeschlagene eingesottene Leim aus den mancherley zähen und klebrigen Schwämmen und Bilzen gerechnet werden, die eines Theils, eben wegen ihres höchst zähen und unverdaulichen Schleimes, theils eines in selbigen bald offenbaren, bald mehr versteckten flüchtigen, narkotischen, oder auch fixen, zugleich kaustischen Wesens, Gesundheit und Leben der Lüsternen so oft in Gefahr setzen. Auch haben die Sarkokolle, oder der Fischleim, das Arabische Gummi und der Tragakant hier ihren Platz; ob sie schon als vollkommene erdhafte Gummata etwas von einer Colla oder Leim unterschieden sind, und sich im Wasser völlig und leicht auflösen, ohne daß sie eine so besondere scheidbare Mehlerde, nach vorgemeldeter Art aus sich absondern ließen. Die künstlichen Bearbeitungen und Beymischungen verändern zwar manches, und stellen vieles dar, was außerdem sich nicht offenbar zeigen würde. Aber hier ist die Rede eigentlich von einer ganz einfachen Scheidung eines natürlichen Bestandtheiles aus dem Kleister oder Schleime, ohne alle Künste und Veränderung, in ökonomischer Absicht.

Für die gebräuchlichsten und feinsten erdigen Schleimarten können folgende gehalten werden, die man aus den Wurzeln der Salap, unserer vielen Knabenkräuter oder Stendelwurzeln, (Orchis, Satyrion und Palmata,) aus den Knollen des Hundezahns (Dens canis s. Erythronium), aus den Quittenkernen (Semine Cydoniorum), dem Flöhsamen (Semine Psyllii), den Wurzeln der weißen Lilie (Lilii albi), und der Ibisch- Pappel- und Wetterrosen (Altheae, Malvae, und Alceae,) zubereitet. Es giebt noch andere gemeine und eßbare Wurzeln, die nebst einem dergleichen feinen Schleim ein flüchtiges

tiges Oel, nebst einem balsamischen und harzigen Wesen, auch Zucker und eine feine weiße und scheidbare mehlige Erde besonders enthalten. Von solcher Art sind die Wurzeln der rothen und weißen Bete, (Beta alba & rubra,) der Zuckerwurzel (Sium Sisarum), Petersilie und Pastinak (Apium Petroselinum & Pastinaca).

Aller Schleim (Mucilago) an und für sich, außer der Verbindung und Vermischung mit andern, als ein besonderer Bestandtheil betrachtet, welcher der Gallerte der Thiere in einigen Umständen sehr ähnlich ist, bestehet aus einer ihm eigenen sehr subtilen Erde, einem starken Antheil von Wasser, einem sehr geringen Theil des einfachern brennbaren, oder auch eines etwas gröbern und öligen Wesens, und einer Säure. Diese subtile Erde ist aber nicht jene mehlige, grobe, feine, leichte, magre oder spröde Erde, die sich mit dem Schleime zusammen abwechselnd unter der übrigen Masse befindet, und sich daraus im kalten Wasser niederschlägt, damit abscheiden, und wie oft gedacht, trocknen und sammlen lässet. In etlichen Samen findet sich ein grober Antheil eines sehr zähen Schleimes, wovon man bey andern nicht bemerket, daß er sich darinn dem thierischen Leime (Gluten oder Colla) vergleichen und leichter mit dem Wasser in die Fäulung gehen sollte, als er säuren will. Die Säure ist vielmehr ganz offenbar, aus dem Geruche, Geschmacke, der Destillation, und Erzeugung eines

Mittelsalzes, nach dem Zusatz einer fixen alkalischen Lauge.

Die aus der schleimigen und kleyigen Vermischung der Samen geschiedene, von aller Schärfe und andern fremden Theilen wohl gereinigte Mehlerde, macht alsdann gleichsam den besten Kern derselben aus, und erhält das Ansehen eines Mehles, wie man sie hernach trocken zu sehen bekommt. Indessen ist es merkwürdig, daß manche Gewächse, von welchen vermuthet wird, daß sie dergleichen enthalten können oder sollen, dennoch zuweilen gar nichts davon aus sich absondern lassen, oder doch nur, wie etliche Hülsenfrüchte, außer sehr geringen Spuren, so wenig geben, daß es auf ein Pfund kaum etliche Quentchen beträget. Zu geschweigen, daß das Mehl recht fein oder weiß, und als ein wahres Kraftmehl seyn sollte. Man muß sich durch diesen Umstand nicht hintergehen oder sonst irre machen lassen, wenn man Wurzeln in dieser Absicht untersuchet, welche dieses Mehl enthalten, aber in einem gewissen Boden oder gewissen Alter, vor der rechten Reife Zeit und verkehrter Witterung wenig oder nichts davon geben. Diesen Unterschied zeigen so gar die Körner des Sommer- und Winterweizens zuweilen, welche in gewissen Jahren wenig Schleim und Mehl geben. So wie es in einem andern Falle diejenigen Gewächsarten zeigen, welche sonst einen ziemlich reichlichen Zuckersaft enthalten, aber in gewissen Gegenden, Grunde, Boden, Witterungen und Jahreszeiten nur wenig geben, und statt dessen bloß Wasser mit sehr geringen Spuren eines Zuckerartigen Wesens zeigen.

Das eigentliche sogenannte Ammel = Kraft = Stärk = oder Steifmehl, ist eines der ältesten und bekanntesten gangbaren Produkte des Pflanzenreiches, welches insgemein aus einigen von je her besonders dazu im Gebrauch gewesenen Samenarten, und von den Gattungen unsers oder eines besondern Getreides und der Hülsenfrüchte gezogen worden. In ganzen weitläuftigen Gegenden des Morgenlandes hat man dieses Mehl allein aus dem Weitzen und dessen Sommerarten, auch wohl ein etwas größeres und spröderes aus etlichen Gattungen der Gerste selbst, vorlängst schon zubereitet, und pfleget es noch immer daraus zu verfertigen. Dieses Ammelmehl ist, seines uralten und häufigen Gebrauchs ohngeachtet, dennoch weniger bestimmt und so hinreichend abgehandelt worden, als es wohl seyn könnte.

Die Verfertigung des Ammelmehls, nebst dem starken Gebrauch desselben, kann man mit vieler Sicherheit in sehr entfernte Zeiten und Länder hinaus setzen. Dioskorides und Oribasius thun unter andern von dessen Zubereitung Meldung, und viele alte Geschichtschreiber geben unter verschiedenen Namen manche Unterschiede desselben an, auch berichten sie davon, daß dergleichen unter andern in Persien, Armenien, Aegypten, und in Griechenland ver=

 fertiget

fertiget worden sey. Es ist auch gewiß, daß das Ammelmehl unter den Römern zum Gebrauch in der Hauß- und Landwirthschaft, und sogar eine besondere Art davon, unter verschiedenen Namen, gemacht wurde. Bey uns selbst werden noch heute zu Tage, der morgenländische Weitzen, Spelt, oder Dünkel und Einkorn, nebst andern feinen Weitzenarten, immer dazu eben so vorzüglich angewendet, als etwan ehemals die Alexandrinische, Griechische, Sizilianische, Neapolitanische, Französische und andere Weitzenarten. Wenn man Trieb und Geduld genug hätte, alte Muthmassungen mit neuern zu häufen oder Klagen über die Kritiker und Grammatiker zu führen, wegen der vielen Verwirrungen, die sie, ohne eine wirkliche Kentniß von Sachen zu haben, hiebey angerichtet, und also den nicht ungewöhnlichen Weg der Ausleger zubetreten, um eine Menge dunkler Stellen aufzulösen, dürfte man allenthalben Vorwürfe genug antreffen. Man darf in solcher Absicht, nur die Nachrichten aus den Stellen beym *Dionysius Halycarnassaeus*, *Heliodorus*, *Homerus*, *Dioscorides*, *Aetius*, *Oribasius*, *Galenus*, *Aegineta*, *Cato*, *Varro*, *Columella*, *Plinius*, und deren Kommentatoren, dem *Gaza*, *Hermolaus Barbarus*, *Ruellius*, *Calepinus*, *Buddæus a Stapel* und andern mit mehrerem nachsehen. Es käme darauf an, ob man alsdann im Stande seyn würde, durch mühsame Vergleichung ihrer Nachrichten, Muthmaßungen und

Mey-

Meynungen, etwas mehr von der *Alica*, *Alix* oder *Halix* der Römer und dem unter den alten Griechen bekannten *Chondros* heraus zu bringen, als man weis!

Man würde aber in der That sehr viel zu thun haben, um die rechten Unterschiede derjenigen Gewächse, ihrer Produkte, und die weiter daraus zubereiteten Sachen hinreichend zu bestimmen, die man in dem ältern, auch noch in dem mittlern Zeitalter, hin und wieder unter so verschiedenen Namen verstanden hat.

Dergleichen Benennungen könnten zur Uebung etwa folgende seyn: als *Far*, *Edor*, *Ador*, *et quatuor Adorei genera Columellae*, *Far adoreum*, *Briza*, *Sitos*, *Pyros*, *Kisemeth*, *Zea*, *Silignis*, *Siligo*, *Frumentum candidum*, *Semen Campaniæ Plinii*, *Olyra*, *Halicastrum*, *Agriostari*, *Alica*, *Chondrus*, *Criton*, *Crimum vel Crinum*, *Arinca*, *Athera*, *Athara*, *Athyra*, *Pultaria*, *Tragus cerealis*, *Trygis Hippocratis*, *Adeps tritici* und *Confarreatio s. Pharrakia Romanorum*, wie auch die verschiedenen *Ptisanen* und mehrere.

Die Ausleger, die sich darüber sehr lange gezankt haben, sind zum Theil durch die vielen Schreibfehler, zum Theil auch dadurch in ziemliche Verwirrung gerathen, weil sie nicht nur insgemein ganz verschiedene Arten von Getreide in verschiedenen Weltgegenden offenbar mit einander verwechselt, sondern auch bey so strenger Behauptung ganz sonderbarer

Mey-

Meynungen, noch weit mehrere Gattungen von Getreide erdichtet, als wirklich sich ausfinden und erweisen lassen. Sollte man hierinn diese Leute mehr zu Führern haben, als die Naturgeschichte der Gewächse selbst, so wäre dabey nicht ohne Grund zu fürchten, daß der Sommer- und Winterweizen, Spelt oder Dünkel mit dem Einkorne, den Gerstenarten, und weiter mit dem Schrot, Gries, Graupen, Grütze, und das Ammelmehl, mit dem gemeinen Weizenmehl, oder andern dergleichen Produkten, zum wirklichen Nachtheil der Zubereitung und des Gebrauches, unter einander verwechselt werden dürften.

Um uns also kein fruchtloses Geschäfte selbst aufzubürden, wollen wir vielmehr von dem eigentlichen Kraftmehle, nach dessen Beschaffenheit und Unterschieden, in demjenigen Zustand einige Bemerkungen mittheilen, in welchem es heut zu Tage gefunden wird, und zu mancherley Absichten zubereitet werden kann und soll; zugleich aber die Gewächse anzeigen, aus welchen dergleichen mit Nutzen zubereitet werden könnte. Bis hieher ist in der That noch so wenig darauf gedacht worden, daß man vielmehr, wegen der gemeinen, einmal im Gebrauch gekommenen Dinge, aus Unwissenheit, Nachläßigkeit oder Vorurtheilen, manche sehr vortheilhafte Gewächse noch immer übersehen oder ungenutzt gelassen hat.

Wie uns nun aber an der Kenntniß und an Vermehrung unserer eigenen und zwar solcher einländischer

Lan-

Landesprodukte vornämlich muß gelegen seyn, welche bey uns, durch ihre Veredlung, arbeitsame Hände beschäftigen und wirklichen Gewinn verschaffen können; so ist auch dieses von allen solchen besonders zu verstehen, welche die Stelle der zur Speise und damit verbundenen übrigen, nicht wohl zu entbehrenden Nahrungsmittel, oder auch anderer zum einländischen Handel und Fabrikwesen gehörigen Dinge auf alle Weise vertreten, folglich auch dieselben, zur Zeit der Noth, wirklich ersparen helfen. Gesetzt daß das unter andern, bey uns, aus verschiedenen Gewächsen zubereitete Kraftmehl, nicht immer ganz einerley Eigenschaften, Güte und gleichen Gebrauch, bey diesem oder jenem einzelnen Vorfalle, mit dem allerfeinsten, aus den besten Weizenarten in fremden Ländern gemachten Kraftmehle haben könnte, so wird es doch bey andern Artikeln, und zwar immer als ein wahres Kraftmehl, in Gebrauch gezogen werden können.

Das Ammelmehl *) wird wegen seiner Unterschiede und Anwendung sonst auch Kraftmehl, Stärk- und Steifmehl, auch sogar weisse Stärke genennet, zum Unterschied der sogenannten blauen Stärke, welches die aus einem Mineral, dem Kobolde zubereitete Smalde und Orischelt ist, und der ersten bloß beym Stärken oder Steifmachen der feinen

Lein-

*) Ammelmehl, Amelung oder Amlung, *Amylum, Amulum Catonis* et *Amyleum, Hippocratis*, corruptè *Amydum* et *Amydon*.

Leinwand, in geringer Proportion beygemischet wird. Das Ammelmehl ist von jeher aus allerhand Weizenarten, vornämlich aber, wie in den Morgenländern, aus einer besondern Gattung des Sommerweizens gemacht worden, welche ihres feinen weißen und häufigen Kernmehles halber, schon bey den Alten den Namen des Ammelkorns, Emmern oder Emmerkorns und Stärkekorns insbesondere erhalten *).

Diese Art von Weizen aber kann etwa diejenige gewesen seyn, von der Herodotus meldet, daß sie nebst der Gerste stark vier Finger breite Blätter gehabt habe. Des Heliodorus hochwachsender Weizen auf der Insel Meroe, dessen Halme wegen ihrer ausnehmenden Länge einen auf dem Kamele sitzenden Reuter völlig soll haben verdecken können, ist nicht weiter, oder eben so wenig bekannt geworden, als man, nach der Anzeige des Theophrastus, von seinem Weizen einige Gewißheit haben können, welcher nämlich Körner von der Größe eines Olivenkerns gebracht haben soll. Noch weit unerträglicher aber sind die philologische Nachrichten von einem ehemahligen Baktriamischen Weizen, dessen Körnern die Größe einer ganzen Aehre zugeschrieben worden ist. Am allerabentheuerlichsten unter allen sind die Erdichtungen etlicher Rabinen von dem Weizen des ehe-

*) Dieser Weizen ist die *Zea amylea* der Alten, *Briza monococcos* Dodonaei, oder *Zea Briza* dicta *monococcos* C. B. *Triticum monococcum* Linn. im Deutschen das Einkorn.

ehemals den Israeliten verheissenen gelobten Landes, von welchem auch unsere ersten Aeltern im Paradies ihre Speise zubereitet haben sollen. Dieser Weizen soll ein Baum gewesen seyn, der an Höhe, Stärke und Ansehen den grösten Zedern von Libanon gleich gekommen, und Samen, wie die großen Früchte anderer Baumarten, getragen haben.

Doch wir kommen wieder auf unsern Weizen. Es ist gewiß, daß er in eben diesen Absichten sehr wohl dienet. Selbst das Zweykorn, der Spelt oder Dünkel *) ist dazu angewendet worden. Eben so giebt auch aller feiner und weisse Weizen, ein dergleichen gutes Kraftmehl. Unser Sommerweizen erweiset sich hierbey schon schlechter, und die große Gerste giebt eine viel gröbere, magrere und sprödere Mehlart. Außer diesen Gewächsen giebt es mehrere, von welchen in der Folge die Rede seyn wird.

Nachdem nun bald diese, bald jene Gattung von Getreide, in einer oder der andern Himmelsgegend, auch in verschiedenen Boden, nach einer recht fruchtbaren Witterung in ihrem schleimigen Grundwesen eine feinere weiße und häufigere Mehlart führet, wo sie sich bey ihrer natürlichen Güte länger erhält oder bald abweichet und schlechter wird, so findet sich, aller ordentlichen und reinlichen Zubereitung ohngeachtet, doch bald weniger, bald mehr Mehl, auch wohl, statt eines

*) *Triticum Spelta* Linnaei, welcher bey C. B. *Zea dicoccos* s. *Spelta major*, oder die *Zea dicoccos Dioscoridis* heißet.

eines weissen, weichen, gelinden, feinen und leichten Mehls, ein grobes, mageres, sprödes, strenges, und graues darinnen. Hierzu kömmt noch der Unterschied des Feldbaues, in einem Mittelboden, oder einem fetten, zähen, schweren, feuchten, trocknern, erhabenen oder etwas magern und tiefen Grunde. Man merket dergleichen Verschiedenheit, in einzelnen Gegenden, gar wohl an unsern Feldfrüchten, und zwar an etlichen vor andern gar besonders, wenn man mit der Saat aus einem allzu fetten, nassen, geilen und tiefen Boden nicht zu rechter Zeit in ein erhabeneres, trockneres und gemäßigteres Feld abwechselt: welcher Wechsel der Saat besonders zu Erhaltung ihrer guten Eigenschaften, beym Anbau und Unterhaltung aller nützlichen Gewächse, einen sehr beträchtlichen Punkt ausmachet.

Durch das Mehl (Farina) wird im gemeinen Leben, ein Pulver von verschiedener Feinigkeit verstanden, welches eigentlich und gröstentheils aus den frischen oder trocknen etwas angefeuchteten Samen verschiedener Arten von Getreide oder anderer Feldfrüchte, durch die Mühle gemacht, und von allen Fasern und Hülsen oder Kleye gereiniget worden ist. Außer dergleichen Samen werden etliche Hülsenfrüchte, auch zu gewissen Absichten Kerne, und allerhand stark getrocknete, klein geschliffene mehlige Wurzeln darzu angewendet. Der Name des Mehls, wird indessen mehrern zu Pulver zerriebenen, zerstossenen,

senen, gesiebten, und durchgebeutelten gröbern Arzeneyen und andern Dingen gegeben: wie man etwa den Namen des Schrotes, Schrotens und Zerschrotens weiter auf eine ähnliche Art gebrauchet. Der Name des gemeinen Mehles führet aber gar die Anzeige nicht mit sich, als ob es schlechterdings allezeit eßbar seyn oder zu keinem andern Gebrauch oder mehrern Absichten dienen könnte oder sollte, als bey Zubereitung der Speisen. Es ist vielmehr überhaupt ein auf der Mühle oder durch das gewöhnliche Mahlen zubereitetes Pulver von den Körnern des Getreides *). Man pflegt aber auch ein Mehl durch Stampfen und Stoßen im Mörser, in kleinen Handstampfen, Handmühlen, und dergleichen besonders dazu eingerichtete Stärkmaschinen, auch durch Sieben und Beuteln, zu verfertigen. Das ist an solchen Orten besonders gewöhnlich, wo man keine große Mühlen hat, oder wenn die Menge des Samens zu gering ist, auf einer großen Mühle ordentlich abgemahlen zu werden.

Ein solches Mehl oder auch ein Mehlpulver wird aus allerhand Körpern der drey Naturreiche verfertiget, und erhält verschiedene Namen und Beynamen: als Hirsen- Gries- Bohnen- Wicken- Erven- Erbsen- und Lupinenmehl, Knochen- Stroh- Schwefel- Gift- Alaunmehl ꝛc. Man hat auch ein Stein-

*) Daher es Homerus *Miliphalon*, das ist, *farinam molitam f. molendino paratam* nennet.

Stein- und Staubmehl, und ist schon längst gewohnet, andern Benennungen den Namen Mehl vor oder nachzusetzen: sie mögen zerrieben oder in ein Pulver zerfallen seyn, in welches sie wollen: als Mehlpulver und Mehlsand. Außerdem zeigen die Beynamen auch die Unterschiede derjenigen Dinge an, aus welchen ein Mehlpulver verfertiget worden ist.

Der Name des Amel- oder Ammelmehles *) zeiget ein ohne Mühle zubereitetes Mehl an, dergleichen aus allen mehlreichen Samen, Kernen, Wurzeln und Rinden verfertiget werden kann. Er zeiget aber auf noch mehr Umstände zugleich, welche dasselbe von einem gemeinen Mehl unterscheiden, die ihren Grund nur zum Theil in der Zubereitung, ohne das gewöhnliche Mahlen, theils im Erweichen, Auflösen und Ausziehen eines größern oder geringern Antheis von Schleim aus der Substanz haben, nachdem es nöthig gefunden wird. Das feinste und leichteste Mehl von dieser Art (flos Amyli et cremor farinae,) wird zuweilen aus dem besten Kerne dieses Mehls abgesondert, und von dem überflüßigen, groben, schleimigen Wesen rein geschieden. Es wird alsdann, als der nährende Antheil, zur Speise, dem feinen Brey und allerhand Kuchen- und Backwerk, in der Hauswirthschaft, auch selbst unter die Arzneyen, genommen. Man nennet es auch das feine Kraftmehl.

Sonst

*) *Amylon* et *Amyleum*, das ist, ohn Mühle.

Sonst zeiget der Name Kraftmehl oder Steifmehl und Stärkmehl, eine zwar gute, aber mehr schleimige Art des Ammelmehls an, weil es die Eigenschaft, als ein Kleister zu leimen, und bey der Hauswirthschaft, dem Fabrikenwesen, und mancherley Profeßionen, der feinen Leinwand eine Steife oder Stärke zu geben, angewendet wird *).

Die einfache Zubereitung des gemeinen Mehles, die bloß durch das Mahlen geschiehet, unterscheidet also dasselbe, wie gesagt worden, eben deshalben, von einem wahren süßlich-schleimigen, eßbaren Ammelmehle, als einem feinern, reinern und bessern; ob es schon auf keiner Mühle gewesen ist. Denn das letztere macht den zarten, erdigen Theil des Kerns in den Samen, Wurzeln und dergleichen vornämlich aus, welcher unter andern durch ein bis zum Milchen und Auskeimen des Samens bewirktes Erweichen, durch ein öfteres Auf- und Abgießen, durch Pressen und das Abspülen mit kaltem Wasser, von allen übrigen groben kleyigen und schleimigen, auch andern Theilen, zugleich rein geschieden wird, die man davon zu bringen nöthig findet. Man würde vielleicht die Zubereitung der gemeinen Mehlart, die Bereitung im trocknen Wege, des Ammelmehles hingegen die Verfertigung im nassen Wege nicht un-

*) Die Alten unterschelden daher schon *pultem et mucilaginem* von der *Collâ* oder *Glutine*, einem gröbern steifen Kleister, eben so genau, als *Farinam miliphalon Homeri* von der *Farinâ amykâ*.

schicklich nennen können. Das Mehl nach seinem Unterschiede selbst ist bekannt genug, von dem Ammelmehl hingegen muß man wissen, daß die dazu erforderliche Zubereitungsart ein viel feineres, gelinderes, reineres, leichtes und weisses Mehl geben kann, welches in den Speisen verdaulicher und gesunder ist, als jenes: indem ein reines oft abwechselnd frisch darauf gegossenes kaltes Wasser dasselbe aus dem Schleime herauszuwaschen, zugleich aber alle scharfe, darinnen versteckte Salzartige und andere Theile zugleich mit, so daraus zu ziehen vermag, daß beydes, das feine und grobe Mehl, daraus zu Boden fallen können.

Das Wasser nimmt also alle mehlige Theile, mit dem auflöslichen Schleim, aus dem gröbsten und zähesten Theil des Schleims weg, und lässet, nachdem man das Aufgießen desselben öfter oder sparsamer zu wiederholen gut findet, mehr oder weniger von gedachten feinern Schleimen in dem Ammelmehle, auch, wenn man des verschiedenen ökonomischen Gebrauches halber will, fast gar nichts davon, zurücke. Beym ersten Durchpressen bleibet der meiste grobe Schleim, wie bekannt, mit aller Kleye in der Leinewand oder dem Hartuche zurücke, und die davon gereinigte doppelte, bald feinere und weisse, bald gröbere graue Mehlerde, setzet sich auf dem Boden derb zusammen, daß sie nur etlichemal ausgewaschen, abgegossen und endlich in großen Stücken gesammlet

und

und zerschnitten werden darf. Sie muß hernach in der freyen Luft und Sonne nur fein gleich trocken und weiß werden, bis man sie gröblich bröckeln kann. In Absicht auf die verschiedene Menge eines groben zähern oder feinern gelinden Schleimes, unterscheidet der Gebrauch das Ammelmehl von einem Kraft- oder Stärkmehle hinreichend. Wenn man aus dem schleimig mehlartigen Samen und Wurzeln, den feinsten nahrhaften Schleim mit allen übrigen Bestandtheilen ganz rein und völlig von der mehligen Erde absondert, dergestalt, daß diese alsdann sehr feine Erde fast nicht mehr zusammenhänget, auch weder einen sonderlichen Geruch, noch Geschmack, wenigstens keinen merklichen oder kräftigen, von denjenigen Wurzeln oder Samen äußert, aus denen sie geschieden worden ist, so hat sie in unsern Apotheken den Namen Faecula erhalten. Dergleichen Faeculae sind*) bey den Alten zu den chymischen Ammelmehlarten gerechnet und Amyla genennet worden. Solche unschädliche und ganz unkräftige Mehlarten lassen sich aus vielen Arzeney- und andern, auch giftigen, scharfen, ekeln, bittern, herben und narkotischen, mehlreichen, frischen und trocknen Pflanzen, und andern, mit veränderten Handgriffen, absondern.

Wenn es indessen auf die Verfertigung eines wirklichen brauchbaren Kraftmehles ankömmt, aus

 welcher

*) Nach Anzeige des *Libavii*, im Syntagmate Arcanorum Chymicorum.

welcher Art von Samen, Kernen oder Wurzeln es will, die man etwan im Großen anzuwenden gedenket, und nicht mehr Ursache findet, bey vorläufigen Versuchen zu beruhen, so hat man nachfolgende Umstände, der Zeit, Unkosten und der Vortheile halber, vorher noch wohl zu überlegen:

1. Ob man zu Verfertigung eines Ammel- oder Kraftmehles häufige einheimische, oder fremde seltene oder theure Produkte nöthig habe?

2. Ob sie sich leichter und schwerer bearbeiten lassen?

3. Wie groß etwa die Menge eines, aus jedem, und gegen andere geschätzet, mit ökonomischen Vortheilen zu erhaltenden Kraftmehles seyn könne oder werde?

4. Von was für Güte und Eigenschaft dasselbe gegen andere schon bekannte grobe oder feinere Mehlarten seyn werde?

5. Ob dahero auch die Anwendung und der Nutzen davon allgemeiner seyn oder noch werden könne; als unter andern bey Zubereitung der Speisen, oder doch bey einigen sonst beträchtlichen Artikeln der Arzeney- Stadt- und Landwirthschaft, und bey dem Fabrikenwesen?

6. Ob es folglich aus diesem Grunde Hoffnung gebe, mit der Zeit als ein wirkliches Kaufmannsgut, den innländischen, auch zuletzt den fremden Handel, zu vermehren?

Es wird sich alsdann sowohl bey der Bearbeitung der mehlreichen Substanzen, als bey der Anwendung des Mehles, Gelegenheit finden, das allzu Künstliche, mühsam und vergeblich Uebertriebene, von dem Nothwendigen, Leichten und Vortheilhaften zu unterscheiden. Man wird aber Ursachen genug finden, sich dergleichen zu Verfertigung des verschiedenen Kraftmehles schickliche Gewächse, und deren abweichende Grundmischungen recht bekannt zu machen, um ihren mehlartigen Bestandtheil davon, auf eine dazu erforderliche Weise scheiden zu lernen, daß er auch als ein wirkliches Ammel- oder Kraftmehl gebrauchet werden kann. Dergleichen Substanzen werden, da sie nach allen physikalisch-chymischen Kennzeichen, aus einem einfachern oder gedoppelten schleimigen Wesen bestehen, *corpora mucilagineo-* vel *glutinoso-terrea*, auch *mucilagineo-terreo-farinosa* genennet. In ihrer schleimigen Grundmischung macht ein bald grobes oder feines, bald ein mittelmäßiges und vermischtes erdiges Wesen insgemein das meiste aus, welches, wie davon vorher öftere Anzeige geschehen ist, sich durch Auflösung des feinern Schleimes, mit kaltem Wasser wohl und häufig scheiden lässet. Wenn man dieses mehlige Wesen mit Wasser kocht, so macht es entweder, wenn es noch mit seiner darinn versteckten Säure versehen ist, einen feinen Brey, oder einen sonst steifen vermischten Kleister (gluten farinosum).

Die Bereitung der Samen und Wurzeln mag nun frisch und getrocknet, durch Stoßen, Zerreiben, Quetschen und Auspressen, und Aufweichen, auch durch Handmaschinen oder Austreten geschehen, so ist doch das Erweichen mit kaltem reinen Wasser, das Auspressen, Abspülen und Ausspülen immer das Hauptwerk dabey. Der aufquellende Teig, den es vor dem Auspressen oder Austreten mit dem Wasser machet, ist eigentlich Fex Catonis, oder die Katonische Hefe, die eben durch abwechselndes Ab- und Zugießen des Wassers verdünnet, fleißig umgerührt, und zum Auspressen tauglich gemacht wird, dabey sie mehr oder weniger schäumet. Sie giebt alsdann ein Milchartiges, doch zuerst noch unreines Wesen, welches Kato Cremorem nennet, und woraus hernach sich *Amylum s. farina cremoris subsidens*, wenn es reine genug ist, zuletzt derb niederschlägt: nicht aber, so lange es noch mit andern Unreinigkeiten stark vermischt ist, und sich im Wasser größtentheils locker und halb schwimmend zeiget. *Fex Catonis*, in welchem sich noch alle Bestandtheile einer Substanz beysammen befinden, muß also nicht mit dem *Cremore* und dem *Amylo* selbst verwechselt werden, wie es von einigen geschehen ist, welche aus den oft schlimmern Wirkungen des ersten, beym Arzeneygebrauche, ganz offenbar falsche Schlüsse auf die Eigenschaften und Wirkungen des Kraftmehls selbst gemacht haben. Demnach würde man wohl nicht mit gehöriger Einsicht und Sicherheit eine frisch zu

Brey

Brey zerstossene Gichtrübe, Kayserkronen= und Zeitlosenknolle, einem Menschen eingeben, wie es wohl hernach mit dem daraus geschiedenen unschädlichen *Amylo* sicher geschehen kann!

Bey der ganzen Arbeit, die zur Frühlings= und Sommerszeit, bey recht warmer Witterung am besten von statten gehet, muß man besonders auf ein geschwindes und starkes Trocknen sehen, damit das Kraftmehl, wegen der darinn bleibenden Feuchtigkeit, nicht etwa in eine Säuerung gerathe, als durch die es nicht allein unangenehm, sondern auch zu seinem vornehmsten Gebrauch untauglich wird.

Daß aber das Ammelmehl, wegen eines darinn enthaltenen gröbern oder dünnern Schleimes und dessen Menge, oder auch wegen Mangel desselben, seine gewisse Unterschiede hat, die sich nach der übrigen Beschaffenheit des schleimigen Wesens noch nach mehrern richten, auch das Erdhafte dieses Mehls feiner, gelinder, und schmeidiger, oder magerer, spröder und gröber gefunden werde und werden kann, ist aus vorangeführten Umständen klar. Der innerliche oder äußerliche Gebrauch desselben muß also nothwendig auch verschieden seyn, und in der Art der Zubereitung desselben immer einige Veränderung Statt finden. Man wird leicht ersehen, daß man Ursache habe, den allzu zähen, groben, und seiner übrigen Beymischung halber zuweilen gar schädlichen auch wohl nur stark färbenden Schleim, bey der Zubereitung mit dem Wasser, völlig von der Mehlerde zu scheiden, wenn es rein, fein, gelinde, und zu besondern Absichten tauglich werden soll. Das Gegentheil von dem, was ich hier eben sage, wird sich von selbst ergeben, wenn man ein wahres Stärkmehl machen will, das zum innerlichen Gebrauche demohngeachtet doch nicht angewendet werden kann oder soll. Bey dem zur Speise bestimmten wahrhaften Ammelmehle, wird ein süßer, nahrhafter und feiner Schleim, nicht völlig, aber doch mehr oder weniger mit dem Wasser ausgezogen, um dem Mehl seine nährende Eigenschaft nicht allzusehr zu vermindern, oder gar eine todte unkräftige Erde zu machen, auch um gewissen Arten das blähende und unverdauliche Wesen so gut als möglich zu benehmen. Der zähe grobe Schleim (Colla vel Gluten,) wird nur in so weit geschieden, daß das Mehl aus seiner Mischung herausfallen kann. Da nun die Menge und Güte des brauchbaren Mehles nicht selten verdienet, daß es aus den bittern, scharfen, ekelhaften, und sogar recht schädlichen Schleimarten rein abgesondert werde, so finden dabey diejenigen Anstalten und Erinnerungen statt, welche kurz vorher als nothwendige angegeben worden. Weil aber in demjenigen schleimigen Wesen, welches von dem Mehle, wie oft gesagt, durch das Wasser sich absondern lässet, noch gar verschiedene Bestandtheile zugleich enthalten sind, die wegen ihrer Eigenschaft eben so, wie die nach

dem

dem Auspressen des Mehles zurücke bleibenden groben und kleyichten Theile, noch bey manchen andern Umständen angewendet werden können; so folget von selbst, daß man weder die ersten ungenutzet lassen mußte, noch das von dem Mehl abgegossene Wasser. Dieses letztere säuret, wegen der mehligen schleimigen Theile, sehr bald und stark, daß es dabey eine solche Schärfe erhält, die uns vielleicht wenigstens eine gute Beize zu allerhand Absichten verspricht.

Wegen des Ammel- Kraft- und Stärkmehles aus etlichen Getreidearten, glaube ich nicht nöthig zu haben, erst zu beweisen, daß es, wegen des allgemeinen Gebrauches bey der Stadt- und Landwirthschaft, und bey einigen besondern Zweigen des Fabrikenwesens, einen beträchtlichen Artikel ausmache, und daher für gewisse Gegenden, wegen des innländischen und fremden Handels ein sehr wichtiges Produkt sey. Daß es aber eben deswegen, weil etliche, und zwar mehrere Profeßionen und Fabrikenarten, welche stärker als andere betrieben werden, einen beständigen Abzug von dem zur Nahrung bestimmten Produkten machen müssen, welcher bey sich ereignendem Mißwachs und andern Zufällen sich ungemein erhöhen kann, ist eben so gewiß. Allein solche beträchtliche Lücken auszufüllen, ohne andern einmal eingerichteten wichtigen Arten von Gewerbe Schaden zu thun, erfordert Vorsicht und solche Mittel, die sicher im Stande sind, die Stelle der sonst gewöhnlichen

lichen unentbehrlichen Dinge, mit gleichen Wirkungen zu vertreten.

Die Sorge eines jeden verständigen Haushalters indessen ist, sich theils gegen alle bekannte Zufälle im voraus zu verwahren, theils unter Voraussetzung einer beständigen pfleglichen Unterhaltung seiner Grundstücken, dieselben dennoch nach vernünftigen ökonomischen Sätzen, so hoch als möglich zu nutzen, und zu dem Ende seine Ackerprodukte zu unterhalten, zu vermehren und geltend zu machen. Daß es aber einheimische, auch durch den Anbau einheimisch gewordene, und mehrere leicht dazu zu machende Gewächse gebe, die ein gutes, auch häufiges Kraftmehl enthalten, das die Stelle des gemeinen vertreten kann, brauchet keinen Erweis. Denn man hat keinen Grund, dergleichen Gewächse mit Recht von der Anwendung zum Kraftmehl auszuschlüßen, sie mögen eßbar, arzeneyhaft, aber auch zu beyderley Gebrauche weniger tauglich, oder auch ihrer ganzen Maße nach schädlich und giftig seyn: wenn sie nur ein wirkliches, bey allerhand Fabrik- und Nahrungsarten brauchbares, unschädliches Mehl geben. Denn die Zubereitung scheidet das Schädliche und Unbrauchbare davon. Aus was für einem wichtigern Bewegungsgrunde, gegen die im Vorhergehenden angeführten, sollten wir also wohl dergleichen ungenutzet lassen können, da sie einmal da, und also leicht zu haben sind, und uns alsdann

eben

eben so leicht zur Beschwerde, als Unkraut werden können?.

Die gemeine Erfahrung, ein schlechter Zufall, und besonders die Noth, haben unter den wildesten Völkern zuweilen weit wichtigere Sachen entdeckt, oder solche, die doch wichtig genug geworden sind, als das tiefste Nachsinnen der Grundgelehrtesten Männer in Europa. Hiervon sind einige unserer besten und vorzüglichsten Nahrungs- und Arzeneymittel, die unverwerflichsten Zeugen, derer sich nach der Hand ganze und viele Nationen bedienen, dergestalt, daß sie auch sogar nach ihrer ersten Entdeckung, ihrer Eigenschaften halber, zu den allgemeinsten Handelsprodukten gewisser Weltgegenden geworden sind.

Die Eigenschaften unserer mehlartigen Samen, von den größern Grasarten, und andern fleischigen Kernen, Wurzeln und Rinden, nebst den verschiedenen Arten der Nahrungsmittel unter verschiedenen Völkern, besonders den sogenannten wilden Einwohnern in Ost- und Westindien, haben auch mir Gelegenheit zu Gedanken und einigen hierüber zu machenden vorläufigen Versuchen gegeben, von welchen letztern ich die Ehre habe, der Gesellschaft zum Anfang etliche Mehlprodukte, wie es bey der Königl. Akademie geschehen ist, vorzulegen.

Unter den vielen eßbaren Gewächsen, aus welchen ein Brod gemacht wird, ist die Wurzel der *Jatropha Manihot* Linnaei, welche sonst *Cassava*, *Yucca*,

Yucca, *Mandiocca*, oder auch *Manihot* genennet worden, gewiß beträchtlich, da die Pflanze einen der wirksamsten Gifte in ihrem Saft enthält *).

Diesem Beyspiel zu Folge nahm ich mir in gleicher Absicht vor, die frischen Knollen von der Kayserkrone **) zu bearbeiten. Das Kraftmehl daraus, wie ich es bey vielen andern zubereitet, und noch zu verfertigen Willens bin, ist sehr fein und weiß. Der ehedem sehr berühmte Elias Rudolph Kamerarius, gab von eben dieser frischen Wurzel, welche bitter, scharf und ekel ist, und einen unerträglich schweren narkotischen oder berauschenden Geruch hat, einem Hunde 6 Quentchen schwer ein, welcher davon, nach Verlauf einer Stunde, unruhig und böse wurde, auch einen gelben zähen Schleim ausbrach, unter beständigem Zittern und folgenden Konvulsionen. Unter diesen Zufällen wurde der Hund sogleich aufgeschnitten, und in dem ganz zusammengezogenen und geschrumpften Magen desselben waren die Stücken der giftigen Wurzel nur ein Wenig in einen Schleim zerweichet. Nach geschehener Reinigung des Magens, wurde man an dessen Häuten die Entzündung selbst gewahr. Die leeren Gedärme waren zum Theil nur leicht entzündet, und hin und wieder von ihrer innern Haut zum Theil schon etwas entblößet,

*) *Thevetus* nennet sie *Manihot*, *Joh. Bauhinus* aber *Yuccam et Cassavi*, und C. B. *Arborem succo venenato, radice esculentâ.*

**) *Fritillaria, Corona Imperialis. L.*

blößet, die übrigen Eingeweide im Unterleibe blau-röthlich, und die Galle verdicket. Den folgenden Tag waren schon sämmtliche Eingeweide sehr schnell in völlige Fäulung übergegangen. Man vergleiche deshalb die tödliche, aber doch gefährliche Wirkung der frischen unausgepreßten und unzubereiteten, oder übel bereiteten Kassavawurzel, und deren Unterschied, mit dem daraus zubereiteten Brode, aus der Naturgeschichte derselben, und mit dem, was ich von der frischen Kayserkronenwurzel bereits angeführet habe!

Die Proben des geschiedenen Kraftmehles, mit den Ueberbleibseln, die ich als vorläufig von verschiedenen Gewächsen gemachet, sind:

1. Ein grobes Kraftmehl aus dem trocknen Buchweizen (Polygonum Fagopyrum).
2. Dergleichen aus frisch zerriebenen Kalmuswurzeln (Acorus).
3. Ein feineres aber nicht völlig reines, aus der frisch zerriebenen Dalmatischen Schwerdlilienwurzel, oder Florentinischen Violenwurzel.
4. Dergleichen, reiner und im Winter gemacht.
5. Dergleichen von frischen Roßkastanien (Esculus).
6. Dergleichen aus frischen Knollen der Kayserkrone.
7. Dergleichen etwas gröber.
8. Die aus dem abgegossenen Wasser, von dieser zerriebenen Wurzel geschiedene giftige Unreinigkeiten.

9. Der-

9. Dergleichen recht feines Kraftmehl.

10. Dergleichen aus der frischen Zwiebel der Zeitlosen. (Colchicum)

11. Die beym Auswaschen davon übrig bleibende Kleye.

12. Kraftmehl von der Zwiebel des Ornithogali Alexandrini.

13. Dergleichen von Levcojo bulboso, oder Sommerthierchen, oder Merzglocke aus frischen Zwiebeln.

14. Dergleichen vom Galantho nivali, oder Schneetröpfchen, aus frischen Wurzeln, und aus frischen Aronwurzeln.

15. Dergleichen, das unreine Antheil.

Die verschiedene Zubereitung und feine schleimige, oder magere, grobe und spröde Eigenschaft, geben dem Ammelmehle zwey Hauptunterschiede und Bestimmungen; als die erste, da es als ein zum äusserlichen Gebrauche gehöriges Stärk- Kraft- oder Steifmehl (Amylum grumoso-farinaceum) betrachtet wird; die andere aber, als eine feinere leichtere, trockne Mehlart (Amylum pulverulentum) vollkommen eßbar ist, und in Suppen und Brey eine bessere Nahrung giebet, als das gemeine Weizenmehl. Sonst wendet man dasselbe, gleich den letztern, zu Kuchen- Back- auch groben und geringen Zuckerwerk an. Es wird daraus Torten- und Pastetenteich gemacht, so wie die Nudeln (Vermicelli

micelli) und Oblaten oder Hipen (Panis obelius).

Der äußerliche Gebrauch des unverfälschten Kraftmehles ist eben so weitläuftig, und noch viel weitläuftiger, als der vorige, da er den Aufwand dieses Mehles ungemein erhöhet. Denn was nimmt nicht unter andern die große Menge zur weißen Stärke, sowohl im Hause beym klaren Weißzeuge aller Orten weg, als bey Fabriken, zu Nesseltuch, Flor, Kotton, und feiner Leinwand insbesondere? Nicht zu gedenken der mancherley Arten von Kleister, Seife, Schmitt oder Schlichten, und der Menge eben dieses Kraftmehles, das mit Tragakant zu allerhand Formen und den gemeinen Zuckerbildern und Kraftmehl Figuren angewendet wird. Bey diesem so weitläuftigen Gebrauche des Ammelmehles, zeigen sich nicht allein die wahren Eigenschaften und Unterschiede desselben, sondern auch nebst diesen der überaus starke Abgang, welcher sich bey jedem starken Mißwachse ansehnlich vergrößern muß, dabey das gewöhnliche Backwerk, und in den besten Gegenden die einmal eingeführten einträglichen Geschäfte, das Brandweinbrennen und die Hausmast, die Weißbier- und Eßigbrauereyen, auch andere Haus- und Landwirthschaftliche Nahrungszweige schlechterdings unterhalten werden müssen: woraus denn von selbst sehr leicht gefolgert werden kann, was man zu Ersetzung eines solchen Abganges, bey mehr entbehrlichen Artikeln, durch die

Entdeckung und Anwendung schlechterer und doch brauchbarer Kraftmehlsarten für Nutzen stiften könne!

Es kömmt noch ein Artikel vor, der im gemeinen Leben beträchtlich genug ist, nämlich der Haarpuder. Dieser wurde vor Alters aus den scharfgetrockneten weißen Baumflechtenarten (Lichen cinereus arboreus &c.) gemachet, und sahe oft mehr grau als weiß aus. Die Hottentotten treibet hauptsächlich die Noth, ihre mit Hammeltalg eingeschmierten Hare mit dem Pulver von wohlriechendem Diosma zu pudern, welches gelb ist. Etliche wilde Nationen in Amerika nehmen den Zinnober, unter solche Pulver; die meisten Europäischen Völker hingegen eine weisse zu Pulver gemachte Stärke, die bald mit andern schlechtern Mehlarten vermischt wird, bald mit Knochenpulver und Violwurzel. Die gemeinen Soldaten bedienen sich eben so oft des Mehles, als der Stärke, deren Gebrauch für etwas unschädlicher gehalten wird, als der nachfolgenden Mischungen.

In älteren Zeiten, wurde das Ammelmehl bey etlichen Völkern mit Kalkwasser zubereitet, wie etwa Chondrus der Griechen und des Konstantini. Heute zu Tage bekömmt es einen Zusatz von Kreide oder Gyps, Alabaster, Gypsspath, Goldschmidtsspath, Fraueneis, auch wohl gar, zu Vermehrung des Gewichtes, von etwas feinem Sande. Die erstgemeldete Zusammensetzung ist vom *Trago Cereali*, oder

von

von der *Alica* der Alten auf alle Weise verschieden; da diese letztere gemeiniglich zwar für ein grobes, aber doch von allem Kalk oder Gypse völlig reines Produkt gehalten wird.

Vom innerlichen sowohl, als äußerlichen Arzeneygebrauch des reinen, wohl zubereiteten, feinen leichten und süßlichen Ammelmehles, hat man so viel zu merken, daß es wegen seiner verdickenden, nahrhaften, lindernden, erweichenden, schlüpfrigmachenden, temperirenden Eigenschaften, alle Aufmerksamkeit verdiene, und als eine wirkliche Arzeney im Gebrauche sey; daß aber manche Arten desselben den Leib verstopfen und etwas zusammenziehen. Etliche Naturkundige und Aerzte scheinen zwar das Gegentheil von demjenigen zu behaupten, was ich alleweile gesagt habe. Allein ich kann durch Vernunft und Erfahrung gegen dieselbe beweisen, daß sie sich offenbar geirret, und falsche Schlüsse gemacht haben. Denn da sie dem Ammelmehle eine verborgene Schärfe zuschreiben, da sie ferner denjenigen etwas scharfen und sauern balsamischen Geruch, den das auf den frischen zerriebenen Samen und Wurzeln gestandene Wasser von sich giebt, als ein Zeichen davon angeben; da sie von Kopfschmerzen und Brustbeschwerden der Arbeiter bey dessen Zubereitung, auch von einer größern Verhärtung, als Erweichung der stockenden Materie in verschiedenen Arten von Geschwulsten und Beulen reden, endlich auch

 sogar

sogar von den Haren versichern, daß diese davon spröde würden, brächen und ausfielen: so ergiebt sich daraus, daß sie verschiedene Umstände mit einander verwechselten, die zwar allerdings, aber nur zum Theil, und unter gewissen vorausgesetzten Bedingungen, ihre Richtigkeit haben können.

Denn das reine, süße, leichte, gelinde, und trockene Kraftmehl, oder ein solches, das vermittelst der dazu erforderlichen Zubereitung, von aller Beymischung gehörig gereiniget, auch völlig und geschwinde getrocknet worden ist, soll mit keinem unreinen, übel bereiteten, verdorbenen oder verfälschten verwechselt werden, und der bloß äußerliche Gebrauch etlicher gröberer, oder nur Fabrikensorten, verdienet ebenfalls eine verschiedene Betrachtung. Denn die Arbeiter können, beym öftern und lang anhaltenden Durcharbeiten und Durchpressen in ganz kaltem Wasser mit bloßen Händen, und Austreten mit bloßen Füßen, welches noch dazu oft des Morgens und des Abends geschiehet, nicht nur eben so wohl angeführte, als auch noch mehrere Zufälle bekommen, als ob sie andere Dinge, oder nur Sand in recht kaltem Wasser ausgewaschen hätten.

Ein zu langsames und seltenes Abgießen des Wassers von dem noch rohen seifig schleimigen Kraftmehl, wird, zumal bey warmer Witterung, auch leicht eine Gährung und schärfere Säure hervorbringen, welche diesem Mehle selbst außerdem nicht zuge-

schrie-

schrieben werden kann. Und eben so würde man fehlen, wenn man von der Wirkung einer ganzen, zu einem Teige zerstossenen, oder zu einem Brey zerriebenen, frischen, ganz rohen Masse, die auf eine Verhärtung der Drüsen und anderer Theile gelegt worden, so schlechterdings auf die Eigenschaft eines davon ganz rein geschiedenen, süßlichen, gemäßigten, unschädlichen Kraftmehles, schlüßen wollte.

Abhandlung vom Wachsthum und den Farben der Konchylienschalen.

von Johann Ernst Immanuel Walch.

§. 1.

Die Naturforscher haben über den Wachsthum der Konchylienschalen, besonders über die Entstehungsart ihrer Farben, zwo Hauptmeynungen geäußert a). Einige, als Reaumür, Argenville, ein Ungenannter im Universal-

a) Von dem Wachsthum der Konchylienschalen und ihren Farben, handeln folgende Schriftsteller:

1. von Reaumür in einer Abhandlung, die sich in den Pariser *Memoires de l'Academie des Sciences* vom Jahr 1709 befindet.
2. De Plüche im Schauplatz der Natur Kap. 8. Th. 1. S. 90. der neuen deutschen Ausgabe vom Jahr 1772.
3. Dezallier von Argenville in seiner Konchyliologie, S. 30 ff der deutschen Ausgabe.
4. Friedrich Christian Lesser in seiner Testaceotheologie §. 115. 116.
5. Herissant in einer Abhandlung von der Bildung der Schalengehäuse, in den Pariser Memoires de l'Acad. des Sciences vom Jahr 1766.

6. Der

versalmagazin, Herr Prof. Müller und viele andere glauben, daß die Konchylienschale nichts weiter, als eine Verhärtung einer zähen schleimigen Feuchtigkeit

 sey,

6. Der Graf Ginanni in seinen Opere postume, Th. 2. S. 54. Eine Uebersetzung seiner hievon vorgetragenen Meynung findet sich im ersten Theil der Neuen Berliner Mannigfaltigkeiten S. 539.

7. Hiob Baster in seinen Opusculis subcesivis, Th. 1. S. 68.

8. Ein Ungenannter, der davon seine Gedanken im Universalmagazin v. Jahr 1756. S. 13. mitgetheilt. Sie sind ins Deutsche übersetzt zu finden im zweeten Bande des Bremischen Magazins S. 516. und in den Berliner Sammlungen Band 1. S. 349.

9. Mery in einem wider des vorhergedachten Ungenannten Meynung gerichteten Aufsatz, der im Universalmagazin vom Jahr 1756. S. 56. und im 2ten Bande des Bremischen Magazins S. 628. befindlich ist.

10. Jak Theod. Klein, von dem Bau, Wachsthum und Farben der Schnecken, im 2ten Theile der Versuche und Abhandlungen der Naturforschenden Gesellschaft in Danzig.

11. Johann Daniel Denso, vom Wachsthum der Muscheln im ersten Theil seiner physikalischen Bibliothek. S. 499.

12. Phil. Ludw. Statius Müller in den Anmerkungen zu den Knorrischen *Deliciis naturae selectis*, Th. 1. S. 36.

13. Joh. Samuel Schröter in dem Versuch einer systematischen Abhandlung über die Erdkonchylien, S. 69. u. f. Noch einiger anderer hieher gehörigen Schriftsteller gedenkt Herr D. Martini in den Anmerkungen zu Hrn. Murray Einleitung zur Erkenntniß der Konchylien im IVten Bande der Berliner Mannigfaltigkeiten S. 344. Not. y.

sey, welche das darinnen wohnende Thier ausschwitze, daß die Schale sich nach der Gestalt seines Bewohners selbst bilde, und vorn an der Oeffnung sich mit dem Wachsthum des Thiers verlängere. Die unterschiedene Farben, sagen sie, entstehen aus den unterschiedentlich gefärbten Säften seines Bewohners, und da sich aus solchen die Schale bildet, so müssen auch die so mancherley Flecken, Streifen und Züge der Schale daher entstehen. Besonders hätten die Flecken und Striche des Schneckenhalses einen grossen Einfluß in die Farbenzeichnungen der Konchylienschalen.

Diejenigen, welche das behaupten, gehen in Nebendingen auf unterschiedene Weise von einander ab. Einige *) läugnen die Existenz der Schalen im Ey, und berufen sich auf Avtopsie. Hr. Professor Müller l c. tritt zwar in der Hauptsache der Reaumürischen Muthmaßung bey, glaubt aber, es sey zu vermuthen, daß die Konchylienschale nicht durch und durch dichte sey, sondern unsäglich viele Zwischenräumchen habe, die wahrscheinlich in eben einer solchen Lage stünden, als die Pori des lebendigen Thieres wären, aus welchen der schleimige Saft, der die Schale bilde, herausschwitze; daher es auch glaublich sey, daß von dem neuen Safte sich nicht nur ein Theil unten anlege, sondern auch ein Theil durch die Dunstöfnungen der Schale bis zu deren Oberfläche dringe. Da nun aber, allem Vermuthen

*) Als Herissant l. c.

then nach, der Bewohner unterschiedene Säfte, auch von unterschiedener Farbe habe, so müßten daher auch unterschiedene Farben auf den Konchylienschalen entstehen. Herr von Argenville l. c. ist auch der Reaumürischen Meynung in der Hauptsache zugethan, vermuthet aber, daß der Unterschied der Säfte in dem Unterschied ihrer Nahrung mit zu suchen sey, und daß daher Konchylien von einerley Gestalt anders gefärbte Flecken, Züge und Streifen haben könnten. Er glaubt auch, daß die Farbe des Halses das allermeiste zu den Farben der Konchylien beytrage.

§. 2.

Die andere Hauptmeynung giebt den Konchylienschalen kleine Saftröhren und ein faserichtes Gewebe, das seine Nahrung von dem Thier selbst erhalte. Dieser Meynung sind Steno, Lister, Klein, Lesser, Denso, und andere Naturforscher zugethan. Darinnen kommen sie alle mit einander überein, daß die Konchylienschalen, eben so, wie die Knochen, vermittelst gewisser hindurchgehenden Saftröhren wüchsen. Wenn sie aber aus diesem Wachsthum die Entstehungsart der Farben erklären sollen, so sind sie beynahe sämmtlich der ersten Hauptmeynung, nämlich: die Farben kämen aus den verschiedenen gefärbten Säften des Thieres, diese drängen in die Schale durch die Saftröhren, und färbten jene dadurch so mannigfaltig. Wenn man die Sache genau erwäget, so liegt der ganze Unterschied der beyden bisher bekannten Hauptmeynungen von der Entstehung dieser Farben darinnne. Jene läßt den im lebendigen Bewohner bereits gefärbten Saft unmittelbar aus dem Körper des Thiers in die Schale treten, diese nimmt eben denselben schon im Thier gefärbten Saft, schlüßet ihn in seine Harröhrchen ein und bringt ihn durch solche bis zur Oberfläche der Konchylien. Noch einer Meynung muß ich hier nur mit wenigem gedenken. Herissant giebt den Schalen ein zellichtes Gewebe. Die Zellen bildet er sich Kugelförmig, und wenn diese, auf der Oberfläche in prismatische Figuren verschobene runde Zellen die Sonnenstralen brächen, so nähmen sie eine vielfältig schimmernde Gestalt an. Der unterschiedene Bau der Oeffnungen ihrer Haut soll, nach seiner Meynung, der Grund von den so mannigfaltigen Zierrathen auf den Schalen seyn.

§. 3.

Vom Wachsthum der Konchylienschalen glaube ich, daß diejenigen Recht haben, welche ihnen ein faserichtes Gewebe beylegen und in demselben den Grund ihres Wachsthums suchen. Weil aber dieses bisher nur größtentheils als eine Muthmaßung vorgetragen und angenommen worden, so will ich versuchen, ob ich solche zu einer apodiktischen Gewißheit bringen kann. In Ansehung der Farben aber bin ich noch ganz anderer Meynung, als meine

Vor-

Vorgänger. Denn wenn gleich die Säfte der Schalenthiere von unterschiedener Farbe seyn können; so sehe ich damit doch nicht ein, warum nur die obere Lamelle Farbenzeichnungen habe, wenn die bereits im Thier selbst gefärbten Säfte durch die Schale hindurchdringen, und nur bloß die Oberfläche färben und mahlen sollten? Hieraus würde dieses folgen. Im Thier liegen allerhand bunte Säfte, diese treten zuerst entweder unmittelbar, oder vermittelst gewisser Saftröhren in die untere Lamellen der Schale, und verlieren hier ihre Farbe; wenn sie aber hinauf dringen, dann bekommen sie ihre alte Farben wieder. Dies scheinet mir eine ganz unmögliche Sache, und ist es dann auch mit den bunten Säften der Schalenthiere schon eine so ausgemachte Sache? Wo hat man denn in ihnen die rothe, blaue, grüne und gelbe Farbe jemals entdecket? Kennet man etwa nicht Schneckenbewohner genug, die eine bloß weiße Farbe und doch eine schön gemalte Wohnung haben? Man zergliedere doch ein solches Thier, und untersuche seine Säfte! Man wird finden, daß wenn sie auch insgesamt nicht von einerley Farbe sind, ihre Farbe dennoch mit den Farben der Schale nicht übereinkommen.

§. 4.

An den Konchylien haben die Naturforscher in Ansehung ihres Wachsthums und ihrer Farben folgendes wahrgenommen. Alle Konchylien haben ein

Wachs=

Wachsthum, und zwar so lange, bis sie zu der von der Natur jeder Art bestimmten Größe gelangen. Dieses Wachsthum geschiehet so regelmäßig und so proportionirt, daß jeder Theil zum andern beständig in dem Verhältniß bleibt, in welchem er von seinem ersten Daseyn an gewesen. Beym Wachsthum selbst nehmen sie nicht allein in der Größe, sondern auch in der Stärke zu, und diese besteht in der Vervielfältigung der feinsten Lamellen, die sich auf einander setzen. Durch diese Lamellen geht nicht die Farbenzeichnung der obern Lamellen durch, sondern es ist eigentlich nur eine, und zwar die oberste Lamelle, die gemalt und gemeiniglich mit einem dünnen Häutchen bedeckt ist. Unter dieser gemalten Lamelle liegen die übrigen meist von weisser Farbe. Doch hat man auch gefunden, daß bey gewissen Arten unter den gemalten auch noch anders gefärbte Lamellen, und unter diesen erst ungefärbte liegen *). Die eigentliche Perlenmutterartige Lamelle ist unmittelbar unter der obern gemalten zu finden, in den untern aber verlieret sich die Perlenmutter Farbe.

Ob alle und jede Konchylienbewohner vermittelst einer Sehne an ihre Schale bevestigt sind, ist zwar durch die Erfahrung noch nicht apodiktisch gewiß gemacht, und wird daher auch von einigen in Zweifel gezogen; allein es geschiehet dieses ohne hinlänglichen Grund. Nur muß man die unvollkommenen Schalthiere, bey welchen die Natur von den nakten zu den bekleideten den

erſten

*) S. der Physik. Belustigungen erster Band S. 570.

ersten Schritt waget, hievon ausnehmen. Das sind die sogenannten Entalia oder Zahnschnecken und Wurmröhren. Ihr ganzer Bau hat keine vollkommen organische Struktur, und läßt sich an ihnen auch das Regelmäßige, das den vollkommenen Konchylien eigen ist, nicht wahrnehmen. Sie stehen gleichsam zwischen den nakten Schnecken, und den eigentlichen ächten Konchylien mitten inne. Sie sind vollkommener, als jene, aber unvollkommner, als diese, und zu diesen ihnen annoch mangelnden Vollkommenheiten gehöret, außer dem Organismus des Schalenbaues, auch das Band, welches den Bewohner mit seiner Schale verknüpfet.

§. 5.

In Ansehung der Farben müssen wir hier folgende Wahrnehmungen hersetzen. Die Zeichnung derselben, so mannigfaltig sie aussiehet, so regelmäßig ist sie auch. Es liegt gleichsam bey jeder Zeichnung ein gewisses Dessein zum Grunde, das durch die ganze Schalenfläche meisterhaft ausgeführet worden. Ausser dem bestgewählten Farbenwechsel muß man die so mannigfaltige Vermischung der Flecken, Binden, Züge und Striche billig bewundern. Die Striche sind oft die feinsten von der Welt, wie mit der zartesten Feder gezogen. Flecken und Binden haben oft anders gefärbte Flecken, und wenn die Farben auch noch so nahe an einander stehen, so wird man dennoch finden, daß jede ihre bestimmten Grenzen, in

Anse-

Ansehung der Länge, Dicke und Stärke hat, und man wird nur selten wahrnehmen, daß einige derselben in einander geflossen. Die Flecken scheinen oft gleichsam nur ohne Ordnung hingeworfen zu seyn, und dennoch, wenn man die ganze Fläche und die durch die Flecken hervorgebrachte Farbenänderung im Ganzen betrachtet, wird man allezeit Ordnung und Regelmäßigkeit entdecken. Alle, auch die kleinsten Züge und Striche, haben ihre wohlausgedachte Bieguug und ihre bestimmte Richtung. Hierzu kommt noch der Hauptumstand, daß jede Geschlechtsgattung ihre eigne Zeichnung hat, so daß alle einzelne Stücke derselben diese unter sich gemein haben. Weicht ja zuweilen ein und das andere Stück in etwas von den übrigen ab, so entdeckt man dennoch dabey sogleich, daß auch bey dem etwan abweichenden Stück eben derselbe Plan ausgeführet worden, daß die Abweichung gering und blos zufällig sey. Man wird ferner finden, daß mit dem Wachsthum der Schale die Flecken auf das verhältnißmäßigste zunehmen, so daß z. B. alle, auch die kleinste Flecken, auf einer Konchylie, die zween Zoll lang ist, just insgesamt noch einmal so groß sind, als auf der andern von eben derselben Art, deren Wachsthumsgröße nur bis zu einem Zolle reicht. So hat man auch wahrgenommen, daß nach dem Zustande des Bewohners einerley Farbe bald lebhafter und frischer, bald matter und bleicher sich darstellet. Und wie oftmals Gesichtsfarbe, Jugend, Alter, Gesundheit, Krankheit und Tod verräth, so ist dieses gewissermaßen auch von den Farben dieser Schalen zu behaupten. Ja nachdem der Bewohner jung oder alt, gesund oder krank, lebendig oder tod ist, nach dem wird auch die Farbe seiner Schale beschaffen seyn.

Noch einen Umstand dürfen wir hier nicht vergessen. Wenn die Schale durch Druck oder Stoß beschädigt wird und unter andern an ihrer Mündung ein Stück verlohren geht, so wird zwar das neue sich ansetzende Stück allmählig eben die Farbe bekommen, die das alte gehabt, aber doch allemal zwischen dem Rande des beschädigten Theils und dem neuen Ansatz eine weißliche Farbe zurück bleiben. Dieses alles sind Wahrnehmungen, welche die Erfahrung bestätigt, und die keinem geübten Konchyliologen unbekannt seyn können. Ich habe sie anführen mussen, weil sie zu meiner Absicht gehöreten. Kann ich aus ihnen theils Beweise meiner Grundsätze und Hypothesen hernehmen, theils aus solchen Grundsätzen im Gegentheil andere Erscheinungen, die man an Konchylien, in Ansehung ihres Wachsthums und ihrer Farben Entstehung wahrgenommen, erklären, so habe ich dadurch das, was ich wünsche und suche, gewonnen.

§. 6.

Da ich überzeugt bin, daß in einem Vaskularsystem, nicht des Bewohners, sondern seiner Schale, der Grund des Wachsthums sowohl, als der Farben, zu suchen, so muß ich erweisen, daß diese Schalen ein Vaskularsystem haben, und daß in demselben der Grund von beyden, vom Wachsthum nämlich und von der Farbenmalerey liege. Wenn ein Körper im Reiche der Natur wächßt und zunimmt, so hat die Natur nur zween Wege, dieses Wachsthum zu bewirken. Der eine ist die Aggregation oder der Ansatz, da sich an dem bereits vorhandenen Körper neue Theile von außen ansetzen. Den andern pflegt man die Intussuszeption (oder innige Aneignung) zu nennen, wenn vermittelst eines innern Vaskularsystems dem Körper Säfte zugeführt werden, die durch eine regelmäßige Bewegung ihm Nahrung, Wachsthum und gehörige Ausbildung verschaffen. Jene Art des Wachsthums ist bloß dem Mineralreich, diese dem Pflanzen- und Thierreich eigen, und noch nie hat man gefunden, daß die Natur diese beyde Wachsthumsmittel so mit einander vermenget, daß in dem vegetabilischen und animalischen Reich eine Aggregation, in dem mineralischen eine Intussuszeption statt gefunden hätte. Bey der Aggregation ist kein eigentlicher Organismus der Struktur möglich, daher einerley Masse und einerley Substanz tausend zufällige Gestalten haben kann. Bey der Intussuszeption hingegen findet sich allezeit eine organische Bildung, die jeder Art und Gattung des vegetabilischen und animalischen Körpers eigenthümlich zugehöret, und diese Bildung ist und bleibt jeder Gattung nnd Gattungsart beständig.

§. 7.

§. 7.

Zweyerley könnte man mir hier vielleicht einwenden, um zu erweisen, daß auch bey der Aggregation eine bestimmte Bildung statt habe. Man könnte sich nämlich auf die Bildung der Salze und Krystalle und auf die figurirte Gestalt der Inkrustaten im Mineralreiche berufen. Allein man weis, daß die Bildung der Salze und Krystalle in der uranfänglichen Bildung ihrer Theile, in der Beschaffenheit des flüßigen Wesens, das sie umgiebt, und in ihrer Leichtigkeit ihren Grund habe, vermöge welcher ihre eigene Schwere sie nicht zu Boden drückt, sondern ihnen eine freye Bewegung und Kraft läßt, sich mit einander zu gewissen Formen und Gestalten, so wie es ihre ursprüngliche Theile mit sich bringen, zu vereinigen. Man weis aber auch, daß ihre ganze Bildung nur in einer bestimmten Anzal der Seiten und Ecken bestehet, und daß sie eigentlich nur vier, sechs, und mehrere Ecken und Flächen bilden, aber nie konkave, konvexe, runde, ausgeschnittene, gewölbte, in einander gedrehte, gewundne, um sich oder in die Höhe gewundene Gestalten hervorbringen können. Ferner ist mehr als zu wohl bekannt, daß allen diesen Körpern, wenn man ihnen auch, im uneigentlichen Verstand eine Art von einem äusserlichen Origanismus zugestehen wollte, die innere organische Struktur gänzlich fehlet. Die Inkrustate stellen uns gewisse Körper von bestimmter Figur und Gestalt dar. Aber woher haben sie solche? Von dem vegetabilischen oder animalischen Körper, den sie in sich eingeschlossen, und überzogen gehabt, er mag nun noch vorhanden seyn, oder nicht.

§. 8.

Aus dem, was ich eben gesagt, wird sich von selbst ergeben, daß bey der Bildung der Konchylienschalen ein Vaskularsystem zum Grunde liegen müsse. Ich eigne ihnen solches aus folgenden Ursachen zu. Erstlich sind es animalische Körper, bey welchen insgesammt das Wachsthum sowohl, als die Bildung selbst, durch ein Vaskularsystem bewirket wird. Zweytens hat keine Aggregation im ganzen vegetabilischen und animalischen Reiche statt, warum wollten wir solche blos den Konchylienschalen beylegen? Wie sollte die Natur hier von ihren ewigen Gesetzen abweichen? Drittens hat jedes Geschlecht, jede Gattung, jede Gattungsart ihre eigene so genau bestimmte Bildung, daß alle einzelne Geschöpfe einer Art, in Ansehung aller ihrer Theile, auf das genaueste mit einander überein kommen; dabey aber giebt es, in Ansehung der Biegungen, Krümmungen und Windungen so vielfache und so mancherley Gestalten, daß man im ganzen Mineralreiche, wo die Aggregation statt findet, nicht ein einziges ähnliches Exempel aufstellen kann. Und ich behaupte daher mit Recht, daß nie eine bloße Aggregation dergleichen hervorzubringen im Stande sey. Folglich muß ein Vaskularsystem hier vorhanden seyn, weil hier kein anderer

Ausweg

Ausweg statt hat. Viertens stellt uns das vegetabilische, noch mehr, aber das animalische Reich eine Menge der vestesten Körper, besonders Knochen und Zähne, Schildkröten-Gehäuse, harte Bedeckungen der Panzerthiere, beinerne Knochen gewisser Fische dar, von denen niemand läugnen wird, daß ihre Gestalt und ihr Wachsthum in einem in ihnen verborgenen oft unsichtbaren Vaskularsystem seinen Grund habe. Warum aber soll eben dasselbe den Konchylien abgesprochen werden? Fünftens lassen sich auch keinesweges die Konchylienschalen etwa, wie einige glaubten, mit einem blätterigen Jnkrustate vergleichen, welches durch die aus dem Bewohner ausgedunsteten und verhärteten zähen Feuchtigkeiten entstanden. Denn wäre dieses, so müßte der Körper des lebendigen Bewohners der Schale eben die Gestalt gedachtes Gehäuses haben; allein hier widerspricht offenbar die Erfahrung, die wir aus der Zoomorphose des Argenville, Adansons und anderer neuerer Naturforscher haben. Hierzu kömmt endlich noch sechstens, daß man bereits durch Hülfe guter Vergrösserungsgläser in den Konchylienschalen ein faserichtes Gewebe entdeckt, und das ist eben das Vaskularsystem, von dem ich hier rede. Jch will mich nur Kürze halber auf einen glaubwürdigen Zeugen, Hrn. Baster *) berufen. Er sagte: „Wer die zarten Schupchens (oder Schalen) der neugebohrnen Austern mit einem Vergrößerungsglase betrachten wolle, der wür-

*) in Operibus subcesivis. Tom. I. S. 68.

de mit Erstaunen eine große Menge zarter Gefäße mit ihren Aestchen wahrnehmen, die über sich unter einander zerstreut lägen.„ Nun sehen wir auch mit hieraus den Grund, warum die frischen Konchylienschalen in der See lange nicht so spröde und zerbrechlich, als an der freyen Luft, sondern sehr nachgebend, einige sogar weich und biegsam sind. Das macht nämlich ihr noch biegsames Vaskularsystem. *)

§. 9.

Ich glaube nunmehro hinlänglich erwiesen zu haben, daß die Konchylienschalen ein Vaskularsystem besitzen. Wie ist aber dasselbe beschaffen? Hier müssen wir uns mit bloßen Muthmaßungen und aus denselben gefolgerten Sätzen behelfen, da dieses so feine Gewebe unsern Augen gänzlich verborgen ist, und nicht leicht jemals vollkommen entwickelt werden mögte. Sind übrigens die Hypothesen so beschaffen, daß sie den Gesetzen, welche die Natur bey andern Vaskularsystemen im Thier- und Pflanzenreiche vestgesetzt, nicht widersprechen, lassen sich alsdann aus diesen Hypothesen alle Wahrnehmungen bey dem Bau, Wachsthum und Farben der Konchylien leicht und schicklich erklären, so glaube ich, da, wo man nicht weiter kommen kann, genung geleistet zu haben. Mehr wird man auch in diesem Punkte nicht fordern können.

*) Hiervon hat Hr. D. Martini, wie er mir meldet, in diesem Bande noch einige beweisende Beyspiele beybringen wollen.

Das Vaskulargewebe einer Konchylie dürfte sich am schicklichsten mit einem skeletirten Blatte vergleichen lassen. Dieses Gewebe besteht aus einer großen Menge Saftröhren, die alle, vermittelst einer starken Sehne, ihre Säfte von ihrem Bewohner erhalten. Diese Saftröhren scheinen eine Ramifikationskraft zu haben, und es ist wahrscheinlich, daß sie solche nur nach der obern Schalenfläche zu äussern, so wie die Pflanzen und Bäume ihre Aestchen allezeit nach der äussern und nicht nach der innern Seite zu treiben. Das hat auch bereits Baster bemerket, daß die zarten Harröhrchen, die aus einer andern Röhre gleichsam hervorsprossen, nicht unter sich, sondern über sich liegen. Alle diese zarten Röhrchen, da immer eines aus dem andern entspringt, bilden wahrscheinlicher Weise ein dichtes Gewebe. Ihnen werden die Säfte von denen, aus welchen sie entspringen, und diesen wieder von andern, und allen insgesamt von einem Hauptkanal, der mit dem lebendigen Thiere selbst eine Gemeinschaft hat, zugeführt, jedoch dergestalt, daß die Säfte selbst, je weiter sie getrieben werden, sich mehr und mehr versteinern, vielleicht auch mit andern Säften sich vermischen, durch welche Verfeinerung und Vermischung natürlicher Weise die Säfte selbst ihrer Art und Farbe nach, wie die Säfte anderer thierischer Körper verändert werden müssen. Die Ramifikationskraft der Saftgefässe ist an sich regelmäßig, dennoch scheint sie sich nicht an allen Orten auch bey der obern Seite überall gleich stark zu äußern. Es ist Grund genug da, zu vermuthen, daß die hervorkeimende zarte Harröhrchen an einigen bestimmten Orten einen starken Zufluß haben, daß manche daher länger wachsen, als andere, und daß insbesondere sich an manchen Orten ganze Flecken und Büschelchens ansetzen, deren Härchen an Dichtigkeit und Feinheit auch die zarteste Wolle übertreffen dürften, und dennoch sind auch die zartesten insgesamt hohl und haben ihre eigene Säfte.

§. 10.

Könnte man ein solches Vaskularsystem, das in erdichte, kalkichte Theile eingehüllet ist, wie bey einem Blatt, entwickeln, so würde man, allem Vermuthen nach, bey jeder Konchylienart gleichsam ein anderes Deßein wahrnehmen, man würde größere und feinere, bald mehr, bald weniger harichte Faden, bald auf diese, bald auf eine andere Art auf das künstlichste in einander gewebt, erblicken. Manche würden sich in die Länge, andere in die Quere ziehen, noch andere würden eine andere Richtung und Lage nehmen, und alle insgesamt ein Ganzes bilden, das mit der Konchyliengattung, der dieses Gewebe zugehörte, seiner ganzen Gestalt nach, vollkommen übereinkäme. An manchen Orten dieses künstlichen Strickwerks würde man die oben beschriebenen Harflocken gewahr werden, und das ganze Gewebe würde einer feinen Strickerey auf einem Filetgrund, oder einem geblümten Flor ähnlich seyn.

§. 11.

Da ein solches Vaskularsystem aus einer unendlichen Menge grober und feinerer Saftröhrchen bestehet, so muß es natürlicher Weise in einem solchen Gewebe eine unendliche Menge kleiner leerer Zwischenräume geben. Diese werden mit einer zähen Feuchtigkeit angefüllt, welche erhärtet, und so entstehet aus einem solchen Gewebe eine feine zarte Lamelle. Diese Feuchtigkeit dunstet vielleicht aus den untern stärkern Saftröhren aus, und ist ungefärbt, entweder, weil sie vornämlich aus denjenigen Kanälen der Schale kömmt, die einen ungefärbten Saft in sich eingeschlossen halten, oder weil bey der Ausdünstung eine neue Absonderung gewisser Säfte von andern zurückbleibenden erfolgt, so wie der Schweiß des Thiers und der Menschen ebenfalls ungefärbt ist, wenn sie gleich rothes Blut haben.

§. 12.

Diese ausdünstende Feuchtigkeit setzt sich nicht allein in die leeren Zwischenräume, sondern sie überzieht auch gleichsam das ganze künstliche Vaskulargewebe wie mit einem Lack oder einem Fernisse. Sie giebt dem ganzen Gebäude die nöthige Haltbarkeit, und da sie äusserst fein und durchsichtig ist, so schimmern die buntgefärbten Säfte der feinern Harröhrchen durch sie hervor. Jedes Vaskulargewebe hat seine ihm bestimmte Wachsthumskraft. Auch die kleinesten zartesten Fädchen können sich bis zu einer gewissen erlangten Größe verlängern. So wie hier das Wachsthum derselben geschiehet, so legen sich durch die jetzt gemeldete Ausdünstung neue Lamellen an. Diese sind äusserst fein und zart, und wenn wir eine noch so feine abgelöset zu haben vermeynen, so haben wir dennoch vielleicht eine Menge derselben auf einander gleichsam geleimt in den Händen. Hieraus läßt sich auch einsehen, warum sich die Konchylienschalen, besonders wenn sie schon einige Kalzination erlitten haben, schilfern. Die Theilchen jeder Lamelle haben unter sich eine stärkere zusammenhängende Kraft, als mit den untern Lamellen, auf welchen sie gleichsam nur angeleimet sind. Sprengt man ein Stück ab, so werden damit die zarten Fäserchen der hineingehenden Saftröhren zerrissen, und es muß daher eine Konchylienschale jederzeit schilfrig seyn.

§. 13

Ich glaube, daß ich bis daher nichts Unwahrscheinliches behauptet habe. Denn da ich, wie ich hoffe, oben apodiktisch erwiesen, daß die Konchylienschalen ein regelmäßiges Vaskulargewebe haben müssen, so betreffen alle meine Hypothesen nicht die Existenz desselben selbst, sondern gewissermaßen nur Nebendinge, nur die Art und Weise, wie dieses Gewebe eigentlich in der Schale geordnet ist. Und folglich bleibt die Hauptsache an sich richtig und ausgemacht, und einem jeden stehet frey, sich die Textur der ungezweifelt vorhandenen Saftröhren nach dieser oder jener Idee zu bilden. Ich wenigstens stelle sie mir so vor, daß ich glaube, alle Erscheinungen in Ansehung des Wachsthums und der Farben der Schalen daraus leicht erklären zu können.

§. 14.

Liegt nun aber bey diesen Schalen ein Vaskularsystem zum Grunde, so wird mir jedermann wohl von selbst eingestehen, daß in diesen Röhren Säfte seyn, und daß dieselben eine organische Bewegung haben müssen. Denn dieses findet sich bey allen Körpern des Thier- und Pflanzenreichs, daß sie durch die in ihren Röhren befindlichen Säfte und deren Bewegung wachsen und sich erhalten. Ist nun aber dieses ungezweifelt richtig, so fragt sich, wie sind diese Säfte beschaffen? Ich denke nichts Unbilliges zu verlangen, wenn ich hoffe, daß mir meine Leser bey dem Vaskularsystem der Schalen eben die Wirkung zugestehen sollen, die wir an so vielen Vaskularsystemen des Thierreichs wahrnehmen. Die in demselben eingeschlossene Säfte bleiben in einer beständigen Bewegung, sie ergießen sich, wie bey einem Stamm, in Aeste, Zweige und Nebenzweige, und treten in die feinsten, oft unsichtbaren Harröhrchen. Durch diese unaufhörliche Bewegung wird nicht allein das Wachsthum und die Erhaltung des lebendigen Körpers befördert, sondern es entsteht auch daraus eine mannigfaltige Vermischung, Veränderung und Verfeinerung der Säfte, so wie es jeden Thieres Nahrung und ganze Natur erfordert. Diese in dem Vaskularsystem durch die Bewegung zubereitete mancherley Säfte sind nach dem Unterschied ihrer Bestandtheile auch von unterschiedenen Farben, welche theils in dem Futter selbst, theils in der Vermischung unterschiedener Bestandtheile, theils in der Verfeinerung der gröbern Säfte vermuthlich ihren Grund haben. Man betrachte die auf allerley Art gefärbten Säfte in dem menschlichen Körper, man betrachte sie in andern Thieren, so wird man an der Zuverläßigkeit meiner Behauptung nicht zweifeln. Wenn die Säfte eines Vogels, eines Insekts, eines Schmetterlings bis zur äußersten Feinheit gebracht worden, und nunmehro in die subtilsten Harröhrchen getrieben werden, was entstehen da für schöne, für mancherley Farben?

§. 15.

Eben so stelle ich mir die Wirkung eines Vaskularsystems in den Schalen der Konchylien vor. Wenigstens werde ich mir die Möglichkeit davon nicht so leicht abstreiten lassen. Aus dem lebendigen Thiere tritt ein weißlicher Saft in die ersten Wege der grössern Kanäle. Dieser Saft wird durch eine Menge Nebenröhren hindurch geführt und zu mehrerer Verfeinerung gebracht, tritt er alsdann in die äußersten Spitzen der subtilsten Harröhrchen, so färbt er sich erst so mannigfaltig, wie die Säfte eines Schmetterlings, eines Vogels, in den feinsten Harspitzen seiner

ner Federn sich zu färben pflegen. Tiefer können wir hier nicht in die Werkstäte der Natur eindringen. Das wissen wir, daß jede Schneckenart ihre eigenen Säfte habe, und daß davon der Grund abzuleiten, warum manche Arten eßbar, andere nicht, manche verdaulich, andere schädlich und giftig, manche von diesem, andere von jenem Geschmacke sind? Auch das wissen wir, daß der Unterschied dieser Säfte zwar mit in der unterschiedenen Nahrung, die jeder Art von der Natur angewiesen ist, vornämlich aber in der Beschaffenheit und Einrichtung des ganzen Vaskularsystems und der von ihr abhangenden so mannigfaltigen Zubereitung der Säfte, oft aus einerley Grundstoff, liegen müsse. Vielleicht machen bey der in den Saftröhren vorgehenden Vermischung und Verfeinerung der Säfte, metallische Wesen und Salze hier einen Anspruch auf die Farben, welche dergleichen Säfte in den äußersten Harspitzen ihres Vaskulargewebes annehmen. Wäre das erste richtig, so dürften wohl vornämlich martialische Bestandtheile in den Säften der Schalenbewohner hier in Anspruch genommen werden.

§. 16.

In dem Vaskularsystem liegt also der Grund, sowohl des Wachsthums, als der Farben bey den Schalen der Konchylien. Es erhellet dieses sattsam aus dem, was ich bisher davon gesagt. Ich habe daher jetzt nur in Ansehung des Wachsthums die

Art

Art und Weise desselben zu zeigen, und alsdann die Gründe noch anzuführen, warum die Farben nicht anders, als vermittelst dieses Vaskularsystems, hervorgebracht werden können? Die Schale der Konchylien existirt sogleich mit ihrem Bewohner. Die Konchylien legen Eyer. Ein solches Ey besteht aus einem dünnen Häutchen, in welchem ein flüßiges Wesen eingeschlossen gehalten wird. In diesem flüssigen Wesen erblickt ein gewaffnetes Auge anfangs nichts weiter, als einen kleinen Punkt, und dieser Punkt, so klein er auch ist, enthält nicht nur das ganze Thier, nach allen seinen Theilen, sondern die Schale selbst, welche, wie leicht zu begreifen, sehr weich, zart und einem höchst subtilen Häutchen ähnlich seyn muß. Diese dünne weiche Schale hat nicht nur bereits die ganze Anlage des dem Bewohner eigenen Gehäuses, sondern es liegen auch in solchem schon das ganze Vaskularsystem und alle Theile desselben, nach der jeder Schale eigenen Richtung und Lage. Diejenigen, die mit Knoten und Stacheln bewafnet werden sollen, haben bereits hiezu an dem Ort, wo sie zu stehen kommen, ein solches Vaskulargewebe, aus welchem bey mehrerer Entwickelung dergleichen Erhöhungen entstehen müssen. Es liegt also der Grund derselben nicht, wie viele glauben, in der Gestalt des Bewohners, als wogegen die Erfahrung streitet, sondern in dem Bau und in der Anlage des ganzen Vaskularsystems. So unendlich klein auch die Saftgefässe der Schalen im Anfange seyn mussen, so

haben

haben sie dennoch schon ihre Säfte in sich eingeschlossen und in dieser ihrer unaufhörlichen Bewegung liegt der Grund ihres Wachsthums. Aus dem Körper treten die Säfte in die Kanäle oder Saftröhren der Schale, der Anstoß und die Bewegung erweitert und verlängert die zarten Gefäße. Durch neue irdische Theile, die sich von den flüßigen absondern und an die ausgedehnten Wände der Gefäße anlegen, erhalten diese ihre Ausdehnungskraft; und da diese sich in allen Theilen der Schale auf gleich starke Art wirksam erweiset, so muß die Schale beständig ein verhältnißmäßiges Wachsthum haben, das ist, jeder Theil bleibt in seiner verhältnismäßigen Wachsthumsgröße gegen die übrigen. Dieses Wachsthum erstreckt sich bis auf die subtilsten Fasern des ganzen Vaskularsystems; da nun dieses in Erweiterung und Verlängerung der Gefäße bestehet, so würde natürlicher Weise dadurch eine Menge leerer Zwischenräumchen entstehen, wenn die Natur nicht auch für deren Ausfüllung gesorgt hätte. Das ist eben der Saft, den gewisse Gefäße der Schale ausschwitzen. Dieser tritt nicht nur zwischen das feine Gewebe der Schale ein und hält dessen Theile durch seine Verhärtung zusammen, sondern es breitet sich der überflüßige Saft über die ganze Schale aus, und daraus entstehet mit dem zunehmenden Wachsthum der Gefäße die Vervielfältigung der Lamellen, aus welchen eine Konchylienschale zusammengesetzt ist.

§. 17.

Aus dem, was ich eben gesaget, laßen sich folgende drey Fragen entscheiden.

1) Setzen sich die Lamellen der Konchylienschalen von aussen oder von innen an? Ich glaube, wie ich auch bereits erinnert, daß die Anlegung von aussen geschehe. Ist meine vorgetragene Meynung von der Wachsthumsart der Konchylien richtig, so muß auch das Anl gen von aussen geschehen. Ich kann aber auch dieses aus verschieden n Wahrnehmungen erweisen. Es giebt Konchylienschalen, die, wenn sie angeschliffen werd n, in und zwischen ihren Lamellen fremde Seeprodukte, besonders korallinischer Art eingeschlossen halten. *) An der innern Schalenfläche entdeckt man von ihnen nicht das geringste, wohl aber zuweilen an der äussern Fläche, wo sie sich durch kleine Löcherchen zu verrathen scheinen. Eben so trift man gewisse konzentrische Zirkel zwischen den Lamellen verschiedener Muscheln an, die von kleinen nackten Seewürmern abzustammen scheinen **). Diese und jene korallinische Seeprodukte, wie hätten sie in die Muschelschalen kommen und sich daselbst an der innern Schalenfläche ansetzen können? Sie setzen sich nur von aussen auf die Schalen, und wir finden

*) Beyspiele davon findet man in Rundmanns *Rarioribus Naturæ et Artis*, §. 142. und bey Hn. Pr. Müller in seiner Beschreibung in dem Knorrischen Konchylienwerk. Th. IV. S. 31.

**) S. das 2te Stück des Naturforschers S. 126.

finden sie jetzt in und zwischen den Lamellen, und von ihnen bedecket. Wird nicht jedermann, ohne mein Erinnern, von selbst einsehen, daß daher die Anlegung der Lamellen von aussen geschehen müsse? Damit aber wird keinesweges geläugnet, daß nicht auch der aus dem lebendigen Thier dunstende zähe Saft der innern Schalenfläche eine mehrere Haltbarkeit verschaffen, und, wenn die Schale durch einen Zufall zerknickt und zerbrochen wird, sie wiederum, wenn er in die Rißze derselben eintritt, zusammen leimen könne. Vielleicht dringt er auch, wenn durch das Wachsthum und Ausdehnung der Schale mehrere leere Räumchen zwischen dem faserichten Gewebe entstehen, durch gewisse unmerkliche Poros dahin, sie auszufüllen. Hieraus ergiebt sich von selbst, daß der vom Herrn von Reaumür gemachte Versuch unserer Meynung keinesweges entgegen sey. *) Er machte in eine Schneckenschale ein Loch und schob ein Häutchen von einem Hünerey hinein, so daß solches am Rande des Loches zwischen dem Körper des Thieres und seiner Schale zu liegen kam, und die gemachte Oefnung bedeckte. Weil sich nun eine neue Schale zwischen dem Körper und dem Hünerhäutchen ansetzte, so ließe sich daraus vielleicht vermuthen, daß auch das Ansetzen der Lamellen von innen und nicht von aussen geschehen dürfte. Allein das folgt noch keines-

*) In den Pariser Mémoires de l'Academie Royale des sciences v. J. 1700. S. 488. und v. J. 1716. S. 385.

keinesweges. Die Schnecken können von der Natur einen Trieb und Vermögen haben, wenn ihre Schalen zerbrochen worden, an dem Ort, wo die Verletzung geschehen, einen zähen Saft hervorzudrücken, vermittelst dessen sie den gemachten Schaden wieder zuheilen. Folgt denn aber daraus, daß dieses Vermögen sich auf ein beständiges Anlegen neuer Lamellen erstrecke? Nur bey Beschädigungen wird man einen häufigen austretenden Saft an den Schnecken bemerken. Bleiben sie in ihrer Ruhe, so sind sie zwar ihrer Natur nach naß und feucht, sammlen aber auf sich nie jenes schleimige Wesen in Menge, das ihnen die Natur zu einem Bindungsmittel ihrer zerbrochenen Schalen angewiesen.

§. 18.

Die zwote Frage ist diese; Bekommen die jungen Schnecken durch das Wachsthum mehr Windungen? Hier sind die Konchyliologen *) nicht einerley Meynung. Einige behaupten, andere leugnen es. Ich glaube, man muß hier folgende zwey Stücke wohl unterscheiden. Ein anders ist, ob sich die erste Windung verlängere, ein anders, ob die Verlängerung so weit gehe, daß daraus eine ganz neue Windung entstehet? Das erste behaupte ich, das andere hingegen habe ich Ursache zu läugnen. Im Wachsthum, das ein Vaskularsystem zum Grunde

*) S. Hrn. Diakonus Schröters schönen Traktat von den Erdkonchylien S. 69. u. f.

Grunde hat, geschiehet die Ausdehnung aller Theile des Körpers verhältnißmäßig, so, daß kein wesentlicher Theil zurückbleibet, noch auch neue Theile, welche die Gestalt des alten ändern, hinzukommen. Es ist und bleibt also ein Körper eben derselbe, seinen Theilen nach, der er von seiner ersten Existenz an gewesen. Nur diejenigen Körper sind gewissermaßen ausgenommen, die sich nach und nach durch Häutungen zu ihrer vollkommenern Gestalt entwickeln. Wenn daher ein Frosch den letzten Theil seines Schwanzes verloren hat, so behält er eben die Anzal und eben das Verhältniß seiner Glieder bis in das späteste Alter, so wie er sie gehabt, als er nur noch einen Zoll lang war. Dieses ist ein allgemeines Gesetz im Reiche der Thiere, bey welchem unsere Konchylien gewiß keine Ausnahme machen dürfen. Bey ihnen hat also im Wachsthum, eine Ausdehnung aller Windungen bis auf die kleinste statt, und weil diese nach allen Seiten und Theilen zu geschiehet, so muß natürlicher Weise sich auch die Mundöffnung verlängern, in so fern der Bewohner nicht blos an Dicke, sondern auch an Länge zunimmt. Es hat also zwar eine Verlängerung statt; weil aber diese bey allen Theilen und Windungen eines solchen Schalengehäuses geschiehet, so beträgt wohl im Ganzen die Verlängerung ein Ansehnliches, aber in Ansehung der einzelnen Windungen lange nicht so viel, daß daraus ganz neue Windungen entstehen sollten. Hierzu kömmt noch die Erfahrung, welche meine

Meynung sattsam bestätigt. Man zähle die Windungen einer erst ausgekrochenen unbeschädigten Gartenschnecke, und zwar lieber mit einem gewaffneten Auge. Man zähle eben diese an einer großen ausgewachsenen. Die Zahl der Windungen wird sich allezeit gleich bleiben. Noch deutlicher siehet man dieses an der jungen Seekonchylienbrut, die uns das Reich der Versteinerungen aufbehalten. Man betrachte z. E. in den schönen Sternbergischen Muschelsteinen die so mancherley Arten der Turbiniten. Man wird, zumal durch Hülfe eines Mikroskops, alle Gattungen dieses Geschlechts leicht von einander in diesen Steinen unterscheiden können. Nun weis man ja wohl, daß nach dem Unterschiede der Gattungen auch die Anzal der Windungen unterschieden ist. Und da wird man zuverläßig finden, daß auch die kleinste, die oft ohne Vergrößerung dem Auge verborgen bleibt, just eben so viel Windungen hat, als eine große ausgewachsene von eben derselben Gattung.

§. 19.

Die dritte Frage betrift die Bevestigung des lebendigen Bewohners an sein schaliges Gehäuse. Ich habe bereits oben etwas weniges davon zu sagen Gelegenheit gehabt. Ist das einmal ausgemacht, daß die Schalen der Konchylien vermittelst eines Vaskularsystems wachsen, und durch solches ihre Nahrung aus den Säften des Bewohners erhalten,

so

so folgt daraus unwidersprechlich, daß auch alle Bewohner der Schalengehäuse durch gewisse Muskeln und Sehnen an ihrer Schale bevestigt seyn müssen. Hieraus erhellet aber der Ungrund der Meynung, daß einige Schneckenarten jährlich ihr altes Gehäuse ablegen, als welches Hr. Murray *) besonders von den Porzellanschnecken behauptet hatte. So viel ist nun wohl richtig, daß alles organische Wachsthum, alle organische Bildung im ganzen Reiche der Natur durch besondere Vaskularsysteme bewirket wird, und daß daher alle Konchylienschalen, die einen solchen Organismus haben, aus eben dem Grund an dem Bewohner bevestigt seyn mussen. Ich rede mit Fleiß von organischen, das ist, vollkommenen Konchylienschalen. Denn wenn die Natnr von den nakten Gewürmen zu den schaligen überschreitet, so zeigt sie uns gleichsam ihren ersten gemachten Versuch in gewissen Wurmröhren, die man Entalia zu nennen pflegt. Diesen fehlt noch das eigentliche Organische, und es ist wahrscheinlich, daß diese Entalenschalen an dem darinnen wohnenden Körper noch nicht bevestigt sind. Sie haben daher auch kein Vaskularsystem, und bestehen bloß aus dem verhärteten Schleim des Thieres. So bauen sich andere Gewürme von

 Sand

*) In einer unter dem Ritter von Linné vertheidigten Streitschrift: Fundamenta Testaceotheologiae, Upsal 1771. 4. Siehe die Berliner Mannigf. der IVte Jahrgang S. 345. und Hrn. D. Martini in den Berl. Samml. B. IV, S. 100.

Sand und anderer Materie gewisse Gehäuse, mit welchem gleichsam die Natur lauter unmerkliche Schritte zu einem organischen Schalengebäude zu thun scheinet.

§. 20.

Oben habe ich bereits, als ich die Idee von dem Vaskularsystem der Konchylien entwarf, meine Vermuthung von den Farben derselben hinlänglich geäusſert und angenommen, daß sie durch die in den letzten Theilen der Gefäße gefärbten Säfte hervorgebracht würden. Folglich ist es nicht ein gefärbter Saft des Bewohners, der sich durch die Poros an seinen Ort hindränget, sondern ein in den Gefäßen der Schale zubereiteter Saft, der eben durch Absonderung und Verfeinerung die Farbe, die er haben soll, erhält. Wodurch läßt sich aber diese meine Vermuthung wahrscheinlich machen? Vielleicht kann es durch folgende Gründe geschehen: 1) weil die Farbenzeichnung nicht allein vollkommen Regelmäßig, sondern auch bey jeder Art beständig und einerley ist. Ich schlüße daraus, daß jeder Strich, jeder Punkt, jeder Flecken in seinen Gränzen gehalten werden muß, und dies kann wohl nicht anders, als durch gewisse Gefäße geschehen, in denen er eingeschlossen ist. Wollte man annehmen, daß der Saft unmittelbar aus dem Körper in die Poros der Schale trete, und sich färbe, so würden schwerlich diese Farben so Regelmäßig und so genau bey dem einen Stück, wie bey dem

dem andern ausfallen können, zumal da eine frische Schale in der See noch eine Menge flüßiger Theilchen in und zwischen sich hat, mit dem sich die Farben vereinigen, und in einander fließen würden. Dieses sieht man 2) mehr als zu deutlich an denjenigen Exemplaren, bey welchen durch eine zufällige Zerreißung der Gefäße ein Austreten ihrer gefärbten Säfte vorgegangen. Eine Chinesische Kompaßmuschel, die ich besitze, giebt hiervon einen unleugbaren Beweis. Es ist bekannt, daß sie auf der einen Schalenfläche die allerfeinste und subtilste, Zirkelförmige bunte Streifen hat, und man kann mit Grund aus der Feinheit und dichten Lage der Züge vermuthen, daß die Saftröhrchen die allerzartesten von der Welt seyn müssen. Es war daher desto leichter, daß einige durch einen Zufall zerrissen werden konnten. Dieses ist auch wirklich geschehen, der Saft ist ausgetreten und in einander geflossen, jedoch so, daß man auch in dem daraus entstandenen Flecken die Farben, die aus jedem der daliegenden Saftröhrchen geflossen, sehr deutlich von einander unterscheiden kann. Hiezu kommt 3) noch dieser wichtige Umstand. Mit dem Wachsthum der Konchylien ist, im genauesten Verhältniß, das Wachsthum der Farbenzeichnung verbunden, und so wie die Schale wächßt, nehmen auch an Größe und Dicke die Züge, Flecken und Streifen der ganzen Zeichnung zu. Da ich aber nun oben, und zwar, wie ich glaube, durch sattsame

same Gründe bewiesen, daß bey den Konchylienschalen der Grund des Wachsthums in dem Vaskularsystem liege, so folgt daraus wohl ganz natürlich, daß auch die ganze Malerey auf den Schalenflächen in eben demselben Vaskularsystem gesucht werden müsse. Ich setze 4) hinzu, daß die Lebhaftigkeit der Farben von dem Zustande des Bewohners in Ansehung seines Alters, seiner Gesundheit und seines Todes vornämlich mit abhängt, und daß daher die Farben von den Säften des Bewohners abgeleitet werden müssen. Da nun aber diese, wie ich bereits erwiesen, vermittelst gewisser Saftröhren in ihren Schranken gehalten werden, so ist auch hieraus offenbar, daß in dem Vaskularsystem und dessen Säften der Grund von dergleichen Zeichnungen müsse gesucht werden. Ist nun endlich 5) diese Meynung der Analogie, der vegetabilischen sowohl, als thierischen Oekonomie im Naturreiche anpassend, nach welcher die Farben der Körper von gewissen in Saftröhren eingeschlossenen gefärbten Säften hervorgebracht werden, wie z. E bey den Blättern der Bäume, der Blumen, der Pflanzen, den bunten Federn der Vögel u. s. w so glaube ich für meine vorgetragene Meynung hinlängliche Gründe zu haben.

§. 21.

Gesetzt nun aber, es sollte diese Meynung als eine bloße Hypothese gelten, so wird sie doch dadurch desto mehr Wahrscheinlichkeit erlangen, je leichter und natürlicher sich aus derselben alle Erscheinungen, die man an den Konchylien in Ansehung ihrer Farben wahrgenommen, erklären lassen. Wir wollen jetzt eine Probe machen, die oben bereits angegebenen Erscheinungen kurz durchgehen, und ihren reellen physischen Grund aus dieser Hypothese zu erweisen suchen.

1. Die Zeichnung der Konchylienschalen ist bey der so großen Mannigfaltigkeit derselben, dennoch bey jeder Geschlechtsgattung Regelmäßig und beständig. Dieses kann auf keinerley Weise besser und füglicher, als vermittelst eines solchen Vaskularsystems geschehen. Denn würde die Zeichnung bloß durch den unmittelbaren Eintritt der Farben aus dem Bewohner in die Schale ohne Saftröhren hervorvorgebracht, so müßte jedes Fortrücken des Bewohners bey seinem zunehmenden Wachsthum, einerley Zeichnung Reihenweise bewirken. Dieses aber streitet wider die Erfahrung. Hiezu kömmt noch, daß viele Theile der Konchylienschalen, als bey den Flügelschnecken, den Botshaken, Teufelsklauen, Podagraschnecken, gar nicht vom Bewohner berührt werden, die doch insgesammt ihre bestimmten Farben haben.

2. Jede Geschlechtsgattung hat ihre eigene Zeichnung. Der Grund davon liegt darinne, weil jede Gattung ihre eigene Lage und Richtung der Saftröhren hat, so wie jede ihre eigene Säfte besitzet, als welches aus dem Unterschiede des

Geschmackes und Verhältniß derselben auf die menschliche Gesundheit sattsam erhellet.

3. **Die Farben gehen nicht durch die ganze Schale, sondern sie sind eigentlich nur in der obersten Lamelle anzutreffen, die mit einem dünnen durchsichtigen Häutchen überzogen ist.** Nach der oben angegebenen Idee von dem Vaskularsystem muß auch die Farbe nur in der obersten Lamelle zu finden seyn, da nur in den letzten Enden der Saftröhrchen, die aus größern Kanälen entspringen, die dahin tretenden Säfte erst ihre Farbe erlangen. Das subtile Häutchen, welches die äußersten Endspitzen dieser Röhrchen deckt, ist wohl nichts anders, als ein verhärteter Schleim, der aus den Poris der Schale gedrungen, und ist zugleich der neue Ansatz der Schale, in welchen mit der Zeit die äußersten Endspitzen der Saftröhrchen sich würden verlängert haben, wenn der Bewohner der Schale in der See eines längern Lebens genossen. Dieses Häutchen würde mit der Zeit die neue Farbenkruste geworden seyn, und die alte würde die Stelle der sogenannten Perlenmutterkruste, die unter der ersten eigentlich liegt, angenommen haben, insofern durch die Ausdünstung sich die eingeschlossene Farben in dem schleimichten Ueberzug, der die Farbenkruste deckt, etwas zu ziehen scheinen. Hier muß man nicht vergessen, was ich bereits oben gesagt, daß die größern Saftge-

fäße eine Ramifikationskraft haben, und daß aus denselben sich die daraus entsprossenden Saftröhrchen nach der obern und nicht nach der untern Schalenfläche zu legen. Wollte man annehmen, daß die gefärbten Säfte bereits in dem Bewohner vorhanden wären, und durch unmerkliche Dunstöffnungen durch die Schale unmittelbar ohne Saftgefäße durchdrängen, so müßten wohl alle Lamellen der Schale gefärbt seyn. Dieses aber streitet wider die Erfahrung.

4. Wenn eine Schale durch Druck oder Stoß Schaden leidet, so wird das neue sich ansetzende Stück eben die Farben bekommen, die das alte gehabt, gleichwohl aber wird allezeit zwischen dem Rande des beschädigten Theils und zwischen dem neuen Ansatz eine weißliche Farbe zurückbleiben. Diese Erscheinung läßt sich aus dem, was ich bereits gesagt, sehr leicht erklären. Schon oben habe ich mich auf die Erfahrung berufen, daß die Schnecken, wenn ihre Schale zerbrochen wird, einen Trieb und ein Vermögen haben, einen zähen Saft, der den Schaden wieder zuheilt, von sich zu drücken, und dieser ist es, der, wenn er verhärtet, den jetzt berührten weißlichen Streifen zu verursachen scheint. Wie bekömmt aber das ganze neue Stück, das aus dem ausgetretenen neuen Schleim sich bildete, die alte Farbe? Wenn die Saftröhrchens und andere Kanäle zerreißen,

so schlüßen sie sich. Durch den Anstoß der darinnen in beständiger Bewegung befindlichen Säfte werden sie verlängert, kurz sie wachsen. Wir mögen nun annehmen, daß sie sich über die neu erhärtete Schale nach der ihnen eigenen Richtung ausbreiten, und daß zu gleicher Zeit zwischen diese neue Harröhren sich ein ausgedunstetes schleimiges Wesen setzt, das die leeren Zwischenräume dieses neuen Gewebes füllt, und mit ihm die neue Farbenkruste bildet, oder daß die wachsenden Saftröhrchen sich durch die oberste neue Lamelle durchdrängen, welches letztere jedoch nicht genug Wahrscheinlichkeit hat; so ist doch dieses richtig, daß dieses Phänomen aus meinen einmal angenommenen Grundsätzen begreiflich kann gemacht werden.

Versuche mit der Auflösung der Kieselerde in Säuren.

von J. C. F. Meyer.

Die Kieselerde ist von den Chymisten bisher als eine einfache Erde angesehen worden, die von dem Thon und den alkalischen Erden wesentlich unterschieden wäre.

Man unterschied sie von den erwähnten Erdarten dadurch, daß sie sich nicht in Säuren auflöset, gegen den Stahl Feuer schlägt, und mit den Laugensalzen zu Glas schmelzet.

So unauflöslich sie aber auch ist, wenn sie, ohne mit andern Erdarten genau verbunden zu seyn, aufs feinste gerieben, mit Säuren digeriret oder gekocht wird, so lässet sie sich doch durch Handgriffe, nach einem merkwürdigen Versuch des Hrn. Prof. Pott, den er in seiner Lithogeognosie p. 49. anführet, in sauren Salzen auflösen. Er schlug nämlich die Kieselfeuchtigkeit (Liquor Silicum) durch Säuren nieder, und bemerkte, daß sich die niedergeschlagene Erde, durch Zugießung mehrerer Säure, wieder auflößte.

Hr.

Herr Beaumé bestätigt diese Erfahrung in seiner Abhandlung vom Thon; er gehet aber noch weiter, und behauptet sogar, daß er mit der Vitriolsäure aus dieser Auflösung Alaun erhalten habe, welche Erfahrung der Hr. Bergrath Börner, nach der 96 Seite der Uebersetzung dieser Abhandlung richtig befunden hat.

Es ist bekannt, daß einige Körper, durch eine größere Zertheilung, sich leichter in Säuren auflösen; daß aber ein Körper dadurch seiner ganzen Natur nach geändert werden sollte, ist meines Erachtens ohne Beyspiel, und diese Erscheinung wäre gewiß eine der merkwürdigsten in der Chemie. Denn die Kieselerde pflegt, auch außer der schweren Auflösung in Säuren, noch in vielen andern Eigenschaften von dem Thon abzuweichen.

Der Thon, der, nach Hr. Beaumé, aus einerley Erde besteht, ist, nach den Versuchen des Herrn Direktor Marggrafs, meines nie genug zu verehrenden Lehrers, aus der Kieselerde und einer in Säuren auflöslichen Erde zusammen gesetzet.

Die letztere lässet sich durch Säuren aus dem Thone scheiden, und löset sich überhaupt leicht darinn auf. Sie macht mit der Vitriolsäure den Alaun, und mit der Kieselerde gemischt, angefeuchtet und gebrannt, wird sie zu einem vesten, gegen den Stahl Feuer schlagenden Körper. Hier stellet sie also den gemeinen Thon wieder dar, und diese Erscheinung lässet es schon vermuthen, daß sie mit der Kieselerde nicht so sehr übereinstimme.

Diese Erde macht einen wesentlichen Bestandtheil des Thones aus, und man nennt ihn, da der Thon selbst ein aus derselben und der Kieselerde gemischter Körper, und sie die Grunderde des Alauns ist, die Alaunerde. Diese ist es also eigentlich, welche m t der Kieselerde gänzlich einerley seyn soll. Blos der stärkere Zusammenhang der letztern ist nach Hr. Beaumé, die Ursache, daß sie nicht die Eigenschaften der Alaunerde äußert, die sie aber durch die Auflösung in den Laugensalzen und Niederschlagung durch Säuren erhalten.

V rschiedene Versuche, welche ich mit Körpern, die aus der Alaunerde und der Kieselerde bestanden, angestellt, hatten mich belehrt, daß die alkalischen Salze die letzteren im Schmelzen aufgelöset, auf jene aber keine merkliche Wirkung geäußert hatten.

Dieses machte mich gegen die Theorie des Herrn Beaumé mißtrauisch, und begierig, durch eigene Erfahrungen mich von der Wahrheit oder Unrichtigkeit derselben zu überzeugen.

Meine ersten Versuche stellete ich mit dem bey Freyenwalde gegrabenen weißen Sand an, der von Eisen und fremden Erdarten fast ganz frey ist. Ich ließ ihn in einem Schmelztiegel glühen, löschte ihn in Wasser ab, und wiederholte dieses so oft, bis er so mürbe geworden, daß ich ihn in einer gläsernen

Reibschale, mit Wasser angefeuchtet, leicht zerreiben konnte. Nachdem ich ihn ganz fein gerieben und getrocknet, lies ich ihn nochmals glüen, um ihn von allem Brennbaren, das etwa während dem Reiben dazu gekommen seyn konnte, zu befreyen.

Von diesem sehr feinen weißen Pulver mischte ich eine halbe Unze mit zwo Unzen des reinsten Weinsteinsalzes, und setzte die Mischung in einen zugedeckten Heßischen Schmelztiegel vors Gebläse. Da es zu schäumen aufgehöret hatte, ließ ich es noch eine Viertelstunde bey starkem Feuer fließen und goß es aus.

Die glasartige, nach der Erkaltung halb durchsichtige Masse lösete ich in gleichen Theilen destillirten Wassers auf, und filtrirte die Auflösung, die blaßröthlich aussahe. Bis auf 5 Granen Kieselerde, welche im Filtro zurückgeblieben, hatte sich alles aufgelöset.

Diese Auflösung der Kieselerde in Weinsteinsalze, nennet man die Kieselfeuchtigkeit (Liquor Silicum,) in welcher die Verbindung des Laugensalzes mit der Kieselerde nicht eben sehr genau ist, da sie sich durch die bloße Wärme herausscheidet.

Ich mischte zwo Drachmen davon mit zwo Unzen destillirten Wassers (das ich zu allen folgenden Versuchen genommen habe, wenn ich es auch nicht erwähne,) und setzte diese Vermischung in das Balneum Mariae. Sobald das Wasser im Balneo

kochte,

kochte, ward die Vermischung trübe, und es schied sich ungefähr der 3te Theil der darinn enthaltenen Kieselerde heraus. Ich schied diese durchs Filtriren davon, und kochte das Liquidum, wodurch sich wieder etwas Erde absonderte, welche ich durch öfteres Einkochen, und Wiederauflösen, gänzlich von dem alkalischen Salze trennete. Die Kieselerde blieb zuletzt unaufgelöset am Boden des Glases, und aus dem in wenig Wasser aufgelöseten alkalischen Salze, ließ sich durch die Vitriolsäure nichts niederschlagen.

Diese Erscheinung habe ich auch schon bey einer andern Gelegenheit beobachtet. Gewinnsüchtige Pottaschenbrenner hatten bey der Kalzination dieses Satzes Sand hinzu geworfen, das damit gänzlich sich vereinigt hatte. Die Pottasche lösete sich gut auf, und die Auflösung lief ganz klar durchs Löschpapier; sobald man sie aber einkochen wollte, schieden sich große Klumpen einer dicken schleimigen Erde daraus. Die Probe einer guten Pottasche ist also nicht blos die gute Auflösung im Wasser, sondern sie muß auch, mit Säuren niedergeschlagen, keine Kieselerde fallen lassen.

Durch öfteres Auflösen und Eintrocknen der alkalischen Salze scheidet sich eine Erde, die man allezeit als einen Bestandtheil der alkalischen Salze angesehen, und geglaubt hat, daß man diese dadurch gänzlich zerstören könne. Herr **Beaumé** hat diese Erde untersucht, und sie Kieselartig befunden. Ich selbst

selbst habe die Erde, die sich bey der Verfertigung des vitriolisirten Weinsteins aus reinem Weinsteinsalze und dem Vitriolgeiste, beym Abrauchen in sehr geringer Menge schied, Kieselartig befunden.

Sollte sie nicht blos als ein bey dem alkalischen Salze befindlicher fremder Körper zu betrachten seyn, der bey der Kalzination aus dem Tiegel dazu gekommen wäre?

Gießet man zu der ungeschwächten Kieselfeuchtigkeit Vitriolsäure, so schlägt sich die Kieselerde sogleich, aber ziemlich unzertheilt, nieder; verdünnet man sie aber vorher mit Wasser, so wird sie mehr zertheilt, und nach der Menge des dazu genommenen Wassers immer zärter.

Mischet man zwo Drachmen mit einer Unze Wasser, oder auch mit zwo Unzen, und gießet Vitriolgeist hinzu, so wird, wenn das alkalische Salz beynahe gesättigt ist, die Vermischung Opalfarbig, und in einem Augenblick zu einer Gallert, auf der man keinen Tropfen Feuchtigkeit bemerkt, bis man sie schüttelt. Das erstere Verhältniß giebt eine stärkere, das zweyte eine weniger veste Gallerte.

Verstärkt man das Verhältniß des Wassers, und nimmt z. E. zwo Drachmen dieser Feuchtigkeit zu vier Unzen Wasser, so gehet die Scheidung schon schwerer von statten. Man muß die Säure nur zu wenigen Tropfen hinzuthun, und genau Acht geben. Wenn die Vermischung eine Opalfarbe annimmt, und

und sich einige leichte Flocken scheiden; dann lasse man es ruhig stehen, und in einer Minute wird das ganze Gemische ein dünner Schleim seyn. Beobachtet man dieses nicht, und fähret fort, Säure zu zutröpfeln, so pflegt diese Vermischung zwar ofte die Opalfarbe zu behalten, sie bleibt aber flüßig, und es scheidet sich nichts.

Wenn ich die Kieselfeuchtigkeit mit noch mehrerem Wasser verdünnete, und zwo Drachmen mit sechs Unzen Wasser vermischte, so konnte ich die Kieselerde nie scheiden, ich mochte noch so behutsam verfahren. Die Vermischung ward immer mit der Säure übersättigt, ohne daß ich die geringste Veränderung darinn wahrnahm, und diese Erde hatte sich in den beyden letzten Fällen wirklich in der Säure aufgelöset. Sättigte ich sie in dem letzten Verhältnisse ganz genau bis zum Sättigungspunkte, so blieb sie doch klar; brachte ich sie dann aber in die Wärme, so ward alles schleimicht.

Wenn man die Kieselerde auf die erwähnte Art in der Vitriolsäure aufgelöset hat, so ist diese Verbindung zum Theil inniger, als die Verbindung mit dieser Erde und dem alkalischen Salze in der Kieselfeuchtigkeit; denn man kann sie kochen, ohne daß auch nur das geringste sich herausscheidet.

Hat sich aber die Kieselerde einmal durch die Säure aus der Kieselfeuchtigkeit als ein Schleim geschieden, so habe ich sie auf keine Weise wieder im sauren Salze auflösen können. Ich goß zu allen Vermischungen, so bald sie sich in einen Schleim verwandelt hatten, so viel Vitriolsäure, bis sie ziemlich sauer schmeckten; der Schleim blieb aber unaufgelöset, ich mochte es blos digeriren oder kochen.

Da nun aber Herr Beaumé seine Erde vorher ausgesüsset hatte, so versuchte ich auch dieses. Ich schlug zwo Drachmen der Kieselfeuchtigkeit, welche ich mit vier Unzen Wasser verdünnet hatte, nieder. Den Schleim schüttete ich auf ein reines leinenes Tuch; übergoß ihn häufig mit kochendem destillirtem Wasser, legte ihn, sobald dieser nur abgelaufen war, in ein Glas, goß vier Skrupel Vitriolgeist (der aus einem Theile des destillirten englischen Vitriolöls und 3 Theilen destillirten Wassers verfertigt war) und zwo Unzen Wasser drauf und lies es digeriren. Da sich hiedurch nichts auflösen wollte, lies ich es kochen. Es erfolgte aber eben so wenig eine Auflösung. Ich goß es daher aufs Filtrum, darinn meine Kieselerde liegen blieb. Das durchgelaufene lies beym Abrauchen die konzentrirte Vitriolsäure zurück, und wenn diese durch starkes Feuer abgetrieben war, blieben zween Granen einer grauen salinischen Masse zurück, die säuerlich schmeckte, sich im Mund aber nicht auflösete. Hierauf übergoß ich sie mit etwas Wasser, das ich mit aufgelösetem Weinsteinsalze vermischt hatte und kochte sie damit. Die zurückgebliebene Erde wog, nachdem sie gut ausgesüßt und getrocknet worden,

den, einen Gran und lösete sich mit Schäumen in der Salpetersäure auf.

Da ich auf diese Art keinen Alaun erhielt, so hofte ich ihn durch die aufgelösete Kieselerde zu erhalten.

Ich lies daher die mit sechs Unzen Wasser gemischten zwo Drachmen Kieselfeuchtigkeit, die ich mit so viel Vitriolsäure vermischt hatte, daß sie merklich vorschmeckte, und den Violensyrup roth färbte, gelinde abrauchen. Sie blieb ganz klar, bis ohngefähr noch ein Paar Unzen übrig waren, da sie eine Opalfarbe bekam, und sich auf ihrer Oberfläche eine schleimichte Haut setzte, die durchs Schütteln zu Boden fiel, und sich dadurch nicht wieder auflösete. In diesem Liquido war aber die Kieselerde doch noch mit der Säure verbunden. Denn man konnte nicht den geringsten Niederschlag sehen, und es lief alles durchs Filtrum, ohne daß das geringste, außer der wenigen Schleimhaut, zurücke blieb. Weiter abgeraucht ward es immer dicker, bis es zuletzt eine steife Gallerte wurde, die eingetrocknet zu einer weissen salinischen, mehrentheils aus haarförmigen Krystallen bestehenden Masse, aufschwoll. Diese übergoß ich mit Wasser, worinn sie sich leicht, bis auf eine durchsichtige Erde, auflösete. Die Auflösung ward filtrirt und die Erde gut ausgesüßt und getrocknet, die 17 Grane wog.

Sie hatte nicht den geringsten Geschmack, sahe wie ein weißer, grober und klarer Sand aus, und war, unter dem Mikroskope betrachtet, völlig durchsichtig, wie Krystallglas. Dies war, der Ausrechnung nach, ohngefähr so viel Kieselerde, wie in zwo Drachmen Kieselfeuchtigkeit enthalten seyn konnte, und ich hatte meine Kieselerde also alle wieder erhalten.

Zwo Drachmen Kieselfeuchtigkeit mischte ich mit 4 Unzen Wasser, und goß nun so lange von der reinsten Salpetersäure hinzu, bis diese Vermischung sauer schmeckte. So lies ich es eine Zeitlang ruhig stehen, ohne daß ich die geringste Veränderung daran bemerkte. Beym Abrauchen verhielt sichs, wie der vorige Versuch, es ward zuletzt eine Gallerte, die ganz eingetrocknet, eine ziemlich lockere salinische Masse darstellete. Diese mit Wasser übergossen, lies ebenfalls eine, der beym vorigen Versuch völlig ähnliche Erde zurück, die achtzehn Grane wog.

Die filtrirte Lauge lies ich trocken werden, und das Salz im Schmelztiegel fließen, bis es seine überflüßige Säure verlohren, die es leicht fahren lies. Beym Auflösen blieb eine gelbliche Erde zurück, die einen Gran wog. Aus dem Lixivio schoß nichts, als langspießichter Salpeter an, und zuletzt blieb etwas sehr wenige Mutterlauge zurück, die durch Zugiessung aufgelöseten Weinsteinsalzes etwas Erde fallen lies.

Zwo Drachmen der Kieselfeuchtigkeit, auf eben diese Art mit der Salzsäure behandelt, stimmten mit dem Vorigen völlig überein. Ich erhielt siebenzehn Gran Erde. Das eingetrocknete Lixivium gab ein gelblich Salz, das durchs Ausglüen leicht von seiner überflüßigen Säure befreyet werden konnte. Beym Wiederauflösen blieb etwas weniger Erde zurück, die grau aussahe, und, wie die beym vorigen Versuche, wohl von der Erde des Tiegels, die von der Säure aufgelöset worden, herrührete. Aus dem Lixivio schossen schöne weiße Krystallen von gemeinem Salz an, und etwas höchst weniges Mutterlauge blieb zurück, die, mit dem Weinsteinsalze vermischt, trübe ward.

Auch die vegetabilische Säure kann, durch die erwähnten Handgriffe die Kieselerde auflösen. Denn wenn man die Kieselfeuchtigkeit mit Wasser hinlänglich verdünnet, und konzentrirten Eßig zugießet, so erfolget nicht der geringste Niederschlag.

Um den Versuch mit der Vitriolsäure mit einer größern Menge Kieselerde anzustellen, schmolz ich eine Drachma zeriebenen Sand, mit fünf Drachmen Weinsteinsalz, auf die schon erwähnte Art. Die blaßröthlich aussehende Masse lösete ich in ein Paar Unzen Wasser auf, auch dasjenige, was an den Seiten des Tiegels sich angehängt hatte, filtrirte es, verdünnete alles mit achtzehn Unzen Wasser, und vermischte es mit so vieler Vitriolsäure, bis es merklich

 sauer

sauer schmeckte. Ich lies es gelinde abrauchen, und es verhielt sich, wie das vorige.

Die trockene salinische Masse übergoß ich mit Wasser, und süßte die zurückbleibende, wie weißer Sand aussehende Erde, bestens aus, die ein Quentchen und 17 Grane wog. Die durchgeseihete Lauge lies ich gelinde eintrocknen. Es waren mehrentheils kleine Nadelförmige und einige größere Krystallen, deren Figur sich nicht genau bestimmen lies, angeschossen, die alle ungemein sauer schmeckten.

Ich zerrieb alles, und theilete es in zween gleiche Theile. Den einen Theil setzte ich in einen verdeckten Schmelztiegel ins Feuer, um es durchs Glühen von der überflüßigen Säure zu befreyen. Es ward weich, wie ein Brey, ohne daß es floß, nach und nach aber ward es trocken. Nachdem es zwo Stunden geglüet hatte, nahm ich es aus dem Feuer. Es schmeckte noch sauer, doch nicht so sehr, wie vor der Kalzination. Beym Auflösen blieb etwas Erde zurück, die Auflösung sahe gelblich aus, lies beym Erkalten noch mehr Erde fallen, und ward durch Zugießung des aufgelöseten Weinsteinsalzes ziemlich trübe.

Ich sahe nun wohl, daß die überflüßige Säure einen Theil Erde aus dem Tiegel aufgelöset hatte, und daß ich also nichts gewisses aus diesem Versuche schlüßen konnte. Ich übergoß daher die zwote Hälfte dieses Satzes mit höchst rektifizirten Weingeist und dige-

digerirte es. Der Weingeist hatte einen Theil der Säure in sich genommen, daher ich ihn ab- und frischen wieder zugoß, dieses auch so lange wiederholte, bis der mit dem Salze digerirte Weingeist den Violensyrup unverändert lies. Dieses geschahe erst, da ich einen guten Theil Spiritus verbraucht hatte, und so wohl dieser, als der vorige Versuch bewiesen, daß die Säure dem Salze ziemlich stark angehangen hatte.

Das Salz hatte nun seine überflüßige Säure gänzlich verloren, und es war nichts anders, als vitriolisirter Weinstein, wobey ich nicht eine Spur Alaun, wohl aber etwas weniges Kalkerde entdecken konnte.

Von der eine Drachme und 17 Gran schweren Erde, die ich bey diesen Versuchen erhalten hatte, mischte ich eine halbe Drachma mit 15 Granen Weinsteinsalz, lies es anderthalb Stunden im Windofen mit einer langen Zugröhre flüßen, und fand, daß diese Mischung zu einem klaren weißen Glase geflossen war. Es war also noch Kieselerde. Indeß war sie doch sehr zart zertheilt, da sie sich durch bloßes Kochen im Weinsteinsalz auflösete. Denn da ich zehn Granen dieser Erde in zwo Unzen Wasser, worinn ich eine Drachme Weinsteinsalz aufgelöset hatte, kochte, lösete sie sich gänzlich auf, und die Solution war klar; sobald sie aber erkaltete, ward sie Milchweiß und eine steife Gallerte. Durchs Schütteln schied sie sich von der Feuchtigkeit, wollte sich aber nun auch nicht in Säuren auflösen.

Mit der Feuchtigkeit, die ich von der Gallerte geschieden hatte, schlug ich etwas Solutio Saturni in Acido Nitri nieder, und goß zu diesem Gemische reine Salpetersäure. Diese lösete den ganzen Niederschlag mit Schäumen auf, so daß man keine Spur mehr davon sehen konnte. Wäre noch so wenig Vitriolsäure dabey gewesen, so würde das damit verbundene Bley unaufgelöset zurück geblieben seyn.

Die Kieselerde war also ganz rein, und der Zuwachs von siebenzehn Granen Gewicht rührte sonder Zweifel vom Tiegel her, dem man es nur gar zu deutlich ansehen konnte, daß, so weit die Massa in ihm gestanden, sie einen Theil des in ihm befindlichen Sandes mit aufgelöset hatte.

Da es mir mit dem Freyenwalder Sande nicht geglückt hatte, wiederholte ich alle diese Versuche mit dem schwarzen Feuersteine. Sie fielen alle wie die vorigen aus, und auch dieser Stein wollte keinesweges Alaun geben.

Alle diese Versuche hier zu wiederholen, würde zu weitläuftig und unnütze seyn; daher ich nur diesen anführen will, welchen ich mit einer größern Menge der Kieselerde anstellete.

Ich befreyete einen schwarzen Feuerstein, so viel ich konnte, von der anhängenden Kreide, warf ihn in geschwächte Salpetersäure, reinigte ihn nachher bestens, machte ihn durch öfteres Glühen und Abwaschen im Wasser mürbe, und zerrieb ihn mit etwas

Wasser

Wasser in einer gläsernen Reibeschale. Dieses Pulver schlämte ich, und da ich merkte, daß ein Theil desselben sich so schwer zu Boden setzte, sammlete ich es besonders.

Von diesem leichten Pulver übergoß ich eine halbe Unze mit einer Unze reinen Vitriolöl und kochte es. Da sich nichts aufgelöset zu haben schien, übergoß ich es mit Wasser, kochte es aufs neue, filtrirte es und trocknete die Erde, die wenige Grane verloren hatte. Das durchgelaufene rauchte ich ab. Es blieb zuletzt das bloße Vitriolöl zurück, und da ich auch dieses wegdampfen lies, einige Granen einer weißen säuerlich schmeckenden salinischen Masse, die mit Weinsteinsalz und Wasser gekocht, eine Erde zurück lies, welche sich mit Schäumen im Salpetergeist auflösete, und durch die Vitriolsäure zum Selenit aus demselben niedergeschlagen ward, also Kalkerde war. Eine Unze des schweren Pulvers vom schwarzen Feuerstein, übergoß ich mit einer Unze reiner Salpetersäure und etwas Wasser, und digerirte es hinlänglich. Ich filtrirte das Liquidum, süßte die Erde bestens aus, und trocknete sie; wobey sie 4 Granen verloren. Die Lauge rauchte ich ab, und vermischte sie mit der Vitriolsäure, wodurch der Selenit sogleich zu Boden fiel.

Das mit der Salpetersäure ausgezogne Pulver mischte ich mit zwo Unzen Weinsteinsalz, lies es vor dem Gebläse schmelzen, lösete diese Masse, auch das, was im Tiegel sich angehängt hatte, mit 24 Unzen Wasser auf, und vermischte es mit Vitriolspiritus, bis zum Sättigungspunkte. Den durchs Schütteln zertheilten Schleim goß ich auf ein reines leinenes Tuch, süßte ihn, bis er nicht mehr schmeckte, aus, und übergoß ihn so feuchte mit zwo Unzen Vitriolgeist und achtzehn Unzen Wasser in einem gläsernen Kolben, und digerirte ihn 24 Stunden. Der Schleim lag noch alle unaufgelöset zu Boden. Ich goß es daher durchs Filtrum, und süßte den Schleim wiederum so lange aus, bis er nicht mehr sauer schmeckte. Das Durchgelaufene lies ich gelinde abrauchen; da aber so viel Säure dabey war, daß ich keine Krystallen, wenn auch Alaun darinn war, hoffen durfte, schlug ich es durch Weinsteinsalz nieder, und erhielt 19 Gran Erde, die mit der Salpetersäure gar nicht schäumte, sich weder in dieser, noch in der Vitriolsäure auflösete, mit Weinsteinsalz aber vor dem Lothrörchen zu Glase schmolz. Bloße Kieselerde war es also nur, die vermuthlich bey der ersten Präzipitation, noch im Alkali aufgelöset, der Erde angehangen, und durch die Uebergießung mit der Vitriolsäure sich darinn aufgelöset. Denn daß die Salze der schleimichten Kieselerde sehr stark anhängen, sahe ich daraus, daß, ob ich wohl die mit Vitriolsäure digerirte Kieselerde so lange aussüßte, bis sie nicht mehr sauer schmeckte, sie doch nach dem Trocknen ziemlich sauer war, und ich sie nochmals auskochen mußte. Nun war sie aber auch wieder

der eine Kieselerde, so durchsichtig, wie ein reiner weisser Sand, und gab, mit der Hälfte Weinsteinsalz geschmolzen, ein weißes klares Glas.

Die Kieselerde aus dem weißen Magdeburger Thon, den ich so lange mit Vitriolsäure extrahiret hatte, bis aus der damit gekochten Säure sich nichts niederschlagen lies, verhielt sich eben so.

Zwo Drachmen dieser Erde, mit einer Unze Weinsteinsalz geschmolzen, und die Masse mit zween Theilen Wasser übergossen, lösete sich ganz auf. Drey Drachmen dieser Kieselfeuchtigkeit, mit genugsamem Wasser verdünnet, und mit der Vitriolsäure übersättigt, ließen nach dem Abrauchen und Wiederauflösen 17 Granen durchsichtiger Kieselerde zurück, und aus der Lauge schlug sich ein Gran Kalkerde nieder.

Eben so verhielt sich ein reiner sechseckichter Quarzkristall, aus dem ich, eben so behandelt, eine gleiche Menge Kiesel- und Kalkerde erhielt.

Herr Bergrath Kartheuser hat aus einem reinen Quarzkrystall durch die bloße Extraktion blaue Erde geschieden; die Krystalle müssen also, da meine keinen Alaun lieferten, wohl nicht alle gleich seyn. Diese Erde ist aber auch, wie der Herr Bergrath anmerkt, nicht als eine aus der Kieselerde entstandene anzunehmen.

Um allen Einwürfen zuvorzukommen, bereitete ich mir auch mit dem Freyenwalder Sande einen

Liquo-

Liquorem silicum, nach dem von Herrn Beaumé angegebenen Verhältnisse.

Ich schmolz nämlich 9 Theile dieses Sandes mit 16 Theilen Weinsteinsalz, und lösete diese Masse in zween Theilen Wasser auf.

Hiervon schlug ich einen Theil unter den erwähnten Handgriffen zu einer höchst zarten Gallerte nieder, welche ich bestens aussüßte und mit der geschwächten Vitriolsäure digerirte. Sie lösete sich aber eben so wenig auf, und aus dem Lixivio erhielt ich nach dem Abrauchen weiter nichts, als ein Paar Grane Selenit.

Wäre die Alaunerde mit der Kieselerde einerley, so müßte sie sich auch, wie diese, im Feuer durch die alkalischen Salze leicht auflösen lassen; daß dieses aber nicht geschiehet, zeigt folgende Erfahrung.

Ich schlug einen Theil Alaunerde aus dem Alaun nieder, süßte sie sehr gut aus, und kochte sie zuletzt noch mit in Wasser aufgelösetem Weinsteinsalze, um den vitriolisirten Weinstein leichter davon zu bringen. Ich süßte sie aufs neue aus und trocknete sie.

Eine Drachme dieser Erde mischte ich mit sechs Drachmen Weinsteinsalz, und setzte sie ins Gebläse. Diese Masse schäumte gar nicht, wie die zum Liquore Silicum, sie ward weich und Breyartig, wollte aber gar nicht flüßen.

Sie zergieng im Wasser, die Alaunerde schied sich aber auch gleich, und fiel als ein höchst lockeres, weisses

weisses Pulver zu Boden. Das darüber stehende Liquidum filtrirte ich, und tröpfelte Salpetersäure hinein. Es fiel wenig Erde, die sich aber alle durch Zugießung mehrerer Säure leicht auflösete.

Eine halbe Drachme von eben dieser Alaunerde mischte ich mit zwo Drachmen Weinsteinsalz, und lies es im verdeckten Tiegel anderthalb Stunden im heftigen Feuer, im Windofen mit der Zugröhre, stehen. Diese Vermischung war nun zusammengebacken, undurchsichtig weiß, hatte gar keine ebene Oberfläche, und schmeckte sehr alkalisch. Im Wasser zergieng sie, die Alaunerde blieb aber unaufgelöset liegen. In das filtrirte Liquidum tröpfelte ich Vitriolspiritus, dadurch sich etwas mehr Erde, als bey dem vorigen Versuche, niederschlug, die sich ebenfalls durch Zugießung mehrerer Säure auflösete.

Bey beyden Versuchen hatte sich zwar etwas dieser Erde in dem Alkali aufgelöset, es zeigt sich aber der Unterschied dieser Erde von der Kieselerde sehr deutlich, da sie mit vier oder sechs Theilen des alkalischen Salzes nicht zusammenfließen wollte.

Diese Versuche, von welchen ich die mehresten wiederholet habe, widersprechen den Erfahrungen des Herrn Beaumé und Herrn Bergrath Pörners, für deren Verdienste ich alle Hochachtung habe, gänzlich, und sind der Uebereinstimmung der Kieselerde mit der Alaunerde gar nicht günstig. Sie zeigen vielmehr, daß, wenn sie auch wirklich in dem sauren

Salze

Salz aufgelöset worden, sie sich als Kieselerde wieder daraus scheidet, daß aber viele Kieselerde mit etwas Kalkerde vermischt sey. Haben beyde Chymisten wirklich Alaun erhalten, so muß diese Erde in den dazu genommenen Kieseln gesteckt haben, oder es kömmt hierbey auf einen Handgrif an, den ich nicht ausfindig machen können, und dessen Mittheilung ich mit Dank erkennen würde. Ich kann es nicht glauben, daß Herr Beaumé den mit Vitriolsäure übersättigten vitriolisirten Weinstein, welcher aus der mit der Vitriolsäure übersättigten Kieselfeuchtigkeit anschießet, für Alaun gehalten haben sollte; den er im zweyten Theile seiner Chymie experimentale et raisonnée p. 192. gegen den Herrn Rouelle gänzlich läugnet.

Er behauptet daselbst, daß der vitriolisirte Weinstein zwar, wenn er sich in einer mit der Vitriolsäure übersetzten Lauge krystallisiret, sauer schmecke, daß diese Säure aber nur in seinen Zwischenräumen enthalten sey, und sich gänzlich herauszöge, wenn man ihn an einen feuchten Ort auf Löschpapier legte.

Der vitriolisirte Weinstein nimmt noch einen guten Theil überflüßiger Säure in sich, und zeigt bey einigen Versuchen, daß er diesem Salze recht stark anhänge. Er löset sich in dem Vitriolgeist leicht auf, weit leichter und in grösserer Menge, als im gemeinen Wasser. Raucht man diese Mischung ab, so bleibt ein weisses, trocknes Salz zurück, das ungemein

mein sauer schmeckt, und einen guten Theil Säure in sich genommen, welches die Vermehrung des Gewichts beweiset.

In drey Unzen Vitriolspiritus (der aus einem Theile des weissen rektisizirten Englischen Vitriolöles und drey Theilen Wasser bestand,) warf ich so lange vitriolisirten Weinstein, bis in gelinder Wärme sich nichts mehr auflösen wollte, und fand, da ich das Unaufgelösete wieder zurückwog, daß sich zehn und eine halbe Drachme aufgelöset hatten. Das eingetrocknete Salz wog zwo Unzen, und es war also bey diesem Salze der dritte Theil überflüßige Vitriolsäure.

Gießet man noch mehr Vitriolsäure hinzu, so will dieses Salz gar nicht trocken werden, sondern bleibt feuchte, zum Beweise, daß sich nur ein gewisser Theil innig damit vermische.

In vier Unzen des Vitriolgeistes warf ich zehn Quentchen gereinigten vitriolisirten Weinstein, der bey gelinder Wärme darinn zergieng. Ich lies die filtrirte Auflösung abrauchen. Da kein Theil der Feuchtigkeit sich verdunstet hatte, so ward die Auflösung, wenn sie erkaltete, zu einer, aus lauter kurzen Nadelförmigen Krystallen bestehenden Masse, die nur wenig Feuchtigkeit in ihren Zwischenräumen hatte. Erwärmte ich sie, so ward alles klar, und es schossen fast zusehends eine Menge Rautenförmiger Krystallen an, welche ich herausnahm, und auf Löschpapier in gemäßigter Wärme trocken werden

lies.

lies. So sammlete ich nach und nach eine Unze und sieben Drachmen Krystallen, und auch hier hatte der vitriolisirte Weinstein die Hälfte seiner Schwere von der Vitriolsäure in sich genommen. Zuletzt blieb etwas höchst weniges Vitriolöl zurück, das noch mit vitriolisirtem Weinstein vermischt war, und nicht trocken werden wollte.

Von den sauren Rautenförmigen Krystallen setzte ich einige in ziemliche Wärme, ohne daß sie zu Pulver fielen oder auch zerflossen. Einige hatte ich in einem Glase über ein halb Jahr an einem etwas feuchten Orte stehen, worinn Weinsteinsalz und Küchensalz zerflossen, ohne daß sie selbst zergiengen; doch waren sie, wenn man sie anfaßte, etwas feucht auf ihrer Oberfläche.

Zwo Drachmen dieser Krystallen legte ich in einer gläsernen Retorte im offenem Feuer ein. Sobald das Salz glüend ward, zerfloß es, schäumte etwas, und es giengen einige Tropfen Feuchtigkeit über. In ein Paar Minuten setzte sich es aber, warf bey ruhigerm Fließen einige Blasen, die aber auch bald verschwanden, und nun floß es wie klares Wasser, ohne die geringste Bewegung. Sobald der Grad des Feuers vermindert ward, geronn es, sobald ich ihn aber verstärkte, floß es wieder. Ich lies es zwo Stunden fließen, und dabey sahe man, wenn das Feuer recht heftig war, einige Dämpfe; es kam aber kaum alle Viertelstunden ein Tropfen Vitriolöl.

Die

Die Retorte fieng zuletzt an zu schmelzen, und unterbrach diesen Versuch. In dem obern Theile der Retorte fand ich nach dem Erkalten eine Salzkruste, und es schien gar, als wenn durch die Heftigkeit des Feuers, das Vitriolöl einen Theil des Salzes in die Höhe getrieben hätte.

Zwo Drachmen dieser Krystallen setzte ich in einen Schmelztiegel in offenem Feuer ein. Es fieng zwar an zu fließen, ward aber bald dick, und legte sich an den Seiten des Tiegels an, doch blieb es eine Zeitlang etwas weich. Zwo Stunden lies ich es glüen. Es lösete sich nun schwerer auf, schmeckte aber doch noch sauer, uud lies bey der Vermischung mit dem aufgelöseten Weinsteinsalze eine Erde fallen, da es doch vor der Kalzination völlig klar bey der Vermischung mit demselben blieb. Der Tiegel war auch über dem Salze ganz roth geworden, und die Erde konnte nichts anders, als Thonerde seyn, die durch Vitriolsäure aufgelöset worden.

Zwo Drachmen dieser Krystallen setzte ich in einem abgesprengten gläsernen Kölbchen über Feuer. Es fieng an zu fließen, erhielt aber im kurzen eine durchsichtige Salzhaut auf der Oberfläche, die immer stärker wurde. Zuletzt ward das ganze Salz trocken, ohne daß man eben sehr starke Dämpfe wahrnahm. Da ich es zwo Stunden glüen lassen, war es ganz durchsichtig, schmeckte noch sauer, lies aber durch Zugießung des aufgelöseten Weinsteinsalzes nichts fallen.

Beym Zugange der Luft scheidet sich also die überflüßige Vitriolsäure leichter, als in verschlossenen Gefäßen, ob es ihm gleich noch immer stark anhängt. Am besten scheidet man es noch durch den Spiritum rectificatissimum, obgleich auch dieses öftere Digeriren und Aufgießen frischen Spiritus erfordert.

Um zu sehen, ob der übersättigte vitriolisirte Weinstein an einem feuchten Ort, auf Fliespapier gelegt, sein Acidum umändern würde, lösete ich drittehalb Quentchen vitriolisirten Weinstein in einer Unze Vitriolgeist auf, rauchte es ab, und lies es schnell erkalten. Die ganze Mischung war zu feinen Rautenförmigen Blättern angeschossen, die ich auf Löschpapier trocknete, und sie auf frischem Löschpapier an einem feuchten Ort liegen lies.

Das feuchte Papier wechselte ich allezeit mit neuem ab, und so erhielt ich endlich nach vier Wochen einen von aller Säure ganz reinen vitriolisirten Weinstein. Dies Salz hatte aber nach und nach abgenommen, und da ich es nun wog, waren es nur noch 25 Grane. Der vitriolisirte Weinstein hatte sich also mit der Säure zugleich ins Papier gezogen, und man kann wohl nicht sagen, daß er dadurch von der Säure befreyet worden. Zeigte die Vitriolsäure keine Verbindung mit dem vitriolisirten Weinstein, so würde sich die Säure allein ins Löschpapier gezogen, und den im Wasser sich so schwer auflö-

auflösenden vitriolisirten Weinstein beynahe größtentheils zurückgelassen haben.

Da ich den größten Theil dieser Versuche bereits gemacht hatte, fand ich in dem zweeten Theil der mineralogischen Abhandlungen des Herrn Bergrath Kartheuser, daß auch ihm die Verfertigung des Alauns mit der Kieselerde nicht gelingen wollen. Der Herr Bergrath hält aber den mit dem Bergkrystall erhaltenen Selenit nicht für einen aus der Kalkerde und der Vitriolsäure bestehenden Körper, weil der Bergkrystall nicht mit Säuren brause.

Im rohen Stein ist die wenige Kalkerde wohl zu genau mit der Kieselerde verbunden, als daß die Säuren so schnell drauf wirken könnten, und im kalzinirten ist sie zu lebendigem Kalke geworden, der sich ohne Schäumen in Säuren auflöset. Ich hab es öfters erfahren, daß rohe, auch kalzinirte Steinarten, aus welchen ich wirklich Kalkerde geschieden, mit keiner Säure gebrauset haben, und dieses allein ist also wohl kein sicheres Kennzeichen, daß Steine von der Kalkerde rein sind.

Beschreibung des besondern Meerinsekts,

welches bey den Isländern

Oskabiörn, oder auch Oenskebiörn, Wunschbär, Wunschkäfer

heißet.

Mit Kupfern erläutert

von L. Spengler.

S. Tab. VII.

Unter andern Seltenheiten der Natur, welche ich vor vielen Jahren aus Island erhielt, befand sich auch der Oskabiörn. Seine wunderbare Gestalt machte mich sehr aufmerksam und begierig, dessen Geschlecht, Namen und Haushaltung näher kennen zu lernen. Nach vielem vergeblichen Nachforschen fand ich endlich dieses Thier im Museo Regio Hafn. 1696 Pars I. Sect. 5. Tab. I. No 25. in Kupfer vorgestellet, und daselbst von dem Verfasser D. Oligerus Jakobäus beschrieben. Diese Beschreibung führte mich auf eine umständlichere Nachricht, welche von einem gelehrten Isländer Hannes Thoolevius abgefaßt, von ihm an den berühmten Doktor und Professor Olaus Borrichius

über

überschickt, und vom Thomas Bartholin den Actis Medic. et Philos. Hafn. 1677. V. 5. einverleibet worden.

Schon Olaus Worm hat in seinem Museo von 1655 unter obigem Namen dieses Meerinsekts pag. 242 gedacht, und dessen Gestalt in einem Holzschnitt vorgestellet, woraus man siehet, wie die Naturhistorie in vorigen Zeiten hier in Dännemark durch so viele große und berühmte Gelehrte aufgeklärt worden. Unter den Neuern ist Niemand, der zu der Historie dieses Thieres etwas beygetragen hätte. Außer dem Wenigen, was der Prokanzler Pontoppidan in seiner natürlichen Historie von Norrwegen im 2ten Theil, unter dem Nordischen Namen Fiskebiörn, davon gemeldet, hat der um die Naturhistorie so verdiente Herr Pastor Ström in Norwegen, in seiner Physisk og Oeconomisk Beskrivelse over Fogderiet Söndmör ꝛc. im ersten Theil p. 164. No. 2. die dieses merkwürdige Insekt nach seinen äußerlichen Gliedmaßen methodisch beschrieben, und eine ganz kennbare Abbildung davon in Kupfer geliefert. In der *Reise igiennem Island*, welche die hiesige Gesellschaft der Wissenschaften veranstaltet, und in 2 Quartbänden 1772. mit 51 Kupfertafeln im Druck ausgehen lassen, hätte man wohl ein mehrers von diesem seltnen Meerinsekt erwarten sollen, zumal der Zweck dieser Reise hauptsächlich die Naturgeschichte war. Ich will daher dasjenige, was die

Verfasser davon melden, weil es nur wenig ist, aus den Dänischen hier anführen; „Oskabiörn oder „Oenskebiörn ist das Insekt, was die Normänner „Fiskebiörn nennen, und ist eigentlich der große „Oniskus, der gleich den andern mit 14 Beinen, „aber nicht mit zwölfen, wie Pontoppidan berichtet, „begabet ist. Das Ovarium, welches bey einigen „schwarz, bey andern röthlich aussiehet, und wenn „man es trocknet, hart und glänzend wird, heißet „Oenskesteen (Wunschstein). Die Alten haben ge„glaubt, wenn man ihn auf die Zunge hielte oder „wohl gar das Thier lebendig in den Mund nähme, „so würde man alles, was man wünschte, gewiß er„langen.

Was der Hr. von Linné in der Fn. Svec. im Museo Adolphiano und in dessen Natursystem von diesem Meerinsekt geschrieben, ist nach seinem systematischen Zweck so kurz und gedrungen, daß es keine neuen Entdeckungen aufschlüßet. An den seel. Hr. Professor Hanov in Danzig, mit dem ich seit vielen Jahren in einem Briefwechsel zu stehen die Ehre hatte, sendete ich, nebst einigen Bemerkungen von diesem Thier, verschiedene Exemplare von dessen Ovarium, und suchte diesen gefälligen Gelehrten und wahren Menschenfreund, zu weiterer Untersuchung des so oft erwähnten Insekts aufmerksam zu machen.

Die

Die Frucht dieser Aufforderung war die Abhandlung, welche im 4ten Theil der neuen Gesellschaftlichen Erzählungen pag. 37. unter der Aufschrift: Von dem Isländischen Meeräßel (Oskabiörni) von dem Herrn Prof. Titius den Naturliebhabern aufbehalten worden. In dieser Abhandlung findet man alles beysammen, was die Nordischen Schriftsteller ehemals von diesem seltsamen Thier aufgezeichnet hinterlassen. Es hat aber der sel. Prof. seine eigene Bemerkungen beygefüget, die über das gesammelte noch eine besondere Deutlichkeit und Licht ausbreiten.

Eben da ich dieses schreibe, erscheint ein sehr nützliches Werk für die Liebhaber der Naturhistorie unter dem Titel: Fauna Norvegica, eller Norsk Dyr-Rige, von dem Kanzleyrath Hammer in Norwegen. Es soll dieses der erste Theil von einer Norwegischen Naturhistorie seyn. Ich begreife aber nicht, wie das eine Naturhistorie kann genennet werden, wo alles systematisch auf wenige Bogen zusammengebracht ist? Es könnte höchstens den Namen eines Verzeichnisses führen. Der Verfasser sagt von seiner Schrift, daß er versucht hätte, das Nordische Thierreich nach der Linneischen Methode in einer Nordischen und systematischen Tracht vorzutragen. S. 167. N. 752. kömmt auch unser Oskabiörn vor, wird aber der Kürze wegen von ihm nichts weiter gesagt, als was schon Ström und Olassen, als der Verfasser der Reise durch Island, davon gemeldet haben.

Durch eine nicht geringe Anzal dieser Geschöpfe, welche ich von einer Zeit zur andern, theils aus Norwegen, die meisten aber aus Island erhielt, wurde ich in den Stand gesetzt, verschiedene Untersuchungen und Bemerkungen damit anzustellen. Ich fand viele Abänderungen von ihrem Geschlechte, woraus man aber nicht eben besondere Spezies machen dürfte. Man würde den Leser gewiß ermüden, wenn man alle diese Abweichungen kennbar beschreiben wollte. In der Anzal der Schilder und der Füße waren sie sich alle gleich, aber in der Gestalt dieser letztern, in der Anzal und Größe der Fühlhörner, in Ansehung der Augen ꝛc. fand ich sie von einander abweichend. Daher kömmt es, daß die Schriftsteller, welche Nachrichten davon gegeben, sich hier und da zu widersprechen scheinen, zumal wo entweder nur schlechte, oder wohl gar keine Kupfer die Beschreibungen begleiten.

Hierdurch wurde ich nun veranlasset, auf ganz genaue und deutliche Abbildungen bedacht zu seyn. Ich wählte daher dreyerley verschiedene Arten, die ich in Kupfer bringen lies. Der wirkliche und eigentliche Isländische Oskabiörn ist auf der gegenwärtigen VIIten Kupfertafel bey Fig. A von unten, und bey B auf dem Rücken, doch beyde vergrößert, vorgestellet. Es ist eben dasselbe Insekt, wie es vom Olaus Worm, vom Thoolev und Borrich, von Jakobäus, Ström ꝛc. beschrieben und abgebildet worden.

den. Bey dem Herrn von Linne ist es dessen Oniscus Psora. Die gewöhnliche Größe siehet man bey Fig. C wo dieses Insekt von der Seite vorgestellt ist. Es giebt aber auch welche, die kleiner, und andere, die größer sind. Nach seinem Umriß ist es Eyförmig. Der Rücken oder Obertheil ist flach gewölbt, und besteht aus 7 Hornartigen Schildern oder Abtheilungen (das Vordertheil oder den Kopf nicht mitgerechnet) die immer etwas weniges, gleich den Dachziegeln, über den folgenden übertreten, damit das Thier sich einbiegen, und wieder gerade machen könne. Nach diesen 7 Schildern oder Ringen kommen 5 kleinere und schmalere, und endlich folget der abgerundete Schwanz, der sich in eine Spitze endiget. Er hat in diesem Fall viel Aehnlichkeit mit dem Vordertheil einer Lanzette. An den breiten Enden des Schwanzes entspringen zu beyden Seiten doppeltblätterichte Ruderfüße, die rund um ihren Rand herum mit Franzen besetzt sind, und aus einer dazu eingerichteten Hülse oder Futteral hervortreten, das wieder in ein Gelenk passet, welches dem Thier zum Schwimmen dienen muß. Alle gemeldete 12 Ringe oder Schilder, nebst dem Kopf und Schwanz, sind von einer glatten, glänzenden Materie, die sich am besten mit dem englischen Laternenhorn, dem es an Härte, Zähigkeit und Farbe am nächsten kömmt, vergleichen lässet. Des Glanzes ohngeachtet, sind sämmtliche angeführte Theile, besonders aber der Schwanz, mit kleinen Punkten be-

 setzt,

setzt, als ob sie mit einer Nadel eingestochen wären. Dieses ist aber nicht anders, als mit bewafneten Augen zu erkennen.

Das Sonderbarste an dem ganzen Thier ist der Kopf, seiner merkwürdigen vielen zusammengesetzten Augen wegen, womit die meisten Insekten begabet sind, und welche hier den größten Raum desselben einnehmen. Bey Fig. D. habe ich einen Theil des Thieres von vorne sehr vergrößert vorgestellet, damit man die Figur und Lage der Augen deutlich ersehen könnte. Da das Thier zwey Paar Fühlhörner von ungleicher Größe hat, so siehet man bey eben gedachter Figur, wie an dem vordern Rande des Kopfs, die zwey kurzen Fühlhörner in den Schild desselben eingeschnitten, wie die drey ersten Gelenke sehr groß, die übrigen aber, welche sich in eine scharfe und dünne Spitze endigen, so häufig und klein sind, daß man sie nicht zählen kann: und gleichwol reichen sie nicht weiter, als daß sie an jeder Seite das Auge umfassen können. Unter diesen kurzen Fühlhörnern liegen unten am Kopf die 2 langen, deren Lage man bey Fig. A. deutlich siehet. Ihre Länge machet ohngefähr den vierten Theil der Länge des ganzen Thieres aus, und sie bestehen ebenfalls aus einer Menge von Gelenken, wovon die fünf ersten, von ihrem Ursprung, die größten vorstellen. Die Augen sind, wie schon gesagt, das allerseltsamste, was man sich nur immer vorstellen kann.

kann. Ihr Umriß ist, wie man bey Fig. D. siehet, Eyförmig. An dem breitern Ende treten sie über den Schild des Kopfs heraus, und machen an dem ersten Ring, der folget, zu beyden Seiten, einen Ausschnitt. Die beyden schmalen Enden aber nähern sich dem vordern Rande des Kopfschildes, lassen indessen doch noch einen Raum zwischen sich, und sind nicht über gedachten Schild erhoben, sondern machen mit demselben eine ebene Fläche aus. Ihre Dicke gehet unterwärts in den Kopf hinein, und gleichet von unten einem Kern aus einem Apfel. Es bestehen diese Augen aus einer beynahe unzählbaren Menge kleiner Augen, welche nach allen Seiten in gerader Linie oder in Reihen stehen. Nach der größten Länge des Auges kann man dieser kleinen Augen ohngefähr 24 bis 26 zählen, und in der größten Breite etwan 14 bis 16, so daß derselben in jedem Auge zwischen 310 und 330 seyn mögen. Ein jedes dieser Augen hat eine sechskantige, durchsichtige, weiße Einfassung, die mit einer dunkelgrünen Materie erfüllt ist. Aus diesem Grunde haben diese Augen ein so Wunderschönes Ansehen, da die weißen Zellenförmigen Kapseln in dem dunkeln Grund ungemein abstechen. Einige Schriftsteller haben daher dieselben bald mit einem fein gestrickten Netz, bald mit einer abgeschliffenen Fischhaut, und bald mit den Honigzellen der Bienen vergleichen wollen.

Beyde Augen sind mit einer durchsichtig hellen, Hornartigen Haut eingefaßt und überzogen. An

dem

dem breiten Ende derselben gehet diese Einfassung rund ums Auge herum. Sie liegen an den äußersten Seiten und unter dem Kopf ganz frey, und sind nur allein an dem schmalen Ende, vermittelst des Zwischenraums am Kopfschilde, mit demselben verbunden. Ich glaube auch, daß dieses Thier sowol von der Seite, als zum Theil auch unterwärts sehen kann, weil die Augen von unten nicht bedeckt sind, und die weißen Zellen sich am Rande herum bemerken lassen.

Durch ein zweytägiges Einweichen in lauem Wasser ist die Hornartige Haut, worinn die Augen eingefaßt sind, nicht im geringsten erweicht worden. Ich schnitt mit einem Federmesser etliche Papierdicke Blätchen nach der Fläche des Auges ab. Die weissen Zellen mit ihrem dunkelgrünen Grund erschienen schärfer und deutlicher, obgleich matt, und durch das Vergrößerungsglas und beym Sonnenlicht lies es, als ob man perspektivisch tief in die sechseckichten Zellen, die glüend durchsichtig gelb sich darstellten, hineinsehen könnte. Ich öfnete das Auge von der untern Seite, und fand in dessen Mitte einen leeren Raum. Wenn man durch die gemachte Oefnung durchs Auge sahe, so waren noch immer die Zellenförmigen Einfassungen sichtbar, man vermißte aber das dunkelgrüne Feld derselben; doch konnte man eine zusammen getrocknete schwarze Materie, die sich Theilweise hier und da angesetzt, und die von

einer

einer ehemals flüßigen Materie herrührte, deutlich erkennen. Bey Eröffnung des Kopfs habe ich nichts gewahr werden können, das der Organisation des Auges beykäme. Ich bemerkte wohl einige Scheidewände und Absonderungen, die aber mehr zu dem Schalenbau des Thieres zu gehören schienen. Wenn die Naturforscher, statt lauter zusammen getrockneter Thiere, selbige in ihrem natürlichen Zustande zu zergliedern Gelegenheit haben sollten, so würde man große Merkwürdigkeiten in diesem kleinen und für nichts geachteten Insekt von ihnen erwarten können, da man sich anjetzo bloß auf die Bewunderung ihrer äußern Gliedmaßen einschränken muß.

Der Mund des Thieres ist sehr klein, und stehet an dem Untertheil des Kopfes, dicht unter dem Ursprunge der 2 längsten Fühlhörner in der Mitte. So viel Schilder das Thier auf dem Rücken hat, so viel Füße hat es auch an jeder Seite, folglich sind derselben vierzehn. Sie scheinen ihren Ursprung unmittelbar aus diesen Schildern zu haben, unter denen sie hervorkommen; es ist aber ein eigen Gehäuse, das rückwärts scharf und spitzig zugehet, und sich an die äußerste Kante der Schilder angefugt findet, als ob sie zusammen ein Stück ausmachten.

In diesem Gehäuse ist der Schenkel, als das erste und größte Glied der Füße eingelenkt. Bey Fig. A. kann man die Anordnung und Eintheilung dieser so wunderbaren Füße, deutlich erkennen. Die drey ersten und obersten Paare sind aufwärts nach nach dem Kopf zu gekehret, und bestehen aus 5 Gelenken, welche sich zuletzt mit einer großen gebogenen Klaue, gleich den Vogelklauen, endigen. Diese Klauen sind schön durchsichtig weiß, und an der äussersten Spitze schwarz. Eben diese 3 Paar Füße werden Stufenweise kleiner, so wie sie sich dem Kopf des Thieres nähern, und der Raum zu denselben schmäler wird. Das oberste und kleinste Paar ist so geordnet, daß sie genau den Mund des Thieres zwischen die 2 Klauen einschlüßen.

Die übrigen 4 Paar Füße sind von ganz anderer Einrichtung. Diese wenden sich unterwärts und sind gerade. Sie haben, wie die oberen, den Schenkel, als das längste Gelenk, mitgerechnet, 5 Glieder, davon die vier letztern mit feinen Stacheln gegen die auswendige Seite dichte besetzt, und am Ende mit einer ganz kleinen Klaue bewaffnet sind. Daß auch an diesem Meerinsekt die verlornen Füße, wie bey allen Krebsarten, wieder hervor wachsen, davon habe ich sichere Beyspiele. Der Bauch ist mit einer sehr dünnen und zähen Haut bedeckt, unter welcher das Ovarium oder der Eyerstock deutlich nach seiner Figur und Farbe durchscheinet. Die untersten 5 schmalen Schilder, und das Innere des Schwanzes sind von unten durch 2 neben einander sitzende Hülsen, in deren jedem 4 dünne auf einander liegende Blätter stecken, größtentheils bedecket. Statt der

Eingeweide und aller übrigen innerlichen Theile, findet man bey den getrockneten Thieren weiter nichts, als obgedachten Eyerstock, als eine verhärtete Materie, die bey einigen durchsichtig röthlich, bey andern ganz schwarz ist. Ihre Gestalt gleichet einer Bohne, oder dem Kern einer Dattel. Bey Fig. E F. ist dieselbe in natürlicher Größe von beyden Seiten vorgestellet. Da diese Materie im Leben des Thieres weich und flüßig ist, so nimmt sie im Zusammentrocknen diejenige Gestalt an, welche die inwendige Figur des Thieres ihr vorschreibt. Dahero sind sie sich alle einander gleich, und aus diesem Grund entstehen auch so wohl die Rinne in der Mitte, als die Eindrücke und Erhöhungen an den Seiten. Wenn man diesen Kern in etwas warmen Wasser weichen lässet, so kann man ihn mit einem Messer eben so durchschneiden, als den Kern einer Kastanie. Ich schnitt einen solchen röthlichen und eingeweichten Kern mitten entzwey, und beyde Theile sahen, gegen das Licht gehalten, so schön roth aus, als ein durchsichtiger Karneol. Es läßt sich in dessen Mitte nicht das allergeringste von einer andern Materie wahrnehmen, woraus man auf die ehemalige Eingeweide schlüßen könnte. Ich bin aber gleichwol der Meynung, dasjenige, was die Brust und die Eingeweide des Thieres in seinem Leben ausgemacht hat, müsse sich, nach dessen Tode, in den übrigen flüßigen Theilen des Bauches gänzlich aufgelößt, und in eine Masse zusammen verwandelt haben: weil es

nicht

nicht wohl zu begreifen ist, wie ein so künstlich gebautes Thier ohne diese innerliche und wesentliche Theile bestehen könnte? obgleich Thoolev umständlich meldet, daß er weder Eingeweide, noch einige Spur des Herzens in denselben gefunden habe, welches auch Worm, Ström und viele andere bestätigen. Es ist aber zu glauben, daß alle diese geübte Naturkündiger dieses Insekt nicht eher bekommen und geöffnet haben, als bis diese vorhin weiche Materie schon verhärtet gewesen.

Diesem Eyerstock nun, welcher von den Isländern Petursstein genannt wird, hat der gemeine Mann daselbst ehemals viele große und geheime Kräfte zugeschrieben, durch welche der Name des Thieres entstanden. Oenskebiörn heißt ein Wunschbär, weil sie vermeynten, wenn sie dieses Thier zu einer gewissen Zeit fänden, und solches in den Mund nähmen, oder auch nur gedachten Stein an die Zunge hielten, daß sie keinen vergeblichen Wunsch mehr thun würden. Dieses sogenannten Steines medizinische Kräfte waren ebenfalls nicht weniger berühmt; und sind es zum Theil noch. Er wird als ein sicheres Mittel in der Seekrankheit angegeben. In der Apoplexie soll er denselben Nutzen, wie die Perlen, verschaffen, wie Dr. Olig. Jakobäus im Museo Regio versichert. In Norwegen wird er, nach dem Berichte des Hrn. Solander, als ein Mittel wider die Krätze gebraucht. Für die Milben oder Mierten

ten ist dieser Eyerstock ein rechter Leckerbissen. Sie wissen bey dem getrockneten Thier denselben so zu zernagen und zu verzehren, daß oft nur wenig davon übrig bleibt. Sie verwandeln sich auch in demselben; da man denn siehet, wie sie an den weichen Theilen, zwischen den Füßen, durch 3 oder 4 runde Löcher, sich den Ausgang zu verschaffen wissen.

Der Oskabiörn soll seine Nahrung auf den Fischen suchen, die er so rein aussauget, daß man sie nicht mehr genüßen kann, wie Hr. Pontoppidan in seiner Naturhistorie von Norwegen erzählet. Hr. Ström hingegen sagt: daß dieses Insekt die Fische dadurch plage, weil es denenselben von hinten in den Leib kröche, und um sich fresse, ja wenn ihm Zeit gelassen würde, den ganzen Fisch verzehre. Es ist also kein Wunder, daß ihm die Natur zu einer so wunderbaren Nahrungsart, einen so angemessenen Körper verliehen, der vorne so schmal ist, und seine 2 Paar Fühlhörner so verwahrt hat, daß ihm diese nirgends im Wege seyn können.

Die Art und Weise, wie die Zeugung und der Wachsthum dieses Thieres geschehe, und ob auch eine Verwandlung seiner Gestalt statt habe, davon war es mir nicht möglich, weder mündlich etwas zu erfahren, oder auch sonst bey den Schriftstellern etwas zu finden.

Was Thorlev berichtet, daß dieses Insekt, bevor es an die Fische gerathe, sich in der Mitte eines

Häutchens, etwa 6 bis 8 Querfinger breit ins Gevierte, welches auswendig Scharlachroth und inwendig schwarz seyn soll, mit einem grünlichen Schleim umgeben, antreffen ließe. Das ist aber dunkel und unverständlich, und überdies ein Umstand, wovon die neuern Schriftsteller gar nichts erwähnen. Daher sich auch nichts Gewisses daraus herleiten lässet. Es wäre deswegen wohl zu wünschen, daß einmal einer unserer Naturforscher in Norwegen oder Island sich die Mühe nehmen wollte, diesem Insekt genauer nachzuspüren, da dessen Ursprung, Fortpflanzung, Beschaffenheit der innerlichen Theile, Lebensart, künstlicher Leibesbau ꝛc. der Aufmerksamkeit desselben so vollkommen würdig sind.

Nun muß ich von diesem eben beschriebenen Oskabiörn auch noch einer Abänderung Fig. O P. gedenken, von welcher vielleicht noch Niemand Gelegenheit gehabt, etwas zu erinnern, und wer weis, ob sie auch von jemand bemerkt worden? Wie der bereits beschriebene Oskabiörn in seinem Umfang Eyförmig war, so gleicht diese Abänderung mehr einer Walze. Dieses Insekt ist von dem Aeussersten des Kopfs, bis ans Ende des Schwanzes von ungleicher Breite. Der Rücken ist auch mehr gewölbt und aufgehoben. Sogar der Kopf ist breiter und gehet gar nicht schmal zu, wie an dem ersten. Die Augen lit O. a a nehmen, wegen ihrer Größe, das ganze Kopfschild ein, so daß nur ein ganz kleiner Fleck von hin-

ten

ten zu sehen kömmt. Beyde Augen stoßen hier dichte zusammen, ja man mögte sagen, übereinander, da im Gegentheil an dem vorigen sich ein guter Zwischenraum befindet. Sie sind nach vornen zu nicht schmal, sondern gleich breit und groß. Die Abänderung beym Schwanze lit. O. b b. ist die aller sonderbarste, und fällt am ersten in die Augen. Statt daß er bey den andern zugerundet nnd am Ende spitzig war, ist er hier Keilförmig, am äußersten Ende halb so breit, als an seiner Wurzel, und an diesem schmalen Ende, gleich einem halben Zirkel, hohl ausgeschnitten lit. O. c. Mitten durch den Schwanz, der Länge nach, gehet eine vertiefte Rinne, und zu beyden Seiten der Rinne eine Grube Lit. O d. d., die zwey erhöhete Rücken bilden. Die Ruderfüsse, welche an dem vorigen unter dem Schwanz liegen, stehen hier zur Seite in gerader Linie, und haben ihre doppelten Blätter lit. P. e. e. zierlicher ausgebreitet. Auch das Gehäuse, oder Hülse, worinn sie stecken, ist ganz anders und sehr wunderbar. Ueberhaupt sehen diese Theile, mit dem Uebrigen des Thieres zusammen genommen, sehr prächtig aus. Hier ist Kunst Schönheit, Symmetrie bis zur Verschwendung angebracht. Hier erstaunt der Beobachter, und der Künstler ist beschämt, wenn er die berühmtesten Werke und Meisterstücke seiner Kunst, mit dem allergeringsten und kleinsten unter Millionen Werken des Schöpfers vergleichen will. Von dieser Abänderung besitze ich 4 Exemplare, damit niemand denken mögte, daß durch einen Zufall die abgeänderten Theile hätten entstehen können, wenn nur Ein Stück wäre aufzuweisen gewesen. Ich vermuthe, daß diese Abänderung unter einem und demselben Geschlecht, vielleicht das Männchen und Weibchen, zu erkennen geben soll.

Die Farbe dieser Thiere, so wie ich sie getrocknet bekommen, ist bräunlich gelb, bey den meisten aber Strohgelb.

Ihr Geburtsort ist in den Norrwegischen und Isländischen Meeren.

Der Name ist auf Isländisch: Oenskebiörn, Oscabiörn. Auf Norrwegisch: Fiskebiörn, Krakku, nach Ström und Pontoppidan. Schwedisch: Gråsugga, siehe *Mus. Adolph.* Deutsch: Meerässel, nach Hanovs Abhandlung, und Seeassel nach Swammerdamm. Beym Herrn von Linné in seinem Natursystem *Oniscus Psora.*

Die zwey folgenden Onisci sind unter sich zwar nicht so sehr, hingegen desto mehr von dem beschriebenen Isländischen Oskabiörn unterschieden. Die Fühlhörner, der Kopf, an dem keine Augen wahrzunehmen, die Figur der 12 Schilder, das Schwanzschild, die vier Paar untersten Füße ꝛc. alles ist anders, als an dem vorigen, und verdienet also genauer betrachtet zu werden. Bey Fig. G. ist der erste von oben, und Fig. H. von unten, jedoch sehr vergrösser, vorgestellet, damit alle Theile desto deutlicher

können

können bemerkt werden. Seine natürliche Größe ist in der Länge 15 Linien, und in seiner größten Breite 8½ Linie. Der Körper ist länglicht oval, und von beyden Seiten erhöhet; der Rücken gewölbt und eben so, wie beym vorigen, mit 7 Schildern abgetheilt und bedecket, die so wunderbare und zierliche Umrisse haben, und die wieder durch einen erhabenen Rand eingefaßt sind, daß man die Abbildung mehr einer willkührlichen Phantasie des Künstlers, als der wahren Natur, zuschreiben sollte. Das vorderste und breiteste dieser Schilder, hat den Kopf des Thieres, welcher klein und Herzförmig ist, nach einem runden Ausschnitt über die Hälfte eingeschlossen. Auf seiner Oberfläche ist er etwas hökericht, uneben, und dabey ausgehölt; in seinem Umfang aber mit einem kleinen erhabenen Rand eingefasset. Zu beyden Seiten macht er einen Einschnitt, wo ein Paar kleine Schnirkel zusammenstossen. Die zwey Paar gleich große Fühlhörner, deren jedes aus 7 kurzen und dicken Gelenken bestehet, und welche vornen unter dem schmalen Ende des Kopfs ihren Ursprung nehmen, liegen zu beyden Seiten des Kopfs, ruhen auf dem Schild, und bedecken durch diese Lage vermuthlich die Augen, von denen man hier nichts wahrnehmen oder entdecken kann. Sie müssen also wohl nur klein und einfach beschaffen seyn. Das folgende Schild wird von dem ersten in etwas bedeckt, so wie auch die übrigen immer eines über das andere liegen. An ihren Seiten sind sie etwas uneben, gleich einer Chagrinhaut, und mit einem kleinen Rand, welcher gleichfalls in einen Schnirkel sich endiget, gezieret. In der Mitte, längs dem Rücken, ist das 2. 3. 4. und 5te Schild mit einer Rinne eingeschnitten. Das letzte dieser 7 Rückenschilder ist, nächst seiner Verjüngung, hohl ausgeschnitten, und die äußersten Seiten sind unterwärts gebogen. Zwischen gedachtem Schild und dem Schwanze sitzen ferner noch 5 kleinere in einander gesteckte Ringe, die eine ganz besondere Zeichnung und Ausschnitte haben, welche sich in dem Kupfer besser erkennen, als hier beschreiben lassen. Der erste und schmaleste füllt genau den oben gedachten Ausschnitt des letzten Schildes aus. Die vier folgenden hingegen sind breiter, und winden sich, einer über den andern, unter den Schwanz des Thieres. Das letzte dieser schmalen Schilder ist an seinem vorderen Rand anders, als die vorigen, und Wellenförmig ausgeschnitten. Das zugerundete Schwanzschild ist beynahe so breit, wie letzt beschriebene 5 Ringe. Von oben ist es flach, etwas vertieft, mit einem erhabenen Rand um dessen äußerste Kante herum. Zu beyden Seiten des Schwanzes, an der Wurzel derselben, stehen, wie bey dem vorher beschriebenen Oskabiörn, seine Ruderfüße, die aber sehr viel schmaler sind, jedoch hinlänglich seyn werden, das Thier durchs Schwimmen von einem Orte zum andern hinzubringen. Der Bauch ist schmal, in der Mitte sehr erhoben, und mit einigen dünnen Häutchens,

chens, die quer über einander geschoben zu seyn scheinen, leicht bekleidet. Der Hintertheil des Thieres, nebst dem Schwanz, ist in zwo Reihen, jede mit vier dünnen Häutchens bedecket. Die Anzal der Füße ist, wie bey den allermeisten Oniscis, 7 Paar. Nach ihrer Gestalt sind sie alle einander gleich, und am Ende mit einer krummen Vogelklaue bewafnet. Die drey ersten Paare, als die kürzesten, sind nach dem Kopf hingekehrt, und die vier Paar letztern gegen das Untertheil. In einem Ohrförmigen Gehäuse, welches unter den Schildern, und nicht an dem äußersten Rande derselben, wie bey dem vorigen, hervorkömmt, ist der Schenkel des Fußes eingelenkt. Er ist sehr breit, auf seiner äußern Fläche eingekerbt, von der vordern Seite tief ausgehölt, damit die übrigen Glieder des Fußes im Zurückziehen sich darein fügen können. Auf diesem Schenkel folget ein etwas kleineres, auswärts gebogenes Glied, hierauf zween äußerst kurze, und im 5ten ist die sehr gekrümmte Klaue durch ein bewegliches Gelenk angebracht. In Ansehung der 4 Paar untersten Füße ist dieses Insekt sehr verschieden von dem Oskabiörn, wo eben dieselben Füße aus 5 langen und geraden Gliedern bestehen. Die Materie aller Schilder des Thieres ist nicht Hornartig und durchsichtig, wie beym vorigen, sondern spröder, etwas stärker, zum Theil glänzend, und schön Zitronenfarbig.

Ob dieser Oniskus, statt der Eingeweide eben auch eine solche röthliche zähe Materie, die sich in getrocknetem Zustande zu verhärten pfleget, gleich dem vorigen, in sich schließet, kann ich nicht mit Gewißheit sagen, da das Exemplar, welches ich davon besitze, inwendig völlig hohl ist, und, wie es scheint, von den Milben mag verzehret worden seyn. Wäre dieses, wie ich fast zu glauben geneigt bin, so würde gedachter Eyerstock eine ganz andere Gestalt haben annehmen müssen, als der sogenannte Peturstein zu haben pfleget, da der Bauch des Thieres, vermittelst der Lage der Füße, die in Vergleichung des übrigen Körpers sehr groß und dick sind, so zusammen gedrückt wird, daß er sich nach der Mitte zu schmal erhebet. Es ist Schade, daß dieses Meerinsekt so selten vorkömmt, daß man keine Gelegenheit haben kann, einige und andere Theile desselben besser untersuchen und sichrer beschreiben zu können. Ihr Vaterland ist Grönland. Sie sollen sich auf den Wallfischen aufhalten. Beym Ritter von Linné in seinem Natursystem ist es dessen *Oniscus Ceti.* Im Schwedischen *Grundskooff*, siehe Museum Adolph. Beym Seba Wallfischlaus.

Die dritte Art vom Oniskus, welche ich mir zu beschreiben vorgenommen habe, ist in beygehendem Kupfer bey J. von der untern Seite, und bey K. von der obern, beyde vergrößert, vorgestellet.

Dieser Oniskus ist etwas kleiner, als der nächst vorhergehende. Seine Länge 1 3½, und seine Breite 7 Linien. Des Körpers Gestalt ist mehr Walzenförmig,

förmig, als Eyrund. Die Oberfläche des Rückens ist flach gewölbt, der Kopf klein und mehrentheils vierkantig, doch von vorn ein wenig schmäler, als an dem hintern Ende, und ist gänzlich in des Rückens erste Abtheilung eingeschlossen, so daß nur ein ganz Weniges vor demselben hervorraget Unten am Kopf sitzen 2 Paar Fühlhörner, ein Paar über das andere, in der Länge des Kopfes. Ein jedes bestehet aus 7 kurzen und dicken Gelenken, die in eine Spitze auslaufen. Der Rücken ist eben auch, wie an den vorigen, mit 7 über einander liegenden Schildern abgetheilt und bedecket. Das erste dieser Schilder, als das längste, jedoch auch das schmaleste gegen die übrigen, umfasset den Kopf des Thieres, welcher nach seinem ganzen Umfang in den Schild eingeschnitten ist, so daß zu beyden Seiten zween gegen einander stehende Klappen, die fast eben so lang sind, wie der Kopf, denselben umschlüßen, zwischen welchen, allem Vermuthen nach, die Augen sitzen müssen, da man sonst nirgends einige Spur davon wahrzunehmen vermögend ist. Die übrigen Schilder sind nach ihrer herausstehenden Kante etwas weniges, das letzte aber mehr, als die andern, ausgehölet ist, um noch die 5 folgende kurze Ringe zwischen sich und dem Schwanz einzuschlüßen. Diese 5 schmale Abtheilungen nehmen, eine nach der andern, in der Breite zu, so wie sie sich dem Schwanze nähern. Sie sind an ihren äußersten Erhöhungen gar zierlich ein- und ausgebogen. Ihre äußere

Ränder sind Wellenförmig ausgehöhlet, und winden sich zuletzt an die beyden Seitenkanten des Schwanzes. Dieser ist halb Zirkelrund und vorn ein wenig einwärts gebogen, von beyden Seiten gerundet und in der Mitte vom äußern Rand etwas eingeschnitten, seine obere Fläche aber mit Adern oder Zweig ähnlichen Erhöhungen gänzlich bedecket. Dieses Insekt, hat, wie das vorige, zu beyden Seiten des Schwanzes, eben solche Schwimm- und Ruderfüße, deren doppelte Blätter gleichergestalt sehr schmal erscheinen. In der Anzal und Richtung der Füße gleicht dieser Oniskus dem Vorigen, bloß in der Gestalt derselben scheinen sie ein wenig von einander abzugehen. In Vergleichung mit dem Körper sind bey diesem Thier die Füße sehr viel kleiner, als an dem vorigen. Die Ohrenförmige Gehäuse, worinn das erste und gröste Glied des Fußes durch ein Gelenk bevestiget ist, sitzen an dem äußersten Rande der Rückenschilder. Die 4 Paar unterwärts gerichtete Füße haben an ihrem eben gedachten ersten Gelenke, bey seinem Ursprung, nach der Breite, einen hervorstechenden Haken, den ein holer Ausschnitt an dem breiten Ende bildet. Sie sind eben auch, wie beym vorigen, unterwärts ausgehölt, um das Uebrige des Fußes darinn verbergen zu können. Das 2. 3. und 4te Gelenk sind gleich kurz; das 5te aber länger, und selbst die Klaue ist größer, als an dem vorigen. Der Bauch ist sehr schmal, doch nicht so aufgehoben, als bey jenem. Er ist mit 6 Blätterförmigen Häutchen, wovon an

jeder

jeder Seite 3 nach der Reihe bevestiget sind, bedecket. So ist auch das unterste vom Hintertheil nebst dem Schwanz in zween neben einander stehenden sechsblätterigen Abtheilungen geschlossen.

Was ich, in Ansehung der Eingeweide, bey dem vorigen Oniskus angeführt habe, gilt auch bey dem gegenwärtigen, außer daß ich von diesem letztern eine Abänderung besitze, in welcher noch die Eingeweide unversehrt unter sechs hellrothen Häutchen verschlossen liegen, die es ungemein wahrscheinlich machen, daß dieses Meerinsekt, wie der Oskabiörn, mit einem verhärteten Eyerstock ausgefüllet sey. Die ganze Oberfläche von allen Schildern ist uneben, höckericht, und mit kleinen Buckeln besetzt, mit ganz wenigem Glanze. Die Materie findet man hier, wie an dem vorigen, die Farbe hellgelb.

Ihr Aufenthalt ist ebenfalls in Grönland auf den Wallfischen.

Nach dem Ritter von Linné, in seinem Natursystem, ist dieses Insekt dessen *Oniscus Oestrum*.

Beym Seba die Wallfischlaus, und zwar genau dasselbe Thier, welches er in seinem Thes. Tom. I. Tab. 90. Fig. A. B. C. D. vorgestellet.

Auf Schwedisch *Sneeskorff*, siehe Mus. Adolph.

Die drey letzten Figuren L. M. N. bilden zwo verschiedene von einigen sogenannte Schüsselmuscheln mit 8 Schildern, oder den sogennnten Oskabrion ab.

ab. Dieser letztere Name war hauptsächlich die Veranlassung zu deren Abbildung auf dieser Platte, weil ich bey dieser Gelegenheit gern den Ursprung desselben anzeigen wollte. Es ist sehr wahrscheinlich, daß Petiver, der meines Wissens der älteste Verfasser ist, welcher diese Muschel mit dem Namen Oskabrion belegt, den Isländischen Oskabiörn bloß nach schlechten oder mittelmäßigen Kupfern, für gedachte Muschel, bey unsern Nordischen und viel ältern Schriftstellern, angesehen.

Dieses scheint mir um so viel glaubwürdiger, weil beyde Gattungen Seethiere, so wohl nach ihrer Eyförmigen Figur, als besonders ihres mit Schildern bedeckten Rückens wegen, gar viel Aehnlichkeit mit einander haben. Es war ihm etwas leichtes, dem Isländischen Wort Oskabiörn eine lateinische Endigung zu geben, und aus biörn, dessen Ausdruck er vielleicht nicht verstand, brion zu machen. Vom Petiver haben diesen Namen erstlich d'Argenville, und nach ihm die andern Französischen Konchyliologisten und Schriftsteller angenommen. Bomare in seinem Dictionaire raisonné universel, ist bey dem Wort Oskabrion in großer Verwirrung. Er wirft in seiner Beschreibung die Nachrichten vom Oskabrion des Dargenville mit der Beschreibung vom Oskabiörn des Tholevi und Jakobäi unordentlich unter einander, und macht aus beyden ein einziges Thier. Man kann sich leicht vorstellen, was hieraus für eine Mißgeburt entstehen müssen.

Diese

Diese achtschalichte Schüsselmuschel, welche übrigens die Ehre hat, daß der Herr von Linné seine Konchylienmethode mit ihr unter dem Geschlechtsnamen *Chiton* anfängt, hat mit dem Oskabiörn auch dieses gemein, daß von ihr eben so viel Fabelhaftes, als von jenem, geschrieben und geglaubt worden. Wer hätte sichs können träumen lassen, daß unter den Gelehrten so viel große Männer im ganzen Ernste dieses Meerthier für eine Krone irgend einer Schlange gehalten, und selbige unter diesem falschen Namen der Welt bekannt machen würden? Obgleich anfänglich meine Absicht eben nicht gewesen ist, vieles von dieser vielschaligen sogenannten Napfmuschel zu schreiben, da ich sie, so zu sagen, bloß zufälliger Weise abbilden lassen, so kann ich mich doch nicht enthalten, da ich derselben 7 bis 8 verschiedene Arten vor mir liegen habe, noch einige Bemerkungen davon mitzutheilen, die nicht durchgehends allgemein seyn mögten.

Der sonderbare Bau dieses Seegeschöpfes fällt gleich beym ersten Anblick, als etwas Ungewöhnliches, in die Augen. Und wenn man die wunderbare Zusammenfügung, woraus der künstliche Bau dieser Muschel bestehet, recht einsehen will, so ist nöthig, daß man die Schalen von einander absondere. Man kann freylich nachhero selbige nicht wieder in Verbindung zusammenbringen, denn das konnte nur die Natur durch die angeschaffenen Kräfte thun; man wird sich aber wegen seines Verlusts für sehr wohl belohnt halten,

wenn

wenn man die unvermuthesten Merkwürdigkeiten antrift. Denn erst wird man das Merkwürdige in den Figuren der Schalen, und das einem Dachstuhl gleichende Geribbe von einer zähen Haut gewahr, die mit dem untersten Ende an einen starken und mit Schuppen bedeckten Wulst oder Saum, worinnen alle 8 Schalen aufs künstlichste eingefaßt sind, verbunden worden. Der Urstoff gedachter Schilder ist Steinschalicht, und ein jeder derselben ist auf der obern Seite mit einer besondern figurirten und mit Farben gezierten dünnen Schale beleget, so wie die Wasserschildkröten auf ihrem knöchernen Rücken mit abgepaßten Schildern eines bunten Ueberzugs, bedeckt zu seyn pflegen. Ich habe bis hieher diesen, Schildkrötschalen gleichenden Ueberzug beständig für Hornartig angesehen; allein ich sehe nun zu meiner Verwunderung, daß derselbe eben so wohl, als das Uebrige des Schildes, Steinschalicht ist. Mit dem Messer läßt er sich nicht schneiden, das Scheidewasser braußet nicht, weder auf Horn, noch Schildpadschalen; auf dieser aber geschiehet es so stark, als auf jeder andern Kalkartigen Materie. Durch diese Versuche wurde ich von meinem Irthum zurück geführt, wenn ich vorhin es den Herren Methodisten verdacht habe, daß sie ein Horn- und Knochenartiges Muschelgehäuse, wofür ich es ehedem gehalten, unter die Testacea ordnen wollen.

Die zwo äußersten Schalen an den beyden Enden sind klein, und halb rund gewölbt; die übrigen sechs sind mehr

mehr oder weniger dergestalt gebogen, daß sie in der Mitte seinen Rücken, nach der Gestalt eines Sattels, ausmachen. Es steckt immer von vorne nach hinterwärts, eine Schale unter der andern, wei das Thier das Vermögen hat, sein Schalengehäuse in eine Kugel, gleich den Igeln, zusammen zu ziehen, welches geschiehet, wenn es von den Felsen und Klippen, woran es sich vest sauget, mit Gewalt losgemacht wird. Wie aber diese Zusammenbeugung der Steinschalichten Schilder bewerkstelliget werden könne, ohne daß dieselben auf der hohen Kante des Rückens aus einander weichen, läßt sich am besten einsehen, wenn man die Struktur der Schilder genauer kennt, als sie von außen sich den Augen darstellen, wenn sie noch zusammen verbunden sind. Das erste Schild an dem vordern Ende, ist, wie schon gesagt, halb rund gebogen. An der untersten Kante desselben gehet ein kleiner Rand, eines guten Messerrückens breit, herum, welcher nicht mit dem Schildkrötschalen artigen Ueberzug bekleidet ist, sondern das Weiße der Steinschaligen Unterplatte ohne Glanz zeiget. Dieser weiße Absatz, welcher auch von inwendig abgetheilt ist, gleichet einem mit Zähnen besetzten kleinen Fischgaumen, weil er durch 9 Einschnitte 10 kleine Zähne abtheilet. Dieser gezähnte Rand nun, dienet zur Einfassung des Schildes, womit derselbe, gleich den übrigen, mit einer zähen und mit Schuppen bedeckten Haut aufs künstlichste verbunden ist. Die vordere Kante dieser halbrunden

runden Schale, wo sie an dem 2ten Schild anliegt, und so alle die 6 folgenden, haben das Merkwürdige, daß der oft gedachte Schildkrötschalenartige Ueberzug sich um den scharfen Rand herumbeuget, um sich inwendig in die Schale mit einem erhabenen Ansatz anleget. Hingegen an dem hintern Rand gedachter 6 Schilder, stecken zween abgerundete Lappen zu beyden Seiten, von der untern und unbekleideten Stirnschale, hervor. Sie machen zwischen sich in der Mitte einen geraden Ausschnitt, der nur ganz wenig unter der obern bedeckten Schale heraustritt, und, gleich kleinen Zähnen, durch zarte Einschnitte abgetheilt ist. Diese hervorragende dünne und scharf zugehende Lappen, laufen in einem schmalen Ansatz, auch am untern Theile der Schalen, von beyden Seiten herum. Bey Fig. M. wo eine solche Muschel ohne das Thier, von inwendig vorgestellt ist, kann man den Lappenförmigen Vorsprung, und wie er sich unter die Schilder versteckt, bey jeder Zusammenfügung deutlich erkennen. Seine abgerundete Figur und die unterwärts gerichtete Stellung desselben, ertheilt ihm die vortheilhafte Eigenschaft, daß die Schilder sich nicht allein nach der Länge ausstrecken, sondern sich auch in diesen Gelenkartigen Zusammenfügungen, ohne ihre unbiegsame Steinschalige Oberdecken beschädigen zu dürfen, zusammenziehen können. Dieses aber zu bewerkstelligen, hat das Thier nicht allein den zähen und starken Wulst oder Schalensaum, der das Aeußere seiner 8 Schilder

der in ihrem Umfang einfasset, sondern es sind auch mit diesem Wulst noch 7 Häutchens verbunden, die an beyden Seiten nach seiner Länge bevestiget sind, und zwischen den oben beschriebenen, unter den Schilddecken hervorstechenden abgerundeten Lappen, deren Figur sie genau annehmen, ingleichen zwischen ihren vorhergehenden Schildern, in welche sie hineintreten, ihren angewiesenen Platz finden. Es machen also die 7 Häutchen, mit ihrem Grundstück der Schalenhaut, ein Geribbe aus, welches mit dem Geribbe eines Schiffbotes am besten sich vergleichen läßt, wo nämlich die 8 Schilder davon erst abgesondert worden. Das letzte halbrunde Schild, als welches den Beschluß der 8 Schalen machet, gleicht dem ersten in allen Stücken, außer daß es an seiner vordern Kante, so wie die 6 vorhergehenden, den Lappenförmigen Ansatz hervorragen lässet, damit das siebente Schild über denselben schlüßen könne.

Uebrigens haben die 6 hochrückigen oder gebogenen Schilder inwendig, nach ihrer Breite, einen erhabenen Wulst, indem die Schalen, nach ihren beyden äußersten Rändern, in eine scharfe Kante auslaufen. Der inwendige Theil der Schale ist glänzend glatt, und in der Farbe schön hellgrün. Die äußere und obere Schalendecke von Fig. L ist aschgrau und gefleckt. Ueber den Rücken der 6 krumm gebogenen Schalen gehet, nach der Länge hin, ein glänzender schwarzer Flecken. Die beyden äußern und halbrunden Schilder sind mit kleinen und in ordentlichen Reihen versetzten erhabenen Buckeln gezieret. Die übrigen mittlern Schalen haben an beyden Seiten, von unten hinauf, einen aufgehobenen hohen und schmalen Triangelförmigen, schiefen Absatz, der mit abgesetzten länglichten Buckeln und erhabenen Falten bedeckt ist. Das Uebrige der Schalen, welches als ein vertiefster Grund kann angesehen werden, ist mit erhöheten Wellenförmigen Reifen ausgeschmücket. Wenn man den Kupferstich dabey zu Rathe zieht, so wird die Beschreibung leicht können verstanden werden. Das Merkwürdigste von dem ganzen Schalengehäuse ist der oft erwähnte Wulst. In dem getrockneten Zustand ist er einwärts nach der holen Seite gebogen, da man ihn sonst, beym Leben des Thieres, mit dem Grunde der Schalen flach ausgebreitet findet. An dem Exemplar, was ich eben vor mir habe, ist diese Haut an den beyden flachen Seiten, wo sie breiter, als an den schmalen Enden erscheinet, 4 Linien breit. Unter allen Gliederichten Napfmuscheln ist keine, die einen so breiten und zierlichen Saum hätte. Er ist auf das allerschönste mit kleinen halb rund erhabenen, glänzenden Schuppen, welche von dem äußern Rand gegen die Muschelschalen zugekehrt stehen, ganz bedecket. Sie sind in dunkelgraue und Schneeweiße Felder, doch eben nicht Regelmäßig, nach der Breite vertheilet. Diese Haut, die alles Aehnliche mit einer Schlangenhaut hat, ist ohne allen Zweifel die Veranlassung gewe-

gewesen, warum so viele Naturkündiger diese Napfmuschel für eine Schlangenkrone gehalten. Man bemerkt fast an allen diesen Schalengehäusen, wie sie an ihrem untersten Ende, an welchem auch der Kopf des Thieres seinen Sitz zu haben scheint, etwas weniges schmaler sind, als an dem andern. Nach Rumph und Adanson ist der Bewohner dieser Muschelschale mehrentheils eben so beschaffen, wie die Bewohner der gewöhnlichen Napfmuscheln (Patelles); daher auch der letztere, nach seiner ihm eigenen Methode, dieselben dahin gerechnet und geordnet hat.

Der Kopf des Thieres ist an dem einen Ende der Schale, und zeigt sich halbmondförmig, und an seinem äußersten Ende zugerundet. Nach Dargenville ist er in etwas von dem übrigen Körper abgesondert. Man erkennet den Sitz desselben vermittelst einer weiten Oeffnung, welche für dessen Mund gehalten wird, und an dem andern entgegen gesetzten Ende bemerket man den Ort des Auswurfs, welcher, gleich dem Kopf, vom Leibe abstehen soll. Augen und Fühlhörner hat man an dem Thiere nicht finden können. Sein länglicht runder Fuß, der niemals über den Rand der Muschelschalen heraustritt, dienet dem Thier, auf den Felsen, gleich andern Napfmuscheln, herum zu kriechen. Der Saum oder sogenannte Mantel ist von innen an den Schalen bevestiget, von außen aber wie mit Franzen besetzt, und ausgebreitet, etwas größer, als die Schalen, wodurch er sich dem mit Schuppen besetzten Saume nähert. Mit diesem Mantel weis das Thier sich so vest an die Klippen anzuhängen, daß es nicht ohne Gewalt davon kann abgerissen werden. Es halten sich diese besondere Muscheln an den Felsen und Klippen unbewohnter Strandkanten, 3 bis 4 Fuß tief unter Wasser, auf. Wenn Dargenville von dieser Napfmuschel saget, sie pflege sich auf die Wallfische zu setzen, und von deren Fleisch sich zu ernähren, so siehet man hier eine Probe, wie er diese Muschel mit dem Nordischen Oskabiörn verwechselt.

Die Naturforscher haben angemerkt, daß diese achtgliederige Napfmuschel noch nirgends versteinert angetroffen worden. Auch irren sich diejenigen sehr, welche dafür gehalten haben, daß sie das Original zu dem versteinerten Entomolithus paradoxus seyn könnte. Mit eben so wenigem Grunde darf man es in dem Isländischen Oskabiörn suchen. Von den Einwohnern auf Amboina wird das Thier aus dieser Napfmuschel gekocht und gegessen.

Rumph p. 38. Tab. 10. No. 4 *Limax marina.*

Petiver Tom. I. Catal. 528. Tab. I. Fig. 3. Oscabrion Carolinum perelegans &c.

Seba Tom. 2. Tab. 61. Fig 4. Schlangenkrone, und Tom. 3. Tab. I. Fig. 13. *Zee-Pissebed.* Hier sagt Seba, daß es ein Geschöpf für sich sey, und gar nicht unter die Konchylien müßte gesetzt werden.

Dargenville Tab. 25. Fig. L. Oscabrion.

Neue

Neue Gesellschaftliche Erzählungen 3ter Theil, Tab. 2. Fig. 7. p. 59. Falsche Schlangenkrone.

Davila p. 392. Oscabrion.

de Linné, Chiton aculeatus.

Deutsch: Achtgliederige Napfmuschel.

Der Geburtsort der oben beschriebenen ist Amerika.

Fig. N. ist eine Abänderung von der vorhergehenden. Bey Fig. M. ist eben diese Muschel von der inwendigen, und vom Thier entblößten Seite, vorgestellet. Sie ist etwas kleiner, als Fig. L. Ihre 8 Schilder sind glatt und glänzend, und gleichen einem bunten Marmor; da hingegen der Ueberzug der vorigen matt, Aschgrau und wie mit einer Chagrinhaut überzogen zu seyn schien. Die Grundfarbe dieser Schalen ist braun mit weißen Flammen, die von vornen nach hinterwärts laufen. Auf dem ziemlich zugespitzten Rücken der 6 mittlern Schalen, sitzen auf den 5 ersten viereckichte schwarze Flecken, so lang, als die Schale selbst. Auf dem 6ten hingegen sitzen weiße Wolken. Auch diese Napfmuschel hat an der vorderen Kante der 6 mittleren Schalen, von unten hinauf, zu beyden Seiten einen schiefen Triangelförmigen erhobenen Absatz, welcher aber, gleich der übrigen Oberfläche der Schalen, ganz glatt ist. Der Schalensaum oder Wulst ist an dieser Muschel nur schmal, aber doch mit Schuppen belegt. Von inwendig ist sie schön Sächsisch grün, und ebenfalls aus Amerika.

Mit wenigem will ich nur noch einiger Abänderungen gedenken, um die Nachrichten dieser vielschaligen Napfmuscheln etwas vollständiger zu machen. Ich besitze noch zwo andere dergleichen Napfmuscheln, die von ihrer Einfassung entblößt sind, und folglich besser können beobachtet und beschrieben werden. Die Farbe der ersten ist durchgehends dunkelrothbraun. Es kommen aber nach der Länge der Schalen zu beyden Seiten des Rückens, welcher nicht scharf, sondern mehr gerundet ist, gelbe Streifen, in Gestalt der Sonnenstralen, hervor.

Das Aeußere der Schalen ist glatt, nur daß nach dem Ausschnitt der hintern Kante, die überaus zierlich und Wellenförmig ein- und auswärts geschweift ist, zarte Streifen, nach der Breite der Schalen, parallel herumlaufen. Die 6 mittlern Schilder sind völlig noch einmal so lang, als bey den 2 vorhergehenden Gattungen. Der hervorspringende Theil an der hintern Seite der Schalen, welcher unter den vorhergehenden Schildern statt des Gelenks versteckt zu seyn pfleget, und bey den vorhin beschriebenen mit 2 Lappen verglichen worden, ist an diesen Schalen viel breiter und ganz anders gebildet. Statt des weiten Ausschnittes in der Mitte gehen hier die zween Lappen näher zusammen, und lassen, vermittelst zwoer zarten Einschnitte, einen Zahn von 2 Linien breit und einer Linie hoch zwischen sich, gehen unten um die Schale herum, wo sie an dem Seiten-

theil

theil abgerundet und am breitesten sind. Kurz vor ihrem Ende haben sie an beyden Seiten noch einen zarten Einschnitt. Alle die gedachten Einschnitte haben das Ansehen, als ob sie mit einer feinen Säge gleichsam durch die Kunst eingeschnitten wären. Uebrigens ist dieser hervorspringende Theil, so wohl von oben, als von inwendig heraus, ungemein dünn ausgezogen, gleich einer Schermesserklinge. Inwendig in der Mitte der Schalen siehet man eben auch den erhabenen Wulst, so wie bey den vorigen. Alles glatt, und schmutzig weiß in der Farbe. Oben auf den 6 Schalen sitzen eben dergleichen lange und schiefe Triangelförmige Absätze. Wenn diese Schalen noch zusammen verbunden wären, so würde diese Napfmuschel um einen halben Zoll größer seyn, als diejenige, welche bey Fig. L. in ihrer natürlichen Größe abgebildet worden.

Der zwote der oben gedachten Gattungen ist etwas kleiner, sonst aber im übrigen derselben mehrentheils gleich, nur die Farbenschilderung ausgenommen. Diese ist im Grunde auch braunroth, aber etwas heller, hingegen mit Schneeweißen Punkten, Flecken, Wolken ꝛc. auf das allerschönste gezeichnet, und nach einem gewissen Ebenmaaß auf jeder Seite, durch die künstlichsten Schattirungen ausgeschmückt. Jede der 6 mittelsten Schalen ist von der andern in der Schilderung unterschieden, und gleichet, jede für sich, einem bunten Schmetterling. Zween weiße

Flecken, welche der Länge nach zu beyden Seiten des Rückens einen braunrothen Grund nach einer geraden Linie zwischen sich einschlüßen, bilden den Körper gedachten Insektes recht natürlich ab. Das Uebrige vom braunrothen Felde, auf welchem schöne weiße Punkte und eben dergleichen schattirte und gefederte Flecken vertheilt sind, stellen ungemein gut die Flügel vor, nur die Fühlhörner fehlen ihm, und die Füße.

Bey dieser Vergleichung erinnere ich mich eines Blumenstraußes, den ich vom Vorgebirge der guten Hofnung erhalten, und der aus lauter Konchylien verfertigt ist, wo zwey dergleichen Insekten darauf sitzen, die aus eben dergleichen Schildern zusammengesetzt worden. Die gegenwärtig beschriebene Napfmuschel ist vom Vorgebirge der guten Hoffnung.

Noch einer achtgliederigen Napfmuschel aus meinem Kabinet, muß ich hier mit wenigen Worten gedenken, die wegen ihrer ungewöhnlichen Größe Bewunderung verdienet. Sie ist in ihrem gebogenen Zustand noch $4\frac{1}{2}$ Zoll lang, und am breitesten Theil $2\frac{3}{4}$ Zoll, Rheinländisch Maaß. Um auch von der Dicke und Schwere ihrer Schalen, nebst der Einfassung, urtheilen zu können, will ich noch das Gewicht anführen, welches ohne das Thier, da dasselbe nicht mehr in der Schale ist, $6\frac{1}{2}$ Loth beträgt. Der Umfang dieser Napfmuschel ist im eigentlichen Verstand Eyförmig, nachdem sie an dem einen Ende sehr viel breiter, als an dem andern ausfällt. Ihr Obertheil

theil ist sehr flach. Sie hat keinen so hoch aufgehobenen, vielweniger aber so spitzigen Rücken, als die vorhin beschriebenen. Ihre erste und schmaleste Schale ist an ihrer vorderen Seite, am breitesten Theil, nur 1¾ Zoll breit. Es liegen alle 8 Schilder von vorne nach hinterwärts, immer einer über dem andern, schlüßen aber doch an ihren äußersten Kanten nicht dicht auf einander. Denn indem die Schalen vorn etwas aufgehoben sind, und nach ihrer merklichen Dicke, in einen schregen und scharfen Rand auslaufen, so lassen sie zwischen sich und der folgenden einen ziemlich großen Raum, der aber größtentheils mit einer dicken braunen Haut, welche aus der Schalenhaut des dicken Wulsts entspringt, ausgefüllet ist, und die Schalen zusammen zu verbinden das Vermögen hat. Die vorderen Kanten der 7 ersten Schalen, machen keine gerade Linie aus, wo sie auf einander stoßen, sondern sind sehr tief und hohl ausgeschnitten. Die folgende Schale ist daher an dem hintern Rande rund ausgebogen, daß derselbe wieder in die Hölung passen kann. Die mittelsten 6 Schalen sind an beyden Enden ihrer Breite über die Maßen dick, vorwärts abgerundet und rückwärts als ein Haken eingezogen. Sie treten sämtlich in ihrer Breite über den Wulst heraus, vermuthlich aber sind sie durch einen Absatz, der jetzo nicht sichtbar ist, unter der Schale mit gedachtem Wulst vereiniget. Dieser Schalensaum oder Wulst ist ganz besonders dick gegen die Schalen zu, wird aber dün-

 ner

ner an dem vorderen Rande. Er ist dunkelbraun, und nicht mit Schuppen besetzt. Das Inwendige der Muschel ist höckericht und uneben. Man siehet in der Zusammenfügung eben dieselbe Einrichtung der untergestochenen Lappen, als bey Fig. M Die Farbe von inwendig ist schmutzig weiß, von außen aber hat sie ihre gefärbte Schaldecke durch das Alter verloren, da sie von den Würmern ziemlich angetastet worden. Sie kömmt aus Amerika. In des Dargenville Zoomorphose Pl. 7. Fig. T. V. ist eine solche vielgliederige Napfmuschel vorgestellet, die im Kleinen mit dieser viel Aehnlichkeit hat, ob sie wohl nicht von derselben Art ist. Man könnte sie den Riesen unter den achtgliederigen Napfmuscheln nennen.

Ich enthalte mich billig der Anzeige mehrerer Abänderungen, die ich vor mir habe, um nicht noch weitläuftiger zu werden. Man würde ein ganzes Buch schreiben müssen, wenn man das Mannigfaltige dieser Geschöpfe mit Genauigkeit beschreiben wollte. Außer daß diese Muscheln in Ostindien auf Amboina, in Afrika auf dem Vorgebirge und auf Sénegal, in Amerika nicht minder an sehr vielen Stellen gefunden werden, so haben wir sie auch noch aus dem rothen Meer erhalten, wiewohl von gar keiner merklichen Schönheit. In Europa findet man sie bey Dieppe in Frankreich, und einige kleine Gattungen von schöner Farbe in Norrwegen. Von diesen letztern besitze ich verschiedene, die sich auf Konchylien vestgesegesetzet haben, und noch darauf sitzen. Inwendig in einer Miesmuschel sitzt eine solche kleine vielschalige Napfmuschel in der Größe von 4 Linien. Sie ist bunt von Farbe, und man bemerkt sogar durchs Vergrößerungsglas den mit Schuppen bedeckten Schalensaum. Sie ist also noch um eine Linie länger, als des Adanson sein *Kalison* p. 42. Pl. 2. Fig. 11.

Als etwas Besonders verdient noch angeführt zu werden, daß in der andern Schale dieser Muschel sich eine kleine bunte Napfmuschel gleichfalls vestgesetzet hat. Eine andere achtschalige Napfmuschel, 6 Linien in der Länge, sitzt auf einer großen Nordischen Mießmuschel von außen vest. Diese ist der Farbe nach ganz schwarz. Noch eine dritte von 8½ Linie lang und 6 Linien breit, inwendig mit dem Thier. Sie ist länglich rund, ganz gerade, der Obertheil sehr flach, macht aber doch in der Mitte einen scharfen Rücken. Der Schalensaum ist ausgebreitet, aber nicht mit Schuppen belegt. Das 2. 4. und 7te Schild ist hochroth, auf dem hohen Rücken aber haben sie einen weißen Flecken, so lang, als die Schalen sind. Die übrigen 5 Schalen sind schön gelb, mit rothen Schuppen schattiret.

Kopenhagen, den 13ten Febr. 1775.

D. Pelißons
Vergleichung
der bekanntesten und besten
Vergrösserungsgläser,
nebst kurzer Nachricht
von einigen im vorigen Jahr angestellten mikroskopischen Versuchen.

Bey der ersten Erfindung der Vergrößerungsgläser bediente man sich der allereinfachesten und solcher Mikroskope, die aus einem an der Lichtflamme geschmolzenen Kügelchen bestånden. So waren auch noch diejenigen beschaffen, womit ehemals der bewundernswürdige **Leuwenhök** seine vortreflichen Entdeckungen machte. Nachher fieng man an, die **Linsen** zu schleifen, und sie mit **Okular-** und **Kollektivgläsern** zu versetzen, wodurch die zusammengesetzte Vergrößerungsgläser entstanden, deren äußere Form und ganzes Zubehör alsdann beständig verändert und verbessert worden. *)

Es

*) Ich kann mich hier in meiner Nachricht von den Vergrößerungsgläsern desto kürzer fassen, da man in der Vorrede

Es ist noch nicht unter den Beobachtern ausgemacht, welche Vergrößerungsgläser, die einfachen oder zusammengesetzten, den Vorzug verdienen? Muschenbroek und Ellis haben, um ihrer vorzüglichen Klarheit willen, die einfachen vorgezogen; andere hingegen, als Nollet, geben den zusammengesetzten, wegen ihrer stärkern Vergrößerung und ihres größern Feldes (Campus) den Vorzug. In so fern auch die letzten heutiges Tages wirklich am stärksten gebraucht werden, habe ich hier zwischen den bekanntesten kürzlich eine Vergleichung anstellen wollen.

Das erste, dessen ich hier zu gedenken habe, ist das Russische, welches der Herr Abt Nollet sehr empfielet, und wovon so wohl in dessen *Art des experiences*, als in Bakers Beyträgen Abbildungen zu finden sind. Es wird hier von zweenen Optikern, dem Herrn Ring *) und Vennebruch sehr gut verfertiget, und scheinet mir, in Ansehung seiner Wirkung, seiner bequemen Form oder Einrichtung, und alles Zubehörs, auch seiner schönen äußern Simplizität, völlig den Erwartungen der Beobachter

Vorrede unsers Freundes, des Hrn. Pastor Göze in Quedlinburg, zu seiner Uebersetzung der Bonnetischen schönen Abhandlungen zur Insektologie Halle 1773. von S. 12 — 27. schon die wichtigste Nachrichten zur Erfindungsgeschichte der Mikroskope findet.

*) Die Einrichtung der Gläser in meinem Ringischen Vergrößerungsglas ist auf der 5ten Kolumne meiner beygefügten Tabelle befindlich.

ter zu entsprechen, obgleich andere in manchen Stücken mit eigenthümlichen Vorzügen versehen sind. Diesem Russischen kömmt alsdann das Brandersche sehr nahe, doch könnte man bey diesem noch etwas mehr Vestigkeit in der Zusammensetzung verlangen.

In Engelland stehen die zusammengesetzte Vergrößerungsgläser des Herrn Adams in besonderer Achtung. Da man sich aber von Englischen Instrumenten allemal zum Voraus einen sehr hohen Preis zu versprechen hat, so werden sie bey uns nur selten angetroffen. Mir hat es wenigstens noch nicht glücken wollen, ein solches zu sehen; doch will ich hier aus einem Schreiben des Hrn. Mahling aus Kopenhagen an den Hrn. Pastor Götze in Quedlinburg, den Brennpunkt und die Einrichtung der Gläser dieses Instrumentes mittheilen *).

Aus Leipzig haben wir das Reinthalersche Vergrößerungsglas, welches zu einem sehr bequemen Gebrauch auf Reisen dienet, weil es an einem Kästchen bevestigt ist, worein es mit allem Zubehör zurückgebogen werden kann. Außerdem hat es eine vortrefliche Bewegung des Tubi mit den Gläsern, vermittelst eines kleinen Rades, welches mit seinen Zähnen sehr gleichförmig und sanft in die Zähne der Stange sich einfüget. Sonst ist es in seiner Wirkung von dem Russischen wenig unterschieden.

Das

*) Man sehe die 1te Kolumne der Tabelle.

Das Hofmannische zusammengesetzte Vergrößerungsglas kömmt ebenfalls aus Leipzig, und hat die wichtigen Empfehlungen des Hrn. Pastor Götze, dieses geschickten deutschen Beobachters, auf seiner Seite. In Ansehung der Klarheit seiner Gläser im Tubus A, ingleichen der Vergrößerung mit dem Tubus B, verdient es allerdings die grösten Lobeserhebungen; Wenn aber von seiner äußern Gestalt, Vestigkeit und Bequemlichkeit besonders die Rede ist, so muß ich bekennen, daß ich diese mit der Güte der Gläser nicht in genaue Vergleichung bringen kann. In Ansehung der letztern Eigenschaften wär es allerdings mehrerer Vollkommenheiten fähig. Da ich endlich eine gute Gelegenheit gefunden, ein solches Mikroskop untersuchen zu können, so will ich hier die Einrichtung seiner Gläser zugleich in meiner Tabelle mit anführen *).

Ich komme nun in meiner Vergleichung auf das vor einigen Jahren so weitläuftig und von seinem Erfinder in Holland in einem beynahe marktschreyerischen Ton angepriesene Dellebarische Mikroskop. Es hat an sich, wie das von der hiesigen Akademie der Wissenschaftten für 70 Rthlr. erkaufte, das ich nun gesehen, beweiset, 'nichts Vorzugliches, als die Größe des Campi, die es von den sehr nahe zusammen gebrachten zwey Okulargläsern erhält. Es giebt aber dabey so wenig Klarheit und ist noch überdies so unbe-

*) Man sehe die 2te und 3te Kolumme derselben.

unbequem und wankelbar, daß ich es für eines der schlechtesten Vergrößerungsgläser halten muß, welche ich unter den zusammengesetzten jemals gesehen zu haben mich erinnern kann *).

Kürzlich will ich noch einiger allgemeinen Sätze von Zusammensetzung der Gläser in solchen Mikroskopen gedenken, welche ich aus eigenen Erfahrungen abgezogen habe. Der Beobachter fordert mit Recht von einem guten zusammengesetzten Vergrößerungsglas drey Haupteigenschaften a) hinlängliche Klarheit, b) eine starke Vergrößerung des Objekts, und c) sattsame Größe des Feldes oder Campi.

1) Die Klarheit erhält man bey einfachen Okular- und Kollektivgläsern, wenn diese keinen kurzen Fokum haben, und nicht allzu nahe zusammengebracht werden. Sie vermehrt sich in der Maaße, je näher man das Kollektiv der Linse bringet.

2) Die Vergrößerung wird erlanget, entweder

a) Durch die Schärfe der Linse, welches zugleich die beste Art der Vergrößerung ist, weil die durch die Kollektiv- und Okulargläser bewirkte Vergrößerung, der Deutlichkeit und Klarheit vieles entziehet.

b) Durch die Verlängerung des Raumes zwischen der Linse und dem Kollektivglas, und durch die Abkürzung des Raumes zwischen dem Kollektiv- und Okularglas; imgleichen.

c) Wenn

*) Die Einrichtung der Gläser findet man in der 4ten Kolumme meiner Tabelle.

c) Wenn man zwey Okulargläser, eines schärfer, als das andere, oder auch nur eins, aber von einem kurzen Fokus, anbringt. Ein Beyspiel von diesem allen giebt uns die Versetzung der Gläser in den Tubis des Hofmannischen Mikroskopes.

3) Die Größe des Kampi kömmt, wie schon bey Erwähnung des Dellebarischen Mikroskopes angemerkt worden, von den beyden ganz nahe an einander gebrachten Okulargläsern.

Meines Erachtens wäre das eins der vollkommensten zusammengesetzten Vergrößerungsgläser, welches, nach der Russischen Methode eingerichtet, statt der Stellschraube den Reinthalerischen Mechanismus des Rades und der Stange mit Zähnen, und vom Hofmannischen die Röhren oder Tubos mit Gläsern hätte.

Zu Ausmessung der Objekten bediene ich mich eines gläsernen, von Hrn. Ring verfertigten Mikrometers. Er bestehet, nach der schönen Branderischen Art, aus einem Quadrat von $\frac{1}{2}$ Zoll, auf eine runde Glasscheibe eingeschnitten, und in 3600 kleinere Quadrate von $\frac{1}{10}$ Linien eingetheilet. Dieser Mikrometer wird entweder im Fokus des Okularglases angebracht, um die Vergrößerungskraft der unterschiedenen Linsen zu wissen, oder man legt auch wohl die Objekte auf denselben, um das Verhältniß ihrer Größe zu den kleinen Quadraten zu erforschen.

Den Anfang meiner Mikroskopischen Beobachtungen machte ich im Herbste des 1773ten Jahres, nach Joblots Anleitung, an den Pflanzeninfusionen. Ich war aber nicht so glücklich, die wunderbare Gestallten zu entdecken, womit er als Maler sein Werk, vermuthlich unter dem treuen Beystand einer malerischen Einbildungskraft, so ansehnlich bereichert hat. Ich sahe bloß runde, Eyförmige, auch länglichte Körperchen, die aber kein anderes Zeichen ihrer thierischen Natur von sich blicken liessen, als die Beweglichkeit, vermöge welcher sie bald sich einander zu nähern, bald sich zu entfernen schienen. Ich beobachtete auch einige Infusionspolypen, welche den Glockenpolypen ähnlich, aber nur einzeln anzutreffen waren, da die andern gesellig zu seyn pflegen. Der glückliche Zufall, ihre Theilung oder die Absonderung der Jungen vom Mutterpolypen wahrzunehmen, ist mir diesmal noch fehl geschlagen, ob ich wohl öfters einen kleinen Polypen am größern erblickte.

Im März des vergangnen Jahres untersuchte ich zuerst unterschiedene von unsern sumpfigen Gewässern. Hier traf ich wieder eine Menge der vorigen Thierchen, aber viel größer an. Bald hernach fand ich die lange und breite Räderthiere *), auch verschiedene andere Sorten von Räderthieren, imgleichen die gesellige Keulförmige Afterpolypen **), die

*) S. Bakers Beyträge 11te und 12te Tafel.

**) Rösels Ins. III Tab. 94 und 95.

die auch wegen ihrer Figur wohl den Namen der Karkassenpolypen führen könnten, und die borstigen Pantoffelthiere *), wie sie unser gelehrter Freund, Hr P. Götze, nennet. Letztere waren in unsern trüben Wassern häufig und beständig anzutreffen.

Im May bekam ich auch das Kugelquadrat sehr deutlich zu sehen, welches Hr. P. Götze in seinen Zusätzen zu den Bonnetischen Abh. aus der Insektologie Tab. 4 F. 8 abgebildet hat, und welches der Dänische Etatsrath, Hr. Müller, in seiner Historiâ Vermium &c. p. 60 unter dem Namen: *Gonium pectorale, quadrangulare pellucidum, molleculis sedecim sphaericis etc.* anführet. Es bestand aus sechszehn Kügelchen, so daß viere in der Mitte

 ein

*) Indem ich dieses geschrieben hatte, war ich so glücklich, an einem kleinen Rest dieser Pantoffelthiere, die Art ihrer Vermehrung zu entdecken. Diese geschiehet nämlich eben so, wie die Vermehrung der Naiden, durch die Theilung. Wenn ein großes Pantoffelthier sich theilen will, so fängt der kurze Durchmesser seines Eyförmigen Körpers an, immer kürzer zu werden, so daß eine Verengerung in der Mitte seines Körpers entstehet. Diese wird immer größer, bis dieser Körper scheinet aus zwey aneinander gestoßenen Kügelchen zu bestehen. In diesem Augenblick ist auch die Trennung schon so nahe, daß bald ein altes Pantoffelthier in zween runde Körper getheilt erscheinet, und diese verlieren bald ihre Rundung, die allmählig immer ovaler wird. Alles dieses geschah in einer Zeit von 48 Stunden, da ich einen Tropfen Wasser zwischen zwey Gläser, in einer kleinen eingeschliffenen Grube, aufbehielt.

ein Viereck bildeten, wovon jede Seite wiederum auswärts mit dreyen besetzt war, die hernach alle sechszehn zusammen ein Quadrat mit abgeschnittenen Ecken ausmachten. Dieses Quadrat bewegte sich bald flach, bald senkrecht, bald schief, und diese letzte Stellung zeigte, daß es nicht wahre Kügelchen, sondern vielmehr Eyförmige Körperchen waren. Sie schienen unter sich mit einer feinen gelblichen Haut verbunden zu seyn, welches ich daraus folgere, weil ich bemerkte, da der übrige Campus weißlich aussahe, daß er in den Zwischenräumen der Kügelchen eine gelbliche Farbe anzeigte, in welchem Ort auch diese Quadrate stehen mogten. Dieser gelbliche Schein mußte wohl nothwendig von einer gelblichen Materie, von einem Häutchen oder Schleim herrühren; denn sie konnte hier so wenig ein optisches Blendwerk seyn, als von Flecken in den Gläsern des Mikroskops oder der reflektirenden Spiegel entstehen.

Es ist hierbey noch zu merken, daß man nicht allezeit ein vollständiges Quadrat von sechszehn Körperchen antrift, sondern auch bloße Theilungen von 5, 6 und mehrern. Diese Kugelquadrate zeigten sich einige Wochen hindurch, nachher folgten in demselbigen Wasser kleine spitzige Aelchen.

Was hat man sich aber bey diesen Kugelquadraten zu gedenken? Sind es Thierchen? Sind es Eyer oder Larven von künftigen Insekten? Sollten etwa die

spi-

spitzigen Aelchen die aus ihnen gekommene Insekten vorstellen? Dies alles wird vielleicht mit bessern Instrumenten, durch geschicktere Beobachtungen, oder auch durch ein bloßes Ohngefähr, einst entdeckt werden.

Außerdem traf ich noch oftmals **Wasserflöhe, Wasserschaben, Spinnen**, besonders rothe, **Schnecken** mit und ohne Gehäuse, auch das Thier an, welches **Baker** in seinen Beyträgen Tab. 14 No. VI, bezeichnet hat, und welches nach Hr. P. Götze die Nymphe der Ephemern oder des **Uferaases** ist; ferner einen schönen **weissen Egel**, wovon eine Abbildung in **Ledermüllers** Belustigungen Tom. 2. Tab. 84 litt. p, auch ein vom Hr. P. Götze mit den **Schollen** verglichenes Thierchen, mit einem gegabelten Schwanze, womit es fortrudert.

Von **Armpolypen** habe ich drey Arten gesehen, die **blaßbräunlichen** mit langen Armen, die **weißlichen** mit kurzen Armen, und die **grünen**. Mit beyden letztern Sorten habe ich die Versuche des Hrn. **Trembley** wiederholen wollen, und ich habe sie alle, besonders aber die grünen, die sehr zart sind, noch an selbigem Tage, oder ein Paar Tage darauf, zergehen sehen. Nur einmal hat mir der Hintertheil eines in zwey Stücke geschnittenen **weißen Polypen**, nach ein Paar Tagen, zwey Knöpfchen zur Anlage zweener neuer Polypen gezeiget. Die **Läuse**, womit sie fast die ganze Zeit hindurch sehr geplaget waren, mögen wohl vorzüglich Schuld an ihrer kurzen Dauer gewesen seyn.

Weinessig hatte ich schon mit Anfange des Mayes ausgesetzt; allein vor der Mitte des Junii bekam ich keine Aälchen; alsdann aber zeigten sich einige, und sie nahmen immer mehr und mehr zu. Ich hatte daher Gelegenheit, sie zu untersuchen, und konnte zu verschiedenenmalen die lebendige junge Aälchen in den durchsichtigen Körpern ihrer Mütter sehen. Es war auch sehr leicht, sie durch einen Kayserschnitt aus dem mütterlichen Leibe zu befreyen. Allein im September verlor ich durch eine Unvorsichtigkeit meine Aale. Ich wollte nämlich versuchen, ob die kleinsten unter ihnen durch ein Filtrum von grauem Löschpapier, lauffen würden, wie es andere Infusionsthiere gethan haben; allein diesesmal wollte mir es nicht gelingen, und ich fand, nach ein Paar Stunden, meine Aälchen in dem Filtro ausgestorben und getrocknet. Ich wollte mich dieses Verlusts wegen entschädigen und setzte verschiedene Gläser mit Weinessig aus, es erzeugten sich aber keine Aale wieder, und als der frühzeitige Frost einfiel, mußte ich alle Hofnung zu fernern Beobachtungen bis zum künftigen Sommer aufgeben.

Während dieser Beobachtungen, welche hier bloß darum kürzlich angezeigt worden, daß andere Liebhaber wissen mögen, welche Mikroskopische Thierchen bey uns, wo auch die gezüngelte Naiden gar nicht selten sind, in den Wassern sich zeigen, fielen mir folgende Gedanken bey. Sollte wohl jede

Jahreszeit ihre eigene Infusionsthierchen haben, wie sie ihre eigene Insekten hat? Sollte wohl ein Jahr fruchtbarer an solchen Thieren, als das andere seyn? Sollten die an solchen Thieren fruchtbarsten Jahre wohl auch an Epidemischen Krankheiten fruchtbarer seyn? Diese Frage verzeihen mir die Aerzte wohl am liebsten, die so viele Krankheiten den Insekten in unsern Säften zuschreiben. Außerdem scheinet auch diese Meynung dadurch bestätiget zu werden, daß die Moräste, welche die häufigsten Thierchen führen, auch am allermeisten zu faulen Epidemien Anlaß geben.

Alle diese Zweifel und Muthmaßungen, so viel, als möglich, zu erklären, bin ich willens, die Infusionsthierchen nach Art der meteorologischen Observationen, sowohl in Brunn als Flußwasser, mit und ohne infundirte Pflanzen, auch in morastigen Wassern zu beobachten, und davon eine Art von Tagebuch aufzusetzen. Ich wünschte, daß mein Einfall fleißigere Beobachter, und unter diesen besonders unsern Göze, reizen mögte, bey ihren Beobachtungen einige Rücksicht auf die angeführte Fragen zu nehmen, um zu sehen, ob man aus dergleichen Mikroskopischen Belustigungen, außer der Verherrlichung des weisesten, des unendlichen Schöpfers, auch einige Vortheile für den Staat, für die Arzneywissenschaft und für die Erhaltung der Menschen schöpfen könne?

Berlin 1775.

Versuch einer neuen Theorie vom Ursprunge der Perlen.

von J. H. Chemnitz,
Pastor bey der deutschen Garnisonsgemeinde zu Kopenhagen, Mitglied der Röm Kays. Akad. der Naturf. der Nordischen Societ der Wissensch. ꝛc.

Ueber die eigentliche Erzeugungs- und Entstehungsart der Perlen haben sich bis hieher die Naturforscher in ihren Meynungen und Urtheilen noch gar nicht vereinigen können. Plinius, der sonst so hochachtungswürdige Plinius, behauptet in seiner Naturgeschichte mit einer Zuversicht, welche sonst nur die Gefährtin der Wahrheit und Ueberzeugung zu seyn pfleget: — „Die Perlen entstünden aus den Thautropfen des Himmels.„ Nun liegen aber solche Muscheln, welche zu Erzeugung der Perlen geschickt und fähig sind, in den Tiefen der Meere und Flüsse verborgen. Wie wär es denn also möglich, daß die Thautropfen des Himmels zu ihrer verborgenen Lagerstädte hinab und in ihre verschlossne Behausungen hinein dringen sollten?

ten? Auch dazu weis Plinius Rath zu schaffen. Er häuft Erdichtungen auf Erdichtungen, um seine vorgefaßte Meynung durchzusetzen, und ihr das ehrwürdige Ansehen der Wahrheit und Gewißheit zu verschaffen. Er läßt diese Muscheln in gewissen Zeiten des Jahres, durch einen besondern und geheimen Trieb der Natur, aus der innersten Tiefe des Meeres bis zur Oberfläche heraufkommen, sich daselbst öfnen, und aufs weiteste von einander thun, um auf eine solche Weise durch den Thau des Himmels wie geschwängert, und zu Erzeugung der Perlen fähig, tüchtig und fruchtbar gemacht zu werden. Der grosse Name des Plinius hat dieser ungereimten Meynung viele Nachbeter zugezogen, und er ist insonderheit auch für viele Gottesgelehrte sehr verführerisch gewesen. So höret und lieset man auch zum öftern: „Die Perle sey, wie der Dichter lehre, *Coelestis filia* „*roris*, oder sie sey gewissermaßen himmlischen Ur„sprungs, und entstehe aus den allerreinsten und „allerfeinsten Thautropfen, wie solches alles der Welt„berühmteste unter den Naturforschern, Plinius, läng„stens bemerket und erwiesen habe.“

Allein diese hohe Gedanken von einem himmlischen Ursprung der Perle haben sich die neuern Naturkündiger längstens vergehen lassen. Sollte aber wohl jener Einfall, den Aldrovandus auf die Bahn gebracht, und wodurch nun gar den Perlen die schimpflichste und unehrbarste Geburt angedichtet

 wird,

wird, wahrhafter und gegründeter seyn? Denn dieser will uns überreden, die unter uns so hochgeschätzten Perlen wären sonst nichts, als der Unrath, oder die Auswürfe der Muscheln, welche durch anhaltende Verstopfungen sich dergestalt verhärtet, versteinert, vergrößert, auch bevestiget hätten, daß sie hernachmals gar nicht mehr ab- und ausgeführet werden könnten. Unter den vielen Fragen, welche ehemals der berühmte Breßlauische Arzeneygelehrte, Kundmann, einem Perlenkenner zur Beantwortung vorlegen lassen, befindet sich in seinen Seltenheiten der Natur und Kunst, fol. 439. auch diese: Woraus die Perlen sich erzeugten? Ob es unreine Auswürfe der Muschel wären? Würde Kundmann wohl so gefraget haben, wenn es nicht Leute gegeben, die dergleichen im Ernste geglaubt? Die daselbst befindliche Antwort wird uns wenig erbauen. Es heißt: „Von der Entstehung der Perlen gebe es vielerley Meynungen. Die beste sey aber diese, wenn man annähme, daß die Natur den Muscheln eine vim lapidificam beygeleget, vermöge welcher die Perlen erzeuget würden.„ Ja! nun wissen wir es näher, wie die Perlen entstehen. Die Vis lapidifica, welche die Natur den Muscheln beygelegt, die Vis plastica, die Vis margaritifera, hat sie erzeuget und ausgebohren. Ist man wohl nun klüger und erleuchteter, wenn man zu dergleichen qualitatibus occultis seine Zuflucht genommen? Wären die Perlen verhärtete Auswürfe der Muscheln, so mußten

ten ja in den innern fleischichten Theilen dieselben gewöhnlichermaßen anzutreffen seyn. Sie sind aber gemeiniglich an der Schale vestgewachsen, und nur alsdann abgelöset im Fleische der Muschel zu finden, wenn sie an ihrem eigentlichen Stand- und Wurzelorte bey Erbrechung und Eröfnung der Schale, loßgerissen worden.

Valentini behauptet in seinem bekannten Museo Museorum, daß die Perlen ungelegte Eyer der Muscheln wären, und der verdienstvolle Doktor und Prof. Eberhard zu Halle belehret uns in seinem gewiß lesenswürdigen Büchlein, welches er im Jahr 1751 vom Ursprung und Wachsthum der Perlen herausgegeben, daß man die Perlen als Eyer der Muscheln, aber nicht als zeitige und fruchtbare, sondern als taube, unzeitige und unbefruchtete Eyer derselben, anzusehen habe. Ich will es aber nur offenherzig bekennen, daß mich die Gründe, welche dieser sonst in meinen Augen so verehrungswerthe Lehrer anführet, um seine Meynung zu erhärten, mich niemals überzeugt haben. Ein Ey muß ja dem andern gleich und ähnlich seyn. Die Perlen sind aber ihrer Größe und Gestalt nach sich einander gar nicht gleich, und die Flüßigkeit, welche sich in allen Eyern findet, ist bey den Perlen gar nicht anzutreffen, kann auch bey solchen durchaus harten, dichten und vesten Körperchen unmöglich Statt haben. Ich bin also weit entfernt, die Perlen für ungelegte,

gelegte, unausgebrütete oder unbefruchtete Eyer zu halten.

Dahingegen bin ich immer geneigter gewesen, der gewöhnlichsten und gemeinsten Meynung vieler Naturkündiger getreu zu bleiben, und habe mit ihnen die Perlen für nichts anders, als für eine Krankheit der Steinschaligen Thiere, für Gebrechen und Auswüchse, für Warzen, (wie sie der Grundgelehrte Danziger Klein in seinem methodo ostracologicâ nennet,) für einen Frieselartigen Ausschlag und Aussatz der Muscheln gehalten. Siehe, dachte ich bey mir selbst, was der Bezoar in den Affen, die Gemskugel in den Gemsen, der Blasen- und Nierenstein im Menschen ist; das sind nun auch die Perlen in den Muscheln und Schnecken Die guten Muscheln, welche Perlen tragen, haben ehemals lange an Steinschmerzen gelitten.

Jetzt aber habe ich auch dieser Meynung den Abschied geben und sie gänzlich fahren lassen müssen. Nach meiner nunmehrigen Einsicht und Ueberzeugung, muß man die Perlen schlechterdings nicht länger als Auswüchse, Krankheiten und Gebrechen der Muscheln, sondern als Heilungs- und Genesungsmittel derselben ansehen. Sie vertreten die Stelle eines Verbands oder Heilpflasters, damit sie die tiefen Verwundungen und Verletzungen ihrer Schalengehäuse zu belegen, von innen heraus zu verbinden, und allen weitern Plagen, die sonst noch dazu schlagen

gen könnten, möglichst vorzubauen wissen. Die zarten Ansätze muß man demnach als Rettungsanstalten, als Nothmittel betrachten; dadurch sich die armen Muscheln gegen die unverschämten Seewürmer und deren feindseliges Trepaniren oder Durchbohren ihrer Schalen bestmöglichst zu verwahren, und das weitere Eindringen solcher ungebetenen Gäste zu vereiteln suchen.

Ich könnte gar vieles anführen, um diese Meynung wahrscheinlicher zu machen, und um sie auch dadurch der Wahrheit und Gewißheit näher zu bringen. Ich will aber lieber den Augenschein reden lassen.

Um deswillen übersende ich meinen Höchstgeehrtesten Herrn Kollegen der Gesellschaft Naturforschender Freunde zu Berlin, folgende zur nähern Erläuterung des von mir angenommenen Satzes dienliche Stücke aus meiner Konchyliensammlung.

1) Eine dickschalichte gleichseitige Muschel aus dem Adriatischen Meerbusen, dergleichen in des *Gualtieri* Indice testarum Tab. 73 fig. A. vorgestellet und als Concha crassa ponderosa hirsuta et serico villoso indumento fuliginosi coloris vestita beschrieben ist. Sie wird wegen ihrer Oberhaut, oder wegen des besondern Kleides, Ueberzuges und Moosses, welches allemal auf ihrer Oberfläche sich befindet, und sich wie ein Sammet anfühlen lässet, die Sammetmuschel genannt. Auf der Oberfläche der

einen

einen Schale dieser Muschel, welche ich Ihnen vorzulegen die Ehre habe, wird man über hundert runde Löcher der Bohr- und Seewürmer bemerken, dadurch sie sich den Weg zu dieser Muschelvestung bahnen wollen. Aber was erblicken Sie dagegen auf der innern Seite, wenn Sie die Schale umzukehren belieben werden? Vor jedem Loch eine Perle, also jede Oeffnung der Schale durch eine Perle verstopft und zugeklebt, jede Verletzung und Verwundung gleichsam durch ein solch Perlenpflaster zugelegt und zugeheilt, und folglich mehr als hundert Stiche durch solche Perlenansätze verkleistert! Weil aber diese Muschel nicht Perlenfarbig und Silberglänzend ist, sondern aus einer bloß röthlichen Kalkartigen Grundmischung bestehet, so sind freylich diese Perlen durch solchen Urstoff und Grundmischung auch nur röthlich gebildet worden. Ohnerachtet ihnen der eigentliche Perlenglanz und Schmuck fehlet, so sind sie mir dennoch gut und schön genug, um den Satz beweisen zu helfen: **Die Perlen sind Verwahrungsmittel gegen die Verletzungen der Muschelschalen.** Die Muschel sucht sich durch Perlenansätze zu helfen, wenn sie durchbohret und durchlöchert worden. Sie sucht dadurch solche schädliche Oeffnungen von innen heraus bestens zu verstopfen.

Dies erhellet nun ebenfalls bey genauer Betrachtung der andern Schale dieser sonderbaren Muschel. Ich habe soche abgeschliffen und poliret, um es auch

dadurch

dadurch sichtbarer zu machen, daß auf dieser Seite gar keine Würmer gebohret und miniret haben, also auch keine Verletzungen und Oeffnungen gemacht worden, und folglich keine Perlenansätze und Heilungsmittel nothwendig gewesen, davon denn auch keine Spur gesehen wird. Allein auf dem äußersten Ende, auf der dicksten und härtesten Ecke dieser sonst völlig unversehrt gebliebenen Schale haben sich drey feindselige Pholaden einquartiert und eingegraben, und sich bis ins Innerste der Muschelschale hindurch gearbeitet. Wiewol auch bey diesen ungleich tiefern, bis ins Innerste hineingehenden, durch Pholaden verursachten Durchlöcherungen hat sich die Muschel durch Perlen zu helfen gewust, und eine jede dieser drey Oefnungen durch einen starken Perlenansatz glücklich zugeleimet und verkleistert.

2) Eine ganz zarte und junge Perlenmuttermuschel, welche bey ihrer eigenen Kindheit dennoch schon eine fruchtbare Mutter vieler Perlenansätze geworden. Diese Art heißt beym Rumph Tab. XLVII. F. Matrix perlarum; beym Dargenville Gallina guttata, la Pintade, das Perlhuhn; beym Ritter Linné Mytilus margaritiferus. Sie gehöret auf der Küste Koromandel zu Hause. Ihre beyden Schalen sind voller Löcher, die bis ins Innerste hindurchgegangen. Eben durch solche Furchen und Löcher aber, die nicht bloß in die Oberfläche der Schalen

gemacht

gemacht word n, sondern bis in das Innere der Wohnung solcher Muschelthiere hindurchdringen, wird die Muschel gezwungen, den Perlenbau zu ihrer Erhaltung anzufangen, und sich dieser Palliativkur zu bedienen. Daher ist denn auch diese so stark durchbohrte und durchlöcherte Muschel so voller artiger Perlenansätze, dergleichen man von ihrer Kindheit und Jugend, und von ihrem unausgewachsenen Körper nimmer würde vermuthet haben. Wie unerweißlich und unzuverläßig ist also nicht jene Aussage eines gewissen Schriftstellers: „Die Muscheln, welche Perlen tragen sollen, müssen ganz ausgewachsen seyn. Es braucht eine Perle wohl hundert Jahre, bevor sie zur rechten Reife gelanget.„ Ich besitze in meiner Sammlung einige solcher Perlhüner oder Perlenmuttermuscheln, welche ohnstreitig damals, wie man sie aus der Tiefe heräuszog, nicht über zwey oder dreyjährig waren, welches aus der zarten dünnen Beschaffenheit ihrer kleinen Schalen leicht vermuthet werden kann; dennoch enthalten sie so große und kostbare Perlen, dazu jener Schriftsteller ein Alter von 100 Jahren würde nöthig erachtet haben. Ich bitte hierbey die Concham margaritiferam des Lister p. 221. in der neuesten erst vor einigen Jahren herausgekommenen Ausgabe desselben zu vergleichen. Ich schätze das Alter der dort vorgestellten Perlenmuttermuschel etwan auf 10 Jahre, und dennoch enthält sie die größten und schön-

schönsten Perlen. Das falsche Vorgeben mancher Lexikographen: Die Perlen hießen Vniones, weil nur immer Eine gute in der Muschel befindlich wäre, könnte hiedurch auch widerleget werden, wenn sichs der Mühe verlohnte, solcher handgreiflicher Thorheiten und Unwahrheiten besonders zu gedenken.

3) Einige undurchlöcherte, undurchbohrte Perlenmuttermuscheln, an und in welchen man daher auch nicht die geringsten Spuren von Perlenansätzen finden wird. Nur in der einen ist bey einem kleinen Loch eine Perlenwarze zu sehen. Je gesunder und unbeschädigter eine Muschelschale ist, um so viel weniger sind auch Perlen in ihr zu vermuthen.

4) Eine schwarze Miesmuschel. Sie erkennet den Elsterfluß in Sachsen für ihren Geburtsort. Es ist *Listeri* musculus fluviatilis, niger, crassus, intus argenteus, T. 149. f 4. *) Man erblickt auf ihrer Oberfläche eine tiefe Furche, welche bis auf den lebendigen Bewohner hindurchgegangen, und die Muschel veranlaßt, sich durch eine Perlenbank gegen weitere Einbrüche zu vermauren und zu verwahren.

5) Einige stark durchlöcherte Schnecken und insonderheit einige Tranquebarische sogenannte Rettiche

*) S. Berlin. Magazin IV Band p. 462.

tiche und Knollen*), welche von Würmern durchgraben und durchbohret, aber ebenfals innerlich durch das Universalmittel der Perlenpflaster und Ansätze wieder glücklich verbunden und zugeheilet worden. So ist es folglich nicht allein bey Muscheln, sondern auch bey Schnecken gebräuchlich, sich durch das Mittel aus aller Verlegenheit zu retten, wenn die Schale durchnaget und durchlöchert worden.

Solten diese Probestücke noch nicht hinlänglich seyn, meiner kurzen, vielleicht andern längst bekannt gewesenen, Perlentheorie, ein günstiges Vorurtheil zuwege zu bringen: so will ich sehr gern meinen werthen Herren Kollegen in dieser der Aufmerksamkeit würdigen Sache mit mehrern Beweißstücken zur nähern Erläuterung aufwarten.

Eine ausführliche Beantwortung vieler Fragen, welche hiebey aufgeworfen werdeu könnten, z. B. woher die kugelrunde Gestalt vieler Perlen und die blendende Schönheit derselben komme? u. s. w. wird man von mir in dieser kurzen Abhandlung desto weniger erwarten können, da ich lediglich die Absicht gehabt, meine Gedanken und Vermuthungen von dem ersten Ursprunge der Perlen, von ihrer Entstehungsart, und von dem Bewegungsgrund, welcher die Muschel nöthige und veranlaße, Perlen anzusetzen, Ihrer nähern Prüfung, weitern Untersuchung und reifern Beurtheilung darzulegen. O! wenn sich es doch die Liebhaber und Eigenthümer

gu-

*) S. Martini Syst. Konchylienk. Tab. 68. f. 750. 751.

guter Perlemuttermuscheln zur Pflicht machen wollten, alle ihre Perlenmuscheln mit einer größern Achtsamkeit zu betrachten, ob nicht ebenfalls auf solchen Schalen, welche innerlich Perlen zeigen, äußerlich Löcher, Furchen, Verletzungen, Einbrüche, Oefnungen der Schale wahrzunehmen seyn mögten? Vielmals können solche Löcher, die den Bau der schönsten Perlen veranlasseten, wenn sie in der zartesten Kindheit der Muschel verursacht, und solche doch erst in ihren Alter gefangen worden, dergestalt verwachsen seyn, daß man sie, wie völlig verwachsene Narben, fast gar nicht mehr unterscheiden kann. Allein bey den allermehresten wird man es deutlich sehen und mit vieler Zuverläßigkeit sagen können: Hie oder da sey noch die Oefnung und Verwundung zu sehen, welche zur Ausbildung und Erzeugung dieser und jener schönen Perle die erste Gelegenheit gegeben.

Was soll man aber von solchen ganz durchfreßnen und durchlöcherten Muscheln urtheilen, in welchen dennoch keine Spur einiger Perlenansätze zu entdecken ist? Vermuthlich sind die nassen Einwohner solcher Behausungen damals längst verstorben gewesen, wie sie dergestalt durchnaget und verwüstet worden. Vermuthlich haben ganze Heere der Bohrwürmer desto muthiger auf ihre Begräbnißstätte gewütet und losgestürmet, weil sie daselbst keinen weitern Widerstand und keine Gegenanstalten, dadurch sie von solchen zerstörenden Versuchen abgeschreckt werden können, angetroffen.

Was ist aber wohl von solchen Muscheln zu urtheilen, die gewiß in gesunden Tagen und bey lebendigem Leibe an ihren Schalen bis aufs Innerste durchbohret worden und doch keine Anstalt gemacht, eine Perlenwand zu bauen, und damit die Oeffnung zu verstopfen? Ist nicht ihr Verhalten die stärkste Widerlegung unsers Lehrgebäudes? Nein! das ist es in der That nicht. Hier lege ich Ihnen, meine Herren, ein ganzes Dutzend solcher durchbohrten Ostindischen Muscheln aus meinem Vorrathe dar. 1) Einige sind Gienmuscheln, Chamae, Tellinen von der Art, welche Dargenville im Anhange seiner Konchyliologie Tab. 3, Fig B. abbilden lassen. Er rechnet sie zu den seltnen zwoschaligen Muscheln, wiewol sie an unserm Orte, weil sie von der Malabarischen Küste kommen, die gar häufig von unsern Schiffen befahren wird, gar nicht selten sind. Allein die Seltenheit der Schnecken und Muscheln ist überhaupt nur Beziehungsweise zu nehmen. Beym *Lister* Tab. 378 heißt dergleichen Muschel Tellina latior fasciata et undatâ quâdam picturâ conspicua. 2) Andere sind Herz- oder Venusmuscheln, und haben mit jener Rumphischen Tab 42 fig. F. deren Erklärung und Beschreibung aber von ihm und seinem Herausgeber vergessen worden) die gröste Aehnlichkeit. Vielleicht ist es *Listeri* Tellina magna, intùs purpurea, extrà striis exasperata Tab. 377. Diese 12 Muscheln sind insgesammt

sammt auf eine völlig ähnliche Weise, noch dazu alle an einerley Orte, nämlich nahe beym Schlosse oder Scharnier, also auf der dicksten Stelle ihrer Schale, oben beym vmbone, oder an der Spitze des Schnabels, durchlöchert worden. Die Oefnungen sind alle von gleicher Größe. Allein hier sind keine Perlenansätze. Wie geht das zu? Nun! das ist leicht zu entscheiden. Derjenige schädliche Feind (den wir vors erste einen Bohrwurm nennen wollen) welcher auf eine solche Weise die Muscheln zu durchbohren pflegt, läßt es nicht beym Durchbohren bewenden. Er versteht die tödtende Kunst, den Fisch der Muschel bis aufs Mark auszusaugen und ruhet nicht eher, bis er ihn völlig verzehret hat. Gegen einen solchen überlegenen Uberfall helfen keine Verwahrungsmittel.

Sollten aber meine Gedanken von der Entstehungsart der Perlen, wenn sie gegründet befunden würden, wohl einen wesentlichen Vortheil bringen können? Allerdings. Nach meiner Meynung muß man es einer verschloßnen Perlenmuschel alsobald von aussen ansehen können: ob sie Perlen führe oder nicht? Bey ganz glatten, unversehrten, undurchlöcherten Schalen wäre dergleichen gar nicht wahrscheinlich zu vermuthen. Der Bericht des Norwegischen Inspektors des Perlenfanges, Hr. Baumanns, welcher in Pontoppidans natürlichen Geschichte von Norrwegen Th. 2 pag. 312 stehet, bestärket mich nicht wenig in meinen Gedanken. Es heißt daselbst: Die „Schale, in welcher die Perle lieget, hat öfters einen

„Fehler an ihrer Gestalt. Je größer die Perle, de-
„sto merklicher ist dieser Fehler.„

Sollte man die Muscheln nicht nöthigen können, Perlen anzusetzen? — O! ganz leichte. Man vertrete nur die Stelle der Bohrwürmer, man lasse ihre Schalen durchbohren, durchlöchern oder trepaniren, und alsdann in die Flüße, Seen und Teiche zurückwerfen. In einigen Jahren wird man alsdann, wenn man sie wieder herausfischet, lauter Perlenansätze wahrnehmen, dadurch sie, solche Verletzungen ihrer Schale zu heilen und zu verstopfen, bemüht gewesen.

Kopenhagen, den 9ten Febr. 1775.

Beschreibung eines höchst seltenen, wo nicht gar noch ganz unbekannten Wasserthierchen.

von J. A. E. Götze.

Tab. VIII.

Es würde für mich keine geringe Freude seyn, wenn ich den ersten Band unserer gesellschaftlichen Schriften mit der Entdeckung eines neuen Geschöpfs bereichern könnte. Gesetzt aber, es wäre nicht ganz unbekannt; so wird es wenigstens nicht zu den alltäglichen, sondern gewiß zu den höchst seltenen gehören, wovon mir noch keine Beschreibung oder Abbildung bekannt ist.

Man müßte die engen Grenzen unserer eingeschränkten Einsichten, und den unermeßlich weiten Umfang des Naturreichs nicht kennen, wenn man behaupten wollte, daß darinn schon alle Arten von Thieren, Vögeln, Fischen, Insekten und Würmern entdeckt wären. Zwar wird Niemand in Abrede seyn, daß man in diesem glücklichen Jahrhundert, in dieser Absicht, viel interessante, und unsern Vorfahren völlig unbekannte Entdeckungen gemacht

 habe.

habe. Hier mag das Heer der Polypen reden, mit welchen sich eine ganz neue Klasse der Dinge anzufangen scheinet. Ist aber darum nichts mehr zu entdecken übrig? Hat man schon alles erschöpfet? Hat das bloße Auge in der sichtbaren, und das bewaffnete in der unsichtbaren Welt schon alles gesehen? Wer könnte so thöricht stolz seyn, dieses behaupten zu wollen?

Das gegenwärtige Geschöpf Tab. VIII. fig. 1, von dem ich noch nicht weis, ob ichs Insekt oder Wurm nennen soll, ist mir bisher völlig unbekannt gewesen. Ein elender Grund, wenn ich darauf allein seine Seltenheit bauen wollte! Zwar habe ich bisher seit meinen vierjährigen Beobachtungen fast keinen Sumpf unserer Gegend undurchsucht gelassen; allein dieses ist mir im vorigen Sommer zum erstenmal vorgekommen. Doch würde ich Bedenken tragen, es wirklich selten und unbekannt zu nennen, wofern ichs nicht auch in den besten und bewährtesten Schriften der Naturkündiger unserer Zeiten vergeblich aufgesucht hätte. Kenner mögen hier, nach folgender Beschreibung, urtheilen, ob mich diese Gründe einigermaßen berechtigen, es für selten und unbekannt auszugeben.

Zuerst will ich anzeigen: wo, und unter welchen Umständen ichs gefunden habe. Es war zu Ende des Augusts 1774, als ich nach Räderthieren im Meerlinsenwasser ausgieng. Meine gewöhnlichen

chen Plätze waren nicht mehr so ergiebig, als ich wünschte. Daher suchte ich neue. Ich fand sie in unzähliger Menge in einem gewissen Garten, worinn man einen Brunnen einige Stufen tief gegraben, und das Wasser mit Meerlinsen aus andern Gegenden, zum Entenfutter, bedeckt hatte. Der Ort war klein, mit Mauerwerk umgeben, etwa 5 Fuß lang, und $2\frac{1}{2}$ breit, aber die ganze Oberfläche war grün von Meerlinsen. Als ich hieraus einige Gläser schöpfte, und gegen das Licht hielt, fielen mir diese sonderbare Geschöpfe sogleich in die Augen. Ihre Bewegung verrieth sie, sonst würde ich sie für ein bloßes Schleimhäutchen angesehen haben, so durchsichtig sind sie! Ihre natürliche Größe Fig. 1. beträgt etwan einen halben Zoll in der Länge. Ihre Bewegung im Wasser geschiehet durch ein Ruckweises Schießen, keinesweges aber durch ein Schlängeln. Und daran erkannte ich zuerst, daß es lebendige Geschöpfe waren.

Als ich nach Hause kam, war es meine erste Arbeit, einige davon (denn ich hatte ihrer in zwey Gläsern sechs bis sieben,) vermittelst einer gläsernen Röhre herauszuziehen, und in eine Tasse, mit etwas von ihrem Elementarwasser, zu bringen. Hier sah ich nun mit bloßen Augen nichts weiter, als oben auf dem Rücken vier schwarze größere Pünktchen, als die beyden Augen am Kopfe. Zwey derselben Fig. 1 a liegen oben hinter dem Halskragen, wenn ich so sagen soll; die andern beyden aber b, weiter herunter nicht weit vom Schwanze. Der Kopf schien mir eine besondere Struktur zu haben, weil etwas über demselben hervorragte, welches am Ende unterwärts gebogen war. Vom Schwanze konnte ich nichts erkennen. Wenn das Thierchen in der Tasse herumschoß, waren die schwarzen Körperchen allezeit oben, und der über den Kopf wegstehende Theil nach dem Unterleibe zu gekrümmet. Weiter konnte ich mit bloßen Augen nichts gewahr werden, außer daß seine Farbe weißgraulich war.

Ich versuchte hierauf mit der Lupe noch etwas mehr daran zu entdecken; allein es war mir unmöglich, das Thier in dem Fokus derselben zum Stillstehen zu bringen, ob ich wohl einige dazu in besondere Gläser mit reinem Wasser gethan hatte. Indessen ist es merkwürdig, daß sie oft, wenn sie nicht beunruhiget werden, gemeiniglich in der Mitte des Wassers, mit dem Rücken dicht an der Oberfläche, ganze Stunden unbeweglich stehen. Ich nahm also meine Zuflucht zum Mikroskop. In einem Uhrglase that ich durch die schwächste Nummer einen Blick auf eins derselben. Himmel! wie erstaunte ich über die wunderbare Struktur dieses Geschöpfes! Ich eilte, sogleich eine Zeichnung zu nehmen: allein es war unmöglich, weil das Thier nicht einen Augenblick in einerley Stellung blieb.

So ungern ich es tödtete, so mußte es doch geschehen, wenn ich den Wunsch, es ruhig zu beobachten, befriedigen wollte. Ich that eins in den schärfsten Weineßig, und es lebte ganze Stunden. Hierauf nahm ich Weingeist, und es schien, als wollte es in seinen Bewegungen nachlassen. Da es nun eine halbe Stunde darinn gestanden hatte, so zeigte sich kein Leben mehr; ich nahm es daher sorgfältig heraus, that es in ein Uhrglas mit reinem Wasser, und eilte wieder damit unter das Mikroskop. Kaum hatte ich den Anfang der Beobachtung gemacht, und die konvulsivischen Verzuckungen seiner innern Theile gesehen; so fieng es wieder eben so lebhaft, als zuvor an, im Wasser herumzuschießen.

Ich machte den dritten Versuch, und ließ eins davon in Weingeist eine ganze Nacht hindurch stehen. Als ich aber den folgenden Morgen nachsahe, fand ichs zwar völlig todt, aber ganz zusammengeschrumpft, und zur Beobachtung unfähig. Hierüber gab ich meine Hoffnung auf, dies Geschöpf gehörig beobachten zu können. Ich setzte meine Tassen zurück, und sahe wohl in vier Wochen nicht wieder darnach. Da der Herbst erschien, fielen mir meine Thierchen ein. Das Wasser war meistens verdunstet, und sie waren alle noch in dem geringen Bodensatze lebendig. Dies bewog mich, etwas Wasser zuzugießen, und damit ließ ich meine Tassen wieder so lange stehen, bis ich sie, wegen des frühen Winters, an einen ver-

schlage-

schlagenen Ort setzen mußte. Da standen sie nun bis zum 14ten Dezember, weil ich sie über andern Arbeiten ganz vergessen hatte. Als ich aber eine Tasse gebrauchen wollte, sahe ich mit Erstaunen, daß meine Thierchen noch eben so munter, als vor vier Monaten, waren. Unbegreiflich schien mirs, wie sie so lange, fast in einerley faulem Wasser, hatten leben können, da ich sie, wie ich im folgenden zeigen werde, unter die gräßlichsten Raubthiere der kleinen Wasserwelt rechne. Indessen lebten diese weißgrauen, durchsichtigen Häutchen, und mit einemmale wachte bey mir die Begierde wieder auf, sie zu beobachten, es koste auch, was es wolle. Ich merke nur noch an, daß sie in der Zeit weder größer, noch kleiner geworden waren, auch sich keinesweges an der Zahl vermehrt oder vermindert hatten.

Jetzt will ich sagen, wie es mir möglich geworden, dieses seltsame Thierchen zu zeichnen, und zu beobachten. Erst muste ich eins derselben wenigstens eine Stunde im Weingeist stehen lassen. Hierauf nahm ich es heraus, und brachte es auf einen gläsernen Schieber, doch so, daß es über und über mit Wasser bedeckt war. Das erstemal gebrauchte ich meine schwächste Nummer, No. 6, die im Durchmesser 16 mal vergrößert, und hiernach ist die Zeichnung der 2ten Figur genommen, deren Erklärung ich nun geben will, wobey ich aber zum voraus erinnere, daß das Thier so gezeichnet ist, daß es mit dem Kopf und Schwanz etwas auf der Seite liegt.

Vier wesentliche Haupttheile habe ich daran unterscheiden können: den Kopf A, die Brust B, den eigentlichen Körper C D, und den Schwanz E. Wir wollen vom Kopf anfangen.

Der Kopf A ist von der seltsamsten Struktur, die ich an einem Thiere jemals erblicket. Er gehet von a bis b, wo gleichsam der Hals durch eine kleine Höhlung abgeschieden ist. Der Obertheil des Kopfs a b ist ganz besonders gebildet. Dem Anscheine nach siehet die Stirn, wenn ich mich so ausdrücken darf, von b a wie ein starkes Hüftbein aus, dessen Schenkel c d etwas gekrümmet niederhänget, und durch zwey Gelenke c d deutlich zu unterscheiden ist. Von d bis e gehen drey etwas gekrümmte, braune Hornartige Klauen herunter, die vorn sehr spitze und scharfe Krallen haben.

In der gegenwärtigen Lage hat das Thier diesen Kopfhaken bey c etwas stärker, als natürlich zusammen gezogen, da er sonst, besonders beym Schwimmen, vom Kopfe weiter abstehet.

Der Kopf, oder die Basis des Hakens ist von dem Halse durch eine winklicht gehende sichtbare Linie b g geschieden, deren Ende sich in den einen spitzigen Zahn des Thieres h verlieret, gegen welchen der zweete i über stehet, und hier ist sein Mund, den es oft sehr geschwinde auf- und zu thut. Gleich darüber sitzet der stumpfe harichte Zapfen f, dessen Absicht mir unbekannt ist. Dicht an der Halslinie b g liegen

gen zween schwarze Punkte von ungleicher Größe m n. Ich halte sie für Augen, davon das eine kleiner, als das andere scheint, weil das Thier auf der Seite liegt. Daß es Augen sind, schlüße ich daraus, weil das Thierchen in der Taße der Feder sehr geschickt auszuweichen wuste, mit der ich es verfolgte. Im folgenden werde ich die Struktur dieser Punkte näher zeigen. Hinter der Halslinie siehet man unter der Höhlung eine Streife o, die nach dem Munde krumm herunter gehet. Dies ist die große Arterie, die etwas blaßgelb erscheint, und in der ganzen Länge des Körpers herunter gehet, aber so blaß und durchsichtig wird, daß man sie ganz aus den Augen verliert, wofern man nicht, vermöge des Reflektirspiegels, das Licht zu mildern sucht. Wenn das Thier noch etwas Leben hat, und konvulsivische Verzuckungen bekömmt, kann man diesen großen Darm, samt unzähligen Luftröhren im Körper auf und nieder gehen sehen. In den letztern spielen die Luftbläschen, wie Silberperlen herunter, in der erstern aber habe ich verschiedene blutrothe Kügelchen bemerkt.

Ich komme zu dem Bruststück, welches von dem Kopfnacken b bis zum ersten Ringe C gehet. Dies ist stark, dick und gebuckelt, oben und unten mit kurzen Härchen bewachsen, die geichsam Büschelweise zusammensitzen. Oben in der Mitte liegt noch eine kleine Erhöhung p mit einem Harbüschchen. Inwendig unter der durchsichtigen Haut befinden sich zwey

Stahl-

Stahlblaue, Nierenförmige Körperchen, q r, die so neben einander liegen, daß das eine mit seinem Rücken in die Höhlung des andern tritt. Unten auf dem dritten Ringe nach dem Schwanze liegen ebenfalls zwey dergleichen etwas kleinere, s, t. Alle viere stehen mit ihrer Oberfläche auswärts ausserhalb dem Körper heraus; das übrige aber liegt inwendig. Sie scheinen oben auf mit kleinen Körnern besäet zu seyn.

Vom Bruststücke bis zum Schwanze gehen neun Ringe von ungleicher Länge und Dicke, 1, 2, 3, 4, 5, 6, 7, 8, 9. Der 6te 7te und 8te sind die längsten, der 9te der kürzeste, und gehet gleichsam als eine Klappe über den Schwanz, wie man auch bey einigen Raupen findet. Jeder Ring hat einige zarte Harspitzen. Die Einschnitte derselben zeigen sich deutlich, und es gehen in demselben quer über den Körper gewisse Bänder, welche als die eigentlichen Junkturen anzusehen sind. Diese Ringe verursachen, daß der Körper wie eine immer dünner zugehende Walze gestaltet ist. Inwendig im Leibe kreuzen sich so viele Gefäße und Luftröhren, die zum Theil so fein sind, daß sie sich ganz verlieren. Man kann sie am deutlichsten des Abends bey Licht und etwas gemildertem Scheine des Spiegels sehen.

Der Schwanz E hat eine sehr merkwürdige Struktur. Der Obertheil endiget sich mit einigen

Borsten x, gleich darunter ist der After s, aus welchem vier Spitzen hervortreten, welches die Enden von vier Luftröhren sind, die das Thier ein und ausziehen kann. Von y bis z sitzt ein starker Floßenschweif dessen Borsten mit den Wurzeln dicht an einander gegliedert sind, mit den Spitzen aber, deren Länge einen Zirkelbogen formiren, wie ein Kehrbesen aus einander stehen. Ich habe deren 20 bis 21 gezählet. Wenn das Thier schwimmt, ist dieser Schweif unterwärts vom Schwanze perpendikulär abstehend gekehrt, und vermittelst desselben ist es im Stande, im Wasser so schnell fortzuschießen. Er ist sein eigentliches Ruder. Vergleicht man dieses Organ mit dem Kopfhaken; so wird schon die Struktur zeigen, daß es letzteren gewiß nicht zum Rudern gebrauche.

So viel habe ich durch diese Nummer im Ganzen wahrnehmen können. Ich wundere mich, daß das Thierchen bey seinem weichen und zärtlichen Körper doch von so harter und dauerhafter Natur ist, daß es ihm nichts schadet, wenn man es zehnmal mit einer Feder aus dem Wasser nimmt, und wieder hinein läßt. Außer seinem Element ist es wie ein bischen weißgraulicher gallertartiger Schleim anzusehen.

Da mir diese Nummer aber kein Genüge that, die wunderbare Struktur in den Theilen dieses Thierchens kennen zu lernen; so nahm ich meine Zuflucht zu stärkeren Vergrößerungen. Ein jeder wird einsehen, daß ich es damit unmöglich übersehen konnte.

Dies hat mich bewogen, nur die vornehmsten und merkwürdigsten Theile abzubilden, die ich auch nun umständlicher beschreiben werde. Ich habe dazu die 4te Nummer meines Mikroskops gebraucht, welche im Durchmesser 32mal vergrößert. Meine Leser mögen urtheilen, ob die Struktur dieser Theile Bewunderung verdiene. Es sind aber folgende, die ich beobachtet habe:

1. der Kopfhaken;
2. das Maul mit den Zähnen;
3. die Augen;
4. die beyden obersten Nierenförmigen Körper;
5. ein Stück aus der Mitte;
6. den Ruderschweif am Schwanze.

Bey der folgenden Vergrößerung des Kopfs werden meine Leser Fig. 3 eine ganz neue Aussicht in die Struktur dieses Thiers bekommen. Nun erscheint es furchtbar und schrecklich. Wie groß würde unser Entsetzen seyn, wenn wir einmal ein Thier in solcher Größe erblickten? Ist es nicht gut, daß unsere Augen keine Mikroskope sind? Wir würden ein elendes und trauriges Leben führen. Vor einem Floh würden wir zittern, und vor einem Rüsselkäferchen die Flucht ergreifen.

Wir wollen nun die ersten drey Theile des Kopfs näher kennen lernen. Wie gräßlich erscheint jetzt

1. Der Kopfhaken a! Nun sehen wir erst, daß er doppelt sey, und gleichsam aus zwo Kratzen

a b, a b, bestehe. Das erste Gelenke gehet von a bis c, wo die Krallen c b, c b, eingegliedert sind. Dieser Krallen sind an jedem Gelenke drey b, b, also insgesamt sechs, die das Thier auf- und zuschlüßen kann. Ja es kann beyde Gelenke so dicht zusammenziehen, daß man es für eins ansehen sollte. So ist mirs im Anfang ergangen, da das Thier erst in Weingeist betäubt war, und ich es auf den Schieber ins Wasser brachte. Es konnte nicht alles auf einmal gezeichnet werden. Daher brachte ichs wieder in die Taße, und den andern Tag nahm ich die Arbeit aufs neue vor. Da regte sich das Thier wieder, und ich sahe mehr als einmal den Kopfhaken in dieser Stellung, wie bey Fig. 3 vorgestellet ist.

Gleich unter demselben liegen drey gekrummte Theile, die wie Fühlhörner aussehen, welche ich doch aber nicht dafür ausgeben will. Daneben sitzen drey gerade Spitzen, e, die eben so braun und Hornartig, als die Krallen des Kopfhakens sind. Dann folgen zwo kürzere Spitzen f f, an gezackten Lappen; alsdann ein breiter fleischichter, unten gekrümmter, stumpf zugehender, und stark beharter Theil g. Lauter Organen, deren Absicht mir noch unbekannt ist! Wenn ich den Haken ausnehme, siehet das Uebrige einem Flohkopfe nicht unähnlich.

2 Das Maul sitzet an einem ungewöhnlichen Orte, und ist mit zwo furchtbaren Kinnladen h, h, versehen. Die erste h ist mit ihrer Junktur i voll-

kommen

kommen sichtbar, und hat fünf Finger 1, 2, 3, 4, 5, ihn ihr fast die Gestalt einer Hand geben. Die zwote h, liegt anf der andern Seite, und man kann in gegenwärtiger Lage nur zwo Fingerspitzen d d davon sehen. Recht dazwischen ist der Schlund, mit 24 Kiefen A B, die hier aber nicht alle ausgedrückt sind. Der gräßlichste Anblick, den man sich vorstellen kann, ist, wenn das Thier den Hals aufsperret.

So wohl der doppelte Kopfhaken mit seinen Krallen, als das so furchtbar bewaffnete Maul, bestärken meine Vermuthung sehr, daß es eins der schrecklichsten Raubthiere der kleinen Wasserwelt sey, ob ich wohl in der ganzen Zeit, da ich diese Geschöpfe beobachtet, und ihnen im Anfange mit Thieren genugsam bevölkertes Wasser gab, nicht ein einzigmal gesehen habe, daß eins derselben eine Beute gefangen, oder verschluckt hätte

3. Das Auge C präsentirt sich unter dieser Vergrößerung sehr schön. Es ist oval, an Farbe Stahlblau, nicht körnericht, sondern konvex und glatt, am ganzen Rand aber mit weißlichen Kügelchen, wie mit Diamanten eingefaßt. Gleich daneben liegt noch ein kleines schwarzes Pünktchen D, wovon ich nicht sagen kann, was es seyn soll. Sonst siehet man darinn noch eine breite Nerve

Die beyden Nierenförmigen Körper, oben hinter dem Kopf auf dem Rücken Fig. 4. sind mir überaus Räthselhaft gewesen. Ich habe daher meine

Aufmerksamkeit verdoppelt. Bey Fig. 2. erscheinen sie eigentlich in Nierenförmiger Gestalt, weil das Thier etwas auf der Seite liegt. Hier aber sind sie so abgebildet, wie sie selbiges natürlicher Weise oben und unten zu tragen pflegt, da dann die konvexe ovalrunde Seite oberwärts, die Nierenförmige aber unterwärts gekehret ist.

Ich habe bereits vorher erinnert, daß das erste Paar dieser Körperchen etwas größer, als das zweyte, näher am Schwanze liegende, sey. Zugleichen habe ich bemerkt, daß sie unmittelbar unter der zarten Haut des Thieres liegen, doch so, daß ihre Oberfläche frey und unbedeckt hervorzustehen scheint. Diese ist nun mit vielen schwärzlichen Punkten übersäet. Der Grund, wo sie liegen, erscheint weißgrau, und der Rand Stahlblau.

Ich habe lange nicht gewußt, was ich aus diesen besondern Theilen machen sollte. Wenn sich das Thier im Wasser befindet, so stehen sie allemal oben, ja sie scheinen noch etwas über den Rücken hervorzuragen. Ich habe ferner beobachtet, daß dasselbe, wenn es eine Zeitlang unter dem Wasser gewesen, die Oberfläche suchte, und sich mit diesen Theilen derselben so viel als möglich näherte, fast wie die Mückenlarven zu thun pflegen, wenn sie vom Boden des Wassers in die Höhe spielen, und die Schwanzspitze hervorstecken, um frische Luft zu schöpfen. Dies machte mich aufmerksam, und ich fiel

auf

auf die Muthmaßung, ob es vielleicht gar die Werkzeuge des Othemholens seyn mögten? da ich an den Seiten nichts von dergleichen Punkten oder Luftlöchern, wie andere Insektenlarven haben, wahrnehmen konnte. Im bloßen Wasser war ich nicht im Stand, etwas Zuverläßiges davon zu entdecken, als daß das Thierchen sich immer der Oberfläche zu nähern suchte. Als ich aber einige in Weingeist gethan hatte, und auf ihre Bewegungen Achtung gab, erblickte ich auf den schwärzlichen Punkten lauter helle Silberfarbene Kügelchen, die ich für Luftblasen hielt, und dadurch wurde ich in meiner Meynung bestärket. Hierzu kam, daß das Thier inwendig unzählige durch einander her geflochtene Luftröhren hatte. Wären also diese Nierenförmigen Körperchen Werkzeuge des Othemholens, wären die darauf befindlichen Punkte die Stigmata; so wird jeder Naturkündiger zugeben, daß er sie nach diesem Modelle noch bey keinem Thiere gefunden. Wie unaussprechlich mannigfaltig ist also die Weisheit des Schöpfers in der Struktur der Theile, welche so viele Arten der Kreaturen zu ihren Bedürfnissen, und zu ihrer Lebensökonomie nöthig haben?

5 Die 5te Figur zeigt ein Stück aus der Mitte, woran ich viele Merkwürdigkeiten gefunden habe. A B ist die große, von oben bis unten in der Länge heruntergehende Pulsader, die aus zween bis drey gewundenen Därmen besteht, welche sehr scharfe Einschnitte

schnitte haben, und gleichsam Ringförmig an einander liegen. Außerdem liegen noch darinn an den Seiten sowohl, als in der Mitte herunter, unzählige Röhren, und Gefäße, die aber so krauß und bunt durch einander gehen, daß sie unmöglich zu zeichnen sind. Das Merkwürdigste darinn sind gewisse erstaunlich feine Harröhren, an denen hin und wieder einige ovale Knoten von ungleicher Größe sitzen. Diese ziehen sich, auch wenn das Thier stille liegt, auf und nieder, seitwärts, u. s. w. Dann kommen die Fäden dicht an einander zu liegen, und die Knoten schwanken inwendig herum. Ich habe einige mit a b c d e u. s. w. bezeichnet. Die äusseren Hare sitzen auf Buckeln an den Ringen, wie gewisse Raupen dergleichen zu haben pflegen. Ich muß gestehen, daß die innere Struktur dieses Thiers so wunderbar und seltsam ist, daß sie über alle anatomische Begriffe gehet. Das Schwanken der knotichten Harröhren habe ich ganze Stunden mit dem innigsten Vergnügen beobachtet. Ihre Absicht, besonders der Knoten, ist mir völlig verborgen. Wenn es gleich einem Lyonet möglich war, eine Holzraupe zu anatomiren; so stehen wir doch bey einem solchen Thiere, als wir hier vor uns haben, an der Grenze unserer Einsichten und Instrumente. Hier gehet das Reich des Unsichtbaren und Unbegreiflichen an, welches der Herr der Natur seiner Macht und Weisheit vorbehalten hat.

6. Das

6 Das letzte Stück, welches uns viele besondere Merkwürdigkeiten zeiget, ist der Schwanz mit seinem Besen: Fig. 6. Die Spitze auf der Rückenseite A hat vier krumme gefiederte Stralen. Gleich darunter liegen vier helle durchsichtige Theile, wie breite zugespitzte Messerklingen a b c d. Sie treten aus dem After heraus, und das Thier kann sie einziehen. Es sind die Enden von besondern, im Leibe hinaufgehenden Röhren, die ich für Luftgefäße halte. Unter diesem Schwanzende sitzt der Ruderbesen B, der aus 21 Stralen bestehet, die unten an einer gerieften Walze sitzen e f, und daran beweglich sind. Jeder Stral ist, wie man durch diese Vergrößerung allein sehen kann, mit den feinsten Seitenhärchen gleichsam besiedert. Vermittelst derselben fängt sich das Wasser, und das Thier kann sich dieses Organs sehr bequem zum Rudern bedienen.

So viel habe ich dem Leser bisher von der wunderbaren Struktur dieses Geschöpfs anzeigen können. Ich bin aber gewiß, daß mir noch tausend Wunder und Geheimnisse darinn verborgen geblieben. Zufrieden mit dem, was wir gesehen haben, wollen wir zum Beschluß noch einige Fragen untersuchen.

1 **Gehöret dies Thier zu den Insekten, oder Würmern?** Dem ersten Anscheine nach hat es von beyden Eigenschaften etwas, und es läßt sich noch jetzo schwer bestimmen, zu welcher Klasse man es eigentlich

 rechnen

rechnen solle. Es gerade für einen Wurm auszugeben, trage ich darum Bedenken, weil es mit so vielen schrecklichen und furchtbaren Organen versehen ist. Eine Reproduktionskraft besitzt es nicht. Denn ich habe einige zerschnitten, und die Theile sind vergangen. Daher wär ich fast geneigter, es für die Larve eines noch unbekannten Insekts zu halten. Damit scheinet es auch eine grössere Aehnlichkeit zu haben. Denn ausserdem, daß es an solchen nichts seltenes ist, mit furchtbaren Waffen, Zähnen, Zangen, Haken und Klauen versehen zu seyn, wie die gefräßigen Käferlarven zum Theil mit ihren Beyspielen beweisen; so scheinen auch seine Bewegungen, die es im Wasser macht, mit den Bewegungen der Larven ziemlich überein zu kommen. Mit Gewißheit kann ich es indessen noch nicht bestimmen, weil dazu nothwendig erfordert wird, daß man die Verwandlungsperioden abwarten könne, und das eigentliche Insekt in dem letzten Stande seiner Vollkommenheit gesehen habe. Ich werde daher meine Thierchen bis zum Frühjahre zu erhalten suchen. Vielleicht habe ich dann das Glück, ihre Verwandelung, wenn es wirkliche Larven sind, zu sehen, und meinen Lesern künftig die Existenz eines Insekts bekannt zu machen, das unsere Beobachtungen hinlänglich belohnen mögte. Vielleicht aber kann es auch ein sehr bekanntes Insekt seyn, dessen Larve wir noch nicht gesehen oder gekannt haben.

2. Worinn

2. Worinn bestehet seine Oekonomie und Nahrung? Daß es von andern Thieren leben müsse, zeigen seine Waffen deutlich an. Ob ich dasselbe gleich in meinen Tassen bisher nichts fangen sehen, so ist hieraus doch kein Schluß auf seine Lebensart in der Freyheit zu machen. Gleichwohl müssen diese Geschöpfe im Fall der Noth auch von vegetabilischen Theilen im Wasser leben können, weil sie sich so lange ohne animalische Speise erhalten haben. Ich stelle mir ihre Jagd so vor. Mit den beyden Dreyzacken des Kopfhakens fangen sie ihre Beute und führen sie zum Munde. Die beyden fünffingerichten Hände oder Kinnbacken ergreifen sie, und halten sie vest, bis sie ausgesogen oder verschluckt ist. Ich will doch, vielleicht diesen Winter noch, versuchen, ihnen abermal Wasserflöhe und andere Gewürme zu geben, um zu sehen, ob sie sich daran vergreifen werden. Bis jetzt ist mir ihre eigentliche Nahrung unbekannt. Eben so wenig weis ich ihre vollständige Naturgeschichte zu beschreiben: wie sie entstehen? ob sie aus Eyern kommen? ob sie sich häuten? ob sie lange, wie die Ephemern, im Larven- und Nymphenstande leben? ob sie wieder ihre Feinde haben? Dergleichen Fragen lassen sich leicht thun, aber schwer beantworten. Wenn ich indessen bedenke, daß nicht alles auf einmal entdecket werde; so wächßt meine Hoffnung, mit der Zeit auch noch die völlige Naturgeschichte dieses in aller Absicht wunderbaren und seltsamen Geschöpfs erforschen zu

können. Sollten indessen andere Naturforscher und Beobachter, die mehr Erfahrung, als ich, besitzen, schon etwas von dieser Kreatur gesehen oder gelesen haben; so würden sie mich zu dem erkenntlichsten Danke verpflichten, wofern sie mir solches gütigst bekannt machen wollten.

Erklärung der VIIIten Kupfertafel.

Die 1te Figur stellet das Thierchen in seiner natürlichen Größe vor; a, b sind die schwärzlichen Nierenförmigen Körperchen, die hier so wohl, als die Augen, nur als kleine Punktchen erscheinen.

Die 2te Figur ist das durch die schwächste Nummer des Mikroskops vergrößerte Thier: A der Kopf; B das Bruststück; C D der Körper; E der Schwanz.

a b die Stirn; c e der Kopfhaken; c d das erste Gelenke; d e drey Krallen, b g die Halslinie; h die erste, i die zwote Kinnbacke, f ein unten beharter Zapfen; o der Anfang der großen Arterie; m n die beyden Augen, die hier in dieser Lage als stumpfe Dreyecke erscheinen; p ein kleiner harichter Buckel; q r die beyden obersten Nierenförmigen Körper; s t die beyden untersten; 1 — 9 die mit kurzen Harspitzen besetzte Ringe; x vier Schwanzhare; a vier aus dem After hervortretende Luftröhrenenden; y z der Schwanzbesen.

Die 3te Figur, der durch n. 4 vergrösserte Kopf des Thiers; a b, a b, der doppelte Kopfhaken; a c, a c das a c, das erste Gelenke; c b, c b, die drey scharfen Krallen; d drey gekrümmte Spitzen; e drey gerade Stacheln; f f zween kurze Spitzen an gezackten Lappen; g ein breiter unten gebogener und beharter Fleischzapfen; h die erste Kinnbacke mit fünf Fingern; h die zwote, mit zween hervorstehenden Zähnen d d; A B der Rachen mit vielen Kiefen; C das ovale schwarze, glatte, und mit weißlichen Kügelchen, wie mit Diamanten besetzte Auge; D ein dahinter liegender schwarzer Punkt.

Die 4te Figur zeigt die beyde vergrößerte Nierenförmige Körper, so wie sie auf dem Rücken des Thiers, wenn es in seiner Freyheit schwimmt, liegen. Sie sind über und über mit schwärzlichen, aber nicht vollkommen runden Punkten, auf einem weißgraulichen Grunde, besäet, die ich für Luftlöcher halte.

Die 5te Figur ist ein vergrößerter Mittelring. A B die langs durchgehende große drey bis viermal über einander gewundene und vielfach eingekerbte Arterie; a b c d e kleine ovale, an feinen Harröhrchen, inwendig herumschwimmende Knötchen.

Die 6te Figur der vergrößerte Schwanz des Thieres; A vier gefiederte Borsten am Oberende desselben; a b c d die vier aus dem After hervorstehende Enden der Luftröhren; e f der Wirbel, woran der Schwanzbesen sitzt; B dieser Schwanzbesen selbst, mit 21 bärtigen Stralen.

J. Ch.

J. Ch. E.

Erfahrung von der Wirkung des Blumenstaubes der Pflanzen *).

Vor nunmehro schon 22 Jahren, bewog mich eine Abhandlung des Hrn. Professor Kästners, von dem Staube der Pflanzen, welche sich im 1 St. des IIIten Bandes des Hamburgischen Magazins befindet, daß ich mich entschloß, die Wirkung des Blumenstaubes, davon damaliger Zeit die Meynungen noch sehr verschie-

*) Da unser würdiger Freund, der Herr Pastor Meinecke in Oberwiederstädt im Mansfeldischen, in einer besondern Abhandlung über die nutzbare Anwendung der Lehre von Befruchtung der Pflanzen, welche den 1 März 1774. in unsrer Versammlung vorgelesen, hernach aber im Isten Jahrgang der hiesigen Neuen Mannigfaltigkeiten 43 Woche p. 673—684. abgedruckt wurde, seine Gedanken über die Möglichkeit einer künstlichen Befruchtung auf eine so angenehme Art vorgetragen hatte, so wünschten wir, durch Einrückung dieser mühsamen Versuche das Naturforschende Publikum zugleich von der Wirklichkeit derselben zu überzeugen.

schieden waren, selbst kennen zu lernen, und zu meinem Vergnügen einen Versuch damit anzustellen.

Ich erwählte dazu die zwo verschiedene Arten der Wunderblume, (Jalappa Mirabilis) und zwar deswegen, weil diese Pflanzen vor den übrigen gewöhnlichen Gartenblumen das Besondere haben, daß ihre Blumen sich des Abends beym Untergange der Sonne, sehr schnell entwickeln und darstellen, die Nacht uber fort dauern, des folgenden Tages in den ersten Vormittagesstunden zusammenfallen und verwelken, und daher ihr Befruchtungsgeschäfte in sehr kurzer Zeit zu Stande bringen.

Die große Art dieser Pflanzen, mit der langröhrichten weißen Blume, (*Mirabilis longiflora*), von einem starken, in der freyen Luft angenehmen Geruch, war damals noch nicht gar lange, unter dem Namen Jalappa Mexikana, in unsern Gärten eingeführt gewesen. Sie unterscheidet sich, wie jederman weis, durch ihren 3 bis vier Fuß hohen Wuchs, durch ihre dicke wollichte, klebrichte, graulichgrüne Blätter sehr merklich von der andern, als Schweitzerhosen, Nachtschönen, Mirabellen, *Flos admirabilis*, vorlängst bekannt gewesenen kurzröhrigen Sorte, deren Blumen vielerley Abänderungen zeigen, von Purpur und von Weiß, oder Purpur und Gelb, einen fast unmerklichen Geruch haben, mit lebhaft dunkelgrünen glänzenden Blättern, beständig niedrig und buschicht wachsen, und selten mehr als anderthalb Fuß an Höhe erreichen.

Nun

Nun hoffte ich, daß durch Uebertragung des Blumenstaubes von einer dieser Arten auf die andere, wenn dabey mit anständiger Vorsicht zu Werke gegangen würde, ich vielleicht einen Samen erhalten könnte, welcher mir im folgenden Jahr eine neue Spezies der Mirabilis hervorbringen müßte. Da die Arten der Wunderblume Zwitterblumen haben, oder beyderley Geschlechts sind, so bestimmte ich mir die kleine Art zur Vaterblume, und machte die große dadurch zur Mutter, daß ich die Staubkölbchens den sich eben erst entwickelten Blumen sogleich wegnahm, bevor selbige aufplatzen und den Staub hervor treten lassen konnten, den Stämpfel aber unberührt stehen ließ, auf welchen ich nachher den Staub aus den sich öfnenden Staubkölbchens von der kleinen Art, übertrug.

Dieses Geschäfte setzte ich länger als zween Monate, alle Abende, unermüdet fort, und erhielt nach und nach etliche reife Samenkörner, die zwar von der gewöhnlichen Gestalt des Samens der großen Art äußerlich in gar nichts unterschieden waren, welche ich aber doch sämtlich durch meine Hand befruchtet zu seyn glauben konnte, da ich meiner Meynung nach die genaueste Vorsicht gebrauchte, der Mutterblume ihren natürlichen Blumenstaub zu entziehen, auch niemals die Blume stehen ließ, wenn ich bemerkte, daß mir ein Staubkölbchen mit seinem frühen Aufplatzen einmal zuvorgekommen war. Sol-

Dergestalt sahe ich mich beym Ende der Blühezeit, in dem Besitz von zwölf Samenkörnern, davon auch eines, welches ich meiner Neugier aufopferte, den inneren belebten Keim richtig zeigte.

Nunmehro sollte das darauf folgende Frühjahr entscheiden, ob meine angewandte Bemühungen durch eine verhofte neue Pflanzenart, welche wissentlich niemals da gewesen, würden belohnet werden? In der That geschahe dieses zu meinem und mehrerer neugierigen Freunde rührendsten Vergnügen.

Ich fand nämlich, daß von den ausgesäeten 11 Samenkörnern nur fünf aufgiengen, und unter selbigen eine, die gleich in ihren erstern Blättern, sowohl an der Farbe, als Größe, sich als eine Vermischung beyder bekannten Arten der Wunderblume darstellete, dahingegen die übrigen viere so wenig damals, als in der Folge, eine Abweichung von der natürlichen Mutterpflanze zeigeten, welche also, meiner eifrigen Aufsicht ohngeachtet, dennoch Gelegenheit gefunden haben muß, sich mit ihrem eigenen Staube zu befruchten.

Die einzige neue Pflanze kam indessen zur gänzlichen Vollkommenheit. Alles an derselben zeigte von ihrem vermischten Ursprung. Sie wurde höher und weniger buschicht, als die kleine Art, aber mit mehrern Zweigen versehen und nicht so hoch, als die große. Ihre Blätter und Stängel waren gegen letztere nur ein klein wenig wollicht, und fielen mehr in die glänzenddunkelgrüne Farbe. Auch in der Größe hielten die Blätter von beyden andern Arten die Mitte, nur allein die Blumen wichen in den gleichen Verhältnissen der übrigen Theile darinn ab, daß ihre Röhren kaum den dritten Theil der Länge von der großen Sorte hatten, insgesamt von einfärbiger Purpurfarbe und von dem wenigen Geruch der kleinen Art waren, mit welchen auch die Größe der Oefnung überein kam.

Ich hatte selbige, von ihrem ersten Daseyn an, nur das Maulthier genannt, glaubte aber, diesen Namen wieder zurücke nehmen zu müssen, da mir solche, wider Verhoffen, eine ziemliche Anzal reifer Samenkörner lieferte, welche auch das folgende Jahr bey mir und unserm Kunstgärtner Krausen, dem ich davon mitgetheilet hatte, aufgiengen, so daß wir beyde mit einer ziemlichen Anzal dieser Pflanzen versehen wurden.

Jetzo bekam ich Lust, einen Versuch auch mit den neuen Pflanzen zu machen, und den Staub derjenigen Art, welche das vorigemal der Vater gewesen, auch auf diesen überzutragen. Ich bewerkstelligte dieses aber nicht mit der vorigen Genauigkeit, und bepuderte nur bloß die Stämpfel der Blumen auf unterschiedenen Pflanzen, ohne Unterschied, und ohne die Staubkölbchens hinweg zu nehmen. Der Sommer war in diesem Jahre feucht, und ich bekam nur wenig Samen zur Reife.

Ob nun diese neue nur obenhin angestellte Versuche, oder etwas anderes die Ursache gewesen, daß im folgenden Jahr, außer den gewöhnlichen neuen Pflanzen, sich noch andere ganz besonders Arten einfanden, solches kann ich mit keiner Gewißheit sagen. Einige derselben hatten kleine schmale Blätter, andere außerordentlich große. Auf einer Pflanze hatten die Blumen eine kaum merkliche Röhre und sehr große Oeffnung, auf einer andern aber waren die Röhren sehr lang und die Blumenöffnungen klein. Eine Pflanze war an Kelchen und Blättern mehr gelb als grün, trug auch Schwefelgelbe einfarbige Blumen, und das einzige Samenkorn, welches diese Pflanze brachte, war lang, Walzenförmig, und ebenfalls gelb, dabey aber taub. Noch eine andere brachte Blumen, die sämmtlich nur von der Größe und Gestalt waren, als die Blumen der Trichterwinde. (Quamoclit, Ipomea).

Von allen diesen verschiedenen neuern Arten aber bekam ich, vielleicht wegen des abermaligen feuchten Sommers und Herbstes, keinen Samen zur Vollkommenheit, so wie von der gewöhnlichen neuen Art ebenfalls nur etwas weniges reif wurde. Es war aber auch dieses Jahr das letztere des Daseyns unserer neuen Pflanze. Denn weil ich in dem folgenden Frühjahre kein eigenes Mistbeet anlegte, und den Samen bey einem Gärtner zum Aussäen hingab, so hatte selbiger ihn unter anderes, dick gesäetes Kräuterwerk gestecket, worunter die jungen aufgegangenen Pflanzen sämmtlich erstickt waren; und unser sonst aufmerksamer Krause hatte von seinen Pflanzen keinen Samen aufgehoben.

Dieses ist die kurze Geschichte meiner mit dem Blumenstaub gemachten Erfahrung, und der dadurch hervorgebrachten neuen Pflanze. Sie war damaliger Zeit, außer mir, auch selbst großen Kräuterkundigen angenehm. Unser berühmter Herr Professor Gleditsch machte mir darüber ein sehr schmeichelhaftes Kompliment, und bald hernach einen gleichen, eben so glücklichen Versuch. Auch der in der Botanik sehr erfahrne, kürzlich verstorbene Herr Prediger Rudolphi allhier, hat mich, in Begleitung auswärtiger und hiesiger Kenner der Kräuterwissenschaft, wegen dieser vermeynten Maulthierpflanzen, mehrmals mit Besuchen beehret. Ich meines Theils war mit der erlangten Ueberzeugung von der Wirkung des Blumenstaubes vergnügt, und bin es noch, ob ich wohl jetzo von der neuen Wunderblume weiter nichts, als nur ein aufgetrocknetes Exemplar, vorzeigen kann.

Berlin, den 8ten März 1774.

Beschreibung
einer ganz neuen
Telline oder Dünnmuschel
von den Friedrichsinseln.
durch Lorenz Spengler.
Tab. IX.

Das Gewöhnliche, oder dasjenige, was wir schon oft zu sehen Gelegenheit gehabt, wenn es auch gleich noch so wunderbar seyn sollte, reizt unsere Sinnen lange nicht mehr so empfindlich, als wenn wir ein ganz neues, vorhero nie gesehenes Geschöpfe gewahr werden. Selbst der eifrigste Naturforscher, dem nichts in der Natur gleichgültig ist, kann sich eines angenehmen Erstaunens nicht erwehren, wenn ihm die Natur, zur Belohnung seines Fleißes, neue Wunder darreichet.

Auch die Konchylienliebhaber und Sammler sind nicht von diesen Vortheilen ausgeschlossen. So wie ein günstiges Schicksal aus der Tiefe der See bisweilen ganz neue Arten ans Licht bringt, wenn aufmerksame Reisende nämlich, oder Naturforscher fremde Inseln besuchen, so gehet der Konchyliologist selten dabey leer aus, denn bey solcher Gelegenheit

 werden

werden doch noch immer neue Arten von Konchylien entdecket.

Die Franzosen und Engländer haben uns davon deutliche Beweise gegeben. Jene durch das, was durch sie Schönes und Neues aus der Magellänischen Straße, und diese durch das, was ein Banks und Solander aus der Südsee Neues zu uns gebracht haben.

Dännemark hat nicht weniger Verdienste um die Konchyliologie. Die von hier ausgesandte gelehrte Arabische Gesellschaft hat uns mit einer Menge neuer Konchylien aus dem rothen Meere bereichert.

Die Freygebigkeit des Königes unterhält noch immer einen Regensuß, damit dessen 2ter Theil mögte vollendet werden. Der Königl. Etatsrath Herr Müller hat noch neulich in einem sehr wichtigen gelehrten Traktat die Erd- und süßen Wasserkonchylien beschrieben. Die großen und vortreflichen Konchyliensammlungen in dieser Residenz, sind nicht bloß der Pracht wegen, wie es an vielen Orten geschiehet, sondern größtentheils mit der Kenntniß und Einsicht geübter Naturforscher gesammelt. Durch fleißiges Nachsuchen der Evangelischen Brüder auf der Küste von Koromandel, ist es ihnen gelungen, das Vaterland der ächten Wendeltreppen daselbst entdeckt zu haben, so daß nunmehro auch Privatsammlungen mit diesem seltnen Stück prangen können, welches, um seines hohen Preises willen, worinn

inn es die Holländer so lange Zeit zu erhalten gewußt, vorher nur in großer Herren Kabinetten anzutreffen gewesen. Die übrigen und mehr bekanntern Konchylien, die uns diese Küste liefert, und worunter eine Menge schätzbarer Stücke und Arten sich befinden, will ich hier nicht berühren, sondern bis zu einer andern Gelegenheit versparen. Ich denke für diesmal bloß eine Probe von dem darzulegen, was die unter den Niquebarischen Eyländern gelegene Friedrichsinseln, wohin einige der gedachten Brüder von Tranquebar aus gezogen (ob es etwa möglich wäre, daselbst ein Etablissement zu errichten) an ihren Ufern für unentdeckte Schätze noch aufbewahren. Durch den lobenswürdigen Fleiß gedachter Fremdlinge besitze ich von daher zwey Exemplare von einer seltnen Muschel, wovon hier eine Abbildung folget. Tab. IX. f. 1. 2. 3. Sie gehöret nach allen Kennzeichen, welche die berühmteste Schriftsteller von ihrem Geschlecht gegeben, zu den Dünnmuscheln oder Tellinen; sie hat aber so viel Ungewöhnliches und Neues nach allen ihren Theilen, daß man sie an sich als eine ganz neue Gattungsart betrachten kann, die wegen ihrer Erfindung, Schönheit und Regelmäßigkeit alle übrige ihres Geschlechts unendlich weit übertrift. Ein Stück, welches des großen Urhebers, dessen schöpferisches Wort: Es werde! so viele Millionen Wunder hervorgebracht, vollkommen würdig ist!

So gut auch die Abbildung dem Künstler gerathen, so ist es doch, ohne den Augenschein, fast nicht möglich, das Seltene und Schöne darinn völlig zu erkennen, wenn auch gleich meine Beschreibung der Zeichnung noch zu Hülfe kömmt.

Die te Figur der IX. Tafel zeiget beyde Schaaren zusammensitzend, und zugleich, was für eine ausserordentliche Krümmung sie ausmachen. Sie stellt ferner die mit feinen Zacken eingefaßte Vorder- und Hintertheile vor.

Diese Dünnmuschel ist, zu ihrer Länge, sehr schmal; denn diese enthält noch etwas mehr, als dreymal ihre Breite. Sie ist also nach ihrem Umriß gar nicht, wie die meisten ihres Geschlechts, Eyförmig, sondern endigt sich an beyden Seiten in eine stumpfe Spitze.

Sie würde gleichschalicht seyn, wenn an dem schief gedrehten Vordertheil nicht eine Abänderung, und wenn die obere Schale nicht einwärts hohl, so wie die untere nach einem gewölbten Zirkelbogen auswärts aufgehoben wäre.

Daß beyde, sowohl das Vorder- und Hintertheil, jedes mit zwo Reihen feiner Zacken, eine länglicht ovale Spalte einschlüßen, muß gleich einem jeden Kenner und Liebhaber, als etwas ungemein Seltenes, in die Augen fallen, und ihn auf die ganze Struktur der Muschel aufmerksam machen.

Von dem Wirbel an, welcher flach, niedrig und eingedrückt ist, läuft an dem vordern Theil der obern Schale eine ausgehölte Rinne, so wie an der untern Schale

Schale, an eben demselbigen Ort, im Gegentheil eine eingeschnittene halbrunde Leiste, welche die erwähnte Rinne umschlüßet, beyde, indem sie sich immer mehr erweitern, in einer schiefen Richtung, bis ans Ende der Muschel, fort. Diese schiefe Verdrehung des Vordertheils, ist das eigentliche unwandelbare Kennzeichen der Tellinen beym Herrn von Linné. Es hat aber dieser Theil unsrer Muschel so viel Ungewöhnliches und Seltenes, daß er mit eben dem Theil andrer Tellinen gar nicht verglichen werden kann. Denn oben gedachte Rinne oder Hohlkehle, ingleichen die halbrunde Leiste, sind nach der Seitenfläche der Schale, noch besonders mit einem vertieften Blätchen, der ganzen Länge nach, zierlich eingefasset, und dieses nebst jener, mit zarten Querstreifen Regelmäßig durchzogen. An der innern Seite sitzen aber die Stacheln, welche die länglicht Eyförmige Spalte begrenzen. Diese Spalte ist nach der Länge fein gestreift, etwas vertieft. Das Band nimmt vom Wirbel an etwas weniger, als die Hälfte der Länge derselben, ein.

Eine besondere Merkwürdigkeit an dieser Muschel ist, wie oben schon erinnert worden: Daß der Hintertheil derselben, eben so wie der vordere, mit einer länglicht Eyrunden, jedoch viel breitern und mit Stacheln eingefaßten Spalte geziert erscheinet, welche neben dem Wirbel vertieft, weiter hin aber in der Mitte aufgehoben und der Länge nach sehr zart gestreift ist.

Man hat wohl Tellinen, die am Vordertheil ihrer Schalen mit Stacheln besetzt sind, wie z. B. die so genannte Goldzunge oder *Tellina foliacea* des Hrn. von Linné, und unter dem Geschlechte der Venus und Donaxmuscheln finden sich deren auch verschiedene; solche Tellinen aber, die am Vorder- und Hintertheil ein länglicht ovales und mit Stacheln eingefaßtes Feld oder Spalte tragen, habe ich weder bey den Schriftstellern, noch in Kabinetten jemals angetroffen.

Die 2te Figur zeiget die äussere oder obere Fläche der Muschel, und die Bildung ihrer Streiffen, welche an beyden Schalen gleich sind. Man kann sich das Zierliche der Streifen, mit welchen die Muschel der Länge nach bezeichnet ist, nicht vorstellen. Sie nehmen ihren Anfang bey den Stacheln, welche die breite Spalte am Hintertheil der Muschel umzäunen, und hören an der andern Seite auf, wo das vertiefte Blätchen an dem schiefen Vordertheil seinen Ursprung nimmt. Diese Reiffen gehen aber nicht nach gleichen Linien in einer Richtung bis ans Ende fort, sondern nur bis zur Mitte der Schale; nachher werden sie schief und Wellenförmig. Weil nun die Muschel 4 bis 5 Abtheilungen in der Breite zu haben scheinet, welches vermuthlich der Anwachs verursacht haben mag, so gleichet eine jede Abtheilung dem Rand eines geflochtenen Korbes, welches gewiß vortreflich aussiehet.

Es versteht sich von selbsten, daß hier die Reifen, wie bey allen gereiften Muscheln, am Wirbel, welcher als ihr Mittelpunkt anzusehen, am feinsten und zärtesten sind, und sich nach und nach, in einem alle Kunst übersteigenden Verhältniß und Genauigkeit, gegen den Rand der Muschel vergrößern.

Die dritte Figur stellet die eine Hälfte der Muschel von inwendig dar. Hier ist nur vornen an der Schale durch Erhöhungen und Vertiefungen zu bemerken, was von aussen die Rinne und die halbrunde Leiste in ihren schiefen Windungen für Eindrücke gemacht, und wie sie den Einschnitt an dem äussersten Ende verursacht, so wie der Theil, der das vertiefte Blätchen an der Oberfläche ausmachet, gedachtem Einschnitt vorspringet Von diesem letztern und von dem andern Ende der Schalen, sitzt der Wirbel ganz genau in der Mitte, und theilt beyde mit Stacheln umgränzte Felder in zween gleiche Theile.

Das Gelenk ist in allem so, wie bey den übrigen Tellinen. Mitten im Wirbel sitzt an jeder Schale ein gespaltener keilförmiger Zahn, und neben demselben ein Grübchen, so daß wechselsweise der Zahn der einen Schale in das Grübchen der andern sich einpasset.

Die obere Schale hat an beyden Seiten, in einer weiten und ungleichen Entfernung vom Wirbel, noch zween platte, weit hervorstechende Zähne, die nach ihrer ganzen Breite über sich eine Vertiefung zeigen.

Diese treten unter den scharfen Rand der untern Schale, an welcher Stelle eben auch 2 unmerkliche platte Zähnchen hervorragen, welche in die gedachten Vertiefungen einschlüßen, wodurch dann beyde Schalen sehr vest aneinander verbunden werden, welches ohne diese Seitenzähne, wegen Länge der Muschel, sonst nicht wohl hätte geschehen können, weil beyde Schalen mit einem glatten Rand auf einander schlüssen.

Diese neue Telline hat eine sehr angenehme undurchsichtig weiße Farbe. Sie gleichet einem weißen und undurchtigen Achat oder Kachelong. An dem Wirbel, und in dessen Nachbarschaft herum, ist sie schön Rosenroth, welche Farbe gegen das Weiße eine trefliche Wirkung thut. Auch inwendig ist diese rothe Farbe an der nämlichen Stelle ausgebreitet und vertheilet. Beyde Schalen dieser Muschel sind dick und stark. Alles ist an derselben glänzend glatt, zart und so schön, als ob sie aus Achat verfertiget wäre.

Nach der Gestalt ihres äußern Umfangs, und wegen ihrer Krümme, gleichet sie den Elfenbeinernen Navets, welche die Damen bey ihren Arbeiten zu gebrauchen pflegen. Vielleicht könnte man sie, in Ermanglung eines bequemern Namens, das Elfenbeinerne Schifflein oder Navet nennen? *)

Kopenhagen den 13ten Dezember 1774.

*) In so fern unser theurer Spengler der erste gewesen, der diese nicht minder schöne, als ungemein seltne Muschel beschrieben, soll sie künftig, mit Beziehung auf diese Nachricht, in meinem Konchylienwerke sowohl, als in meinem Naturlexikon, unter dem Namen der Spenglerischen Dünnmuschel angeführet werden. M.

Beschrei-

Beschreibung einer neuen Art Schnecken aus der Südsee.

von Ebendemselben.

Tab. IX, Fig. 4. 5.

Beynahe scheint es überflüßig, bey der genauen Zeichnung dieser Schnecke noch eine Beschreibung davon zu geben. Sie gleichet keiner einzigen Gattung von allen bekannten Konchylien, ob sie gleich etwas von der einen, auch etwas von der andern an sich zu haben scheinet. Sie ist etwas größer, als eine Haselnuß von der Gattung, der sie auch gänzlich in der Farbe gleichet. Ihre äußere Gestalt kann man sich in einem kurzen stumpfen Dreyeck vorstellen, dessen eine Seite die Mündung und was gerade vor derselben ist, die andere die flach eingerollte Windungen, die dritte den den Rücken der erstern und grösten Windung, oder eigentlich der ganzen Schnecke, ausmachen.

Die Mündung Fig. 4. ist glatt und halbmondförmig, gleichet auch im Umriß nicht uneben einem Menschlichen Ohre. Sie ist an beyden Seiten geschlossen, ohne

ohne einen Ausfluß zu haben. Ohngefähr am dritten Theil ihres Umfangs, von unten an, wo sie sich an die Schale anschlüßet, gerechnet, hat sie einen Einschnitt oder eine Rinne. Bey dieser fängt sich die Lippe an, welche am übrigen Theil der Mündung fortläuft, immer breiter wird, um das Nabelloch herum gehet, von welchem sie zum Theil bedecket wird, in eine stumpfe Spitze gegen die andere Seite hervortritt, und sich endlich an die Schale da schlüsset, wo die Mündung angefangen.

Die Farbe dieser letztern ist schimmernd Silberweiß, unter welchem ein helles Blau durchscheinet; welches dem Wiederschein an dem Hals der wilden Tauben am besten zu vergleichen ist. Die Lippe ist weiß, wird aber, vom Nabelloch an, glänzend braun.

Oben gedachte Rinne oder Einschnitt, verursacht auf der Schale an dem Orte von außen, so weit nämlich die erste Windung gehet, eine hervorstehende Wulst, (S. Fig. 5.) wie man an dem sogenannten Ranthorn, (welches daher seine Benennung erhalten), wahrnimmt, und dem es an diesem Theil in etwas gleichet.

Von dieser Wulst an ist der übrige Theil der Schnecke mit ihren Windungen beynahe platt, und nur wenig hervorstehend.

Die Oberfläche der Schale ist Schuppenartig, rauh und mit Falten belegt, welche von ihrem Anwachs

wachs herrühren, aber auch noch besonders der ganzen Ründung nach fein gereift.

Obgleich erwähnte Rauhigkeit, und selbst die Figur der Schnecke, viel Wahrscheinliches mit sich führet, daß man sie unter die Erdschnecken rechnen konnte, so bin ich doch gewiß, obwohl nach Gründen, welche ich selbst nicht zu bestimmen weis, und nur durch einen langen Umgang mit solchen Geschöpfen erlernt habe, daß sie wirklich eine Seeschnecke ist.

Nach dem Linné, gehört sie zu dem Geschlechte der Helices.

Kopenhagen, den 24sten Dez. 1774.

Einige Beobachtungen von dem Tode der langen Armpolypen,

angestellt zu Berlin den 19ten Jul. 1773.

von F. W. S.

Als ein Liebhaber der herrlichen Werke des großen Schöpfers habe ich von je her nach meiner Kenntniß und Vermögen, die mir aufgestoßene und unbekannt gewesene natürliche Körper näher einzusehen und zu beobachten gesucht. Wie ich nun die schönen Abhandlungen des Herrn Rath Schäffers von den Polypen erhielt, und aus diesen eine längst gewünschte nähere Kenntniß von diesen wunderbaren Geschöpfen erlangte, so ruhete meine Neugierde nicht eher, obgleich Insekten, Würmer und Pflanzen in der Natur nicht meine vorzüglichste Aufmerksamkeit an sich ziehen, bis ich diese Polypen selbst in hiesigen Gegenden entdeckt hatte.

Ein sehr werther Freund von mir, den ähnliche Neigung zu den mannigfaltigen Schönheiten der Natur noch näher mit mir vereiniget hat, erleichterte durch ein gemeinschaftlich unternommenes Nachfor-

schen

schen diese Entdeckung, und wir fanden im vorigen Jahre, nebst andern zum Theil schon beschriebenen, zum Theil, wenigstens unserer Kenntniß nach, noch unbekannten Thieren, endlich die grünen Arm- die Glocken- Trichterförmigen- und andere Afterpolypen in den nicht fließenden Feldgräben und stehenden Wässern der umliegenden Felder und Wiesen; die langen Armpolypen aber allein in der fließenden Spree an den darinn wachsenden Pflanzen, vorzüglich am Flußkraut oder Samkraut (Potamogeton Linn.) womit wir denn verschiedene Versuche zur Befriedigung unserer Neugierde anstellten. Es kam aber dadurch nichts Neues und Bemerkungswerthes heraus, als daß ich einen langen Armpolypen vom August an bis zum 16ten November in einem Glase mit Spreewasser lebendig erhielt, ohne daß ich solches, nach den gewöhnlichen Vorschriften, öfters erneuerte, sondern kaum alle 14 Tage einmal. Die Arme dieses Polypen wurden endlich immer kürzer, und zuletzt schien der ganze Polype gleichsam völlig einzuschrumpfen.

Im Julius dieses Jahres bekamen wir die ersten Polypen aus der Spree. Diese lange Armpolypen sind in ihrem frischen und gesunden Zustande nicht, wie anderwärts, braun- oder hoch- oder blaßgelb, sondern von einer weißen Farbe, die etwas weniges ins Graue fällt. Ob es auch braune oder gelbe in hiesiger Gegend gebe, und ob ihre Farbe

von

von der Nahrung oder andern Umständen herrühre, kann ich, aus Mangel hinlänglicher Versuche, nicht bestimmen.

Von diesen weißen langen Armpolypen bemerkte mein Freund so wohl als ich, im erwähnten Monate, daß uns solche jederzeit in ein Paar Tagen im Glase verschwanden. Ich hätte daher fast glauben sollen, es sey in demselben Glas ein Thierchen vorhanden, welches die Polypen fräße, wenn ich nicht durch Hülfe eines guten Suchglases von $\frac{5}{4}$ Zoll Fokallänge, das Gegentheil entdeckt und nichts, als Wasserflöhe, Traubenträger und Tausendfüße von der Art, welche Hr. Schäffer Storchschnäbel nennt *), gefunden hätte. Hierdurch ward ich aufmerksamer, und ließ das Glas Wasser zu weitern Versuchen stehen.

Vor drey Tagen, den 16ten Abends, bekam ich wieder allerhand kleine Thierchen aus der Spree, welche ich einem guten Freund auf Ersuchen ablassen mußte, wovon ich aber zween gesunde weiße Polypen mit ansitzenden Jungen für mich heraus nahm, und selbige in das obige Glas Wasser that, um näher zu sehen, wo diese bleiben würden.

Den

*) Diese Thierchen hat neuerlich der Königl. Dänische Statsrath, Herr Müller, in dem wichtigen zu Kopenhagen herausgegebenen Werke: von den Würmern der süßen Wasser, 4. mit Kupf. unter dem Namen der gezüngelten Naide, recht meisterhaft beschrieben.

Den 17ten, als den ersten Tag nach dem Fange, standen sie munter und frisch. Den 18ten zu Mittag aber fand ich sie, statt am obern Rande des Glases, wo sie sich anfänglich angesetzt hatten, unten auf dem Boden, worauf etwas weniges brauner Unrath, welcher an den Pflanzen in der Spree sich angehängt hatte, und allerley kleine Thierchen, befindlich waren. Ich bemerkte, daß sie nicht, wie gewöhnlich, mit dem Schwanze vest saßen, sondern mit einem oder etlichen Armen sich vesthielten, und damit fortbewegten. Uebrigens schienen sie munter zu seyn, denn sie dehneten ihre Körper so wohl, als ihre Arme, wechselsweise sehr lang aus, nur die Jungen waren verschwunden.

Den 19ten Julius. Als ich heute Mittag meine Polypen besahe, so entdeckte ich nur den einen, der schon sehr verstellet und ganz braun, gleich der Farbe des Unraths, war, der auf dem Boden des Glases lag. Da ich ihn mit einer gläsernen langen Röhre herausholen, und in ein kleines hohles Glas zum genauern Untersuchen bringen wollte, so zergieng er ganz in Schleim.

Beym fernern Nachsuchen fand ich endlich auch den 2ten im Wasserglase, der noch ganz weiß und gut aussahe. Ich holte ihn mit einem Tubulo vom Boden des Glases herauf, sehte ihn in ein kleines hohlgeschliffenes Glas, brachte ihn unter das Rheinthalerische zusammengesetzte Vergrößerungsglas, und besah ihn durch No. 2.

Hierdurch fand ich nun den ganzen Polypen und seine sieben Arme über und über gleichsam mit rund erhabenen, zum Theil spitzigen Warzen besetzet. Das Thier hielt sich mit einem oder zween Armen am Boden vest, und machte allerhand Wendungen mit dem Körper und übrigen Armen, die einen Schmerz zu verrathen schienen. Bald zog es den Leib, und bald wieder die Arme zusammen, bald dehnte und streckte es sich so lang als möglich aus, und machte allerhand Beugungen, Verdrehungen und Bewegungen, die wohl nur von Krampfartigen Zuckungen herrühren mogten.

Die Warzen oder Beulen waren, wie das Thier, durchsichtig; manche halbrund und etwas eingekerbt, manche spitzig, einige schienen klaren Bläschen gleich; und aller angewandten genauen Aufmerksamkeit ohnerachtet, konnte ich an diesen Wärzenähnlichen Körperchen nicht die geringste Bewegung bemerken. Denn ich hatte die Läuse der Polypen unter dieser Gestalt in Verdacht, welche sonst so geschäftig an selbigen auf- und ablaufen.

Der Leib schien mit braunem Unrathe, dem auf Boden des Glases gelegenen gleich, angefüllt zu seyn; obgleich der Polyp äußerlich noch weißlich war.

Ohngefähr nach einer halbstündigen Beobachtung sahe ich an dem einen Arme gleichsam einen rund herumgehenden Einschnitt, welcher ohngefähr um $\frac{1}{5}$ der ganzen Länge des Arms, von der Spitze

an

an gerechnet, befindlich war. Da nun das Thierchen sich immer heftiger bewegte, so sonderte sich endlich dieser Theil ganz ab, und an dem abgerissenen Ende des Arms selbst, stand ein feiner Faden von der Länge des abgelöseten Stücks, in der Mitte heraus, der vielleicht die Sehne oder Nerve des Armes vorstellte.

Das abgerissene Stückchen schien mir noch eine eigenthümliche Bewegung zu haben. Um solches gewisser zu erfahren, that ich den Polyp in ein anderes Hohlglas, und beobachtete das abgegangene Stückchen, durch die nächste aber stärkste Vergrösserung, nämlich No. 1. Da ward ich nun nicht allein gewahr, daß dieses Stück sich nach allen Seiten bewegte, auch länger und kürzer machte, wie der Polype selbst, sondern ich fand auch an den Warzenähnlichen Erhabenheiten keine Bewegungen und deutlichere Kennzeichen, wie vorher durch No. 2, obgleich dies Stück nun an $\frac{1}{2}$ Zoll Rheinländisch lang zu seyn schien, welches mit bloßem Auge kaum zu bemerken, und durch eine Lupe von $\frac{5}{4}$ Fokus nicht zu erkennen war.

Nach einer halben Stunde verschwand die ganze Form des abgelöseten Stückchens mit den Beulen, und sah nun einem skeletirten Blatte gleich, wo nach der Länge und Breite des gewesenen Stücks schwarze feine Fäden in einem klaren Fluido zusammenstießen, und wozwischen kaum noch ein Paar Bläschen zu bemerken waren. Weil nun von ohngefähr an den

Tisch gestoßen wurde, so zergieng auch diese Figur, und blieben nur noch braune Kügelchen auf dem Boden übrig, die vorhin gar nicht zu sehen gewesen waren, und also von den aufgelöseten Fäden entstanden zu seyn schienen.

Hierdurch ward mein erster Zweifel bestätiget, der diese Beobachtung veranlasset hatte, nämlich, daß diese Warzen oder Beulen nicht die Läuse der Polypen wären, die sich etwa tief eingefressen hätten, und nur mit dem Hintertheile heraussteckten, wie die Blatt- und andere Läuse: weil sie ja sonst nicht so geschwinde mit dem Polypen zugleich könnten aufgelöset worden seyn; da besonders auch die Warzenähnliche Körperchen größer, als die gewöhnlichen Läuse waren. Es ist vielmehr zu vermuthen, daß dieser Zufall eine eigene Krankheit sey, welche man, nach unserm gelehrten Hrn. Past. Götze, der diese wenigen Beobachtungen gelesen, und durch seine scharfsinnige Anmerkungen und Fragen Gelegenheit zu einigen nähern Bestimmungen gegeben hat, die Beulenkrankheit nennen könnte.

Den Polypen selbst mit dem zerstümmelten Arme hatte ich in der Zeit auch einigemal unter das Vergrößerungsglas gebracht, aber außer den schon vorhin bey dem abgegangenen Stücke bemerkten Umständen, als häufigen Krümmungen, Wendungen und konvulsivischen Ziehungen, weiter nichts Besonderes gefunden, als daß der Körper des Polypen, selbst nahe unter dem Munde, wo die Arme ansitzen,

zween

zween Ringel, als wenn er daselbst zusammengeschnüret wäre, bekam, die auch in der Art eine Zeitlang blieben. Weil ich aber das abgerissene Stück nöthiger zu betrachten erachtete, und nicht 2 zusammengesetzte Vergrößerungsgläser bey der Hand waren, so konnte ich hierauf nicht weiter Achtung geben.

Ich suchte mit einem zarten Pinsel, nach Anleitung des Hrn Schäffers, den Polypen in reinem Spreewasser zu reinigen, um die vermeintlichen Läuse abzuwischen, konnte aber hierdurch an den Warzen keine Veränderung bemerken.

Endlich sahe ich, daß der Polyp immer kleiner wurde, seine Arme ganz kurz zusammenzog und brauner aussahe. Als ich ihn darauf unter das Glas No. 1. brachte, so gieng er auch schon in die Auflösung über, wie vorher das kleine Stückchen vom Arme, wobey nichts Neues bemerket worden. Diese Beobachtung geschah des Nachmittags von halb 3 bis nach 4 Uhr, an einem ziemlich warmen Tage. In dem folgendem 1774sten Jahre habe ich mich vergeblich bemühet, sie zu wiederholen; die langärmigen Polypen waren jetzt überhaupt in der Spree seltener anzutreffen.

Beschreibung eines unbekannten Schleimthiers.

(Molluscum.)

von Otto Friedrich Müller.

Tab. V. Fig. 3 & 4.

Den ersten und zweeten Dezember des Jahres 1767 wehete in Dännemark ein heftiger Sturm aus Nordwest mit starkem Froste.... Der Sturm lies den dritten nach, und ein mäßiger Wind vertrat seine Stelle. Der Frost hielt an, und meine Begierde, die Auswürfe des Meeres nach einem so gewaltsamen Toben zu untersuchen, führte mich aus Kopenhagen ans Ufer der Ostsee, hinter dem Kastell. Ich sahe daselbst große Pfäle, die das Wasser aus dem Grunde gerissen, am Ufer hingeworfen, und Sklaven beschäftiget, selbige, unter dem Geschrey ihres Treibers, ans Land zu schleppen. Ich mischte mich unter diese, um dasjenige, was an den, seit vielen Jahren im Meer eingerammelten Pfälen etwa sich angesetzet hätte, zu betrachten. Ich fand an dem Holz und an etlichen anhangenden Muscheln einige rothe und schleimichte

Punkte.

Punkte. Da ich sie für eine Art Schleimthiere ansah, riß ich einige Muscheln ab, und schnitt das Holz von den Pfälen, daran sie saßen. In ein Glas mit Meerwasser gethan, erhuben sich die rothe Punkte in Käulenförmige fleischige Körper. Sie sitzen Klumpenweise neben einander, doch einzeln und ohne sich zu berühren. Das unbewaffnete Auge siehet einen weißlichen, gerundeten und durchsichtigen Stiel, der sich in einen rothen undurchsichtigen Kopf endiget. Durch die Lupe entdeckte ich in der Mitte des hellen Stammes eine röthliche Linie, die sich gegen den Kopf in einen Eyförmigen Körper ausbreitet. Dieser Theil ist mehr roth, als die übrigen, und in demselben wird man einige helle und dunkele unkenntbare Theile gewahr. Der Kopf ist mit vielen durchsichtigen und Kegelförmigen Spitzen besetzt, ich zählte derselben vier und zwanzig. Sie stehen immer aufrechts, fast mit dem Körper in gleicher Linie. Die mittelste, oder die am Scheitel des Kopfes gestellte Spitze, scheinet dicker zu seyn, als die herumstehenden, und hat auch ihren eigenen Gebrauch.

Die willkührliche Bewegung ist bey diesem Thiere fast unmerklich. So lang es noch am Leben ist, stehet es mit seinen Spitzen beständig in die Höhe gerichtet, und in einerley Stellung, wenn das Wasser beweget wird, folget es, wie sonst ein todter Körper, der Richtung desselben. Nur folgende Veränderung habe ich an diesem Geschöpfe wahrnehmen können. Außer dem Wasser erscheinet der Kopf wie ein rother Klump ohne Spitzen; wenn ich es wieder ins Wasser hineinsetzte, sah ich, daß alle Spitzen, und fast zugleich, hervorsprosseten, die mittlere ausgenommen; diese blieb eine Weile zurück, und gab mir durch ihre Verzögerung Gelegenheit, den Mund dieses sonderbaren Thieres zu entdecken, den ich bisher vergebens gesucht hatte. Es ist eine kleine Oeffnung in dem Scheitel des Kopfs, oder der mittlern Spitze, welche mit dem oben gemeldeten Eyförmigen Körper, den ich für den Magen halte, in Verbindung stehet, so wie dieser mit der röthlichen Linie, oder dem Gedärme. Dieser Mund dehnet sich in die erwähnte dickere Spitze aus. Uebrigens habe ich auch mit der genauesten Aufmerksamkeit, weder an dem ganzen Körper, noch an den Spitzen, einige Bewegung wahrgenommen.

Drey bis vier Tage lebten sie im Wasserglase in meinem Zimmer; doch veränderte sich ihre Röthe allmählig; sie wurden entkräftet, schlaff und sturben. Die Spitzen wurden faserícht, und der Stiel dünner und länger, als beym Leben. Ihren schleunigen Tod beförderte sonder Zweifel der Mangel an frischem Wasser, welches ich, wegen meiner Entfernung vom Meere, nicht alle Tage haben konnte.

Schwerlich wird diese Wurmart unter die bekannte Geschlechter der Würme gebracht werden können.

können. Offenbar gehöret sie in die Klasse der Weich- oder Schleimthiere, da ihr Wesen weich und Gallertartig ist, und alsdann käme sie der Actinia am nächsten, weil sie nur eine Oeffnung hat; allein auch nur in diesem einzigen Umstand ist sie der Actinia ähnlich, daß sie sich von einem Orte zum andern beweget, und an der Spitze mit Fühlfäden versehen ist, die sich bald verstecken, bald zeigen u. s. f. Aehnlicher ist sie den Polypen. Sie hat gleich diesen oben eine Oeffnung, oder den Mund, der sich erweitert und schlüßet, und unten einen Stiel; die Spitzen fließen so, wie die Fäden der Polypen, außer dem Wasser mit dem Körper zusammen, und dehnen sich in dem Wasser aus. Allein, die es mit dem Ritter von Linné halten, würden mir einwenden, daß die Polypen Zoophyten sind, und meine Wurmart ein Schleimthier; denen aber muß ich sagen, daß die Polypen mit mehrerm Recht unter die Schleimthiere gehören, und daß das Reich der Thierpflanzen bey zunehmender Kenntniß der Natur viele Unterthanen verlieren wird. Andere Eigenschaften versagen unserm Wurm eine Stelle unter den Polypen; die Theile, welche bey den Polypen den Mund umgeben, sind dünne, lange Fäden, und dienen, den Raub zu erhaschen. Die Gestalt und die Substanz der Spitzen bey unserm Wurm ist verschieden, so wie sie auch nicht scheinen, einen gleichen Gebrauch zu haben. Der Polype verändert seine Stelle, und hat viele willkührliche Bewegungen;

unser Wurm ist an den Ort seiner Geburt gebunden, und kaum war eine Spur von willkührlicher Bewegung zu merken. Wenn uns mehrere Meerthiere bekannt werden, und uns die Anverwandten dieser Wurmart zu Gesichte kommen, wird sich das wahre Geschlecht derselben am besten bestimmen lassen.

Nachher habe ich dieses Schleimthier an den vom Wasser bedeckten Balken der hölzernen Brücke, welche die Königl. Dänische Flotte im Hafen umgeben, und an dem Knotichten Meergras angetroffen.

Kopenhagen, 1774.

Erklärung des Kupfers.

Tab. V.

Fig. 3. Eine Muschelschale, daran die Käulenförmige Schleimthiere sitzen, in natürlicher Größe.

Fig. 4. Die Schleimthiere vergrößert.

a. Die Spitzen.

b. Der Stiel.

c. Der Magen.

d. Das Gedärme.

Vermischte kurze Nachrichten aus unterschiedenen Briefen unserer auswärtigen Herren Korrespondenten und gelehrten Mitglieder.

I.

Auszug aus einem Schreiben des Herrn Kunstverwalter Spengler an Hrn. D. Martini, die Geschichte des ächten Cedo Nulli betreffend, nebst Beschreibung eines dergleichen Prachtstückes vom 2ten Range.

S. Tab. IX. Fig. 6.

Finden Sie es nicht selbst sehr merkwürdig, theurester Freund! daß bis auf diese Stunde noch Niemanden ein Stück zu Händen gekommen, welches dem Lyonetischen Cedo Nulli vollkommen gleich käme? So viel seltene Rangstücke sich auch in der Konchyliologie finden lassen, so kann man doch schwerlich vermuthen, daß nicht

nicht eines oder das andere davon in mehr, als in einer Sammlung, mögte gefunden werden. Ich rede hier allein von ganz besondern Rangstücken, denn von einigen weniger seltnen ließen sich Beyspiele genug, auch schon aus hiesigen Sammlungen, anführen, in welchen es dergleichen Stücke giebt, welche nach gründlicher Vermuthung, nirgends mehr angetroffen werden mögten. Hier kommt aber bey der Seltenheit des erwähnten Cedo Nulli noch seine ausnehmende, und alle andere Konchylien, so prächtig sie auch immer seyn mögen, weit übertreffende Schönheit dazu. Beydes zusammen genommen, reicht uns den Schlüssel zu dem Geheimniß, warum diese Schneckenschale so ganz außerordentlich theuer bezahlt worden. Der erste Besitzer derselben war Hr. Auditeur de la Faille im Haag, wie die Konchylien Schriftsteller ganz richtig anführen. Allein durch was für Hände sie gegangen, ehe sie bis an das Konchylienkabinet des Herrn Lyonet gekommen, hierinnen sind alle diese Herren sich selbst sehr widersprechend. Es ist also kein Wunder, wenn Sie, mein theurester Freund, in Ihrem Konchylienwerk, und, unter dem Artikel der Admirale, in Ihrer Allgemeinen Geschichte der Natur, diese Unordnung sorgfältig bemerken, und die verschiedene Nachrichten, so viel als möglich war, zu vereinigen suchten. Wo Gersaint die Nachricht hergenommen, daß diese Schnecke nunmehro das Kabinet des Königes von Portu-

Portugall ziere, weis ich nicht. Sie scheint sich nur auf ein unsichres Hörensagen gegründet zu haben. Diesen falschen Bericht hat Hr. Klein wörtlich seinem Konchylienwerk einverleibet, und weiter verpflanzet. Sie werden Sich aber, mein würdigster Freund, wundern, wenn Sie von mir hören, daß diese Schnecke, nach dem Tode des Herrn de la Faille, und ehe sie an Hrn. Lyonet gekommen, hier in Kopenhagen über Jahr und Tag gelegen. Sollten Sie nicht begierig seyn, bald zu vernehmen, wie solches zugegangen? Ein holländischer Naturalienhändler in Delft, Herr Nikolaas Anderson, lieferte gleich nach dem Regierungsantritte des Hochseligen Königs Christian des 6ten 1731. eine überaus schöne in 4684 Stücken bestehende Konchyliensammlung an die Königl. Kunstkammer für 3000 Thaler Dänisch Geld. Der damalige Kunstverwalter B. Grottschilling, als ein guter Kenner und Liebhaber der Natur, ersuchte diesen Anderson, daß er nach und nach das Uebrige noch anschaffen und einsenden mögte, was etwa dieser Sammlung noch an Vollständigkeit abgieng. Anderson ergrif also die Gelegenheit bey der Versteigerung des hinterlassenen Kabinets vom Hrn. de la Faille, und kaufte die allerschönsten und kostbaresten Stücke, die ihm zu diesem Zwecke dienlich schienen. Als er endlich so vieles zusammengebracht hatte, daß er glaubte, seiner ersten Lieferung die möglichste Vollkommenheit dadurch ertheilen zu können, so schickte er das Gesammelte in

571 Stücken, mit einem genauen, nach Rumphischer Methode geordneten Verzeichniß und beygefügten Preisen eines jeden Stückes hieher. Unter diesen Konchylien befand sich nun auch dieser berühmte Cedo Nulli.

Es wird nicht wenig zur Geschichte desselben beytragen, wenn ich die eigenen Worte des Andersons hier anführe, deren er sich in gedachter Beschreibung von dieser Schnecke bedienet: „Cedo Nulli, eine „Kegelschnecke, ohngefähr 2 Zolle lang, desgleichen „in ganz Europa noch nicht bekannt ist, ein Wun„derstück der Natur, hat 6 gelbe Banden um den „Leib, gleichsam mit erhabener und dazwischen bro„dirter Arbeit versehen. Diese Konchylie ist in so „hohem Werthe gehalten worden, daß, obschon dem „vorigen Eigenthümer dieser großen Seltenheit, dem „Herrn de la Faille, bey seinem Leben, von einem „Englischen Liebhaber natürlicher Merkwürdigkeiten, „anfänglich 3600 fl. und zuletzt 3780 fl. dafür gebo„then worden, er sich doch geweigert, diese Schnecke „für einen solchen hohen Preiß abzustehen, welches „als die reine Wahrheit berichtet wird. — 965 fl.„ Diese angeführte Summe war also der eigentliche Auktionspreiß, und nicht, wie Seba sagt, 4 bis 500 fl., für welche Anderson diese Schnecke erstanden haben soll. Denn es führt derselbe ausdrücklich in mehr bemeldetem Verzeichniß an, daß er keine andere, als die genaueste Auktionspreise beygesetzt,

nach-

nachdem er sichs zur Pflicht angerechnet, die vorhin an den König verkaufte Konchyliensammlung durch diesen Nachtrag vollständig zu machen. Dieser letztere belief sich auf 2724 fl, 6 Stüber Auktionspreise, und er bot sie dem König für die billige Summe von 3000 fl. an. Nunmehro werden Sie, liebster Martini, zu wissen verlangen, ob der Hof diesen Nachtrag von Konchylien auch wirklich an sich gekauft habe? Sie sollen gleich den Ausgang davon lesen. Vorhin genannter Kunstverwalter Grottschilling wartete nur auf eine gute Gelegenheit, dem König, dieser angetragenen neuen Sammlung wegen, zum Ankauf Vorstellung thun zu können. Es stellten sich ihm aber viele Hindernisse in den Weg, die er gleichwohl mit der Zeit zu überwinden hofte. Seine Liebe zu der Konchyliologie war zu groß, als daß er sich durch einen mißlungenen Versuch hätte sollen abschrecken lassen. Er würde auch ganz gewiß seinen Zweck erreicht haben, wenn nicht der Tod dazwischen gekommen wäre, und ihn zu frühe für die Verbesserung der Kunstkammer, und zum Nachtheil dieses Geschäftes, nämlich im April 1737 hingerafft hätte. Der König ernannte Seinen Hofportraitmaler, Herrn Wahl, wieder an seine Stelle. Für die Seele dieses, in der Malerey gewiß großen Künstlers, hatten die Konchylien in aller ihrer Pracht, keinen Reiz. Durch einen hiesigen Naturaliensammler wurde dem Anderson die Nachricht überschrieben, daß sein Freund Grottschilling unerwartet verstorben wäre,

wäre, und daß sein Nachfolger eben keinen Beruf zu haben glaubte, sich mit seinem Konchylienkram zu bemengen, ja daß er Gefahr liefe, seine letzte Lieferung ganz vernachläßiget zu finden. In gröster Eil machte sich Anderson auf den Weg, hieher zu kommen. Er packte seine Konchyliensammlung sorgfältig ein, und war sehr froh, alles wieder vorgefunden zu haben. Er zog mit seinem Schatz wieder dahin, wo derselbe hergekommen war. Weder Sie, mein theurester Martini, noch ich, würden, an der Stelle des neuen Kunstverwalters, mit solcher Gleichgültigkeit uns einen so großen Reichthum haben entführen lassen können, zumal die Dänischen Monarchen zu allen Zeiten kein Geld gesparet, natürliche und künstliche Seltenheiten zum öffentlichen Gebrauch in großem Ueberfluß anzuschaffen, um durch dieses Mittel die Wissenschaften und deren Erkenntniß unter ihren Unterthanen allgemein auszubreiten.

Zufolge dieser sichern Nachricht nun, läßt sichs vermuthen, daß Hr. Lyonet, den kein hoher Preis jemals abschreckte, ein seltnes Stück in seine vortrefliche Konchyliensammlung anzukaufen, es mögte auch kosten was es wollte, wovon ich bey den Holländischen Steigerungen die Probe oftmals erfahren, hernach den Cedo Nulli, unter der Hand, von dem Herrn Anderson müsse gekauft haben. Denn in seinem nachgelassenen, und 1761 den 14ten April in Amsterdam versteigerten Kabinet, war freylich kein Cedo Nulli mehr, doch wurde bey diesem Ausruf, aus welchem ich auch verschiedene schöne Stücke zu meiner Sammlung erhalten, die Wendeltreppe, wovon doch kein Maas angegeben, No. 1. mit 205 fl. und No. 5. ein Orange Admiral mit 95 fl. bezahlet.

Es ist Ihnen vielleicht nicht unangenehm, wenn ich, zum Beschluß dieser Geschichte, aus angeführtem Andersonischen Verzeichniß noch einige wenige und theure Stücke auszeichne, zum Beweiß, wie damals noch das Geschlecht der Admirale und gewisse Gattungen Muscheln in hohem Ansehen standen. „Ein kleiner Orangenadmiral von $1\frac{1}{2}$ Zoll, ein komplettes Stück und schön — 185 fl. Ein grösserer dito 83 fl. Ein Oberadmiral von 2 Zoll, Kapitalstück, so wie er bey Rumph fol. 108 beschrieben stehet, und der Herr van Burgh Besitzer gewesen, 194 fl. 2 große differente Guineische Kegel $2\frac{1}{4}$ Zoll — 47 fl. 5 gepaarte dito $1\frac{3}{4}$ Zoll 36 fl. Ein Koralldoplet von $3\frac{1}{2}$ Zoll, roth und weiß marmorirt, Wunderschön, 53 fl. 10 Stüb. Ein Cedo Nulli Duplet von 3 Zoll, wunderbarlich schön, dessen Zeichnung und hohe Farbe auserlesen; es ist keine mehr also bekannt, 117 fl. (Eine Muschel von $2\frac{1}{2}$ Zoll glatt und bleicher von Farbe, hellbraun und weiß geflammt, unvergleichlich schön, 26 fl. 10 Stbr.) rc. Es giebt aber auch in diesem Verzeichniß Stücke, die sehr wohlfeil sind, und heutiges Tages viel theurer bezahlt werden. Z. B. Zwo geribbte Venusschulpen von 2½ a 4 Zoll 11 fl. 5 Stbr. Wenn sie anders wahre zusammenpassende Dupletten gewesen sind, so war der Preis ungemein geringe, da man auf der Leersischen Auktion 100 fl für eine solche Duplette bezahlte. Dergleichen Beyspiele sind genug in diesem Verzeichniß.

Gersaint und Klein sind diejenigen Schriftsteller, die vom Cedo Nulli ohne Kupferstiche geschrieben haben. Letzterer aber hat die Abbildung mit lebendigen Farben, so wie die allermeisten Sammler, in seinem Kabinet besessen. In schwarzen Vorstellungen haben ihn Seba und Dargenville. Des erstern Kupferabbildung ist schlecht und nicht natürlich, und dazu noch links vorgestellet. Des Dargenville seine ist unverbesserlich und der Natur getreu. Unter den mit Farben illuminirten Werken, ist, außer dem Ihrigen, auch im 6ten Theil des Knorrischen Werks eine sehr gute Vorstellung, die mit der Malerey, welche ich von dieser Schnecke besitze, genau übereinkömmt. Da die Herren Verfasser dieser Werke aus Gersaint und Seba ihre Nachrichten herholen müssen, so sind dieselben, zufolge desjenigen, was ich davon aus der ersten und eigentlichen Quelle angeführt, sehr unvollkommen. Herr de la Faille soll den Cedo Nulli aus der Südsee bekommen haben, deswegen er auch in Holland der König der Südländer genennet worden.

Ich

Ich komme nun endlich auf einen andern Cedo Nulli zurück, den man vom zweeten Range nennen könnte. S. IXte Tafel 6te Figur. Er ist aus meiner Konchyliensammlung, und verdient, nach Ihrem eigenen Urtheil, beschrieben zu werden. Seine Länge ist 1¾ Zoll, und nach seiner größten Breite ist er nicht gänzlich einen Zoll dick. Die Hauptfarbe desselben ist völlig so schön hoch Pomeranzengelb, als man sie am eigentlichen und ersten Cedo Nulli nur immer sehen kann. Der ganze Plan der Zeichnuugen und Eintheilung der Felder mit allen ihren Auszierungen, liegt so vollkommen in dieser zweten Art, als ob sie sich nur etwas mehr zu entwickeln nöthig gehabt hätte, wenn der Schnecke Zeit dazu gelassen worden, eben so groß, als die Lyorietische zu werden. Ueber den ganzen Leib der Schnecke gehen in die Rundung zarte und aufgehobene Linien, die nur einen schmalen Raum zwischen sich lassen. Diese erhabene Linien sind der Farbe nach rothbraun, werden aber durch die Kettenförmige oder Perlenschnüren gleichende, weiße Flecken, an dem obern und untern Feld, unterbrochen. Die andere große und Drachenförmige weiße Flecken des mittlern Feldes so wohl, als die an dem obern Rand, an dem Fuße des Wirbels, und das Wenige an dem Ausfluß der Schnecke, werden gleichfalls mit zierlichen, in die Rundung laufenden Linien durchschnitten. Diese Linien bestehen in lauter länglicht vierkantigen, roth und weiß abwechselnden Flecken. Die weiße

Farbe dieser kleinen Flecken ist viel weißer, und unterscheidet sich von den andern großen figurirten Flecken, deren weisse Farbe mit etwas Röthlichem vermischt zu seyn scheinet. Außerdem sind diese Drachenförmige Flecken in dem mittlern Felde, von der untern Seite der Mündung an, mit einer dunkeln Purpurfarbigen Einfassung schattiret. Wären in den zweyen hochgelben Feldern die kleine Kettenförmige, weiße Flecken oder sogenannte Perlenschnüre, etwas größer und näher an einander geordnet, so wüßte ich nicht, wenn ich allein die Größe der Schnecke ausnehme, was sie von der erstern Gattungsart unterscheiden sollte? Der Wirbel ist Pyramidalisch, und besteht aus acht Windungen, welche die Figur eines Karnisses haben, da am hintern Theil ein halbrunder Stab oder Leiste mit einer auslaufenden Hohlkehle gegen die folgende Windungen sich dem Auge darstellet. Es sind eben so viel weiße, als hochgelbe Flecken, die wechselsweise an dem Wirbel bis an die Spitze hinauflaufen.

Kopenhagen, den 4ten März 1775.

II. Aus-

II.

Auszug eines Schreibens des Herrn Prof. Pallas vom 8ten Januar 1775. an den Hrn. Doktor und Prof. Kölpin zu Stettin *).

Von den Wirkungen des Aufgusses der Wurzel des offizinellen Wiesenknopfes (Rad. Sanguisorbae), im Bluthusten als ein Hausmittel gebraucht, habe ich außerordentliche Proben bey den Russen und Mongolen gesehen. Bey Gelegenheit von Hausmitteln muß ich aber noch etwas mit beyfugen! In Sibirien wächst auf den Alpen ein Rhododendron, welches mit der Kalmia Verwandschaft hat, und in der *Flora Sibirica* p. 121. tab. 54. unter dem Namen *Andromeda* foliis ovatis, utrinque venosis, corollis companulatis, obliquis, longissimis beschrieben ist. Dieses gebrauchen die Heiden und Russen in Sibirien mit einem wunderbaren Erfolg in allerley Krankheiten, und hauptsächlich als ein spezifisches Mittel wider allerley arthritische und ähnliche Schmerzen. Das konzentrirte

 Dekokt

*) Der Hr Prof. Kölpin war so gütig, als er, bey seinem letzten Aufenthalt in Berlin, unsre Versammlung einigemal besuchte, diesen Brief unsers in Rußland befindlichen Freundes uns vorzulesen, zugleich aber zu erlauben, daß wir diesen Auszug davon gemeinnütziger machen dürften.

Dekokt davon (im verschloßnen Gefäße) bringt, von einigen Zweigen bereitet und getrunken, einen starken Taumel hervor, und während des Taumels ein beständiges Kribbeln in dem leidenden Theil, in welchem von der ersten, oder gewiß zwoten Dosis, alle schmerzhafte Zufälle zu verschwinden pflegen. Wird während der Wirkung kalt Wasser getrunken, so wirkt das Medikament ἀνὰ καὶ κατὰ, wie die Alten sagten. Nun ist freylich dieses Kraut aus Sibirien schwerlich so weit her zu bekommen, und ein Vorrath, welchen ich verschrieben hatte, ist durch die Unruhen verloren gegangen. Aber ich wünschte, daß man ähnliche Versuche mit dem Rhododendro ferrugineo, oder einem andern, das man aus Norrwegen oder aus der Schweiz erhalten könnte, in ähnlichen Krankheiten, in der Gicht und Podagra, machte. Vielleicht haben Sie, mein Freund, dazu Gelegenheit und Lust. Sollte ich das Sibirische Kraut erhalten, so schicke ich Ihnen gewiß auch davon.

III.

Aus einem Schreiben des Herrn Hofapotheker Meyer zu Stettin, vom Sept. 1774.

— — —

Wissen Sie ein gutes Mittel, die ausgestopften Vögel vor der Zerstörung zu bewahren? Ich glaube eins gefunden zu haben, schlüße zuvörderst, daß es bewährt sey, und vermuthe nicht, daß die Erfahrung widersprechen werde. Sollte es noch nicht bekannt seyn, so theilen Sie es der Gesellschaft in meinem Namen mit, empfehlen mich derselben bestens, und bitten, daß einer oder der andere von den Mitgliedern Versuche damit anstellen möge! Ich weis das Ablösen oder Aufstellen der Vögel wohl aus der Theorie, aber ich habe Niemand in Stettin, welcher darinn geübt wäre, und ihnen eine gute Stellung zu geben wüßte. Ich besitze eine kleine Sammlung einländischer Vögel, welche in Nürnberg ausgestopfet sind, und außer der guten Stellung das Vorzügliche haben, daß man, da einige unter ihnen über 20 Jahr alt seyn mögen, doch nicht nicht die geringste Beschädigung von Insekten an ihnen wahrnimmt, ob sie gleich nie sorgfältig in Acht genommen worden, und ehedem frey auf Spinden zur Auszierung meines Schwiegerväterlichen Kabinettes gestanden haben.

Schon längst bin ich neugierig gewesen, das Mittel ausfündig zu machen, wodurch sich diese Vögel so gut erhalten. Ich untersuchte vor einigen Jahren einen, fand aber in ihm nichts Merkwürdiges. Er war mit Stroh ausgestopfet, das nicht den geringsten Geschmack hatte, und an der Haut konnte man eben so wenig eine besondere Zubereitung wahrnehmen. Vor einigen Monaten opferte ich meiner Neubegierde noch einen auf. Ich fand alles wie bey dem vorigen. Da ich aber die Haut in den Mund nahm, schien es mir, als ob sie etwas scharf schmeckte, und mit dem Mikroskop fand ich hier und da einige kleine Salzkrystallen. Nach verschiedenen Bemühungen entdeckte ich endlich, daß es Salmiak war. Gleich darauf zog ich einem Vogel die Haut über die Ohren, säuberte sie von allem Fleisch und Fett, bestrich sie mit einer schwachen Salmiakauflösung, stopfte sie voll Stroh, und so liegt sie nun den Sommer über an einem Orte, wo mir die Würmer im vorigen Sommer gar bald einen Vogel verzehret hatten.

Mir scheint es, daß die Würmer und Insekten bloß die Haut ausgestopfter Vögel zernagen, wodurch die Federn losgehen, ohne daß diesen so leicht ein Schaden zugefüget werde. Alle Salze sind den Würmern zuwider. Der Salmiak ist es am allermeisten

meisten wegen seiner Schärfe, womit er andere Körper leicht durchdringet, auch die Haut der Vögel ganz durchziehen muß, und, auf der inwendigen Seite angebracht, sich auch auf der äußern wirksam beweisen kann.

Die Erfahrung muß es lehren.

In einem andern Schreiben vom 19ten Nov. 1774. meldet unser Freund folgendes:

Ohnlängst hatte ich wieder eine Erscheinung, die mir von der Zuverläßigkeit meines Mittels gute Hofnung machet. Ein Star, den ich ausstopfen lies, war ganz ungewöhnlich voller Läuse. Diese vertrieb der durch die Haut des ausgestopften Vogels dringende Salmiak. Sie nahmen ihre Zuflucht alle nach der Basis des Schnabels, wohin der Salmiak auf der innern Seite der Haut nicht gut angebracht werden konnte. Aber auch hier starben sie gleich, als ich den Salmiak zwischen die Federn strich.

IV.

Aus einem Schreiben des Herrn Garnisonprediger Chemnitz aus Kopenhagen, vom Sept. 1774.

Bey Gelegenheit angeführter natürlicher Merkwürdigkeiten *), welche für das Kabinet Ihrer Naturforschenden Gesellschaft bestimmet sind, überschicke zugleich ein von Würmern durchbohrtes Brett von einem Schiff, um Ihnen die entsetzliche Zerstörungen, welche diese schalichten Würmer anrichten, desto sichtbarer zu machen.

Die Verwahrungsmethode unsrer Schiffer wider die Verwüstungen dieser Würmer, bestehet kürzlich darinn: Unsere Ostindische Schiffe werden bey

*) Die andern bey diesem Transport unsers gütigen Freundes befindliche Merkwürdigkeiten bestanden vornämlich in seltenen Ost- und Westindischen Gewächsen, in einer Duplette von einem verhärteten Thone, worinn man einen Grönländischen Angmarset (S. m. Naturlex. II B. p. 587) nach allen seinen Theilen vollkommen erkennen konnte, dem Gebiß eines Canis Carcharias, in einer ansehnlichen Wallfischribbe, Gehörknochen des Wallfisches, steinernen Streitäxten, einem steinernen Opfermesser aus einer Urne, mancherley nordischen Versteinerungen, Konchylien u. s. w.

bey jeder Reise aufs neue verhaudert, das heißt, mit einer Haut von Tannenbrettern (da sonst alles Eichenholz ist,) unten umher, vom Kiel an, bis zur Hälfte des Schiffes hinauf, ja noch weiter, versehen. Zwischen dem Schiff und diesen Brettern werden Kuhhare so dick eingestopft, als man einen Stuhl auszupolstern pfleget. Wenn alsdann der Bewohner der schalichten Wurmröhren mit seinem nassen Kopf weiter, als durch das Tannenbrett eindringen will, so bleibt er in den Kuhharen hängen, verwickelt sich, und wird durch die angetroffene Hindernisse abgehalten, weiter zu gehen. Er hält es daher fürs Beste, wieder umzukehren, und sich zu begnügen, daß er blos die Tannenbretter hin und wieder durchboret, und in denselben so viel Verwüstungen anrichtet, als an dem beygelegten Brette wahrzunehmen sind.

V.

Aus einem Schreiben des Herrn Professor Ferber zu Mietau, aus Stettin, vom 18ten Okt. 1773.

Mir ist Ihre werthe Bekanntschaft und Freundschaft so lieb, daß ich die Muse meines hiesigen angenehmen Aufenthalts bey unserm Freunde, Herrn Meyer, nicht ungebraucht lassen kann, mich durch einige Zeilen, mit Ihnen und allen Mitgliedern unserer Gesellschaft zu unterhalten. Ein Umstand, welchen ich der Aufmerksamkeit einer Naturforschenden Gesellschaft würdig achte, giebt mir dazu Gelegenheit.

Es ist bekannt, daß über den Ursprung des Basalts, einer sehr berühmten Steinart, ganz unterschiedene Meynungen angenommen worden. Einige haben sie von der Wirkung des Feuers hergeleitet, und daraus eine Art Lava gemacht, andre haben die Möglichkeit einer solchen Entstehung und so regelmäßigen Anschüsse einer geschmolzenen Materie geleugnet und behauptet, daß aller Basalt, so wie die meisten andern Steine, durch den trocknen Weg, ihre Säulen aber durch eine feuchte Krystallistallisation hervorgebracht wären. Mir hat es immer geschienen, daß von beyden Wegen einer so wohl, als der andre, möglich wäre, daß die Natur vielleicht sich beyder an verschiedenen Oertern wirklich bedienet habe. Ich fand hiervon die augenscheinlichsten Beweise an den alten Vulkanen in Italien und andern Orten. Neulich schrieb mir noch ein sehr einsichtsvoller, gelehrter und guter Freund in Venedig, Herr Johann Arduini, daß er aus London von der Reise der Herrn Banks und Solander nach Island und der Insel Staffa, durch den Bischof Harwy folgende merkwürdige Nachricht erhalten. Diese beyde Reisenden haben nämlich in Island häufig befunden, daß die aus dem Vulkane frisch herausgelaufene Lava sich in Basaltsäulen formirt oder angeschossen hatte. Diese merkwürdige Beobachtung scheint den Ursprung, wenigstens von einigen Basaltbergen, dergleichen in Deutschland häufig angetroffen werden, außer Zweifel zu setzen.

VI.
Aus einem Schreiben des Herrn Doktor Targioni in Florenz vom 3ten Novemb. 1774.

— — Bis zu einer guten Gelegenheit, bey welcher ich der Gesellschaft Naturforschender Freunde in Berlin meine Werke zuschicken kann, erfolgen in diesem Briefe die Samen einer seltenen Abyßinischen Pflanze, welche in einem hiesigen Garten durch die Bemühungen des Hrn. D. Attilius Zukkangi, eines in der That sowohl in der Arzneywissenschaft, als in der Naturgeschichte sehr erfahrnen jungen Gelehrten, gezogen worden. Vor kurzem hat er bey einer hiesigen Akademie eine Abhandlung davon vorgelesen, worinn er sie *Jef* Arabum, oder *Poa* paniculâ diffusâ, pedicellis flexuosis, spiculis quadrifloris distantibus, compressis, glumarum valvulis geminis inaequalibus nennet. Es scheint eben dieselbe Pflanze zu seyn, von welcher Ludolph in seiner Naturgeschichte von Aethiopien saget: „Sed et ignotus nobis *Jef* pani conficiendo perutilis. Seminium minutissimum est, ipso papavere minus.„

Da

Da wir des Herrn D. Zukkagni Abhandlung von diesem Abyßinischen Gewächse nächstens zu erwarten haben, so werden wir alsdann gelegentlich nähere Nachricht in einer unserer Berlinischen periodischen Schriften davon ertheilen können. Vorläufig hat unsere Gesellschaft unserm würdigen Herrn Kollegen, dem Herrn Prof. Gleditsch freundschaftlich aufgetragen, mit Beyhülfe Kunstverständiger Gärtner zu versuchen, wie weit man es in unsern Landen mit diesem Afrikanischen Gewächse bringen könne.

Von eben diesem Italiänischen Gelehrten ist uns folgende Nachricht zur weitern Bekanntmachung eingesendet worden, die wir im Original einzurücken für das schicklichste hielten.

VII.

à Florence, ce 6me Fevr. 1775.

Les recherches frequentes que font les savants Etrangers, & particulierement les Voyageurs, des produits naturels de la Toscane, et la faute de personne qui s' occupe à satisfaire leurs souhaits, ont determiné MMrs. *Jean Louis Targioni*, Medecin Florentin, Membre de la Societé

des

des Curieux de la Nature de Berlin &c. et *Attilius Zuccagni*, Medecin de la même Ville, Academicien Georgophile &c. a profiter de leurs propres correspondances pour fournir aux Voyageurs tout ce qu'ils souhaitent de la Toscane, & en même temps enrichir les Cabinets étrangers des productions naturelles de leurs pays avec peu de frais, ayant déjà récueilli beaucoup de produits pour entamer ce commerce. On publie donc cet Avis afin que les savants Etrangers puissent communiquer à Mr. *Targioni* qui demeure à Florence sur la Place de Sainte Marie Nouvelle, ou à Mr. *Zuccagni* de la même Ville, quelle methode, a leur jugement, puisse être la plus commode pour executer ce commerce de produits naturels, qu'ils voudroient faire seulement en changeant pieces pour pieces, comme ils n'ont pas autre bút que de faire une Societé semblable a celle des Curieux de la Nature de Berlin. On attend donc la réponse des savants Etrangers, pour publier les Loix de la Nouvelle Societé, & on prie tous ceux qui voudront s'y interesser, à vouloir bien nous communiquer leur Adresse.

Kurze

Kurze Biographien
zweener
uns allzu früh abgestorbenen
würdigen Mitglieder. *)

---

*) Vermöge des XXten Artikels unserer Gesetze (S. XXXIX) haben wir es unserer Pflicht und einem freundschaftlichen Antrieb unserer Herzen gemäß erachtet, in diesem Bande die günstigen Leser unserer Beschäftigungen mit einer kurzen Lebensgeschichte zweener Männer zu unterhalten, von denen das Naturforschende Publikum sich noch vieler Aufklärungen in der Naturgeschichte zu versichern gehabt, wenn es die Vorsehung gut gefunden, die Zahl ihrer so rühmlich verbrauchten Lebensjahre zu vermehren.

I. Leben

I.

Leben und Karakter des Herrn Hofraths D. Friedrich Christian Günther zu Kahla bey Jena.

Herr D. Friedrich Christian Günther war Herzogl. Sachsen-Koburg-Salfeldischer Hofrath und Leibarzt, adjungirter Physikus der Aemter Leuchtenburg und Orlamünde, der Stadt Kahla regierender Bürgemeister, und der Naturforschenden Gesellschaft allhier Mitglied. Er hat zu Kahla im Altenburgischen Sein Leben angefangen, mit Beyfall und Ruhm geführet und geendiget. Er ist daselbst am 22 April 1726 geboren, und ein würdiger Sohn Herrn D. Johann Kaspar Günthers, Superintendentens der Diözesen in den Aemtern Leuchtenburg, Orlamünda und Roda, auch Oberpfarrers zu Kahla, und Frauen Katharinen Margarethen, gebornen Meckin.

Die Erfahrung bewies es schon in der ersten Jugend, daß unser Herr D. Günther einen innern Beruf zum Studieren gehabt, und daß man auch in den Wissenschaften, welche Er vorzüglich erlernen sollte,

sollte, die rechte Wahl getroffen habe. Er würde vielleicht ein mittelmäßiger Theologe geworden seyn, da Er hingegen als ein geschickter Arzt und großer Naturforscher sich einen ansehnlichen Ruhm erworben.

Die frommen Aeltern des Wohlsel. wünschten, daß er seine Talente der Gottesgelahrheit widmen mögte. Ohne Zweifel hatte der Umstand, daß er eines Priesters Sohn war, dessen Vorfahren im Dienste der Kirche bis an die Zeiten der Reformation in ununterbrochener Reihe hinreichten, an diesem Wunsche keinen geringen Antheil. Allein die würdigen Aeltern waren viel zu billig, als daß sie ihre Neigung, die in diesem Punkte nichts entscheiden konnte, der willkührlichen Entschlüßung ihres Sohnes, und dem natürlichen Hange seiner Talente nicht hätten aufopfern sollen.

Es lebte damals zu Kahla der erfahrne Arzt, Doktor Bayer, dessen Zuneigung der junge Günther ganz besonders auf sich zog. Er machte sich bey müßigen Stunden viel mit ihm zu schaffen, gab ihm Unterricht, nahm ihn, beym Spazierengehn, mit sich aufs Feld, wo er ihn auf die Schönheit der Natur und auf ihre mannigfaltigen Produkte aufmerksam machte, und er merkte bald die überwiegende Neigung und Fähigkeit des Hoffnungsvollen Junglings zu denjenigen Wissenschaften, die er in der Folge mit so glücklichem Fortgange getrieben hat. Bayers Bewegungsgründe verstärkten jene Neigung, und die gutdenkenden Aeltern waren nicht eigensinnig genug, ihr ein Hindernis zu legen.

In den ersten Jahren wurde der Wohlselige der Sorgfalt eines Privatlehrers anvertraut, welcher die ersten Begriffe in ihm entwickelte, das Lernen ihm zur Lust, und ihn selbst eben dadurch fähig machte, die öffentliche Schule mit Nutzen besuchen zu können. Der geschickte Rektor zu Kahla, Herr Pezold, wurde nun sein Lehrer. Die Kenntnisse, die er von diesem in den nöthigen Schulwissenschaften erlangte, gereichen dem noch lebenden verdienten Greise zu vieler Ehre.

Weil aber sein Fleis, seine Wißbegierde und Fähigkeit noch etwas mehr Nahrung verlangten, als ihm in der öffentlichen Schule zu Kahla gegeben werden konnte, wo der Lehrer zu dem größern und unfähigern Haufen sich zu weit herablassen mußte; so wurde dieser Mangel dadurch ersetzt, daß er bey heranwachsenden Jünglingsjahren wieder einen eigenen Privatlehrer an einem geschickten Kandidaten, Herrn Hisebock, bekam. Durch diesen wurde er mit aller Treue zu den akademischen Studien hinlänglich vorbereitet.

Der Lateinischen und Griechischen Sprache mächtig, in der Natur, besonders Kräuterlehre, desgleichen in der Chymie, durch den Unterricht des Herrn D. Bayers, schon ziemlich erfahren, gieng er im Jahr 1744, beym Antritt seines 18ten Lebensjahres nach Jena.

Hier ward er in kurzer Zeit ein Muster für andre. Er machte sich mit denjenigen Wissenschaften, die ihn zum Menschen und gutem Weltbürger bilden sollten, mit allen Theilen der Philosophie und der Geschichte nicht weniger bekannt, als mit jenen, die zu seiner nähern Bestimmung gehörten.

Mitten im Vergnügen, welches er in Erfüllung der Pflichten eines jungen Studirenden fand, störte ein

ein unangenehmer Zufall die Zufriedenheit seines zärtlichen Herzens. Sein Herr Vater wurde von einem Schlagfluß befallen. Diesem beyzustehn, zog ihn die kindliche Liebe im Jahr 1746 nach Kahla zurück. Hier war jedoch sein forschender Verstand eben so wenig müßig, als sein sanftes leidendes Herz. Seine Kräfte waren nun schon stark genug, die Wahrheit ohne Wegweiser zu suchen, und auch zu finden.

Er wendete die Stunden, in welchen er von dem Krankenbette des geliebten Vaters entfernt seyn konnte, besonders zur Ausarbeitung einer Probeschrift an, die er, zur Erlangung der Doktorwürde, auf den Katheder bringen wollte. Es geschahe dieses unter dem Vorsitz des Herrn Hofrath Hilschers im August 1747. Seine Inauguraldissertation handelte: De Scorbuto eiusque medelâ.

Nach Erlangung der höchsten Würde in der Arzenenwissenschaft gieng er wieder nach Kahla, um seinem Vaterlande, welches er mit einem wahren Patriotismus jederzeit liebte, sich nützlich zu machen.

Ein damals zu Kahla herrschendes Fieber gab ihm auch, nicht lange nach seiner Zurückkunft von Jena, Gelegenheit genug, seinen Landsleuten die Güte seiner Wissenschaft und seines Herzens in gleichem Grade verehrungswürdig zu machen. Die Elenden, derer Dürftigkeit den Arzt eben so sehr scheute, als ihr abgezehrter Körper ängstlich nach ihm seufzete, besuchte er oft und ungerufen.

Sein freundlicher Eintritt in die Krankenstube, die liebreiche Begrüßung der Anwesenden und sein mitleidiges Bezeigen gegen den Kranken gossen schon Linderung in die klagenden Herzen, und machten dem Elenden einen getrosten Muth, seine Arzeneymittel anzunehmen, ohne sie durch den tödtenden Gedanken: was werden sie kosten? wirst du sie auch bezahlen können? in ihrer heilsamen Wirkung zu stören.

Doch auf diese Weise betrug er sich nicht nur damals, wo er als ein junger Mann, die Absicht hätte haben können, durch sein edelmüthiges Betragen gegen den Armen, dem Reichen sich zu empfehlen. Er ist immer einerley geblieben. Sein Herz war zu aller Zeit und unter allen Umständen sich selbst eben so getreu, wie die schöne Natur, die er so eifrig studirte, in ihren Wirkungen sich allezeit getreu bleibet.

Er eilte, wenn man seines Raths bedurfte, eben so schnell in die verachtete Hütte des Armen, als in die Wohnung des Reichen. Der Gedanke, einer zahlreichen Familie den Vater, oder dem Staat ein nützliches Mitglied erhalten zu haben, war ihm immer die schönste Belohnung. Ueberhaupt ist ihm der Nahm eines Beschützers und Vaters der Wittwen und Waisen, eines uneigennützigen und überaus wohlthätigen Mannes, bis nach seinem Tod eigen geblieben.

Der Ruf von seinen Verdiensten, welcher durch viele und glückliche Akkouchements nicht wenig vermehrt wurde, verbreitete sich schnell in die umliegenden Gegenden. Man suchte seine Hülfe in der Ferne, und dadurch wurde er immer mehr in den Stand gesetzt, seinen Lieblingswunsch zu befriedigen, und seine Einsichten zum Besten andrer anzuwenden.

Die große Anhänglichkeit am Studiren, sein unermüdeter Eifer, sich täglich neue Kenntnisse zu erlangen und die häufigen Arbeiten, die sein Beruf ihm auferlegte, hatten ihn lange an keine Verehelchung

chung ernstlich gedenken lassen. Endlich wünschte er doch, sein Glück mit einer Gattinn theilen zu können, welche Fähigkeit und Neigung genug hätte, nicht nur ihm selbst das Leben zu versüßen, sondern auch andern gemeinschaftlich mit ihm Gutes zu thun, und insbesondre sein Haus zu einer Wohnung der Eintracht, der Gastfreyheit und der geselligen Tugend zu machen. Er fand sie in der jüngsten Jungfer Tochter des Herrn Hofrath Trautmanns zu Jena, mit welcher er am 20 Julius 1761 vermählet wurde.

Im Jahr 1771 und 72 hatte der Wohlselige Gelegenheit, sich um sein Vaterland ganz besonders verdient zu machen. Die damals herrschende Seuche veranlaßte den Befehl der Herzoglichen Landesregierung zu Altenburg an alle geschickte Aerzte dieses Fürstenthums, daß sie ihr Gutachten darüber schriftlich einreichen sollten. Der Aufsatz, den unser Herr Hofrath darüber verfertigte, erhielt vor andern einen so gnädigen Beyfall, daß solcher auf höchsten Befehl nicht nur gedruckt, sondern auch an alle Aemter der Befehl ertheilt wurde, die weniger erfahrnen Aerzte dahin anzuweisen, daß sie, bey der wüthenden Epidemie, nach der Güntherischen Kurart verfahren sollten.

Ein Jahr vorher genoß der Wohlselige das seltene Glück, den sämmtlichen Durchlauchtigsten Koburg-Salfeldischen Herrschaften in seinem Hause unterthänigst aufzuwarten. Höchstdieselben besahen sein Naturalienkabinet, hörten eine zweystündige Vorlesung darüber huldreichst an, und legten die höchste Zufriedenheit dadurch gegen ihn an den Tag, daß Sie ihn einen Monat nachher, nämlich den 23sten August 1770, zu Höchstdero Hofrath ernannten.

Bald darauf widerfuhr ihm eine gleiche Ehre. Der große Naturkenner, Prinz Friedrich Karl zu Schwarzburg Rudolstadt geruheten, mit der Betrachtung seines Kabinets einen halben Tag sich zu vergnügen. Hiedurch, und noch mehr durch die Unterredung mit ihm wurde die gute Meynung, welche Se. Durchlaucht schon vorher von den Einsichten des Herrn Hofraths gehabt hatten, dergestalt bevestiget, daß Höchstdieselben Sich nicht nur von der Zeit an in einen gelehrten Briefwechsel mit ihm einließen, sondern ihm auch die Erhandlung des Kaltschmiedischen Naturalienkabinets zu Jena übertrugen, und ihm zu Bezeugung des gnädigsten Wohlgefallens, mit Ihrem Portrait so wohl, als vielen andern Merkmalen Dero Fürstlichen Huld und Gnade beehrten.

Der Wohlselige hat von Jugend auf einen besondern Trieb zur Naturkunde gehabt, und schon in seinen Schul- und Universitätsjahren die Produkte der Natur in ihrem dreyfachen Reiche sich bekannt zu machen und zu sammlen angefangen.

Sein Eifer hierinn gereicht ihm zu desto größerer Ehre, da er just zu einer solchen Zeit in Jena seine übrigen Stunden der Naturkenntniß widmete, da die meisten, selbst manche seiner Lehrer, mit einem Vorurtheil wider dieselbe eingenommen waren, und metaphysische Spekulazionen weit höher schätzten, als die Kenntniß der Natur. Er ließ dadurch sich nicht irre machen, weil er schon damals einsahe, wie nöthig dieselbe allen Arten der Gelehrten, besonders dem Arzte sey.

Seine Aussicht schränkte sich aber nicht auf einzelne Felder der Natur ein, sondern er glaubte mit Recht,

Recht, daß es Pflicht für ihn sey, sich in allen derselben mit gleicher Aufmerksamkeit umzusehen. Er war daher mit der Zoologie eben so gut bekannt, als mit der Botanik, und mit dieser eben so genau, als mit der Mineralogie.

Doch war sein Lieblingsfach die Ornithologie, in welcher er es so weit gebracht hatte, daß er allen Ornithologen seines Zeitalters den Vorzug streitig machen konnte. Diese Wissenschaft hatte er nicht bloß aus Büchern. Eine vieljährige eigene Erfahrung hatte sie ihm verschaffet. Er kannte eines jeden Vogels in Deutschland Natur- und Kunsttriebe, seinen Aufenthalt, Futter, Bauart des Nestes, Beschaffenheit der Eyer, kurz, was zur vollständigen Naturgeschichte desselben gehöret. Seine Anmerkungen zu der von ihm besorgten deutschen Uebersetzung von des Herrn Skopoli Anno I. Historiae naturalis, und der von ihm angefangene vortrefliche Kommentar zu dem Wirsingischen Vogelwerk, legen davon ein unverwerfliches Zeugniß ab *).

Er studirte die Natur aus ihr selbst durch die sorgfältigste Beobachtung der Körper. Wenn er seiner Bemerkungen gewiß war, dann erst zog er die besten Naturforscher und ihre Schriften zu Rathe, und verglich sie mit seinen Beobachtungen. Weil er von Vorurtheilen und vorgefaßten Meynungen frey war; so fand er die Wahrheit desto leichter, und sahe das Unrichtige und Schwankende unsrer Systeme gründlicher ein, als viele andere.

*) Wir haben davon den 1sten Heft oder 11 Bogen zu den Vögeln bis Tab. XXV; von Hr. Wirsing aber 45 Platten, und den 1 Heft oder 1 Alph. von den Vogelnestern und Eyern bis Tab. XXV; im ganzen aber von diesen 50 Platten, erhalten.

Er fieng, wie wir bereits erinnert haben, früh-zeitig an, Naturalien zu sammeln, und fuhr damit bis an seinen Tod mit unermüdetem Eifer, und ohne einen Aufwand zu scheuen, ununterbrochen fort. Erhielt er Körper, die ihm noch mangelten, so war es ihm nicht genug, sein Kabinet dadurch vermehret zu sehen: erst dann waren sie ihm schätzbar, wenn er durch die genaueste Erforschung derselbigen seine Erkenntniß erweiterte, ihr Geschlecht, ihre Gattung und ganze Beschaffenheit kannte.

Zu dem Ende schrieb er sich alles sorgfältig auf, und eben durch diese Bemühungen, durch ein dreyssigjähriges Anhalten in demselbigen, brachte er es dahin, daß er sich ein Kabinet sammlete, welches vor vielen andern, die in diesem Zeitraum angelegt worden sind, entschiedene Vorzüge erhielt.

Die meisten Naturaliensammlungen schränken sich, wie bekannt, nur auf einzelne Felder, nach dem Lieblingsgeschmack ihrer Besitzer ein. Unser Günther hingegen, dessen Kenntniß sich über alle drey Reiche erstreckte, sammlete in allen Theilen, so daß sein Kabinet uns Schätze der Natur aus dem Mineral- Pflanzen- und Thierreiche in gleicher Schönheit und Ordnung vor Augen leget. Jeder Liebhaber dieses oder jenes Faches findet hier seine Befriedigung.

Weil er kein bloßer Sammler, sondern auch ein Kenner der Natur und ihrer Produkte war, so sammlete und ordnete er alles systematisch. Wie viel Klassen der Körper es in jedem Reiche giebt, so viel besondere Sammlungen bemühete er sich, anzulegen.

Die Sammlung von ausgestopften Vögeln war die größte und vollständigste. Hierinn hatte er unter den Privatpersonen in Deutschland es wohl am weitesten gebracht. Man fand in seinem Kabinet von jedem Geschlechte deutscher Vögel nicht nur die vornehmsten Gattungen, sondern auch derselben Gattungsarten. Er hat sich auch zugleich bemühet, von sehr vielen die Eyer und Nester zu erhalten, daß man also in seiner Sammlung die ganze Ornithologie fast nach allen ihren Theilen in Natur sehen, und dem Auge den allerschönsten Anblick verschaffen konnte.

Auch vierfüßige, so wohl einheimische, als fremde Thiere, vermißte man bey ihm nicht, wenn sie füglich ausgestopft, oder in Gläsern aufbewahret werden konnten. Amphibien, Konchylien, Insekten, Papillons u. s. w. fand man bey ihm in großer Mannigfaltigkeit, Schönheit und Ordnung.

Anfangs sammlete er nur die Thiere seines Vaterlandes. Sobald er es aber darinn zu einiger Vollkommenheit gebracht hatte, bewarb er sich auch darum, sein Kabinet aus andern Gegenden zu bereichern, und durch Umtauschung dessen, was er gedoppelt hatte, von Zeit zu Zeit zu vermehren. Als auch dieses geschehen war, bemühete er sich um Ost- und Westindische Produkte der Natur. In den letzten Jahren war nicht leicht eine Auktion in Deutschland und Holland, aus welcher er nicht vieles erhielt, was seine Sammlung verschönerte. Er gieng dabey mit der größten Sorgfalt zu Werke, damit er lauter solche Stücke erhielt, die dem Naturforscher vorzüglich, interessant und bemerkenswerth sind.

Der weite Umfang, die Vollständigkeit und die systematische Einrichtung sind deswegen bey seinem hinterlassenen Kabinet zwar ein großer, aber nicht der einzige Vorzug, wodurch es sich vor vielen andern auszeichnet. Auch darinn hat es was Eigenes, daß man nicht leicht einerley Körper vielmal daselbst antrift, um etwa durch die Anzal der Stücke demselben ein Scheinansehn zu geben. Er pflegte von jeder Körperart nur ein Stück, oder, wenn es bey Thieren der Geschlechtsunterschied erforderte, höchstens ein Paar, das Männchen und das Weibchen aufzuheben. Alles Ueberflüßige sonderte er sorgfältig aus, und wendete es durch Umtausch zur Vervollständigung seines Kabinets an. Doch theilte er den Naturfreunden auch gerne mit; es versteht sich, daß er nichts weggab, was er nicht noch einmal hatte, und daß er sich auch gern mittheilen ließ. Denn in diesem Fach ist der Trieb, das Seinige zu erhalten und zu vermehren, eine vorzüglich herrschende und erlaubte Leidenschaft.

Auf die Dauer seiner Naturschätze war er eben so sorgfältig bedacht, als auf die Sammlung derselben. Zu dem Ende suchte er alles, was er davon besas, vor Staub, vermittelst guter Schubläden, Schränke und nöthiger Bedeckung zu verwahren. Insbesondere aber glaubte er mit Recht, seine Vorsicht bey animalischen Körpern, die der Zerstörung der Würmer, Motten und Käfer nur mehr als zu oft ausgesetzt sind, verdoppeln zu müssen.

Die Vögel stopfte er alle selbst aus, und erzwang durch Hitze, die er nachher ihnen gab, die gänzliche Vertreibung der bey ihnen zurückgebliebenen Insektenbrut. Dann bracht er diese so wohl, als die Insekten, in Kästen unter Glas, und beobachtete dabey die Vorsicht, daß er alle Fugen und Ritzen auf das genaueste verkleben ließ, um auch den allerkleinsten Thierchen den Zugang zu verwehren. Er hat oft

oft bezeuget, daß er bey dieser Verwahrungsmethode nie etwas anders, als Kampfer, Terpentinöl u. d. g. nöthig gehabt habe. Dennoch konnte er Körper vorzeigen, die er sechzehn und mehrere Jahre ganz unversehrt erhalten hatte, ohne sie durch Oele und andere Mittel vor der Zerstörung gesichert zu haben.

Er sahe bey seinem Kabinet mehr auf Realitäten, als auf Kunst und Putz, welchen freylich das Auge des Kenners am wenigsten suchet. Um dergleichen geborgtes Ansehen bekümmerte sich sein forschender Geist wenig. Ihm war an Vollständigkeit, systematischer Ordnung und guter Erhaltung vorzüglich gelegen. Er glaubte, sein nachfolgender Besitzer könne das, was seiner Sammlung an äußerlicher Zierde und zufälligem Ausputz etwa noch abgehen mögte, mit leichter Müh und wenigen Kosten ersetzen. Wir wünschen nur, daß sie in Hände komme, die ihrer werth sind, und die auch andern Naturfreunden, sie zu besehn, einen freyen Zutritt verstatten. Dieses wird für die unbeschreibliche Mühe, die er darauf verwendet hat, die beste Belohnung auch nach seinem Tode noch seyn.

Die Schriften des Herrn Hofraths tragen zu seinem Ruhme eben so viel bey, als seine hinterlassene Naturaliensammlung, und haben vor dieser noch den großen Vorzug, daß sie der Vergänglichkeit weniger unterworfen seyn werden. Außer seiner Inauguraldissertazion, die schon oben angezeigt worden ist, haben wir von ihm:

1. Johann Anton Skopoli, Kayserl. Königl. Bergraths, Bemerkungen aus der Naturgeschichte, erstes Jahr, welches die Vögel seines eigenen Kabinets, und zugleich einige seltene, die er

er in dem Kayserl. Thiergarten und in der Sammlung des Herrn Grafen Franz Hannibal von Thurn gesehen, beschreibet, aus dem Lateinischen übersetzt und mit Anmerkungen versehen von D. Friedrich Christian Günther. Leipz. 1770. 8.

2. Sammlung von Nestern und Eyern verschiedener Vögel aus den Kabinetten des Herrn Geh. Hofraths und des Herrn Verfassers gestochen und herausgegeben von Adam Ludwig Wiersing, hinlänglich beschrieben und abgehandelt von D. Friedrich Christian Günther, Herzogl. Sachs. Kob. Salfeldis. Hofrathe und Leibarzt Nürnb. 1772. fol.

Es ist sehr zu bedauern, daß der Wohlselige dieses vortrefliche Werk, von welchem bereits ein ansehnlicher Theil gedruckt ist, nicht ganz hat vollenden können. Diesen Verlust für die Naturgeschichte könnte Herr Hofrath Walch in Jena am besten ersetzen. Es wäre sehr zu wünschen, daß er sich der Fortsetzung dieses Werks, nach dem nunmehro vollendeten grossen Knorrischen Versteinerungswerk in 3 Bänden in Folio, annehmen mögte. Vielleicht weis sein bekannter Eifer für die Ausbreitung der Naturkenntniß und die Achtung für seinen verstorbenen Freund, die Hindernisse wegzuräumen, welche ihm seine übrigen Geschäfte noch etwa legen könnten!

3. Desselben Gedanken über die ganz weißen Vögel, welche von anders gefärbten Aeltern anomalisch erzeugt werden, in dem ersten Stücke des Naturforschers S. 54 u. f.

4. Desselben Gedanken über die Entstehungsart der anomalisch schwarzen Farbe verschiedener sonst anders

anders gefärbten Vögel, im 2ten Stücke des Naturforschers S. 1. f.

5. Desselben vorläufige Nachricht von dem seltenen Nest und den Eyern des Kreuzvogels oder Krummschnabels, in ebendemselben Stück S. 66 u. f.

6. Desselben Beschreibung der Anomiae perforatae, nämlich des Originals der versteinten sogenannten Bohrmuscheln oder Terebratuliten, im 3ten Stücke des Naturforschers.

Die Kenntniß, welche die meisten unsrer hiesigen Mitglieder von der ausgebreiteten Gelehrsamkeit und dem liebenswürdigen Karakter des Wohlseligen hatten, gab unserer Gesellschaft Anlaß, ihn durch ein Diplom zu einem würdigen Ehrenmitgliede zu erwählen, das in einer Versammlung am 30ten Nov. 1773. an ihn ausgefertigt wurde. Die Art, wie er unsere Einladung zu günstiger Beförderung unseres damals noch ganz neuen Institutes annahm, der patriotische Eifer für die Naturgeschichte überhaupt, und die zärtliche Hochschätzung, die er allen Mitgliedern unserer Gesellschaft in seiner Antwort auf die einnehmendste Weise zu schildern wußte, machten ihn unserer Gesellschaft eben so liebens- als verehrungswürdig. Das Andenken seiner Theilnehmenden Freundschaft wird in unserm Tagebuche heilig aufbehalten und niemals in unsern Herzen erlöschen.

Aus dem sittlichen Karakter des wohlsel. Herrn Hofraths leuchtet die Güte desselben schon in dem vorhergehenden deutlich hervor.

Seine Hochachtung für die Wahrheiten des Christenthums, seine heilige Ehrfurcht gegen jede

gottes-

gottesdienstliche Handlungen, und sein eifriges Verlangen, ein thätiger Christ zu seyn, haben ihn jederzeit nicht nur bey Sterbenden erbaulich, sondern auch bey allen, die mit ihm an einem Orte lebten, nachahmenswürdig gemacht.

Weil er die Ueberzeugung hatte, daß wir nicht allein für uns, sondern für die menschliche Gesellschaft von der Hand des Allmächtigen gebildet worden sind; so grif er begierig nach allen Gelegenheiten, wo er sich andern nützlich machen konnte.

Der Müßiggang war in seinen Augen dasjenige, was er wirklich ist: Eine Tödtung der Seelenkräfte, und ein Laster, welches eine Menge andrer aus sich selbst erzeuget.

Zu seiner unverdrossenen Thätigkeit kam noch dieses Verdienst, daß er die Pflichten einander gehörig unterzuordnen wußte. Ohne diese Klugheit kann freylich der Mensch, (wenn es wahr ist, daß alles seine Zeit hat), bey der größten Arbeitsamkeit dennoch müßig seyn.

Alle andere Geschäfte, sie mogten ihm noch so sehr am Herzen liegen, mußten ruhn; sobald eine höhere Pflicht darzwischen kam.

Die Liebe gegen die Natur und ihre Betrachtung hatte zwar seine ganze Seele durchdrungen: aber dazu war sie doch nicht stark genug, ihn zurückzuhalten, wenn seine Gegenwart an dem traurigen Lager eines Leidenden nöthig war. Die sorgfältigste Abwartung seiner Patienten blieb immer sein Hauptgeschäfte, welchem er so emsig oblag, daß er gemeiniglich seine eigene kränkliche Umstände darüber vergaß.

In

In Gesellschaft war er unterhaltend, und theilte sich allen Anwesenden mit. Er verstand die Kunst, Ernst und Scherz in eine so angenehme Mischung zu bringen, daß sein Betragen und seine Reden von der Ausgelassenheit und von einer steifen Zurückhaltung gleich weit entfernt waren.

Doch war er mehr für das Lehrreiche, als für den bloßen Zeitvertreib, und weniger für den schimmernden Witz, als für das gesunde Urtheil des andern eingenommen. Er selbst wußte sich, auch mitten unter den angenehmsten Zerstreuungen, lehrreich und nützlich zu machen.

Der Unterschied zwischen dem Vergnügen der Seele und der äußerlichen Sinne, war ihm fremd. Er verkannte mit Recht die gänzliche Unabhängigkeit des letztern von dem erstern, und hielt dafür, daß man kein anständiges und wahres Vergnügen haben könne, woran die Seele nicht Antheil nähme.

Die Ausübung stimmte bey ihm mit seinen Grundsätzen genau überein. Je mehr Nahrung er für die Seele, ohne der lächelnden Munterkeit dadurch Abbruch zu thun, in die Unterhaltung mit seinen Freunden bringen konnte, desto reizender war sie für ihn. Daher kam es, daß er zwar alle Menschen liebte, gegen Jederman gefällig und dienstfertig war; aber nur eine kleine Auswahl von Personen, die er seinen Gesinnungen gleichförmig zu seyn fand, zum öftern Umgange sich wünschte.

Den hohen Werth der Freundschaft fühlte er nach seinem ganzen Umfange, und gieng deswegen in Errichtung derselben nicht leichtsinnig, aber auch nicht eigennützig zu Werke. Nicht die guten Dienstleistungen des andern waren bey ihm der Bewegungsgrund, ihn zum Freunde zu wählen: ob sie gleich eine Ursach werden konnten, ihm Zeitlebens verbunden zu bleiben. Die Gleichheit der Gesinnungen mit den Seinigen, die Liebe zu den Wissenschaften und die Gerechtigkeit des Herzens waren die Eigenschaften, die er von denen forderte, mit welchen er Freundschaft errichten sollte. Fand er diese; dann that er für seinen Freund alles.

Die Einrichtung seiner ganzen Oekonomie zeigte von seiner regelmäßigen Denkungsart, und er hatte das seltne Glück, daß seine Gattin alles mit einer gefallenden Anständigkeit nach seinen Wünschen anzuordnen wußte.

Die eigne, innere Erfahrung, daß in dem Menschen, wenn er auch mit dem größten Eifer an seiner Verbesserung arbeitet, dennoch eine sonderbare Vermischung von Vollkommenheit und Fehlern, von Stärke und Ohnmacht, von Licht und Finsterniß, zurückbleibt, machte ihn zu allem Stolze unfähig und zur Bescheidenheit desto bereitwilliger. Er unterhielt immer gegen sich selbst und seine Einsichten ein heilsames Mißtrauen, und konnte daher die Widersprüche Anderer, besonders in gelehrten Dingen, ruhiger ertragen, als öffentliche Lobsprüche. Jene suchte er zu nutzen, bey diesen fürchtete er schleichende Uebel für sein Herz, wider welche die Vernunft auf ihrer Hut seyn müßte.

Noch in dem letzten Jahre schrieb er zwo Abhandlungen, die eine von der anomalisch schwarzen, die andere von der anomalisch weissen Farbe, sonst anders gefärbter Vögel. Die berühmte Gesellschaft der Naturforscher zu Danzig, machte ihm, durch

durch ihr verdienstvolles Mitglied, den Herrn Baron von Zorn, wider seine Meynung allerhand Zweifel. Seine Freunde, welche in den letzten Wochen seines Lebens um ihn waren, wissen es, wie viele Freude er darüber empfand, und wie oft er versicherte, diese Zweifel wären ihm überaus angenehm. Sie erinnerten ihn, daß er irren könne, und machten ihn aufmerksam und geneigt, die Wahrheit mit verdoppeltem Fleiße zu erforschen. Schade, daß sein Fleiß so bald durch den Tod unterbrochen worden ist! Doch, er selbst fand weniger dabey zu beklagen, als wir.

Obgleich der Wohlselige eine außerordentlich dauerhafte Natur zu haben schien, und beständig einer recht blühenden Gesundheit sich zu erfreuen hatte; so gab er doch, etliche Jahre vor seinem Tode, seinen vertrauten Freunden die für sie unangenehme Versicherung, daß er nicht lange mehr leben würde.

Den 28sten May 1773 fieng er an, krank zu werden, und gab zu erkennen, daß die Anfälle, welche er fühlte, Anzeigen der Schwindsucht wären, und sein Ende beschleunigen würden.

Im August verließ ihn die Schwachheit so merklich, daß er, nach vielen gnädigen Einladungen, eine Reise an den Hochfürstl. Rudolstädtischen Hof zu seiner Erholung unternahm. Von Gnade daselbst überhäuft, kam er zwar mit vergnügter Seele, aber dem Körper nach sehr entkräftet wieder zurück.

Ein unheilbares Lungengeschwür war sein grausamer Feind, der ihn jedoch nicht zu erschüttern vermochte. „Ich preise Gott, sprach er zu einem seiner Freunde, von ganzem Herzen, daß er mich durch eine solche Todesart verewigen will, wobey ich hoffentlich Verstand und Zeit genug haben werde, mein Bestes zu besorgen, und mich zuvor ganz von der Erde loszureißen, ehe ich in jene Welt übergehe.

Er blieb beständig bey seiner vorigen Gemüthsruhe, besorgte so wohl seine Amtsgeschäfte, als seine gelehrten Arbeiten, brachte das Verzeichniß seines Kabinets fast völlig zu Stande, und besuchte seine Kranken mit eben der Sorgfalt, wie bey gesunden Tagen; ob er gleich nach einer jeden solchen Arbeit sich ein Paar Stunden aufs Bette legen mußte, um die dadurch ganz erschöpften Kräfte einigermaßen wieder zu sammlen.

Unter solchen Abwechselungen von mehr oder weniger trüben Stunden gieng dieses Jahr zu Ende. Am Neujahrstage 1774 wohnte er zum letztenmale dem öffentlichen Gottesdienste, mit der ihm eigenen Ehrerbietung bey. Die Kräfte verließen ihn immer mehr. Doch hielt er sich, so viel möglich war, ausser dem Bette, und schwankte, so oft er konnte, zu seinen Patienten, um ihnen ein verlornes Gut wieder zu verschaffen, zu dessen Genuß er selbst nicht mehr fähig war.

Am Sonntage Judika war der Anfang seines Lagers. Von nun an bestellte er sein Hauß auch im Leiblichen, und gab insbesondere seiner zärtlichstgeliebten Gattin eine Anweisung, wie sie es von Zeit zu Zeit mit der Erziehung ihrer Kinder halten sollte.

In der Woche nach Ostern ward er die Geschwulst an den Füßen gewahr, die man ihm schon einige Zeit verborgen hatte. Als er sie sahe, fragt er, wenn man sie zuerst wahrgenommen hätte?

Den

Den Abend vor Ostern, hies es. Nun gut! erwiederte er mit den heitersten Blicken, so habe ich von dieser Zeit an noch 3 Wochen zu leben. Worinn er sich auch um keinen Tag geirret hat.

Er ließ alsbald den Maurer kommen, und bestellte mit der größten Gelassenheit sein Grab, welches in den Felsen, an welchem das Güntherische Erbbegräbniß erbauet ist, eingehauen werden mußte, damit seine Gebeine, wie er sagte, nicht beunruhiget würden.

Der 22ste April war sein Geburtstag. Er feyerte ihn mit Gebet und Dank gegen Gott für alle Wohlthaten, die er ihm durch sein ganzes Leben erwiesen hatte.

Bald wird, sprach er, mein schönster Geburtstag anbrechen, wo ich ein Leben ohne Sünde und ohne Furcht, noch einmal zu sterben, antreten werde.

Die beyden folgenden Tage lag er ganz stille, mit beständigem Händeaufheben zu Gott; das Zittern der Glieder, welches ihn durch die ganze Krankheit nicht verlassen hatte, verlor sich, und am 24 April starb er, wie ein Mann zu sterben pflegt, dessen Leben eine Lobeserhebung der Tugend gewesen ist.

Kurze Lebensgeschichte des berühmten Herzogl. Sächs. Malers und Universitätskupferstechers Herrn Gottfried August Gründler zu Halle *).

Herr Gottfried August Gründler, ein Sohn von Johann Andreas Gründler, und Johanna Maria, geborne Güntherin, Gottfried Günthers, Stadtmusici zu Bönig Tochter, wurde 1710 den 3ten Januar zu Altenburg gebohren. Die Natur hatte ihn mit Kunstfähigkeiten begabet, die sein Vater, der als Maler in Altenburg stand, nicht so bald an ihm wahrgenommen hatte, als er sich entschloß, ihn zu eben der Kunst anzuführen, die er selbst trieb. Der Sohn entsprach den Wünschen seines Vaters, und übertraf sie. Zugleich aber entwickelte sich mit der Neigung und Geschicklichkeit zur Malerey bey ihm noch ein anderer Trieb. Dieser nahm seine Richtung auf die Gegenstände der Natur, in deren Schönheiten er sehr zeitig ein besonderes Vergnügen empfand. Beyde Neigungen hatten einen guten wechselseitigen Einfluß auf einander. Die Empfindsamkeit für das Sinnliche, seine lebhafte Einbildungskraft, sein aufkeimender guter Geschmack, ließen ihm das Reizende

*) Wir haben diesen wohlgeschriebenen Aufsatz unverändert gelassen, wie er uns von einem seiner vertrautesten Freunde zugeschicket worden.

der Natur in einem lebhaftern Grade und weit leichter, als andern, empfinden; die Natur hingegen erhob durch die Aufmerksamkeit, die er ihr widmete, seine Empfindsamkeit, nährte seine Einbildungskraft, reinigte seinen Geschmack durch das Wahre und Schöne, das in ihren Werken herrscht, und reizte ihn daß er aus den Abschilderungen ihrer Gegenstände schon von seinem zarten Alter an eine seiner vorzüglichsten Uebungen in der Malerey machte. Man findet unter seinen nachgelassen Malereyen einige Versuche von gemalten Schmetterlingen, die er in seinem 14ten Jahr unternommen hatte, welche zu der Zeit schon einen Maler von großer Hofnung versprechen musten; und in noch jüngern Jahren war er bereits auf Begebenheiten in dem Naturreiche aufmerksam gewesen, deren er sich in seinem Alter noch immer mit Vergnügen erinnerte, und die er, weil sie ihm nachher niemals wieder vorgekommen sind, den Naturkündigern wegen ihrer Seltenheit würde bey vorfallender Gelegenheit bekannt gemacht haben, wenn er nicht davor gehalten hätte, daß zur Glaubwürdigkeit der Beobachtungen von den Naturforschern ein gewisses mündiges Alter mit eben solchem Rechte gefordert werden könnte, als man es vor Gerichte, bey Abstattung eines glaubwürdigen Zeugnisses, verlanget.

Durch den Fleiß, der sich mit seiner guten natürlichen Anlage verband, brachte er es bald so weit, daß Altenburg für die Erweiterung seiner Kenntnisse zu klein wurde. Er begab sich daher nach Jena, Leipzig, wo er sich 1732 den 8ten May unter die akademischen Bürger aufnehmen ließ, und an andere Orte. Durch seine erlangten Kentnisse empfahl er sich überall den Kennern, und vermehrte sie

Ff 4 durch

durch einen vertauten Umgang mit ihnen. Der Ruf von seiner Geschicklichkeit machte ihn dem Herzog zu Saalfeld, Carl Ernst, von einer vortheilhaften Seite bekannt, welcher ihn 1733 den 28ten Dez. zu seinem Hofmahler ernannte. Mit jeder Veränderung seines Aufenthalts und seiner Umstände erhielt auch seine Kenntniß in der Naturkunde neuen Zuwachs, und er war unaufhörlich bemüht, selbst darinnen theils vollkomner, theils aber auch andern gemeinnütziger zu werden. Zu diesem Endzweck schien ihm der Auffenthalt auf der Universität zu Halle im Magdeburgischen vorzüglich bequem zu seyn. Er trat deswegen 1738 in die Zahl ihrer akademischen Bürger, nachdem er schon zuvor den Auftrag bekommen hatte, sich mit der Einrichtung des Naturalien- und Kunstsaals auf dem Hallischen Waysenhause zu beschäftigen. Er ordnete ihn in 16 Abtheilungen, wovon er die ersten sechse den natürlichen Sachen, als dem Stein- Pflanzen- und Thierreich; die übrigen zehn Abtheilungen aber den künstlichen Sachen, als den mathematischen Instrumenten, astronomischen Modellen, mechanischen, Malabarischen, heiligen und zu Speiß und Trank gehörigen Dingen, desgleichen Kriegsinstrumenten, merkwürdigen Kleidungsstücken, geschriebenen und zur Schreiberey gehörigen Sachen, Gemälden, in Holz und Wachs verfertigten Seltenheiten, wie auch Kupferstichen, bestimmte. Er verfertigte darüber das Verzeichniß, und übergab diese Naturalien- und Kunstkammer den 5ten Aug. 1741. Bey ihrer Uebernahme zur Anordnung hatte er aus dem Steinreich 557, aus dem Pflanzenreich 93, aus dem Thierreich 252, und an künstlichen Sachen 270 Stück gefunden. Bey seiner Uebergabe waren aber aus dem Steinreich 921, aus dem Pflanzenreich 239, aus dem Thierreich 666, und an künstlichen Sachen 2870 Stück, außer einigen Kästen von überkompletten Petrefakten und Mineralien, vorhanden. War er dem Naturalien- und Kunstsaal des Hallischen Waysenhauses auf diese Weise nützlich gewesen: so war es dieser nicht weniger für seine Naturkenntniß durch den Zuwachs geworden, den sie bey dieser Gelegenheit erhalten hatte.

Doch die Naturkenntniß nebst der Malerkunst war es nicht allein, die er mit sich nach Halle brachte. Seine Wißbegierde hatte ihn auf alles aufmerksam gemacht, was mit seinen erlangten Geschicklichkeiten in einiger Verwandschaft stand, oder sie doch befördern konnte. Im Zeichnen nach Gemälden, um das Unterscheidende in der Behandlung des Malers ausdrucken zu lernen, brauchte er sich nicht erst zu üben. Er hatte darinn, wie auch im Aetzen, welche Kunst, wie bekannt, jeder gute Zeichner auch ohne Anleitung eines Meisters bald erlernen kann, schon große Fertigkeit erlanget. Da er also mit allen den Geschicklichkeiten ausgerüstet war, welche die Erlernung des Kupferstechens so sehr erleichtern; so stand er nicht lange an, sich auch dieser letztern Kunst ganz zu widmen, zumal, da er glaubte, der Naturkunde durch sie weit nützlicher, als durch die Malerey, werden zu können. Er legte sich demnach mit Fleiß auf das, was ihm noch übrig war, auf die Kunst des Grabstichels, und machte sich darinnen vollkommen, durch Bekanntschaft mit guten Meistern, durch Uebung und eigenes Nachdenken Noch war die Mathesis, und besonders Mechanik, ein anderer Gegenstand seines Fleißes gewesen, in welchem er sich solche Fertigkeiten erworben hatte, daß er 1745 den 5ten Febr. zum Universitätsmechanikus auf der Königlichen Friedrichs Universität angenommen wurde.

Mit allen diesen Geschicklichkeiten machte er sich um die zu Halle studirende Jugend sehr verdient. Besonders erweckte er bey vielen eine fruchtbare Neigung zur Naturkunde, sowohl durch seinen Privatunterricht, den er darinnen ertheilte, als auch durch seine ansehnliche Naturaliensammlung, wodurch er seinen Vortrag, und überhaupt seinen Umgang, den man suchte, angenehm und nützlich zu machen wuste. Aus seinen Schülern erzog er sich eben so viel Freunde und Sammler für sein Kabinet, und da diese in sehr verschiedenen Gegenden zerstreuet wurden: so bereicherten sie dasselbe nicht nur selbst mit beträchtlichen Vermehrungen, sondern machten ihn auch mit den Naturforschern ihrer Gegenden bekannt, und brachten ihn dadurch in vortheilhafte Verbindungen. Er konnte daher schon 1745 sein damaliges Naturalienkabinet verkaufen, ohne besorgt seyn zu dürfen, daß es ihm an Vorrath zu einem neuen fehlen würde. Dieses legte er auch sogleich wieder an, und machte es durch eine dreyßigjährige Sammlung, sowohl durch die Menge, als durch die Seltenheit der Stücke, weit ansehnlicher, als das erstere, ja weit vorzüglicher, als viele Privatsammlungen seyn mögen. Er hat darinnen die Naturalien eben nicht nach ihren Klassen aufgestellt, sondern mehr nach einer in die Augen fallenden Schönheit, die er als Maler wohl anordnen konnte. Die Körper wußte er sehr gut zu präpariren, und denenjenigen, die eine Politur litten, einen ganz besondern Glanz zu geben. Viele, die sein Kabinet besahen, glaubten deswegen, daß er besonders seine Konchylien mit einem Lack überzogen haben müßte. Außer den gewöhnlichen Arten, die Insekten in gutem Zustande zu erhalten, hatte er auch diese, daß er einige davon in gläsernen Zylindern aufbewahrte, welche durchaus mit einer hellgelben Materie angefüllet waren, die bey der Wärme flüßig wurde, bey der Kälte aber sich in eine harte, durchsichtige Maße verwandelte, durch welche man das Insekt nach allen seinen Theilen und Farben ungehindert sehr wohl betrachten konnte. Die in Bernstein eingeschlossenen Insekten geben eine genaue Aehnlichkeit von den auf diese Art von ihm aufbewahrten Körpern. Naturalien, die er nicht selbst besaß, zeichnete und illuminirte er sich entweder von geliehenen Originalen odr von andern illuminirten Kupfern ab, wenn sie unter die Seltenheiten gehörten, und machte auf diese Weise sein Kabinet auf eben die Art vollständiger; wie die Münzenliebhaber die ihrigen durch Abgüße anderer Münzen vollzähliger zu machen bemüht sind. Auf die Sammlung ausländischer Naturalien verwandte er zwar vielen Fleiß, allein er verabsäumte dabey die Naturhistorie seiner Gegend nicht; vielmehr machte er daraus eines seiner vornehmsten Geschäfte, und wünschte, daß jeder Naturkündiger hauptsächlich seine Gegend durchstudiren mögte, um dadurch die Ergänzung des Natursystems zu befördern.

Bey solchen gesammelten Schätzen und Kenntnißen hätte er leicht ein anderer Rösel werden können. Er war Zeichner, Maler, Kupferstecher, und konnte, nach seiner Wissenschaft, auch Beschreiber seyn. Es fehlte auch nicht an Naturforschenden Freunden, die ihn zu einer solchen Unternehmung aufmunterten. Allein die letztern Kriegszeiten, in welchen diese Auf-

forde-

forderung an ihn geschah, und noch mehr das Beyspiel des Herrn Rösels selbst, der in seinem mit ihm ehemals geführten Briefwechsel ihm versichert hatte, daß er bey seinem Unternehmen nicht den geringsten Vortheil hätte, hielten ihn ab, diesem Vorschlag Gehör zu geben; wie er denn überdieses von je her überhaupt keinen sonderlichen Beruf bey sich fühlte, sich durch Schriften bekannter zu machen. Der stillere und mehr begränzte Ruhm, der sich durch die Kenner seiner Geschicklichkeit unter der Hand von ihm ausbreitete, hatte für ihn viel mehr Reitzung, und war seiner Bescheidenheit und dem Mißtrauen, das er in seine Kräfte setzte, weit angemessener, als der lautere und allgemeinere Ruf eines Schriftstellers. Er hat daher sehr wenig geschrieben, und von diesem Wenigen das Meiste erst in den letztern Jahren seines Lebens, als Beyträge, in andere Schriften einrücken lassen.

Als der Professor der Mathematik auf der Hallischen Universität, Herr Johann Joachim Lange, 1740 die zu Leyden 1735 herausgekommenen Linneischen Tabellen in einer deutschen Uebersetzung herausgab: so wurde ihm dieses eine Gelegenheit, von seiner Kenntniß einen etwas gemeinnützigern Gebrauch zu machen. Denn er gab sich bey dieser Herausgabe und Uebersetzung viele Mühe, und übernahm die Besorgung des Drucks und die dazu nöthigen Kosten.

Eine andere Gelegenheit, öffentlich aufzutreten, gab ihm ein Florentinischer Bildhauer Borghigiani, welcher die Kunst erfunden zu haben sich zuschrieb, die goldenen Anfangsbuchstaben, wie sie die Alten in den Pergamentschriften zu machen wußten, ent-

deckt

deckt zu haben. Dieses war nicht sobald in den Hallischen politischen Zeitungen den 8ten Oktob. 1771 angezeigt worden, als man in den Hallischen neuen gelehrten Zeitungen den 14ten Oktob. gleich darauf bekannt machte, daß Herr Gründler diese alte Kunst, goldene Anfangsbuchstaben auf Pergament mit geschlagenem Gold und Silber zu machen, und demselben die stärkste Politur zu geben, schon vor etlichen Jahren gefunden habe. Dieses glänzende Gold und Silber brauchte er zu seinem Miniaturmalen, und malte zugleich mit Wasserfarben die Schattirung und alle bunten Farben darauf. Besonders nahmen sich die bunten durchscheinenden Edelsteinfarben darauf sehr aus. Von dieser Arbeit waren schon damals in der bey der Friedrichs Universität befindlichen adelichen Matrikul, verschiedene große Gräfliche und adeliche Wappen mit dergleichen Gold und Silber von ihm gemalt, vorhanden. Er vermuthete nichts weniger, als wegen dieser Sache in einen öffentlichen Streit verwickelt zu werden. Allein ein anderer Maler, der sich Kastani nannte, beschuldigte ihn durch einen eingerückten Aufsatz in den neuen Leipziger gelehrten Zeitungen No. CII. 1771, daß er sich der in dem neuen Hamburgischen Magazin, im 5ten Stück des 1sten Bandes S. 416. befindlichen Vergoldung, welche mit dem sogenannten Eleodorischen Wachse gemacht wird, bedient, und sie für seine Erfindung ausgegeben hätte. Dieser Vorwurf nöthigte ihn, sich in den gedachten Hallischen gelehrten Zeitungen No 9. 1772 zu vertheidigen. Und er that dieses auf eine unwiderlegliche Art. Jene Wachsvergoldung im Hamburgischen Magazine war gegen die Seinige viel zu weich. Diese lies ohne Widerstand sich leicht abwischen, da die Seinige hingegen hart und vest war. Daß das Eleodorische Wachs zu seinem Gebrauche nicht diente, erhellet theils aus der Zubereitung desselben, welche mit einem saponato geschiehet, wodurch es noch weicher wird, theils aus der Unschicklichkeit desselben zur Annahme einer starken Politur, indem das auf demselben liegende Gold sich leicht abreibet. Er hingegen konnte seine Vergoldung mit einem Polirstahl und mit angewendeter starken Kraft, so wie maßiv Gold poliren, wodurch es glänzend, und doch nichts vom Gold abgerieben wurde. Man konnte seine Vergoldung auf dem Pergaments zusammenrollen und brechen, ohne daß etwas absprang. Den etwa darauf gekommenen Schmuz konnte man mit einem Läpchen und feiner Kreide wieder abreiben, und das darauf Gemalte mit einem Messer ohne Schaden des Goldes, wieder abschaben. Diese Umstände zeigten das Vorzügliche seiner Erfindung von der Wachsvergoldung klar, und er hatte gar nicht nöthig, diese für seine Erfindung auszugeben. Die Bekanntmachung der seinigen hatte weiter keine Absicht gehabt, als dem Publikum zu zeigen, daß ein Deutscher eben sowohl, als ein Italiäner, erfinden könnte, und wenn ihm nicht durch die Anzeige des leztern hierzu Gelegenheit gegeben worden wäre, so hätte er nicht einmal öffentlich kund gemacht, daß er dieses Geheimniß besäße.

Im Jahr 1774 fieng der Herr Hofrath Johann Ernst Immanuel Walch in Jena an, den Naturforscher herausgegeben. Die Kupfer, die Herr Gründler dazu stach, verursachten, daß er diesem großen Naturkündiger auch von Seiten seiner Naturkentnis bekannt wurde. Er wurde daher von ihm

höf-

höflich eingeladen, an dieser periodischen Schrift, als Mitarbeiter, Theil zu nehmen, und er lieferte dazu für das 2te Stück derselben eine Beschreibung und Abbildung zweener natürlichen Terebratuln, in welchen ihre Einwohner oder Thiere befindlich waren; für das 3te eine Beobachtung von dem Leuchten der Eidexeneyer im Finstern; für das 5te Beobachtungen über einige Heuschreckenarten, und eine Nachricht von einem aus einer todten Raupe aufgewachsenen Käulenschwamm. Für eins der folgenden Stücke entwarf er eine Abhandlung von dem sehr künstlichen Fischreisförmigen Gespinste der Nachtpfauenaugoraupe; allein sein heraneilendes Lebensende unterbrach ihn sowohl in der Ausführung dieser Materie, als in Vollendung der Zeichnung, ohne welche jene nicht verstanden werden konnte.

Der Herr Hofrath Walch gab ihm ein thätiges Merkmal seiner Achtung gegen seine Naturkenntniß dadurch, daß er ihn der Gesellschaft Naturforschender Freunde in Berlin empfahl. Ein gleiches hatte der Herr Garnisonprediger Chemnitz in Koppenhagen gethan. Dieses hatte die Wirkung, daß diese Gesellschaft ihn durch den Herrn Doktor Martini den 22ten Julii 1774 zum Beytritt einladen ließ, und ihm das Diplom eines Ehrenmitglieds überschickte. Die Vorstellung, daß er durch diese vortheilhafte Verbindung seine bereits erlangten reifern Kenntnisse erweitern und verfeinern könnte, überwand die aus seiner gewöhnlichen Bescheidenheit und aus seiner geringen Meynung von sich selbst entstandenen Gegengründe, und machte ihn geneigt, diese Stelle unter einer, gegen eine solche Gesellschaft ihm sehr anstän-

anständigen Bezweifelung seiner Fähigkeiten dazu, anzunehmen. Der selige Herr Geheime Rath Büchner in Halle, der ihn mit seiner Freundschaft beehrte, hatte, als Präses von der Kayserl. Akademie der Naturforscher, ihm vormals eine ähnliche Ehre zugedacht, und sie würde ihm auch von derselben ertheilt worden seyn, wenn er ihn zur Annahme dieser Freundschaft nur einigermassen hätte schlüßig machen können.

Hatte er nun gleich vor seinem Beytritt zum Naturforscher und zur Gesellschaft der Naturforschenden Freunde in Berlin, wenig für die Naturkunde öffentlich gethan, so hat er doch seit dem Anfang seines Aufenthaltes in Halle, nicht wenig zu ihrer Beförderung beygetragen. Bey vielen, die bey ihrem akademischen Aufenthalte sich seines Umgangs und Unterrichts bedienten, erweckte er eine Neigung zu diesem Studio, die sie mit in ihr Vaterland zurückbrachten, und daselbst wieder unter andern ausbreiteten. Sie unterhielten sich mit ihm schriftlich, und erhielten von ihm nicht nur weitere Anleitung zu einer fruchtbarern Kenntniß in diesem Fache, sondern auch Vermehrungen ihrer Sammlungen aus seinem Kabinette. In Tranquebar, Kopenhagen, Berlin, Dresden, Nürnberg, Regensburg, und vielen andern Orten, die sich von Jahren zu Jahren vermehrten, nachdem er immer berühmter wurde, stand er mit vielen bekannten und unbekannten Naturforschern in einem unterhaltenden Briefwechsel. Er diente ihnen mit Nachrichten, Zeichnungen und Urtheilen über ihre Aufsätze, die sie ihm mittheilten. Ja selbst bey den Kupferstichen, die er für Schriften zu verfertigen hatte, welche in die Naturkunde einschluschlugen, leistete er dieser durch die Genauigkeit und Sauberkeit, mit der er sie ausarbeitete, keine geringen Vortheile. Hatte er in seinem Naturalienkabinet die Originale zu den vorgelegten Zeichnungen, und dieses trug sich oft zu, so verglich er sie unter einander, stach mehr nach den Originalen, als nach der Kopie der Zeichnung, und war immer in diesem Fall Revisor und Kupferstecher zugleich. Bisweilen auch, wenn ihm ein Gegenstand interessant genug zu seyn schien, sahe er die Beobachter nach, deren Zeichnungen er abstechen sollte, und wenn er darinnen Abweichungen, Unrichtigkeiten, oder nicht Vollständigkeit genug wahrnahm, zeichnete er seine nachgemachten Beobachtungen ab, und überlies es ihnen, ob sie davon zu ihrem Vortheil Gebrauch machen wollten. Ueberhaupt hatte er dieses vor vielen Beobachtern zum voraus, daß er, als ein großer Zeichner und Maler, von je her gewohnt war, die zu beobachtenden Gegenstände genau zu zergliedern, und darinnen alle Kleinigkeiten zu bemerken, welche dem nicht so geübten Auge eines andern leicht entgiengen. So wie man ihm in diesem Stück einen Vorzug zugestehen mußte, so räumten ihm auch die Meister seiner Kunst willig einen ansehnlichen Rang unter den Naturalienkupferstechern ein. Jedoch konnte er auch in andern Theilen der Kupferstecherkunst vorzüglich seyn, so oft er wollte. Denn er hatte sich nicht bloß auf einen Zweig derselben eingeschränkt, sondern mehrere zugleich mit vieler Geschicklichkeit zu bearbeiten gesuchet. Eben dieses muß man auch von ihm in Absicht der Malerey sagen, wo er sich nicht bloß auf das Portraitmalen gelegt hatte, sondern auch auf historische Gemälde und Landschaften. Er verfertigte von den beyden letztern einige Stücke zu seinem eigenen Vergnügen, die man als seine Meisterstücke in dieser Art betrachten kann, weil er sie den in seinem Naturalienkabinet aufgestellten Gemälden großer Meister beygesellet, und dadurch jenes: ed io anche son pittore, zu erkennen gegeben hat.

Er verheyrathete sich 1742 den 31ten Jan. mit Jungfer Christiana Sophia gebornen Gießmannin, eines Schwerdtfegers zu Halle Tochter. Er erzeugte ihr 4 Töchter, und verlohr davon drey von 1749 an bis 1751, zuletzt auch seine Gattin selbst, am 24ten Oktober 1758. Seit ihrem Ableben hat er sich in keine eheliche Verbindung weiter eingelassen, sondern in seiner erstgebornen Tochter alle Unterstützung gefunden, die er sich bey unermüdeter Betreibung seiner Geschäfte und bey seinem zunehmenden Alter wünschen konnte. Diese betrauret jetzt in ihm den Verlust eines rechtschaffenen und Hochachtungswürdigen Vaters. Diejenigen, die ihn nicht nahe genug kennen zu lernen Gelegenheit hatten, oder sich nicht Zeit genug nahmen, mit seinem Karakter gehörig bekannt zu werden, haben ihn in Ansehung seiner Kentnisse immer für abgünstig gegen andere halten wollen. Allein diese würden in diesem Stück eben so gehandelt haben, wie er, wenn ihnen das wiederfahren wäre, was ihm begegnet ist. Unter dem Scheine der Freundschaft suchte man ihn auszuforschen, und wenn man ihm ein Geheimnis entlockt hatte, so schaltete man damit, als mit einem einmal überlassenen Eigenthum und einer von selbst erfundenen Sache, ohne seiner auch nur mit einem einzigen Worte zu gedenken. Man mißbrauchte ihn auf diese Art mehr als einmal, und nöthigte ihn dadurch zu einer Vorsichtigkeit und einer Zurückhaltung, die bey manchen ihm den Schein eines Misgünstigen gegeben hat. Er war sehr arbeitsam und mäßig Seine ihm sehr selten zugestossene Unpäßlichkeiten kurirte er sich selbst. Er hatte sich immer gewünscht, bis an sein Lebensende arbeiten zu können, und an einem Schlagflusse zu sterben. Die Vorsehung erfüllte beydes. Gegen Anfang dieses Jahres fühlte er sich sehr schwach, und hatte Vorempfindungen von seinem herannahenden Ende. Er schrieb daher schon am 7ten Jan. die nöthigen Nachrichten für diejenigen auf, für die er Kupferstiche in Arbeit genommen hatte, und meldete darinnen, daß er die angefangenen Arbeiten nicht würde zu Ende bringen können, und daß er besorgte, der Schlag mögte ihn zum zweytenmale rühren. Diese Nachrichten legte er, ohne daß es jemand eher, als nach seinem Tode, gewahr worden wäre, in die Zeichnungen ein, die zu den angefangenen und unvollendeten Kupferstichen gehöreten. Hierauf arbeitete er wieder fort, bis zum 16ten Januar gegen 4 Uhr Nachmittags, da er anfieng zu klagen, daß ihm seine Augen dunkel würden. Er gieng darauf noch einmal in sein Naturalienkabinet, kam aber bald wieder zurück, legte sich, weil ihm nicht wohl wurde, zu Bette, und wurde nicht lange nachher von dem Schlag so getroffen, daß er von 5 Uhr Nachmittags an gegen alle äußere Gegenstände Empfindungslos blieb, bis zum 17ten Vormittags gegen 10 Uhr, da er die rühmliche Laufbahn seines Lebens gänzlich vollendete.

Register

der vornehmsten in diesem Band enthaltenen Sachen.

A.

B.

B.

C.

D.

E.

H.

J.

K.

L.

M.

Mitglie-

N.

O.

P.

R.

S.

Vor-

Verbes-

Verbesserungen:

S. 4. Z. 11 statt Zecker, lese man Hecker.
S. 7. letzte Zeile der Nota. statt $\frac{1}{40}$ lese man $\frac{1}{10}$.
S. 11. Z. 14. und 17. S. 12. Z. 9 und 13. statt Dolland und Dollandisches, Dollond und Dollondisches.
S. 16. Z. 7. statt Luft L. Licht.
S. 24 Z. 4. Tangente L. Größe.
S. 51. Z. 20. ist Cos. a wegzustreichen.
S. 78. Z. 21. del. die.
S. 80. letzte Zeile statt: als die Kraft einer nähern, L. als in einer kleinen Entfernung.
S. 83. Z. 11. genug. — genau.
S. 86. Z. 19. Grade. — Chorde.
S. 88 Z. 12 Tangenten.
S. 111 Z. 15 daß er 2c. soll heissen: Daß der Chordometer sehr zusammengesetzt sey.
S. 116 Z. 9. flüßiger.

Tab. I.

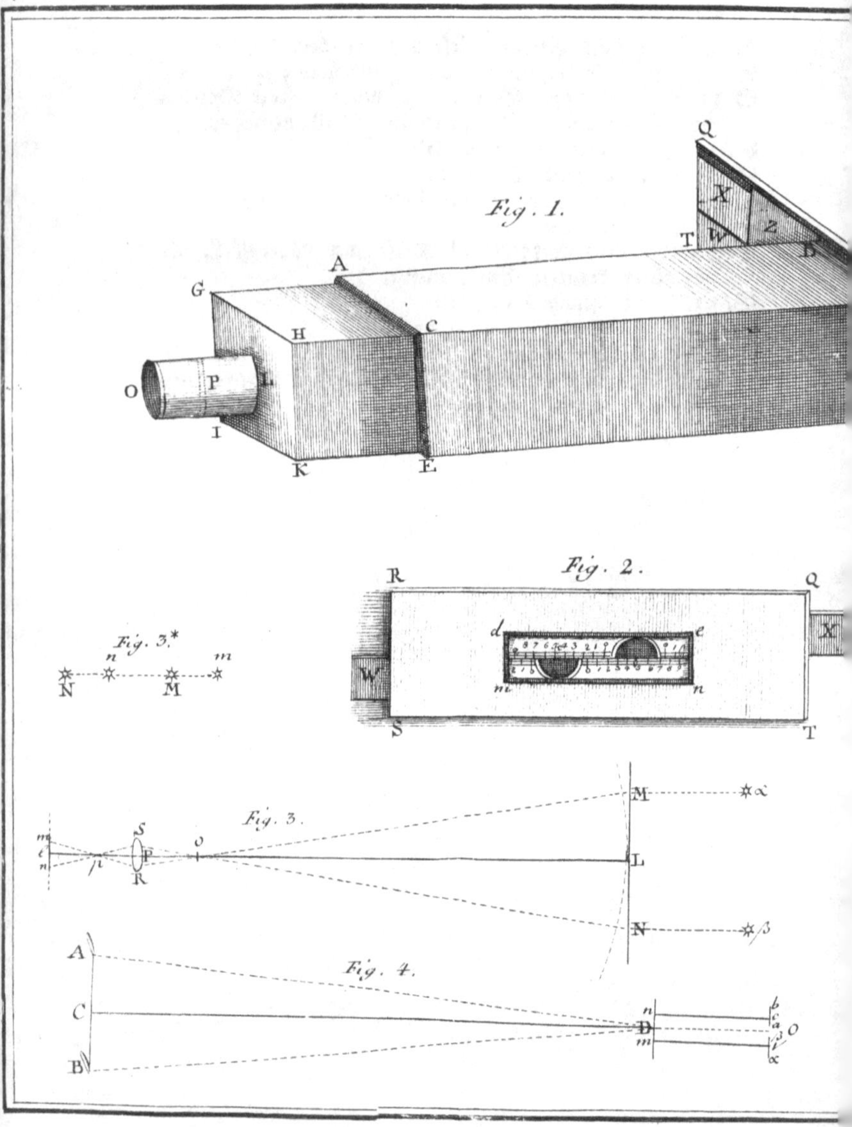
Fig. 1.
Q
X
W
Z
T
D
A
G
H
C
O
P
L
I
K
E
Fig. 2.
R
Q
d
e
m
n
W
X
S
T
Fig. 3.*
n
m
N
M
Fig. 3.
M
α
m
l
n
p
S
F
R
o
L
N
β
Fig. 4.
A
C
B
n
D
m
b
c
a
β
l
α
O

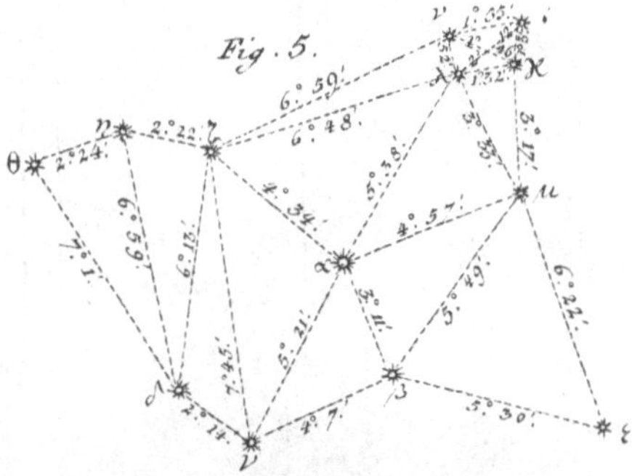

Fig. 5.

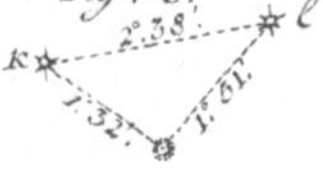

Fig. 8.

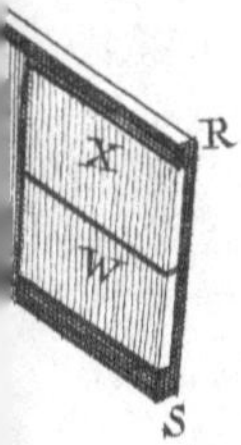

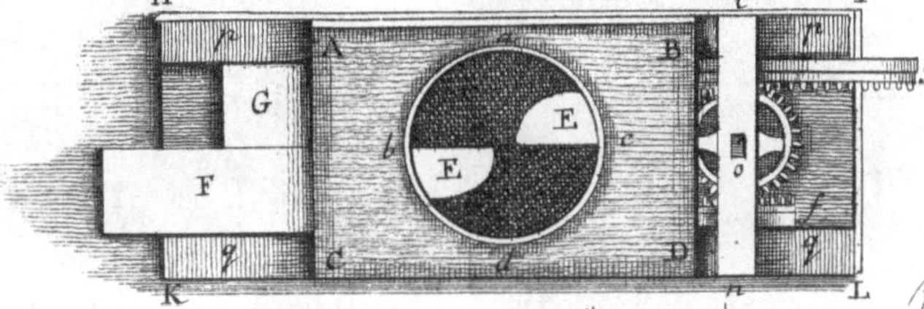

Fig. 9.

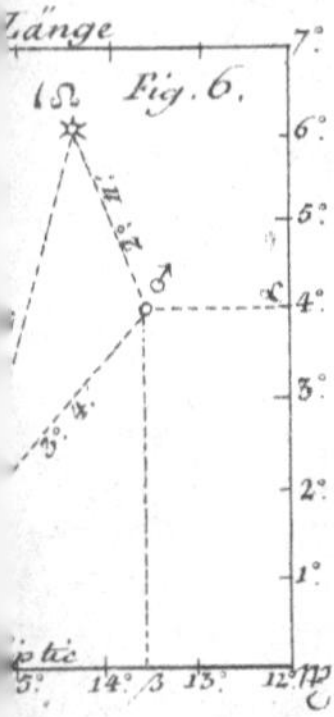

Fig. 6.

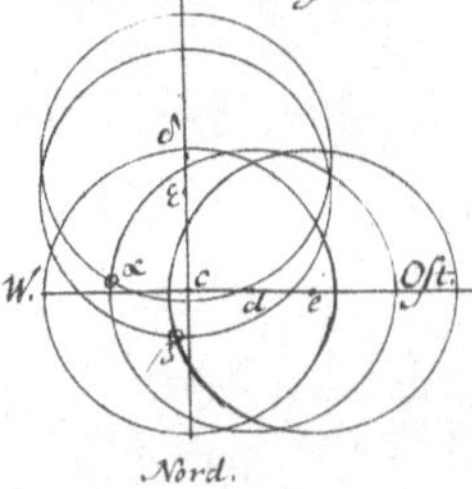

Fig. 10.

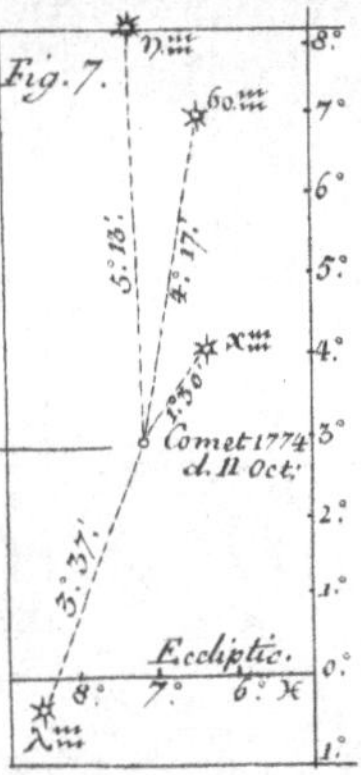

Fig. 7.

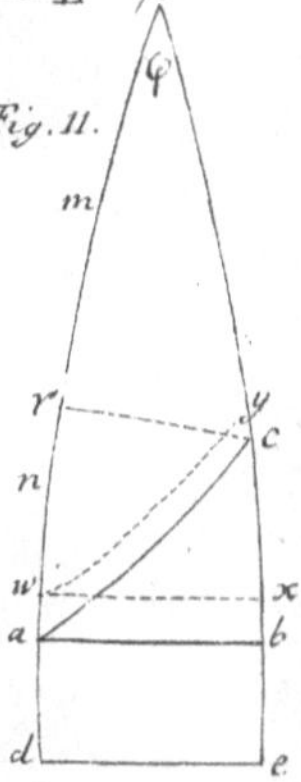

Fig. 11.

Tab. II.

Fig. 1.

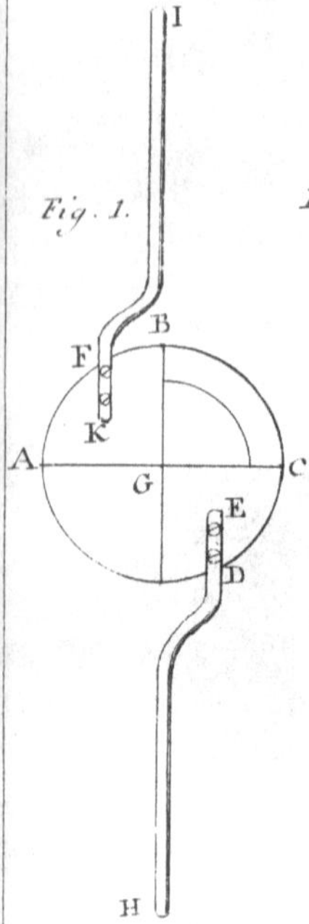

Fig. 2.

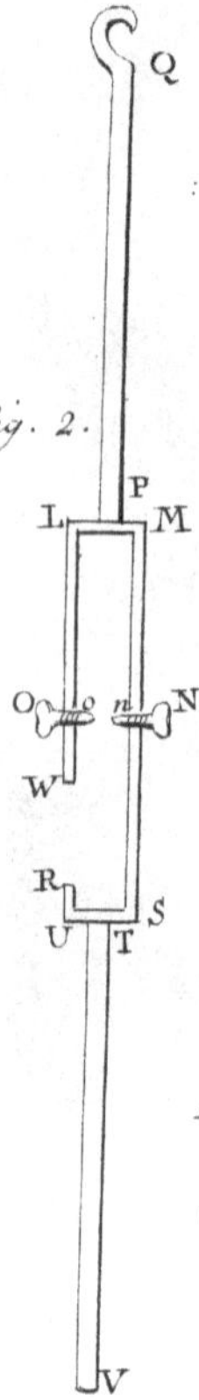

Fig. 3.

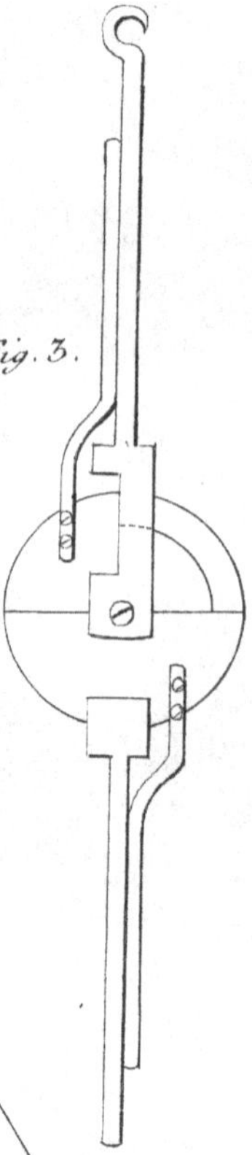

Fig. 4.

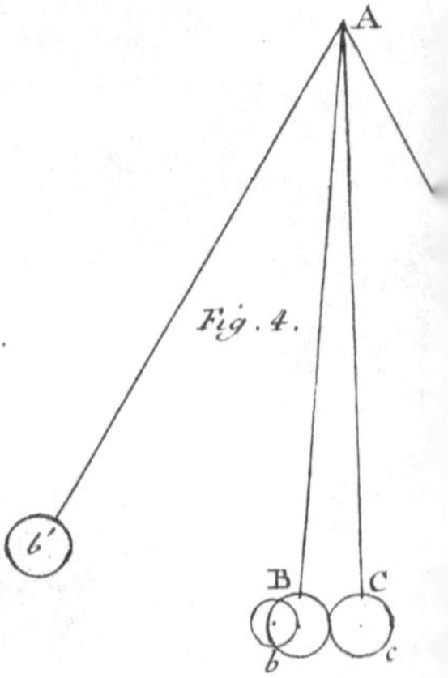

Fig. 7.

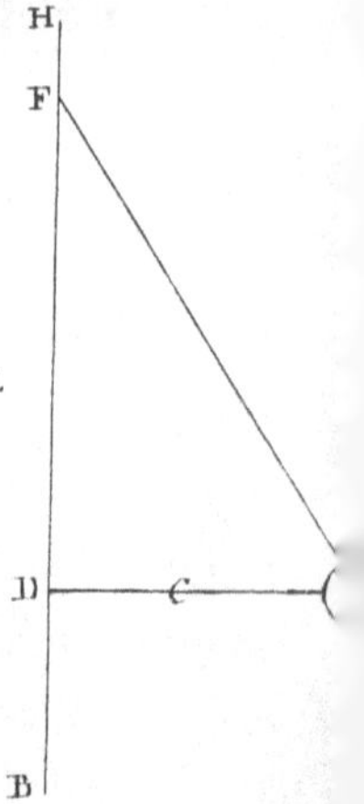

Fig. 8.

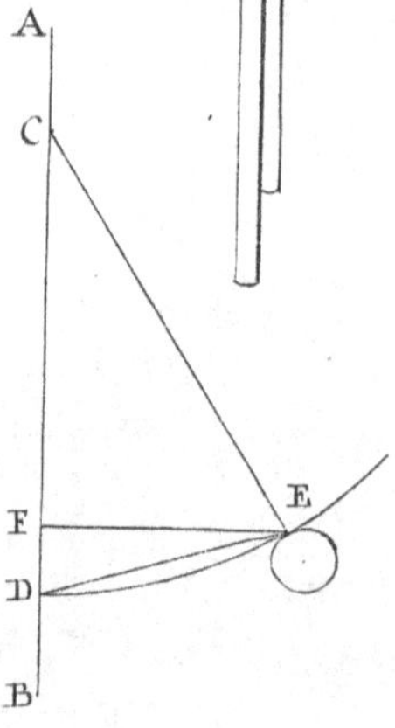

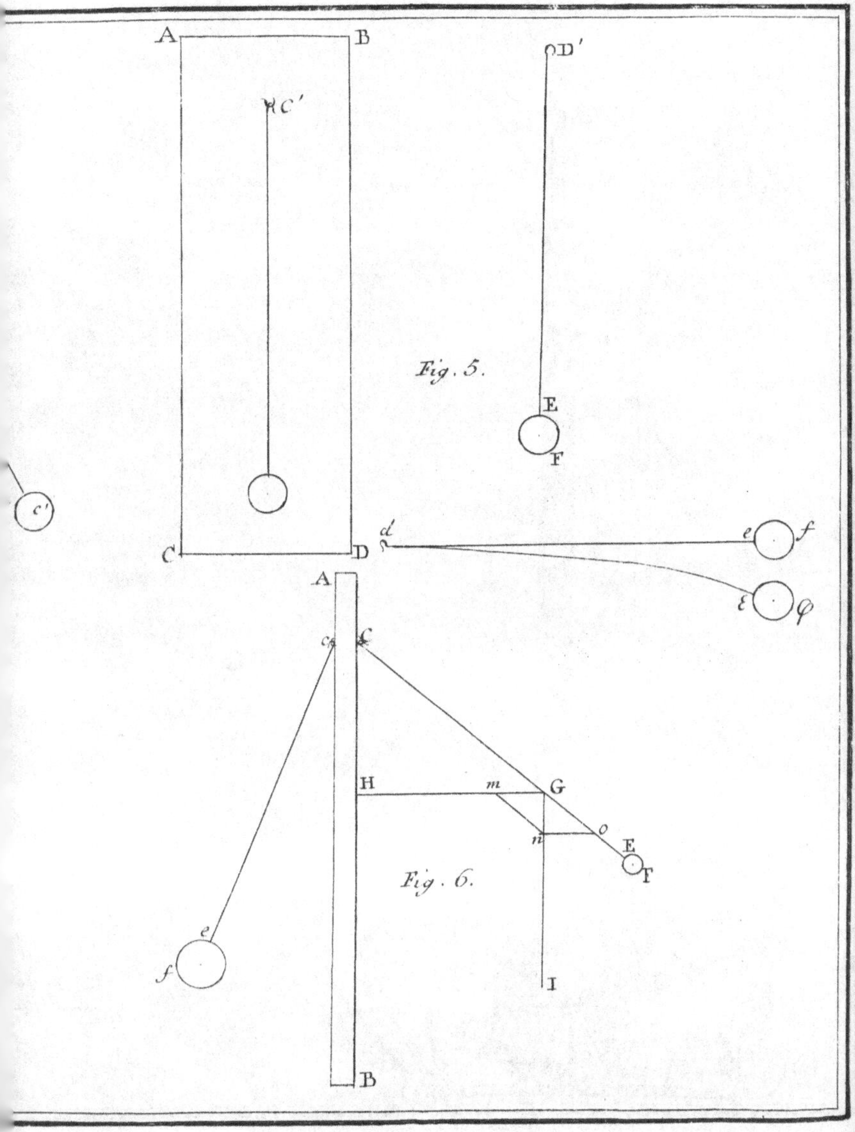

Fig. 5.

Fig. 6.

Tab. III.

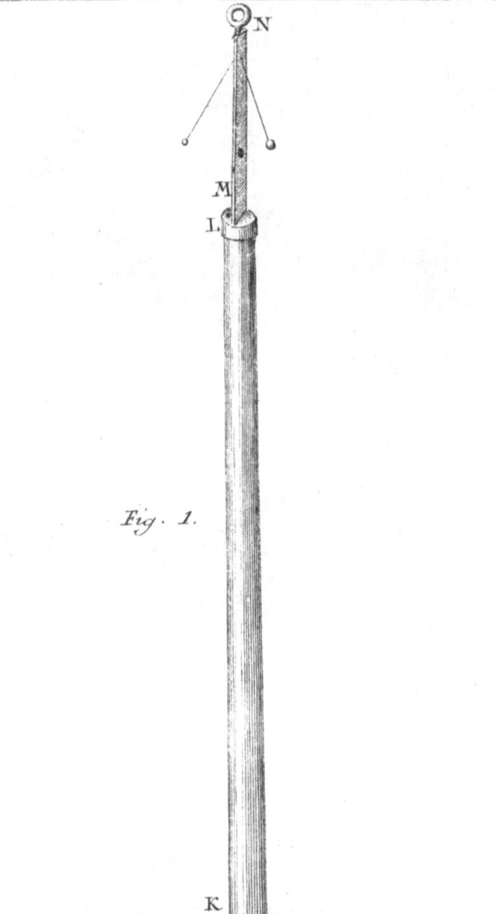

Fig. 1.

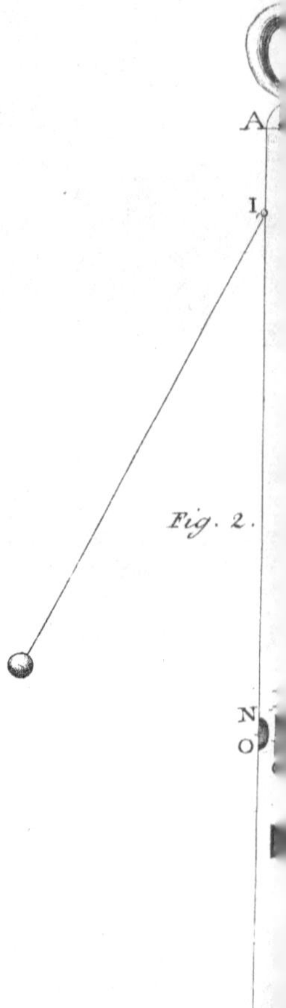

Fig. 2.

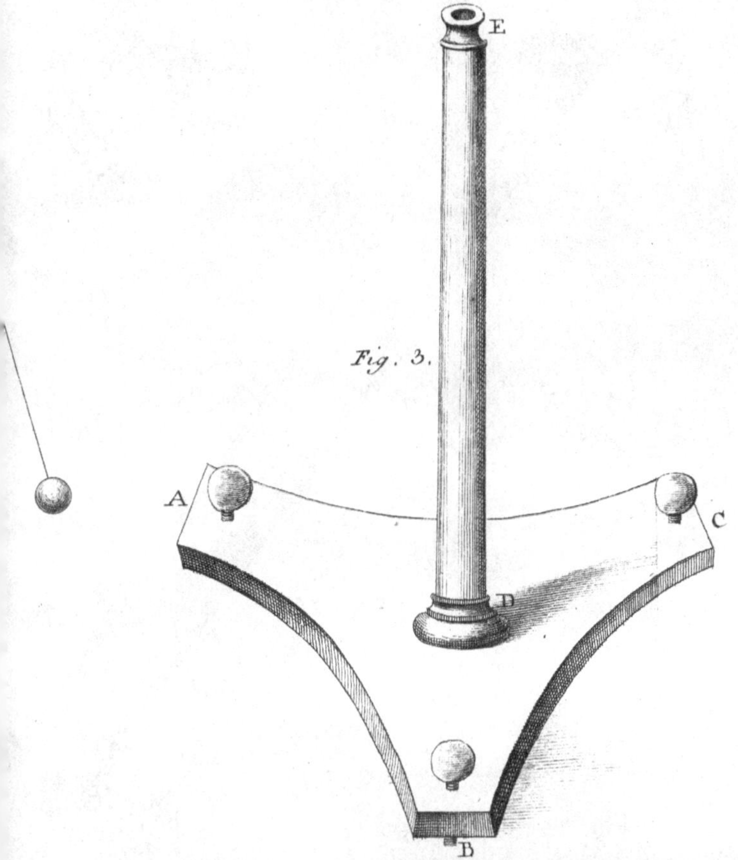

Fig. 3.

Tab. IV.

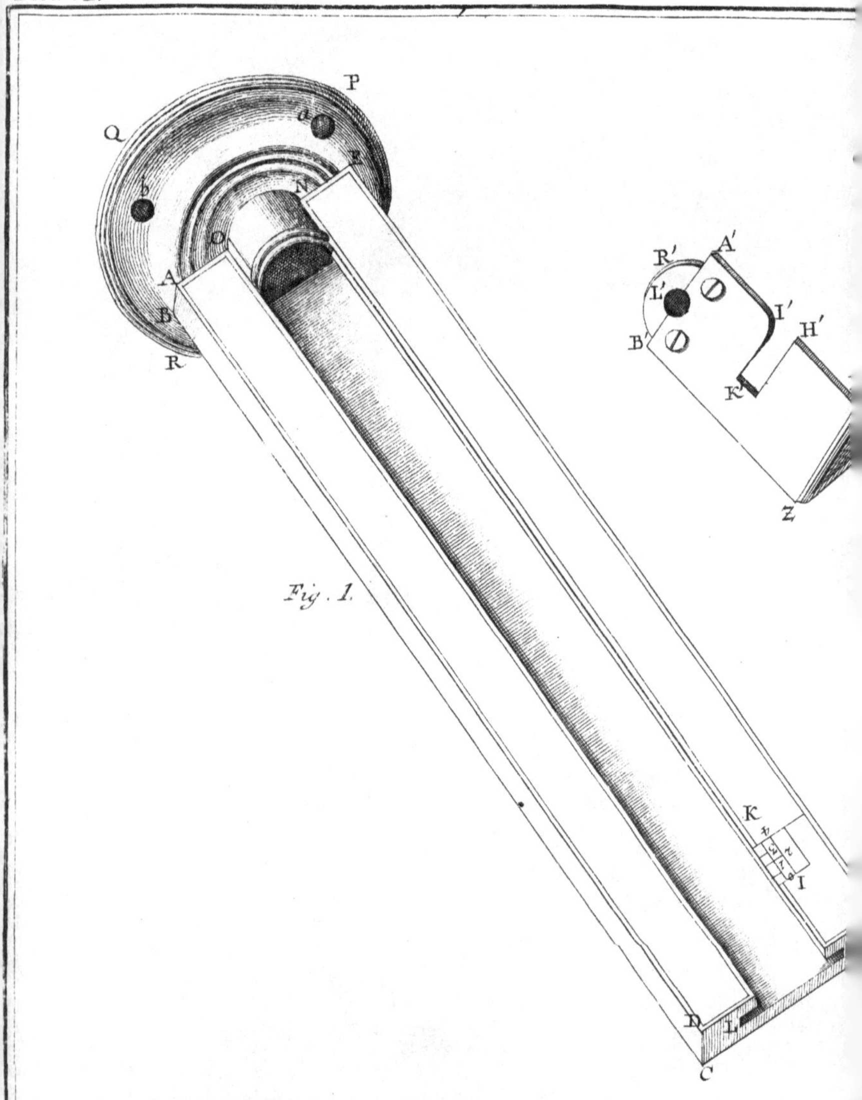

Fig. 1.

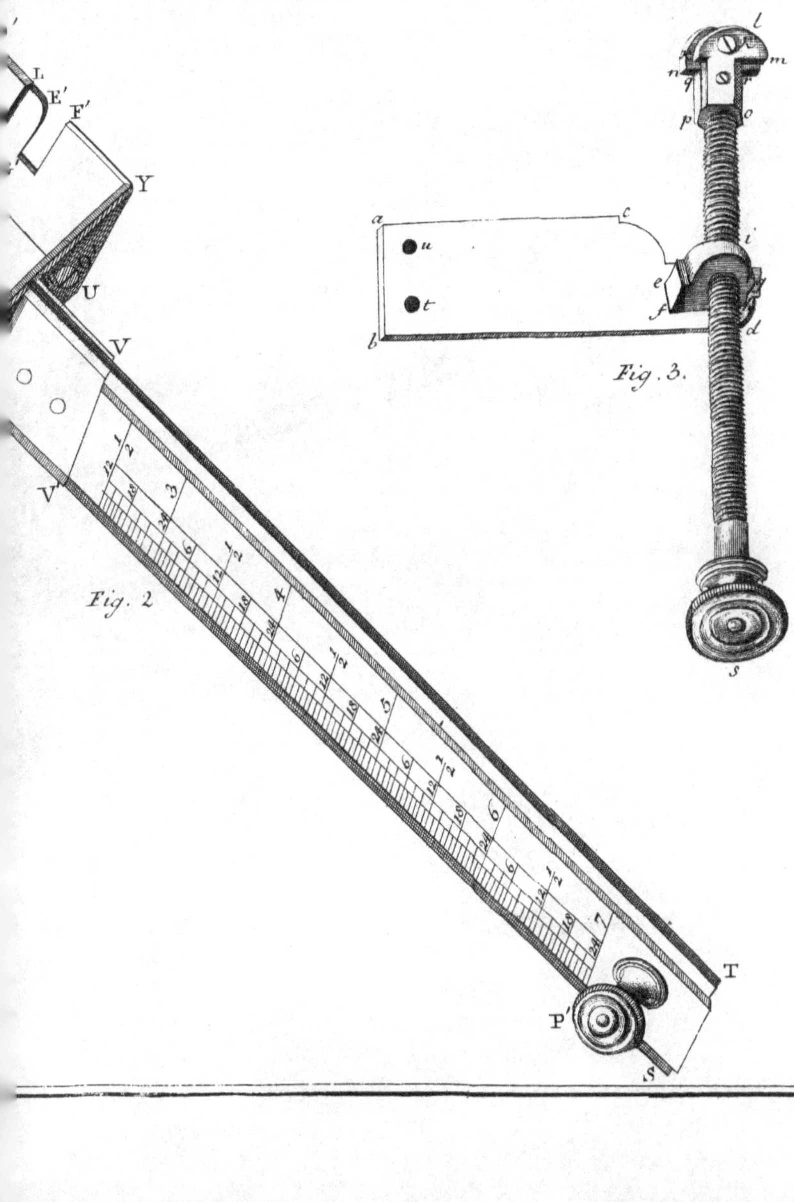

Fig. 3

Tab. V.

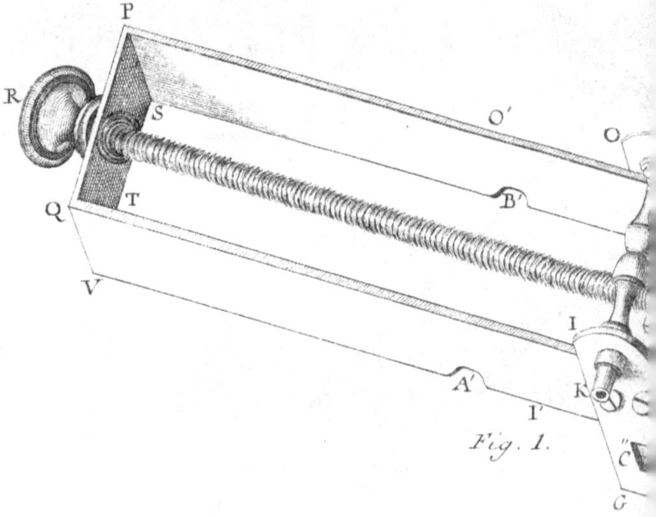

Fig. 1.

Fig. 3.

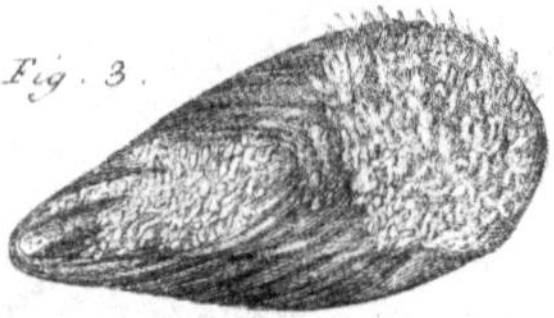

Fig. 4.

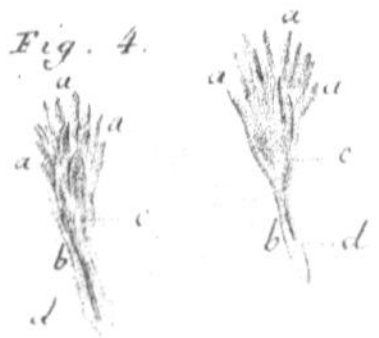

Fig. 2.

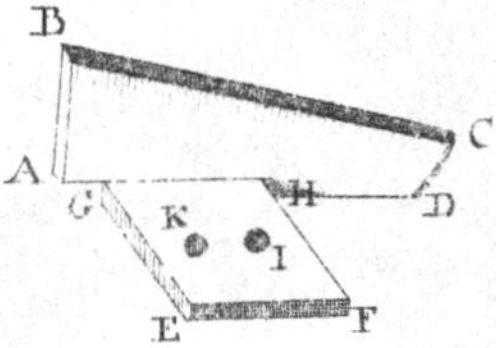

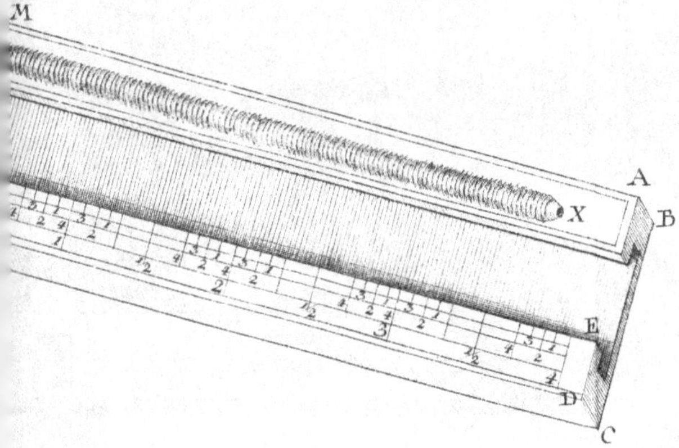

Tab. VI.

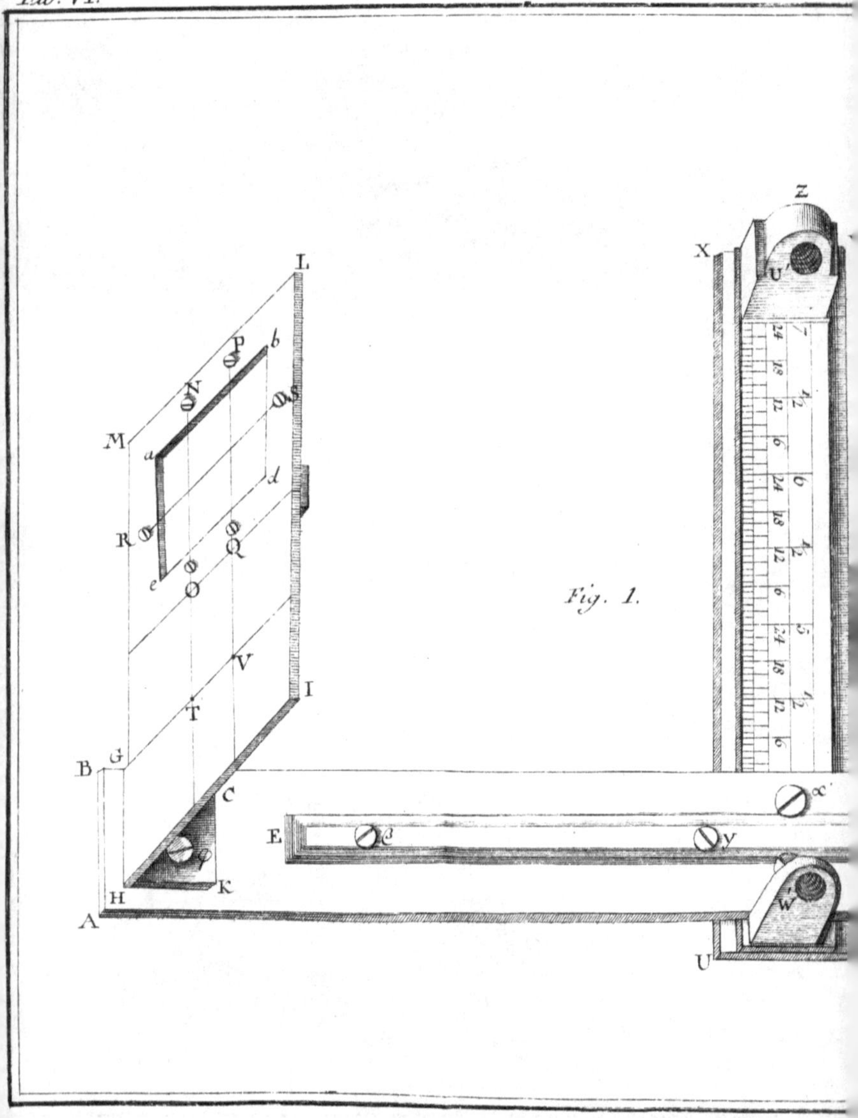

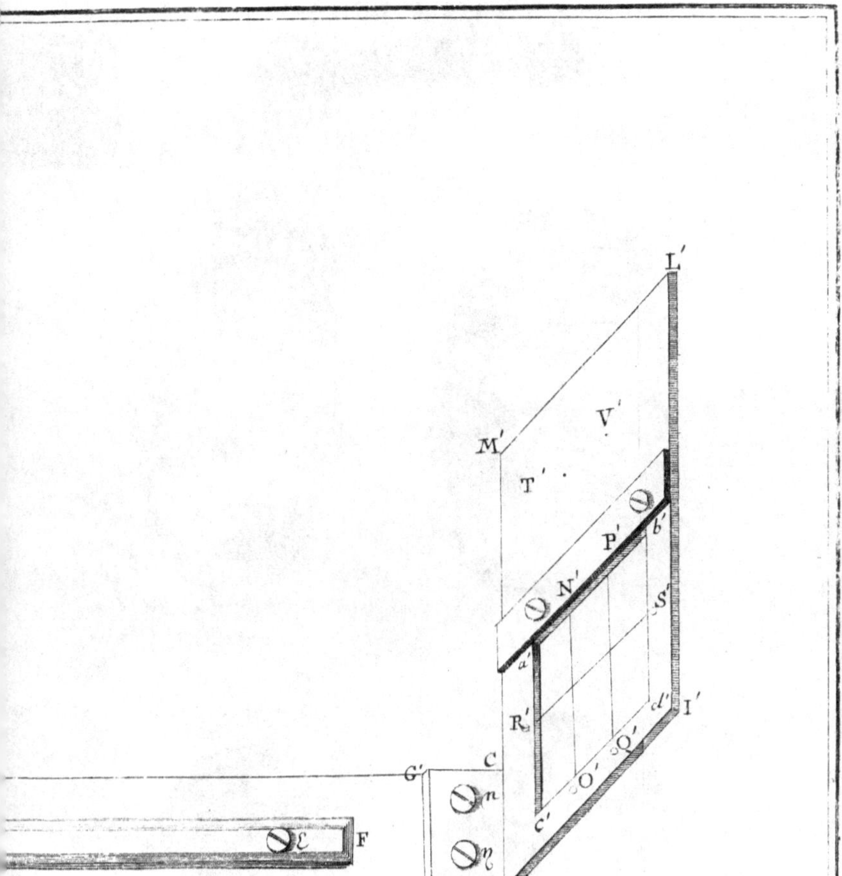
L′
V′
M′
T′
P′
b′
N′
S′
a′
R′
d′
I′
C
G′
Q′
O′
n
c′
F
η
H′
K
D

Tab. VII.

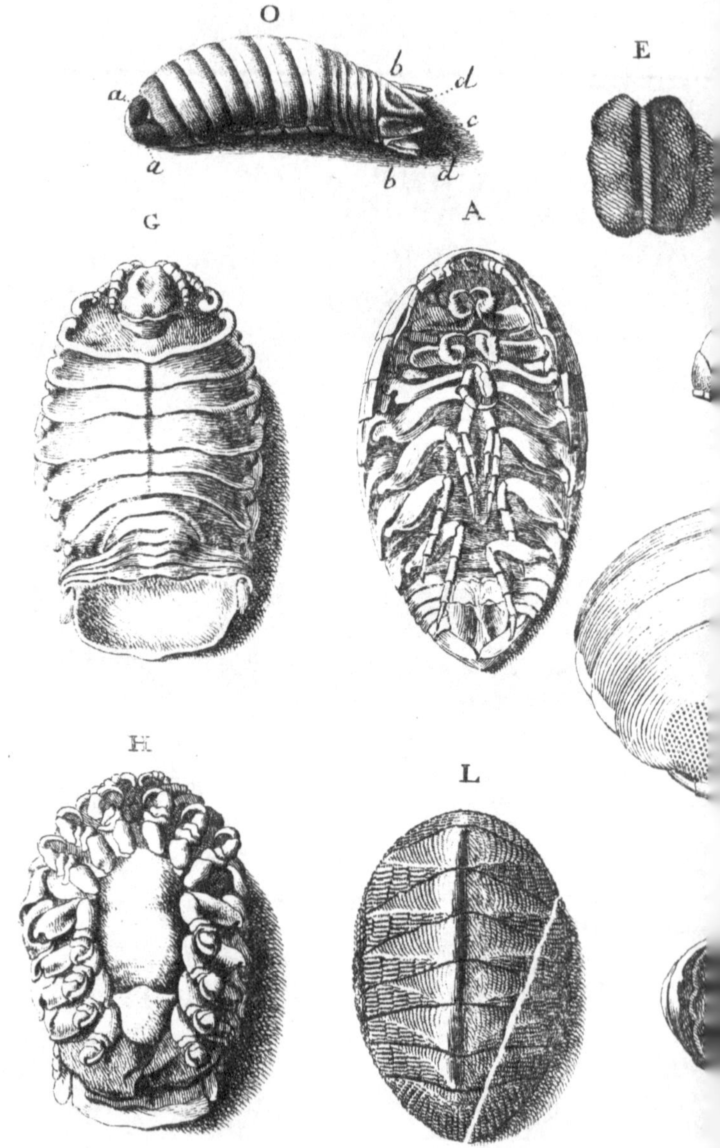

W. A. Müller del. et [illegible]

P

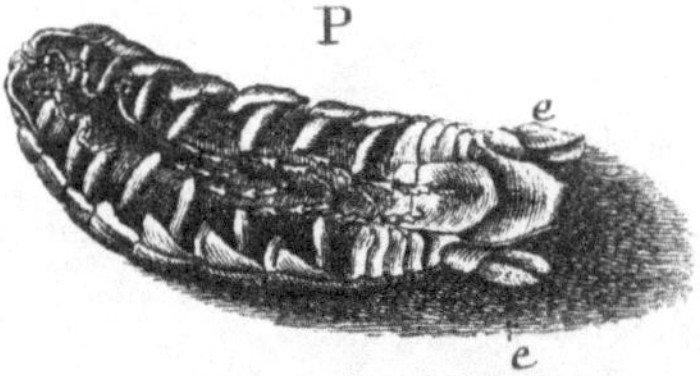

F

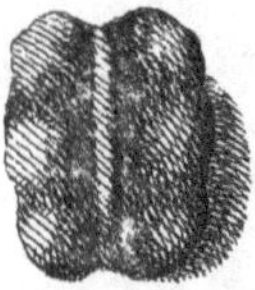

B

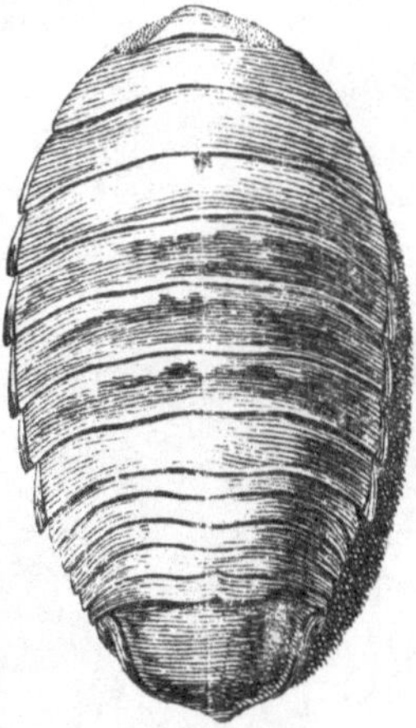

I

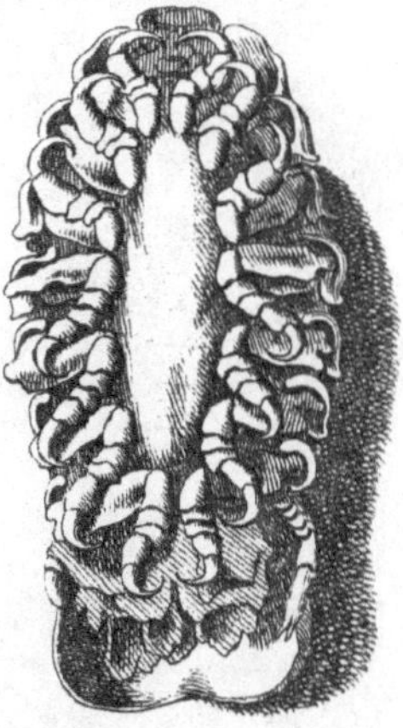

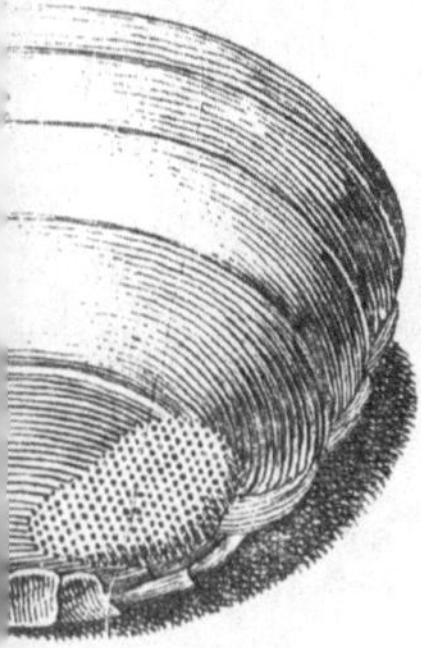

K

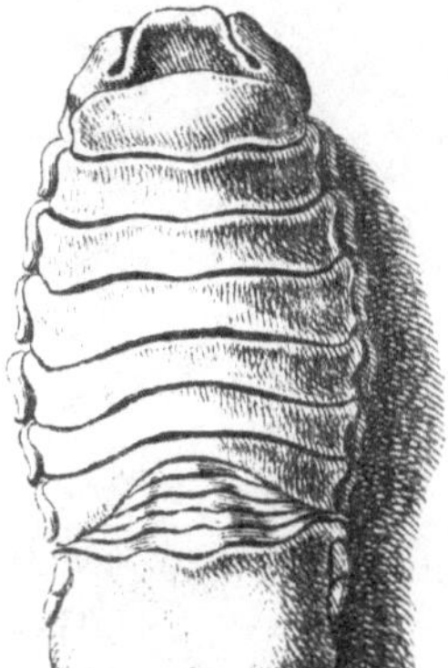

N

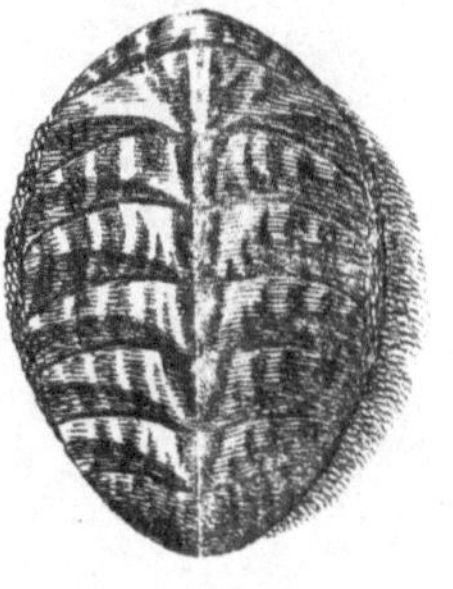

M

Tab. VIII.

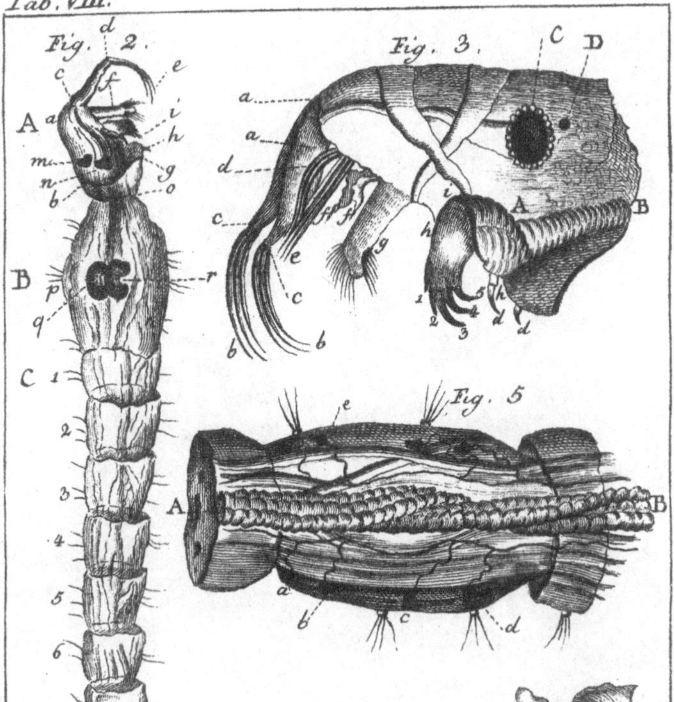

Cramer del. Glaßbach sc.

Tab. IX.

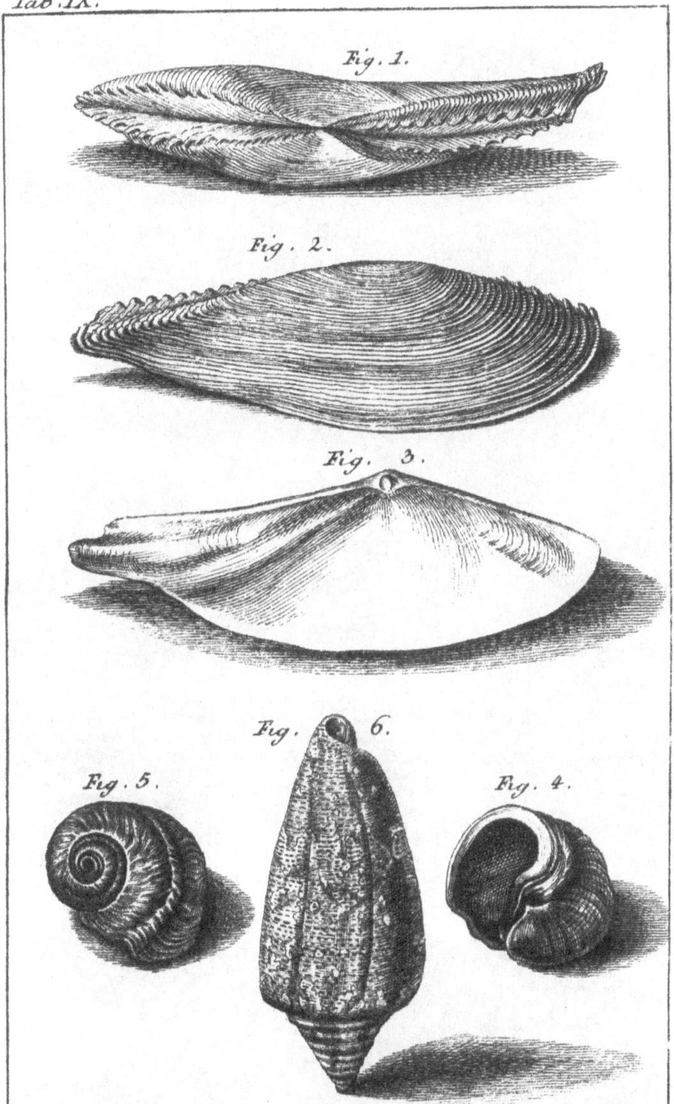

Kolibri 360 GmbH
Ferdinand-Jühlke-Straße 7
99095 Erfurt, Deutschland
produktsicherheit@kolibri360.de